精馏三部曲

# DISTILLATION
## OPERATION AND APPLICATIONS

# 精馏：操作与应用

[德]安德烈·戈拉克 Andrzej Górak
[德]哈特穆特·舍恩马克斯 Hartmut Schoenmakers　著

马后炮化工网
北洋国家精馏技术工程发展有限公司　译

U0264218

中国石化出版社
·北京·

著作权合同登记　图字：01-2019-5751

This edition of *Distillation*：*Operation and Applications* by Andrzej Górak and Hartmut Schoenmakers is published by arrangement with ELSEVIER INC. of Suite 800, 230 Park Avenue, NEW YORK, NY 10169, USA.

ISBN：9780123868763

Copyright © 2014 Elsevier lnc. All rights reserved.

Authorized Chinese translation published by ELSEVIER INC.

中文版权为中国石化出版社所有。版权所有，不得翻印。

**图书在版编目（CIP）数据**

精馏：操作与应用／（德）安德烈·戈拉克，（德）哈特穆特·舍恩马克斯著；马后炮化工网，北洋国家精馏技术工程发展有限公司译.—北京：中国石化出版社，2019.12

ISBN 978-7-5114-5438-6

Ⅰ.①精… Ⅱ.①安…②哈…③马…④北… Ⅲ.①精馏—化工单元操作Ⅳ.①TQ028.3

中国版本图书馆CIP数据核字（2019）第274408号

# 前　言

精馏一直被作为分离二元或多元液体混合物的方法。即使在今天，精馏仍然是最常用的分离技术，在世界范围内被广泛用于分离混合物，在工业过程中占据高达 50% 的投资和运营成本。此外，它消耗约 50% 的化学和石油炼制工业中使用的工序能源。在欧洲，2009 年化学工业消耗了全部能源的 19%，可见精馏是能源消耗的主要贡献者。

虽然精馏被认为是最成熟且最容易被理解的分离技术，但精馏知识在不同教科书和手册中并不全面。另外，工程师们常常想拥有这样一本参考书，书中相关的信息以简明易懂的形式呈现出来。本书旨在通过简明概述提供精馏基础、设备和应用方面的内容来填补这一空白。学生、学者和工程技术人员可以在本书中发现精馏技术的相关方法和精辟的总结，从而能够快速解决精馏领域中碰到的所有问题。

本书全面而深入地介绍了精馏的各个方面，包括精馏的历史、热力学基础、流体动力学、传质传热、能量的综合利用、过程概念设计、建模、优化和控制、各种塔内件、特殊精馏、故障诊断和各种重要的工业应用。

精馏是《分离科学与技术手册》系列丛书的一部分，有纸质书和电子书，以满足不同读者的需求。本丛书分为三卷：《精馏：基础和原理》《精馏：设备和工艺》和《精馏：操作与应用》。每一卷都由该领域的著名学者撰写，他们在各自的领域享有盛名。此外，各个章节有相关文献引用以便让读者全面了解最新技术和拥有不同的研究视角，同时为每一章节的进一步阅读总结提供了建议。

本书提供了所有操作方面的概述，并介绍了精馏技术在工业领域的应用。本书由不同学者所写的 10 个章节组成，全面概述了精馏的操作原理和广泛的应用范围。

本书第 1 章介绍了精馏耦合及热集成优化技术，以及工业应用的塔控制及操作原理。第 2 章讨论了故障诊断和排除；介绍了扰动的分析，提出了解决问题的方法；提出了工业应用的操作策略，并详细说明了特殊的故障调查和分析技术。第 3 章是关于各种工业规模塔内件的性能测试技术，给出了运行测试和评估结果的程序说明。

以下 4 章详细描述了不用应用中的精馏序列。第 4 章介绍石油炼制过程的精馏，详细说明了石油炼制过程的主要流程，并分析了成熟流程的改进潜力，包括新型特殊塔内件的选择。第 5 章讨论了大宗化学品的精馏问题，与石油炼制过程相比虽然有相似的塔结构，但被分离组分的物理性质却有很大不同。因此，会碰到诸如发泡、污垢等新的挑战，及其在设计中塔的分离效率选择。在第 6 章中，讨论了空气精馏，这种分离是在低温条件下进行的最重要的精馏过程。第 7 章介绍了特种化学品精馏。

书中最后一部分描述了未来的发展趋势。第 8 章讨论了精馏在生物工程中的应用。第 9 章介绍了新的精馏技术，如超重力精馏和分子精馏。第 10 章介绍了新型分离试剂的应用，如离子液体和超支化聚合物的应用。给出了一些示例，介绍了特殊溶剂的热力学描述方法。

最后，衷心感谢所有作者的辛勤劳动和贡献！

# 译者前言

《精馏：操作与应用》是"精馏三部曲"之一，是马后炮化工网组织翻译出版的第七本关于化工行业技术领域的译著，历时五年多得以面世。马后炮化工团队将更多的目标投向化工工程技术学习的基础教程，引入国外优秀的专业书籍，给国内的化工同行提供更好的学习资料和交流环境，我们的宗旨是"让天下没有难学的化工技术"。

从 2014 年开始，马后炮化工团队在翻译出版国外优秀的化工行业技术图书的路上步履蹒跚，踟蹰前行。我们深知这是一个用情怀和热情在支撑的领域，翻译者们投入了大量业余的时间和精力，参与翻译和校审工作，不求回报。因为我们希望帮助更多的化工同行回归阅读、回归经典、回归技术的学习和分享。聚火成光，温暖一隅；以梦为马，不负韶华。我们不只是现在的旁观者，还是未来的创造者，我们翻译出版的不仅仅是一本本图书，它们还承载着化工人的梦想和情怀。

本书由马后炮化工网联合北洋国家精馏技术工程发展有限公司（以下简称"北洋精馏"）翻译和校审。作为国内领先的从事精馏技术的专业公司，北洋精馏与马后炮化工网在项目咨询、技术推广等方面有多次合作。本书的翻译合作也是行业领先的北洋精馏技术团队与马后炮化工网"让天下没有难学的化工技术"的深度结合，希望能够给广大的精馏专业研究及从业者提供丰富的参考。

这是一本关于精馏技术的专业著作，全面概述了精馏技术的原理以及广泛的工业应用。精馏是一个传统的单元操作技术，随着化学工业的迅速发展，精馏技术的工业研究还有较大的空间，在工业应用方面有广阔的发展前景。本书编辑形式新颖，每章内容相对独立又可相互引用，提供给读者全面的研究视角。

每一位译者都在工作之余花费大量时间精推细敲、反复斟酌原文和译文，几经修订才使本书得以呈现在读者面前。因此，衷心感谢所有译者和编辑团队的辛勤劳动和贡献！

翻译校审团队负责人简介如下：

李鑫钢博士：天津大学讲席教授、中国化工学会会士、国务院政府特殊津贴专家、天津市首批杰出人才、全国优秀科技工作者、天津市"131"A 类领军人才、精馏技术国家工程研究中心主任。长期从事化工分离过程基础研究、科技开发和成果推广工作，在分离装备大型化、过程强化与节能、环境分离过程等领域取得丰硕成果。主持国家重点研发项目、国家自然科学重点基金、"973"计划、"863"计划、教育部长江学者创新团队奖励计划等10余个项目，企业委托项目600余项。发表学术论文600余篇，申请专利100余项，主编或参编化工分离专著6部。主持完成我国千万吨级炼油和百万吨级乙烯装置核心分离技术的研制，技术覆盖率达60%以上，累计创造经济效益上百亿元。获国家科技进步一、二等奖，国家技术发明二等奖，教育部科技进步一等奖，天津市科技进步一等奖，教育部十大科技进展，中国专利优秀奖，天津市专利金奖，侯德榜化工科技成就奖等奖励。

丛山博士：本科毕业于华东理工大学，硕士及博士毕业于天津大学。天津大学副研究员，北洋国家精馏技术工程发展有限公司副总经理，正高级工程师。长期从事化工分离过程科技开发、工程设计及科技成果应用推广工作。在化工分离工程领域从业20余年，专业从事工艺模拟、水力学计算、设备设计、工艺包开发、项目咨询等全方位技术工作，涉及石油化工、煤制油、煤化工、晶硅工业、精细化工、医药化工、空气分离、VOCs治理工程等化工精馏分离领域。带领公司技术团队在炼油常减压、乙烯分离精制等石化项目；甲醇精馏、煤制乙醇、煤制乙二醇、丙烷脱氢、煤制油及MTO等煤化工项目；PBAT及PGA等新材料领域；顺酐、己内酰胺、新戊二醇、己二腈、己二胺、DMC等众多化工产品领域，长期保持并刷新着行业最佳业绩。发表学术论文几十篇，申请专利几十项，参与专著编写及翻译专业书籍多部。

参与翻译及校审人员有：丛山、李斌、李宪勇、梁玮、梁建成、孙翠、田玉峰、王哲、翁居轼、肖颖、谢佳华、张涛、赵新强。

为方便读者阅读，本书中出现的一些常用的单位换算已列入附录。全书虽经多人反复修正、校对，但限于知识的局限，疏漏之处仍难以杜绝。在此，恳请各方面专家和广大读者不吝指教。

北洋国家精馏技术工程发展有限公司　丛　山
马后炮化工网　陈赞柳

# 目　　录

# 第1章　精　馏　控　制

William L. Luyben
美国理海大学化工系

## 1.1　引言

在过去的半个世纪里，还没有其他的单元操作像"精馏"一样，受到学术界和工业界的一致瞩目，相关的专著与论文不胜枚举。将这些"汗牛充栋"的著作一一列出既不切实际又作用有限，因而本书仅罗列出与"精馏控制"密切相关的专著，详见参考文献[1~6]。其中最早的可追溯至 40 多年前，而最新的则发表于 2013 年[6]。

鉴于精馏塔千差万别，没有任何一种控制方案适用于所有的塔。进料组成、相对挥发度、产品纯度、能耗要求的不同都会影响到"最佳"控制方案的选取。

## 1.2　基本控制问题

以只有一股进料的简单的香草精馏塔为例，塔顶产品出自全冷凝器后的回流罐，塔底产品出自塔釜再沸器。相关的流程简图以及本章节采用的术语释义详见图 1.1 所示。所有流量以摩尔为单位，所有组分组成以摩尔分数表示。如果进料由上游工序提供，那么在这个过程中有五个控制阀(馏出物、回流量、冷却水、再沸器蒸汽和塔釜出料)，每一个都应设置一定的开度。因而，本系统共有 5×5 种可变参数，共有 120(5!)种可能的控制组合。

其中有三个变量必须加以控制，分别是：压力、回流罐液位和塔釜液位。一个典型的控制方案是利用冷凝器冷却水流量控制压力、用馏出物流量控制回流罐液位、用塔釜出料控制塔釜液位。这样就只剩余两个控制自由度，可以控制两个变量。

在塔的设计中，一般的设计规定是给定两个产品的纯度(或杂质含量)，通常规定塔

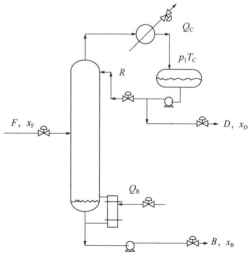

图 1.1　基本精馏塔流程

$B$—塔底产物摩尔流量；$D$—塔顶产物摩尔流量；
$F$—进料摩尔流量；$R$—回流摩尔流量；
$Q_C$—冷凝器负荷；$Q_R$—再沸器负荷；
$p$—压力；$T$—温度

顶重关键组分的量和塔釜轻关键组分的量。理论上，操作精馏塔时候，也应控制同样的参数。这种"双组分控制"方案通常仅应用于分离困难(相对挥发度低)且能耗高的工况，当然，为了检测组分的含量，还需要设置两台在线的组分分析仪表。这类在线检测仪表通常价格不菲且维修率居高不下，维修时必然带来原来控制方案的中断。因此，绝大多数塔采用更简单的控制结构。在更常见的控制结构中，两个剩余的自由度分别控制着灵敏板温度以及回流进料比(回流量与进料量比值)或回流比(Reflux Ratio，$RR$)。

从根本上讲，影响产物纯度的两个参数是物料平衡和分离程度。物料平衡是指进塔物流如何在馏出物和塔底产物之间分割，这有时被叫作分馏点或产品分割点。在极端情况下，即进料全部作为馏出物从塔顶采出，则馏出物组成显然等于进料组成，回流量不会影响馏出物组成。如果进料全部都从塔釜采出，情况也同样如此。很明显，产品分割对产品组成起主要影响。

分离程度是指对精馏塔引入能量，并对混合物的分离进行做功，所需的能量可以用回流比或者回流进料比来表征。显然，如果没有回流或蒸汽，就没有分离。回流比越高，塔顶出料的轻组分含量越高，塔底轻组分的含量越低。但是这种纯度之间的差异随着回流比的增加趋于某一极限。当回流比无限大时(全回流)，产品的纯度将受到塔板数与相对挥发度的影响。

因此，明白这一点很重要：调整物料平衡(馏出物与进料的比例或塔底产物与进料的比例)比调节分离程度对产品组成影响更大。精馏控制第一条定律如下：

对于给定进料量的精馏过程，控制任意一股出料量与稳定塔内温度或组成，两者不可兼得。

这个定律是"物料平衡对产品组成有显著影响"这一基本理念的直接结果。注意：对物料平衡的这种调节可以是直接的(用馏出物流量来控制组成或温度)，也可以是间接的(用回流量来控制组成或温度，用馏出物维持回流罐液位)。由于馏出物流量在变化，两种控制方案实际上都是在调整物料平衡。

后续的章节将讨论一些典型的控制结构，并介绍特定情况下它们的应用原理。控制方案选定以后，在设置控制细节时仍需留意，详情将在后续的章节探讨。

在目前的硬件与软件条件下，可使用动态模拟手段来定量评估各种可选控制方案适用性。这些软、硬件为控制方案的落实提供了切实有效的依据。它们在工艺方案比选上，具有同等甚至更高的重要性。与从工业装置试验中获取这类信息相比，模拟方法花费更小、用时更少。

## 1.3　选择控制结构

没有任何一种单一的控制结构可以用于所有精馏塔。正如装置之间的生产与盈利状况各有不同一样，塔的控制目标也各不相同。控制结构的选取有两个基准：其一，"常规控制结构"(其中塔进料量由上游决定)或者"按需控制结构"；其二，"单变量控制结构"或"双变量控制结构"。

### 1.3.1　常规控制结构与按需控制结构

这两种控制结构的根本区别是选择什么变量来控制处理量。大多数塔的进料来自某一上游工段，典型的如采用液位控制(如果进料是液相)或是压力控制(如果进料是气相)。这种情况下，精馏塔的产品取决于进料量和进料组成。图 1.2 的常规控制结构阐明了这种情况，其中塔内液位控制了产品流量。

在某些场合，塔的出料可能由下游用户决定，为满足物料平衡，进料就需要做出调整，这被称作按需控制结构。图 1.3 给出一个按需控制结构的例子，在这个结构中塔底流量由下游用户决定，进料控制塔釜液位。

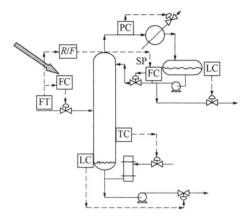 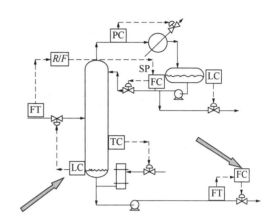

图 1.2 控制回流量与进料量之比($R/F$)的
常规控制结构

FC—流量控制器；FT—流量传送器；

LC—液位控制器；PC—压力控制器；

SP—设定值；TC—温度控制器

图 1.3 控制塔釜流量的按需控制结构

FC—流量控制器；FT—流量传送器；

LC—液位控制器；PC—压力控制器；

$R/F$—回流量与进料量比值；TC—温度控制器

## 1.3.2 双变量控制结构和单变量控制结构

### 1.3.2.1 双变量控制结构

如前所述，从理论上说，双组分(浓度)控制是理想的控制结构，但实际上鲜有应用。其典型的示意图见图 1.4。塔底组分通过调节再沸器来控制，塔顶组分通过调节回流量来控制。对于任意进料量和进料组成，该方案都能保证满足塔顶与塔底的出料要求，且能耗最小。

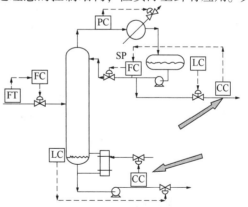

然而，可能出现相互制约的问题，因为回流量和蒸汽量将对产品的组成产生影响。在线分析仪器购置费用和维护费用高，有时分析结果也不可靠，会导致不希望出现的控制延时甚至停滞。

除了进行组分控制外，有些场合也可以控制两个塔板的温度，但只有在塔内存在两个能够精确影响组成的温度点时，才能应用这种双温度控制结构。通常这意味着在温度范围内存在两个温度突变(塔板与塔板间温度有显著变

图 1.4 双组分控制结构

箭头—指向组分控制器(CC)；FC—流量控制器；

FT—流量传送器；LC—液位控制器；

PC—压力控制器；SP—设定值

化)处。只存在一个温度突变的条件下，如果确实需要双变量控制，那么有时可以采用一个温度控制和一个组成控制的双变量控制结构。

### 1.3.2.2　单变量控制结构

所有双变量控制都可能存在回路干扰(相互制约)。通常可以使用只控制一个温度或一个组分的简单控制结构。

图 1.2 已经给出一个此类控制结构的实例。选择一块合适的塔板，可以通过调节蒸汽量来控制它的温度，下面的章节将探讨如何选择这块塔板。图 1.2 还采用了"回流进料比"控制结构，当然还有其他的备选方案。如何知晓"回流进料比"控制结构是否为最佳？如何确定单变量控制结构是否适合？一个实用的方法是对进料组成进行灵敏度分析。

## 1.4　进料组成灵敏度分析

如果影响精馏塔稳态操作的只有进料流量的变化，一些单变量控制结构足以在稳态条件下将馏出物和塔底产物保持在指定的纯度，任何能保持塔内某一流量比(回流量/馏出量或回流进料比)和某一温度(或组分)的控制方案都会起作用。

理解这个概念的一种方式是记住：McCabe-Thiele 图是使用流量比构建的。对于任何进料量，塔板组成是不变的，因此当进料量变化时只要保证流量比恒定，则精馏塔就能维持稳态。

这个原理只有在进料组成不变且压力和板效率不变的前提下才适用。如果进料组成变动，而只保证塔板上一个恒定的流量比和恒定的温度，那么塔内组成分布将改变，导致产品组成偏离设计值。

为了找到一种控制结构使两个产品组成达到(或接近)设计指标，就需要知道在保证两个产品指标的前提下，当进料组成发生变化时，塔内组分如何变化以及流量比如何改变。

因此，要进行进料组成灵敏度分析。进料组成灵敏度分析要使用精馏塔稳态模拟。首先需要在模拟软件中输入进料组成、产品纯度、回流比或回流进料比。两个产品的纯度设定为规定值(在 Aspen 流程模拟软件中，使用设计规定功能可以实现)。在整个预期范围内，改变进料组成，观察回流比或回流进料比的变化。

下面用计算实例演示该方法。某一精馏塔的混合进料有五种烃类，进料量 $100kmol/h$。在设定条件中，进料组成是：1mol%的乙烷($C_2$)，40mol%的丙烷($C_3$)，29mol%的异丁烷($iC_4$)，29mol%的正丁烷($nC_4$)和1mol%的异戊烷($iC_5$)。操作目标是将轻关键组分(丙烷)与重关键组分(异丁烷)分离。当然，比重关键组分还重的组分正丁烷和异戊烷随异丁烷从塔底采出；比轻关键组分还轻的组分乙烷与丙烷从塔顶采出。为了保证回流罐温度为 320K，使用冷却水冷凝，精馏塔压力设为 16atm。总塔板数设为 37 块理论塔板，进料位置设在第 18 块塔板上(Aspen 标记回流罐为第 1 块塔板)。馏出物杂质含量为 2mol%的异丁烷($iC_4$)，塔底产物杂质含量为 1mol%的丙烷($C_3$)。在设定的进料组成条件下，要达到产品纯度，塔的回流比为 2.364。表 1.1 给出了进料组成灵敏度分析的结果。

表 1.1 进料组成灵敏度分析结果

| $x_{C_3}$/ (mol/mol) | $x_{iC_4}$/ (mol/mol) | $R/F$ | 与设计值偏差/% | $RR$ | 与设计值偏差/% |
|---|---|---|---|---|---|
| 0.30 | 0.39 | 0.9560 | -0.57 | 3.163 | +33.8 |
| 0.35 | 0.34 | 0.9643 | +0.29 | 2.721 | +15.1 |
| 设计值 0.4 | 0.29 | 0.9615 | 0 | 2.364 | 0 |
| 0.45 | 0.24 | 0.9477 | -1.43 | 2.065 | -12.7 |
| 0.50 | 0.19 | 0.9208 | -4.23 | 1.800 | -23.9 |

以上结果清晰表明，在这一系统中所需的回流量变化非常小。因此，用"回流进料比"实施的单变量控制结构可以实现对两个产品纯度的有效控制。

所以，判断一个双变量控制结构是否必要，过程如下：

（1）如果只有进料流量出现波动(很少发生)，双变量控制结构是不需要的，简单地用回流比或"回流进料比"控制方案，并控制塔内任意位置的温度就可以。这么说有点不那么准确，因为一个运行的精馏塔当产量变化时压降也随之改变，进而影响温度-组成的关系。

（2）如果进料组成灵敏度分析显示回流比和"回流进料比"有大的改变(5%~10%)，双变量控制结构就有必要了。为了解决进料组成波动问题，就必须控制两个组分或控制两个温度或控制一个组分和一个温度。

（3）如果进料组成灵敏度分析显示回流比和"回流进料比"其中的一个改变不多(<5%)，则对于进料流量和进料组成都发生波动的情况，单变量控制结构足以保证两个产品的纯度。根据塔内温度分布情况，单变量控制结构也许能够使用某一块塔板温度，但在一些情况下，可能需要控制组分。后面的章节将讨论如何选择合适的塔板进行温度控制。

图 1.2 表示的控制结构是采用"回流进料比"实施控制的单变量控制。假设进料组成灵敏度分析显示回流比控制更有效，那么这种控制看起来会怎样? 图 1.5 提供了一种调整后的控制方案，其中采用回流比控制。调节馏出物的流量用以稳定回流罐液位，并将馏出物的流量与回流比相乘，这个结果就是回流量的设定值。

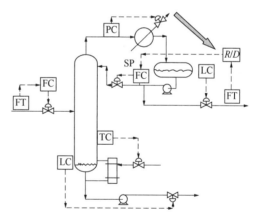

图 1.5 采用控制回流比的常规控制结构
（箭头指向的 $R/D$ 即回流比）
FC—流量控制器；FT—流量传送器；
LC—液位控制器；PC—压力控制器；
SP—设定值；TC—温度控制器

之所以没有提到蒸汽量/进料量控制，是因为在一些塔中，当进料组成改变时，这个比值还算稳定。然而，限制这个参数将给再沸器的热负荷带来影响。由于蒸汽量会很快影响到全塔内各点组分和温度，因此再沸器通常用于保持提供热源而不作为变量调节。

## 1.5　高回流比精馏塔

　　图 1.2~图 1.5 显示的控制结构全都是通过调节馏出物流量来控制回流罐液位。这种结构将馏出物流平稳地送到下游设备，对于低回流比至中等回流比的精馏塔作用良好。如果回流比很大（>3），通常通过调节回流量来控制回流罐液位。由于回流量比馏出物流量大很多，如果采用馏出物流量控制回流罐液位，塔顶气相的波动也会对馏出物产生很大影响。

　　图 1.6 给出了改进的双组分控制方案。其中，回流罐液位由回流量控制，馏出物组分通过调节馏出物流量来控制。在该设计中，液位控制回路与组分控制回路进行了串级控制。也就是说，液位控制回路必须服务于组分控制回路而设置成自动调节，并且如果液位控制回路调整为慢速均匀控制，则组分控制回路动作将会减缓。

　　图 1.7 给出了一个对高回流比精馏塔更有效的改进的控制结构。回流罐液位仍然通过调节回流量控制，回流量同时也被监测，其测量值作为输入信号参与计算。另一个参与计算的输入参数是回流量与馏出物流量的比值（$R/D$），由馏出物组分控制器给出。两个参数的运算结果作为馏出物流量控制的设定值。塔顶气相量的改变会引起回流量和馏出物流量的改变，而由于不同的进料组成需要不同的比例，组分控制器微调这个比例使馏出物组成达到指标要求。

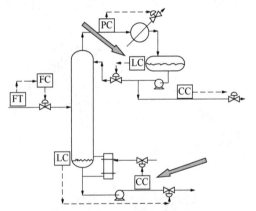
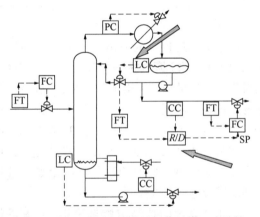

图 1.6　采用大回流比操作的塔的　　　　　　图 1.7　对于采用大回流比操作的塔，改进的
　　　　双组分控制结构　　　　　　　　　　　　　　双组分控制结构

CC—组分控制器；FC—流量控制器；　　　　　　　FC—流量控制器；FT—流量传送器；
FT—流量传送器；LC—液位控制器；　　　　　　　LC—液位控制器；PC—压力控制器；
PC—压力控制器　　　　　　　　　　　　　　　SP—设定值；CC—组分控制器

## 1.6　控制塔板的选择

　　温度既取决于压力又取决于气液两相系统的组分。精馏塔温度曲线取决于相对挥发度、产品纯度、回流比、理论塔板数和塔板上的压力（塔板上的压力取决于塔板压降和回流罐的压力）。如果相对挥发度大，在塔内组分变化较快的区域，塔板之间将有很大的温度差异。这些塔板间的温度差异可用于判断塔内组分分布。如果相对挥发度很小，温度曲线将是"平缓"的，用温度判断塔内组分可能无效。

很多文献已经提及如何选择合适的温度控制塔板的方法。从简单的方式(挑选温度急剧变化区域的塔板)到复杂方式(用奇异值分解来检测灵敏板)，这些方法有很大区别。本节不作详细讨论，有兴趣的读者可查阅参考文献[6]。

## 1.7　控制器参数整定

本节将分析常见控制器类型，包括比例(P)控制器、比例-积分(PI)控制器和比例-积分-微分(PID)控制器。

如果使用单变量控制结构，可整定一个温度控制器或一个组分控制器。如果必须使用双变量控制结构，那么需要整定两个相互作用的控制器。

除了温度控制器或组分控制器，还必须设置其他 3 种(或 4 种)控制器。在这些控制回路中，可以采用简单的启发式算法。所有的液位控制器(回流罐或塔釜)通常要使用成正比例的控制器(控制器的比例增量 $K_C=2$)使流量平稳，减小流量波动对系统中后续单元设备的影响。由于流量控制器的快速动态特性，可以采用 $K_C=0.5$，积分时间常数 $\tau_I=0.3\text{min}$。在大多数情况下，由于精馏塔压力控制器(由冷凝器冷却水流量调节)的控制要求并不苛刻，可以象征性地设置 $K_C=5$ 和 $\tau_I=10\text{min}$。因为当压力减小，液相会闪蒸，或者当压力增加，气相会冷凝，要避免压力快速变化。而气相流量快速变化(压力变化引起的)会引起液泛或漏液。

温度控制器和组分控制器要求使用行之有效的整定方法。一个简单实用的方法是使用继电反馈测试方法，通过试验确定控制回路的动态特性。这种检测给出了极限增益 $K_U$ 和振荡周期 $P_U$，它们被用来从诸如 Ziegler-Nichols 或 Tyreus-Luyben 的整定规则中寻找控制器常数(见表 1.2)。后者对精馏塔更保守、更适合，因为在精馏塔中，不能快速改变参数，否则将引起塔板上的水力学问题(液泛或漏液)。

表 1.2　Ziegler-Nichols 和 Tyreus-Luyben 整定规则

| 项目参数 | | P | PI | PID |
|---|---|---|---|---|
| Ziegler-Nichols | $K_C$ | $K_U/2$ | $K_U/2.2$ | $K_U/1.7$ |
| | $\tau_I$ | — | $P_U/1.2$ | $P_U/2$ |
| | $\tau_D$ | — | — | $P_U/8$ |
| Tyreus-Luyben | $K_C$ | — | $K_U/3.2$ | $K_U/2.2$ |
| | $\tau_I$ | — | $2.2P_U$ | $2.2P_U$ |
| | $\tau_D$ | — | — | $P_U/6.3$ |

应当指出：在实际精馏塔中，运用继电反馈检测效果很好。由于测量滞后和死区不可避免地存在于实际的精馏塔中，在计算机模拟时使用继电反馈检测需要将测量滞后和死区明确地包含在模拟计算中。如果不这样做，继电反馈检测将无法提供有用的结果，因为一个系统必定有一个相角，这个相角降低到-180°以下会产生一个极限增益。如果不包括这些动态延迟，模拟计算中预测回路的性能可能不切实际地优于塔的实际情况。

滞后要素可用于近似的典型动态测量。1min 的滞后时间对于温度测量是合适的。组分测量则比较缓慢，尤其是使用气相色谱测量装置，3～10min 的滞后时间是很常见的。

上述讨论适合与其他回路没有相互作用的简单控制回路，该方法可以直接用于单变量控制结构中。但是在双变量控制结构的情况下如何操作呢？一个比较复杂的精馏塔装置可以有 3 个或更多的相互作用的温度控制回路和组分控制回路，如何操控它们呢？

有许多种方法来解决这些问题。一些方法十分考究，且需要详细地动态确定所有的交互作用参数，而最简单和最实用的方法是按顺序整定。这个方法是将所有的相互作用的控制器都设为手动。在双组分控制结构中，会有两个组分控制器，我们先选择两个控制回路中较快的那个。这个较快的控制回路是常用的回路，它使用再沸器负荷（蒸汽量）作为调节变量，因为蒸汽量比回流量更快地影响所有温度和组分。

其他控制器设为手动（固定回流量）调节。采用继电反馈测试及合适的整定规则来调整较快的控制器。然后，较快的控制器投入自动调节，而较慢的控制器以相同的方式测试和整定，所得到的整定参数说明了系统中回路的交互作用。

## 1.8　比例和串级控制的使用

上述内容已经展示了几个比例控制结构，比例控制利用比例关系确定所需的流量比，来处理进料组成变化带来的扰动。

还有其他的比例控制应用，其中最重要的是实现前馈控制以改善动态负载。如图 1.2 中所示的基本控制结构，假设进料量已经增加，温度控制器只能对温度降低的结果进行反应。因此，温度可能出现动态瞬间大幅下降，这将导致塔底物料中轻关键组分增加。

更多的进料量必然需要更多的蒸汽，那么为什么不使用前馈控制来预测这种情况呢？图 1.8 显示了一个控制结构，其中蒸汽量/进料量比值作为前馈元件。进料量信号进入倍数器（S/F），倍数器的输出信号即为蒸汽量控制器的设定值。在温度控制器显示出变化之前，进料量的变化引起蒸汽量的变化。输入倍数器的另一个信号是所需的蒸汽量/进料量比值，它是来自温度控制器的输出信号。

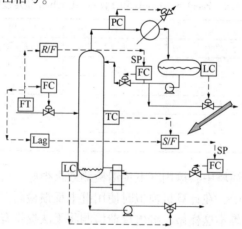

图 1.8　蒸汽量与进料量比值（箭头指向）改进的负荷抑制

FC—流量控制器；FT—流量传送器；LC—液位控制器；PC—压力控制器；SP—设定值；

R/F—回流量与进料量比值；TC—温度控制器

　　因此该结构是综合了前馈与后馈的系统。注意，进料量信号使用动态延迟，使得蒸汽量的变化不是瞬时的，而是定时的，以使温度传感器能够排除干扰。

　　图 1.9 展示了使用这种比例控制结构对降低产品质量偏差有明显的动态优势。这个实例是将丙烷与异丁烷分离的脱丙烷塔。产品规格为塔底产物中含 1mol% 的丙烷 ($x_B$)，馏出物中含 2mol% 的异丁烷 ($x_D$)。调节再沸器负荷 ($Q_R$) 来控制第 9 块塔板上的温度 ($T_9$)，控制结构还包括回流量/进料量比值倍数器。以每增加 20% 的进料量逐步实施干扰。仅使用温度控制时用实线表示；当其中包含一个蒸汽量/进料量比值前馈倍数器时，用虚线表示。

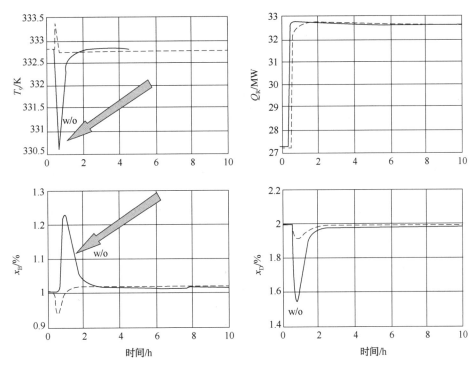

图 1.9　具有 (细虚线) 和不具有 (粗实线) 再沸器负荷与进料量 ($Q_R/F$)
比值的温度控制器 (TC) (箭头指向表示瞬态响应)

　　温度和产品组成的最大动态瞬时偏差的降低是显著的。如果不使用这个比例控制结构，塔底产物的丙烷含量从 1mol% 达到 1.2mol% 的峰值。使用该比例控制结构，最大偏差是丙烷含量降低至 0.94mol%。由于在进料量信号上没有使用动态延迟，再沸器热量输入的瞬时增加引起塔底产物出现初期纯度过高的现象。这种效应也可以在温度信号中观察到，该温度信号最初由于再沸器热量输入的瞬时增加而增加。对进料量信号施加些许动态延迟，即可减少在错误方向的瞬时偏移。

　　重要的是，当我们将设定点从一个系统转移到另一个系统，温度控制器的整定方法会发生变化。前一系统，温度控制器输出的信号传递给蒸汽量控制器；后一系统，温度控制器输出的信号传输给倍数器。在前一系统中，温度控制器输出的是流量；在后一系统中，它是一个比例。

## 1.9　复杂精馏塔

上述内容考虑了一种简单的单进料、两产物精馏塔，并提出了几种备选的控制结构。最佳控制方案的选择取决于若干因素。本节将探讨更复杂的精馏系统，一些具有多个塔，一些具有多种产品流。

### 1.9.1　分凝器

分凝器不同于全冷凝器，将产生液相和气相两相流，液相要从回流罐底部出去，气相要从回流罐顶部出去。有两种类型的流程图，第一种是所有的馏出物以气相方式采出，所有冷凝的液体回流到塔中；第二种是产生尽可能少的气相馏分。对于这两种情况的控制结构有些不同。

#### 1.9.1.1　全气相采出

图 1.10 显示了这种类型塔的一个控制结构。通过调节气相馏出物的流量来控制压力，通过调节蒸汽的流量来控制塔板温度，通过调节冷凝器的冷却水量来控制回流罐液位。

#### 1.9.1.2　液相和气相馏出物流量

馏出物：当进料中含有一些比轻关键组分还轻的组分时，常常使用分凝器。因为要完全冷凝塔顶的气相，需要非常低的回流罐温度(冷冻水)或非常高的塔压力。由于冷冻水比冷却水昂贵得多，回流罐温度大多设计为约 323K，使得在冷凝器中可使用约 303K 的冷却水。在规定了合理的压力和 323K 条件下，大部分塔顶气相在分凝器中冷凝，但不是全部冷凝。这样做的目的是尽量减少气相馏出物流量，因为在进一步加工过程中气相流常常需要昂贵的压缩费用。

为了达到这个目的，冷却水流量应当最大化以尽可能多地进行冷凝。图 1.11 显示了实现这一目标的控制结构，冷却水管路上的控制阀固定在全开的位置，使气相流量尽可能小。

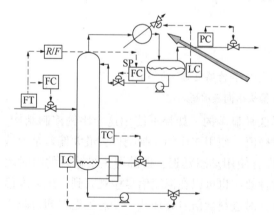

图 1.10　带有气相馏出物的分凝器
（PC；箭头指向）
FC—流量控制器；FT—流量传送器；
LC—液位控制器；R/F—回流量与进料量比值；
SP—设定值；TC—温度控制器

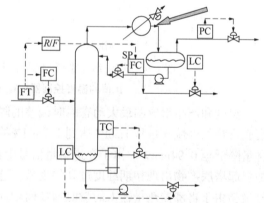

图 1.11　带有液相和气相馏出物的分凝器
（箭头指向）
FC—流量控制器；FT—流量传送器；
LC—液位控制器；PC—压力控制器；
R/F—回流量与进料量比值；
SP—设定值；TC—温度控制器

### 1.9.2　三元侧线精馏塔

精馏塔可以有两个以上的产品流。如果进料由轻组分 L、中间组分 I 和重组分 H 三元混合物组成，则具有馏出物、塔底产物和侧线产物的精馏塔可以实现所需要的分离要求。图 1.12 说明了这个过程，主要特点是含有中间组分 I 的液体侧线从精馏段的某一块塔板中抽出。

馏出物主要包含轻组分 L 和少量的杂质 I，侧线包含了中间组分 I 和少量的杂质 L 和 H，塔底流主要包含重组分 H 和少量的杂质 I。

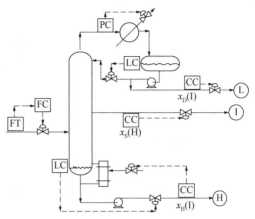

图 1.12　三元液相侧线精馏塔（$x_S \rightarrow S$）

CC—组分控制器；FC—流量控制器；
FT—流量传感器；H—重组分；
I—中间组分；L—轻组分；
LC—液位控制器；PC—压力控制器；
$x_B(I)$—塔釜中间组分杂质；
$x_D(I)$—馏出物中间组分杂质；
$x_S(H)$—侧线重组分杂质

这种类型塔的回流比通常很大，因此利用回流量控制回流罐的液位。相比两个产品的精馏塔，侧线精馏塔具有额外的自由度，可以调节的三个变量（在控制压力和两个液位之外）是馏出物流量 $D$、再沸器热负荷 $Q$ 和侧线流量 $S$。因此，有三个变量可控。两个明显的控制变量是馏出物中杂质 I 的组成 $x_D(I)$ 和塔底产物中杂质 I 的组成 $x_B(I)$，第三个控制变量不明显。应该控制侧线流中的杂质 L 还是杂质 H 呢？答案是不能同时控制两者。

在大多数这种类型的侧线精馏塔中，侧线轻组分杂质主要通过轻组分和中间组分之间的相对挥发性来确定。所有的轻组分都以气相形式在精馏塔中向上流动，因此侧线采出的气相将不可避免地含有一些轻组分。侧线采出的是与该处气相达到平衡的液体。如果相对挥发度大（或进料中轻组分的量很小），则在侧线流中几乎没有轻组分杂质。相对挥发度越大，侧线流中的轻组分杂质就越少。无论如何，都难以控制侧线流中的轻组分杂质含量。然而由于重组分杂质取决于侧线流量和气相蒸发量，所以可以有效地控制侧线流中的重组分杂质。

图 1.12 和图 1.13 显示了两个备选的三组分控制结构，其中三个调控变量以不同的方式配对。在这两种结构中，调节馏出物流量以控制馏出物中的中间组分的含量。在图 1.12 中，调节侧线流量以控制侧线中重组分杂质。增加侧线流量将更多的物料带入侧线，增加了侧线中重组分的浓度，因此这个组分控制器是反作用的。调节再沸器负荷以控制塔底中间组分杂质，这个组分控制器是正作用的。更多的杂质需要更多的气相蒸发量，来驱使中间组分向塔上方流动。

在图 1.13 中，有两个回路有所调整。调节侧线流量来控制塔底产物的中间组分杂质，这个组分控制器是正作用的，如果有很多的中间组分脱离塔底，该控制器直接增加侧线流量，侧线中的重组分杂质可以通过调节再沸器负荷来实现。该组分控制器是反作用的，如果在侧线中有太多的重组分杂质，会减少送到塔上部的重组分。

这两种控制结构都在使用，在什么系统用哪种控制结构更好，目前没有达成明确的共识。针对具体的工况，可使用动态模拟来明确哪种控制结构更优。

本节中讨论的侧线精馏塔是液相侧线采出，并且侧线采出位置是在进料塔板的上方。在某些情况下，由于重组分在液相中的浓度比在气相中高，侧线以气相形式采出，并且侧线采出位置在进料塔板下方(见图1.14)。控制结构问题类似于液相侧线采出的情况，不同的是，改变气相侧线流量是改变侧线采出位置的塔板上方的上升气量，而改变液相侧线流量是改变沿塔向下流动的液体量。

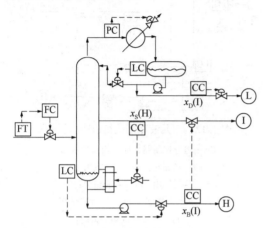
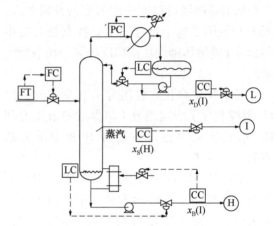

图 1.13　三元液相侧线精馏塔($x_S \rightarrow Q_R$)　　　　　　图 1.14　三元气相侧线精馏塔

CC—组分控制器；FC—流量控制器；　　　　　　　CC—组分控制器；FC—流量控制器；

FT—流量传送器；H—重组分；　　　　　　　FT—流量传送器；H—重组分；I—中间组分；

I—中间组分；L—轻组分；LC—液位控制器；　　　　L—轻组分；LC—液位控制器；PC—压力控制器；

PC—压力控制器；$x_B(I)$—塔釜中间组分杂质；　　　　　$x_B(I)$—塔釜中间组分杂质；

$x_D(I)$—馏出物中间组分杂质；　　　　　　　$x_S(H)$—侧线重组分杂质

$x_S(H)$—侧线重组分杂质

### 1.9.3　带汽提塔的侧线精馏塔

如上所述，由于侧线采出塔板上的液相与气相处于相平衡状态，侧线中的轻组分杂质难以控制，因此用简单的侧线精馏塔不能得到高纯度的侧线产品，于是需要修改流程来获得更高的侧线产品纯度。

图 1.15 显示了一个带汽提塔的液相侧线精馏塔流程图。来自精馏塔侧线的液体进入汽提塔塔顶，在汽提塔再沸器中加热，让轻组分杂质返回到精馏塔。这样就增加了一个额外的控制自由度，所以可控变量变成了四个。可以通过控制侧线产品中的轻组分和重组分的杂质，获得高纯度产品。

图 1.15 所示的控制结构是通过调节从主塔抽出并送到汽提塔顶部的液相采出量来控制侧线中的重组分杂质，采出更多的液体会增加重组分杂质。侧线中轻组分杂质可以通过调节汽提塔再沸器热负荷来控制，如果过多的轻组分从汽提塔塔底采出，则增加热负荷。汽提塔塔底的液位通过调节塔底液体的采出量来控制。

### 1.9.4　带整流器的侧线精馏塔

如果从主精馏塔中采出气相侧线，则可以使用带有整流器的侧线精馏塔来提高中间产品的纯度。如图 1.16 所示，气相侧线进入整流器底部，该塔具有自己的冷凝器和回流罐，这些提供了额外的控制自由度。整流器顶部的气相被冷凝，一部分回流至塔顶，另一部分作为产品采出。整流器中的压力通过调节整流器冷凝器中的热量来控制；塔底的液位通过调节塔底回到主精馏塔的液相流量来控制。

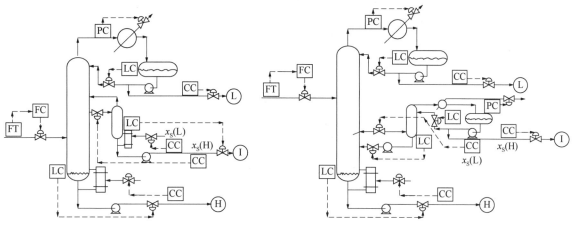

图 1.15 三元带汽提塔的侧线精馏塔

CC—组分控制器；FC—流量控制器；
FT—流量传送器；H—重组分；I—中间组分；
L—轻组分；LC—液位控制器；PC—压力控制器；
$x_S(L)$—侧线轻组分杂质

图 1.16 三元带整流器的侧线精馏塔

CC—组分控制器；FC—流量控制器；
FT—流量传送器；H—重组分；I—中间组分；
L—轻组分；LC—液位控制器；PC—压力控制器

我们可以控制侧线精馏塔产品中轻组分的杂质和重组分的杂质。通过调节供给到侧线精馏塔底部的蒸汽量来控制轻组分杂质；通过调节侧线精馏塔馏出物的流量来控制重组分杂质。

### 1.9.5 带预分馏塔的精馏塔

还有一种双塔结构是通过预分馏塔来进行三元物系的初始分割。该设计理念是保持所有的重组分不到预分馏塔的顶部，保持所有的轻组分不到预分馏塔底部。一些中间组分从塔顶采出，而另一些则从塔底采出。预分馏塔的馏出物在第二个塔的上部进料，预分馏塔底部物流在第二个塔的下部进料，在两个进料流之间的某一位置采出侧线，如图 1.17 所示。

这种结构可以防止重组分以液相形式从侧线采出，也可防止轻组分以气相形式从侧线采出。这样可以使侧线产物含有非常纯的中间组分。值得注意的是每个塔具有各自的再沸器和冷凝器，因而，这样做具备经济优势，两个塔的操作压力可以不同。

图 1.17 所示的控制结构调节了预分馏塔的回流和再沸器负荷，保持馏出物中重组分的浓度很低，同时塔底产物中的轻组分浓度很低。在主塔中，通过调节三个操作变量(馏出物流量、侧线流量和再沸器负荷)来控制三个产品中的杂质浓度。

### 1.9.6 分壁精馏塔

带有预分馏塔的侧线精馏塔可以改为只带有一个再沸器和一个冷凝器的精馏塔。一个垂直隔板放在塔中(不一定在正中间)，使来自提馏段的气相在隔板的两侧分开。在隔板的顶

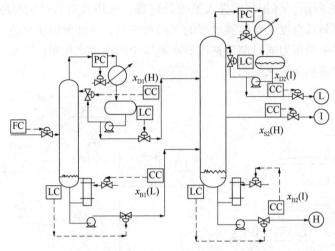

图 1.17　带有预分馏塔的侧线精馏塔

CC—组分控制器；FC—流量控制器；FT—流量传送器；H—重组分；I—中间组分；L—轻组分；LC—液位控制器；PC—压力
控制器；$x_{D1}(H)$—来自第一个塔的馏出物重组分杂质；$x_{D2}(I)$—来自第二个塔的馏出物中间组分杂质；$x_{B1}(L)$—来自
第一个塔的塔釜轻组分杂质；$x_{B2}(I)$—来自第二个塔的塔釜中间组分杂质；$x_{S2}(H)$—侧线重组分杂质

部，设置液体收集器收集从精馏段流下来的所有液体。液体的一部分送到隔板预分馏一侧的顶部，剩余部分送到隔板侧线精馏一侧的顶部，见图 1.18。

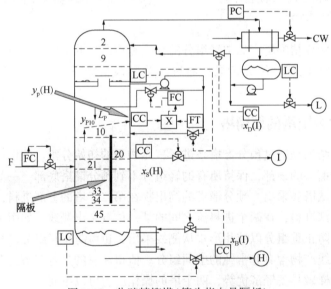

图 1.18　分壁精馏塔(箭头指向是隔板)

CC—组分控制器；CW—冷却水；FC—流量控制器；FT—流量传送器；H—重组分；I—中间组分；L—轻组分；
LC—液位控制器；$L_P$—隔板预分馏一侧顶部的液相进料；PC—压力控制器；$y_P(H)$—离开隔板进料一侧顶部的气相
中的重组分杂质；$x_D(I)$—馏出物中间组分杂质；$x_B(I)$—塔釜中间组分杂质；$x_S(H)$—侧线重组分杂质

因此，分壁精馏塔只需要一个回流罐和两个换热器，减少了一些分离设备的投资，有时也实现了节能。最经济的设计除了塔内四个部分中各部分的塔板数以及进料和侧线的位置最优之外，还包括找到最佳气相、液相的分割。注意，分壁精馏塔一经设计和制造完成，隔板的位置以及气相分割比例也随之确定。

这个过程具有四个控制变量：馏出物流量、侧线流量、再沸器热负荷以及液相的分割。在图 1.18 所示的控制结构中，通过调节四个控制变量中的前三个来控制三个产品流中的杂质。调节液相分割以确保非常少的重组分出现在离开隔板的预分馏侧的蒸汽中。当进料组成波动时，这对减少能耗非常有用。

### 1.9.7　热耦合精馏塔

与多效蒸发器功能相同，多效精馏塔可用于一些系统中以实现有效的节能。如果一个塔的回流罐温度高于第二个塔的再沸器温度，就可以使用一个换热器使两个塔热耦合，这个换热器同时用作高温塔的冷凝器和低温塔的再沸器。

有许多类型的热耦合精馏塔，下面分析一个进料分给两个精馏塔的情况。每个塔的馏出物和底部产物都达到设定纯度。设定一个塔的压力，使得冷却水可以在其冷凝器中使用（该冷凝器中馏出物达到规定的浓度，回流罐温度设定为 323K）。这个塔是低压塔（LPC）。该塔的底部温度由底部压力（回流罐压力加上全塔压降）和底部产品的组成决定。然后，设定第二个塔[高压塔（HPC）]的压力，使得其回流罐中的温度高于低压塔（LPC）塔底的温度。图 1.19 展示了这个流程。

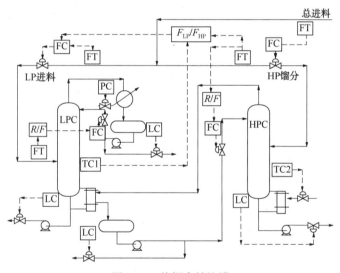

图 1.19　热耦合精馏塔

FC—流量控制器；$F_{LP}/F_{HP}$—低压塔进料量与高压塔进料量比值；FT—流量传送器；HP—高压；HPC—高压塔；LC—液位控制器；LP—低压；LPC—低压塔；PC—压力控制器；$R/F$—回流量与进料量比值；TC—温度控制器

温差越小，所需的传热面积就越大。大体而言，传热温差在 20K 是比较经济的。低压塔分离容易，在高压塔中分离就比较困难，因而从设备投资的角度，高压塔相对低压塔需要更多的塔板。

图 1.19 所示的系统设计为"完全匹配"的操作：HPC 中的所有冷凝热转化为 LPC 中的汽化热。LPC 不再设置再沸器来产生额外的蒸发；在 HPC 中不再设置冷凝器来提供额外的冷凝。然而在一些系统中，至少需要设计一个辅助的换热器，以增加操作灵活性并且改善动态控制。当然，后者的能耗将在一定程度上有所增高。

当单塔系统与热耦合双塔系统生产完全相同的产品时，有必要提供两个系统的经济性比较。以甲醇-水二元混合物分离为例：60mol%甲醇和40mol%水的进料，进料量10kmol/s，生产含甲醇99.9mol%的精馏产品和含水99.9mol%的塔底产品。假设在单塔流程中，塔在0.6atm下操作（冷却水可以用于冷凝器中），并且塔具有32块理论塔板。在计算得出的塔底压力和规定塔底产品组成条件下，塔底温度为367K。该塔的直径为5m，能耗35.6MW。

在热耦合双塔系统中，假设LPC也在0.6atm（1atm=101.325kPa）条件下操作，并且塔底温度为367K。HPC在5atm条件下操作，在这个压力下对应的回流罐温度为387K。因此，温差为20K。为简单起见，假设每个塔都有32块理论塔板（注意这并非经济最优化的结果），LPC的直径为3.5m，HPC的直径为2.6m。在HPC底部的再沸器能耗为21.8MW。因此，与单塔系统相比，热耦合双塔系统能量消耗降低了39%。

当然，HPC的塔底温度（428K）高于单塔系统的塔底温度（367K）。因此，在热耦合流程中必须使用比单塔流程具有更高温度的更高品阶热源。两个流程的比较应当基于成本，而不是基于能耗（MW）。假设在单塔流程中可以使用低压蒸汽（433K，7.78$/GJ），并且在热耦合流程中必须使用高压蒸汽（527K，9.8$/GJ），热耦合双塔系统节能效果仍然很明显，为22%。

两个流程的投资成本也很重要。单塔流程中塔和两个换热器的总投资为340万美元，热耦合流程中的两个塔和三个换热器的总投资为288万美元。这种有些令人惊讶的差别源于较小直径的塔和所需较小的传热面积（由于较低的传热速率）。

图1.19所示的控制结构是通过控制HPC的再沸器负荷来控制HPC（TC2）的温度。当然，HPC的蒸汽情况决定了LPC中的蒸汽量。LPC没有自己的单独再沸器用于控制温度，因此必须找到一个控制LPC温度的操作变量。所选择的自由控制变量是进料量的分配（LPC的进料量占总进料量的比值）。

通过控制HPC的进料量，对该过程的总进料进行流量控制。在LPC进料量和HPC进料量之间建立一个比值，因此总进料量控制器的设定值的增加导致两个塔的进料量的增多。两个进料量的比值（$F_{LP}/F_{HP}$）通过LPC中的温度控制器（TC1）来设定。

注意，由于两个再沸器负荷和进料量分配影响两个塔的温度，因此这两个温度控制回路相互影响很大。必须根据这种相互作用对控制器进行顺控设置。在两个塔中使用回流进料比，馏出物流量控制回流罐液位，塔底采出量控制塔釜液位。通过调节冷凝器的冷却水来控制LPC中的压力，HPC中的压力不用控制，它随着产量和组分的变化而上下波动。

### 1.9.8　萃取精馏

当非理想组分相平衡形成共沸时，萃取精馏是实现有效分离的方法之一。共沸产生了精馏边界，阻碍了在单个精馏塔中的组分分离。在萃取精馏中，采用重组分溶剂来改变相平衡，使得在双塔系统中实现想要的分离。

本节以丙酮/甲醇体系萃取精馏为例。丙酮（沸点为329K）和甲醇（沸点为338K）的二元混合物在328K下形成均相共沸物，组成为77.6mol%丙酮。在第一个塔中间附近进料，将诸如二甲基亚砜（DMSO，沸点463K）的重组分（高沸点）溶剂从塔顶附近的几个塔板处加入。DMSO优先吸收甲醇，因此甲醇和DMSO从塔底出来，馏出物是高纯度丙酮。图1.20展示了该流程。

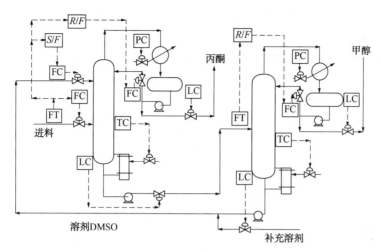

图 1.20　萃取精馏

DMSO—二甲基亚砜；FC—流量控制器；FT—流量传送器；LC—液位控制器；PC—压力控制器；
R/F—回流量与进料量比值；S/F—溶剂量与进料量比值；TC—温度控制器

　　来自第一个塔(萃取塔)的塔底物料基本上是甲醇和 DMSO 的二元混合物，其在第二个塔(溶剂回收塔)中很容易地分离：塔顶采出甲醇，塔底采出 DMSO，并循环回到第一个塔。

　　萃取精馏系统的设计需要同时考虑两个塔的经济优化。主要的优化设计变量是萃取塔中的溶剂量与进料量比值(S/F)和回流比(RR)。较高的溶剂量与进料量比值改善了关键组分之间的分离，但增加了溶剂回收塔中的能耗。回流比和产物纯度之间存在不寻常的非单调关系。过多的回流会稀释溶剂，让一些甲醇进入塔顶，从而降低丙酮的纯度；太少的回流使一些溶剂进入塔顶，也降低了丙酮的纯度。

　　图 1.20 所示的控制结构设置了溶剂量与进料量比值(S/F)，并通过调节再沸器负荷来控制每个塔中的温度。控制 R/F，用馏出物流量控制回流罐液位；用来自萃取塔的塔底产物流量控制塔釜液位。由于两种产物损失量都很少，可以通过调节补充溶剂的流量来控制第二个塔(溶剂回收塔)的塔釜液位。在 DMSO 溶剂系统中，由于这些损失非常小，因此溶剂回收塔的塔釜液位必须确定，以应对当采出量改变时必然产生的瞬时变化。例如，假设增加进料量，"S/F"参数设定会立即增加溶剂的量，这将降低溶剂回收塔塔釜液位。然而，进料量和溶剂量的增加最终以液体流动的方式到达萃取塔下面，并开始增加萃取塔塔釜液位。液位控制器增加溶剂回收塔的进料，最终以液体流动的方式到达该塔下面，并开始带动塔釜液位回升。溶剂回收塔塔釜必须合理选型以应对这些瞬时的变化。

### 1.9.9　非均相共沸精馏

　　另一种利用精馏分离共沸物的方法是非均相共沸精馏。它添加一种被称为"轻组分夹带剂"的介质，并与其中一个关键组分有着较强的分子间作用力，以大大增加该关键组分的挥发性，同时将该组分带到塔顶。此外，这种作用力如此之大，使得当塔顶气相冷凝时，形成两个液相并分层。由于密度差异，这些"油和水"部分互溶的液体在油水分离器中分离。水相比油相重。

　　为了说明这种类型的过程，本节以乙醇脱水过程为例，使用苯作为轻组分夹带剂。乙醇和水在常压、351K温度下形成低沸点均相共沸物，共沸物组成为90mol%乙醇和10mol%水。乙醇的沸点为351.1K，水的沸点为373.2K。

　　大多数乙醇是在间歇发酵罐内生产的，其浓度较低（4mol%~6mol%），并可以在单塔精馏浓缩至84mol%的乙醇溶液。为进一步提纯乙醇，就需要引入双塔组成的脱水装置。在第一个塔顶部加入富含苯的回流，由于苯和水的差异很大，它们都被带到塔顶。如果加入足够多的苯，塔底产物是高于共沸物浓度的高纯度乙醇。塔顶气相具有接近三元共沸物的组成：53.0mol%苯、27.5mol%乙醇和19.5mol%水。冷凝后，分成两个液相，水相由7.24mol%苯、47.04mol%乙醇和45.72mol%水组成；有机相由84.35mol%苯、14.14mol%乙醇和1.51mol%水组成。

　　图1.21为非均相共沸精馏流程图。有机相回流至第一个精馏塔，水相进入第二个塔，第二个塔将水从底部除去，产生的塔顶馏出物循环回到第一个塔。

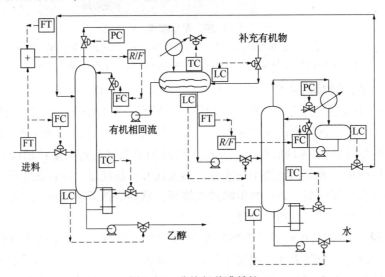

图1.21　非均相共沸精馏

FC—流量控制器；FT—流量传送器；LC—液位控制器；PC—压力控制器；R/F—回流量与进料量比值；TC—温度控制器

　　该过程的设计由于非理想程度高而变得棘手。由于存在多个稳态解，使得模拟研究变得困难。精确地找到有机相恰当的回流量是关键，太多的苯导致一些苯随乙醇从塔底流出，太少的苯会使水从塔底流出。在塔底产物中获得所需的高纯度乙醇需要精准的平衡。

　　当进料的流量和组成出现波动时，控制系统必须保持这种微妙的平衡。图1.21所示的控制结构有两个重要的回路。第一个塔的再沸器热量输入控制着塔板温度，使得苯不能从塔底流出。按照保持有机相回流量与两个进料量（新的进料和从第二个塔回收的馏出物）总和的比例，将足够量的苯加入塔中。

### 1.9.10　超精馏塔控制

　　分离相对挥发度非常低的组分的精馏塔需要大量塔板（>100）和高回流比（>10）。其常见的实例是用$C_3$分离塔分离丙烯和丙烷，以及异构体（例如异戊烷和正戊烷）的分离。

　　高回流比决定回流罐液应通过调节回流量来控制，因为馏出物流量比塔顶气相流量小得多。为避免控制阀满程，应该使用较大的流量来控制液位。同样的情况发生在塔釜中，塔

底产物流量比返回塔底的液体少得多，这表明塔
釜液位应通过调节再沸器负荷来控制。图 1.22 显
示了流程图和这种控制结构(被称作 DB 结构)。

　　一般来说，在稳态条件下，两个产物的流
量加起来必须等于进料的流量，我们不能分别
设置两个产物的流量，故这种结构(DB)显得
很奇怪。由于流体力学的原因，这种控制结构
对具有大量塔板的塔有效。两个组分控制器设
置两个产物的流量，回流罐液位由回流量控
制，塔釜液位由蒸汽量控制。

　　DB 控制结构的主要问题是它比较脆弱。
如果任意一个组分控制回路是手动的，那么这
个组分的流量将为固定值，此时，这种结构将
失效。根据前面提到的精馏控制第一条定律，
如果馏出物或塔底产物的流量是固定的，组分

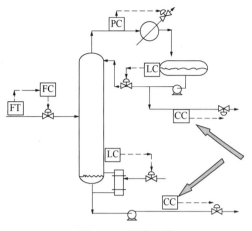

图 1.22　超精馏塔

CC—组分控制器(箭头指向)；FC—流量控制器；
FT—流量传送器；LC—液位控制器；PC—压力控制器

就不能被控制。因此，如果两个组分控制器中的一个出现故障，控制结构必须随之调整。

## 1.10　装置中的精馏塔

　　截至目前，本章介绍的所有精馏塔控制结构都是孤立的。这些控制结构是为了满足单独
精馏塔的控制目标，不考虑精馏塔如何与装置内其他单元匹配。装置控制结构与精馏塔作为
独立单元使用的控制结构有显著的差别。

　　如图 1.23 所示，该系统具有典型的多单元流程，有反应部分和分离部分。反应器是等温
连续搅拌釜反应器，其中发生可逆反应 A+B ⇌ C。反应器采出的是产物 C 与未转化的反应物 A
和 B 的混合物，必须进行分离。由于挥发性是 $\alpha_A > \alpha_C > \alpha_B$，需要使用两个精馏塔，采用间接分
离顺序。最重的组分 B 从第一个塔的底部采出并回收。第一个塔的馏出物是 A 和 C 的混合物，
该混合体系在第二个塔中分离成塔底产品 C 和塔顶馏出物 A，A 循环进入反应器中。

　　装置控制的关键问题是对反应物 A 和 B 的进料的管理。两个塔的温度控制器使反应物
A 和 B 的损失保持在非常低的水平，因此，每种反应物的所有消耗都发生在反应器中。流量
测量误差和进料组成的变化使得单一的进料比的方案无效，必须使用反应物的累积或消耗的
一些内部测量数据来提供反馈信息，以便调节进料量。

　　图 1.23 展示了实现这一目标的一种控制结构。系统中 B 的积累量可以通过第一个塔釜
的液位来检测，系统中 A 的积累量可以通过第二个塔的回流罐的液位来检测。因此，调整
两个进料来控制这两个液位(使用反作用控制器)。进料流和循环流合并之后的流量被各个
循环回路控制，可通过调节这两个流量控制器的设定值来改变产量。

　　乍看起来，在装置源头通过操控 A 的进料量来控制装置末端第二个塔回流罐中的液位
似乎不妥。然而，改变进料量对回流罐液位会立即产生影响。当回流罐液位下降时，反作用
的液位控制器将增加进料的补充量。由于已经控制了总进料量，因此离开回流罐的液体流量
立即减少，这就达到增加液位的预期效果。图 1.23 中未显示如何设置回流量，通常两个塔

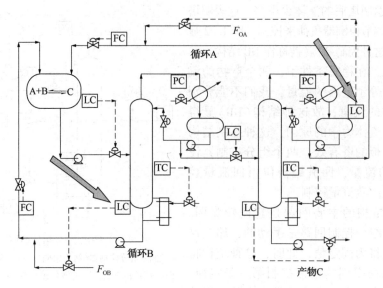

图 1.23　装置中的精馏塔控制结构

FC—流量控制器；$F_{OA}$—反应物 A 的进料量；$F_{OB}$—反应物 B 的进料量；

LC—液位控制器；PC—压力控制器

都设有回流量/进料量比值。

装置控制的第一定律是：很难找到一个适用于全装置的控制结构。

确实存在一些有效、可行的装置控制结构。图 1.23 是一种可能性，图 1.24 则显示了另一种可能性。在这个方案中，内部信息的反馈来自组分传感器，从而判断系统中的反应物 A 是累积或是被消耗。通过调节 B 的进料量来控制反应器的液位。反应器的采出采用流量控制。

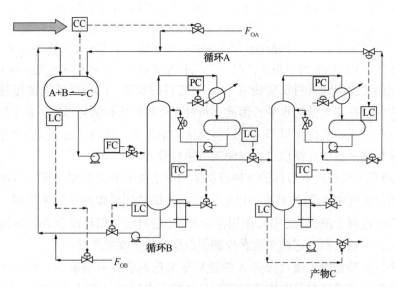

图 1.24　另一种同样可行的装置控制结构

虚线代表控制信号线。CC—组分控制器；FC—流量控制器；$F_{OA}$—反应物 A 的进料量；

$F_{OB}$—反应物 B 的进料量；LC—液位控制器；PC—压力控制器

　　这两种可行的装置控制结构都基于如下原则，即，必须以某种方式测量内部反应物发生积累的反馈信息，以便对进料量进行适当调整。基于计量的化学反应必须将平衡"落实到最后一个分子"。

## 1.11　小结

　　本章讨论并举例说明了精馏塔控制的一些基本概念。希望对这一主题的介绍是有用的，并为开发有效的精馏控制结构提供一些实用指导。

### 参 考 文 献

[1]　O. Rademaker, J.E. Rijnsdorp, Maarleveld, Dynamics and Control of Continuous Distillation Units, Elsevier, 1975.
[2]　F.G. Shinskey, Distillation Control, McGraw-Hill, 1977.
[3]　P.S. Buckley, W.L. Luyben, J.P. Shunta, Design of Distillation Column Control Systems, Instrument Society of America, 1985.
[4]　P.B. Deshpande, Distillation Dynamics and Control, Instrument Society of America, 1985.
[5]　W.L. Luyben (Ed.), Practical Distillation Control, van Nostrand Reinhold, 1992.
[6]　W.L. Luyben, Distillation Design and Control Using Aspen Simulation, second ed., Wiley, 2013.

# 第 2 章   精馏问题的常见解决方法

Henry Z. Kister

美国福陆工程建设有限公司

一个著名的销售理论指出，80%的业务往往来源于20%的顾客。针对这种理论制订的销售策略重点服务这20%的客户，同时也不忽略其他客户。精馏问题的解决遵循类似的理论。对精馏塔进行故障排除的人员必须充分了解导致绝大多数塔故障的因素是什么。对于这些因素，必须能够区分良好的做法和不良的做法，然后正确地评估不良做法所带来的不良影响及与当前作业的相关性。虽然拥有丰富的精馏知识是有用的，但拥有浅薄的知识对故障排除者来说已足以应对。

众所周知，故障排除是工程师、主管和操作人员的主要工作职能。很少有人意识到精馏故障排除始于设计阶段。任何希望实现无故障塔设计的设计人员都必须像塔操作人员一样熟悉如何排除故障。

两种常见的故障排除方法和医学中的一些方法类似。一种常见的做法是等待疾病发作后再寻求帮助。这种类型的故障排除由工程师、主管和操作人员实施。更好的做法是"预防性故障排除"，其目的是在疾病发生之前消除引起疾病的原因。虽然预防性故障排除很少做到尽善尽美，但它有助于减少潜在"疾病"的发生机会，降低"疾病"的严重性和减轻疼痛。

造成塔故障的绝大多数因素已在其他章节中详细描述过[1,2]。许多资料会区分良好和不良做法，并提出避免和克服故障的设计和操作的指南[3]。本章首先简要探讨塔故障的主要原因和有效用于发现故障的工具。其次，着重介绍基本的故障排除方法，即用于解决精馏问题的常用方法以及测试理论。最后，重新审视测试这些理论的技术，并重点关注最可能的根本原因。第 3 章详细说明了关键测试技术、测试程序和数据处理。

## 2.1   塔故障原因

人们可以从文献中检索到约 1500 个塔故障的案例[2]。研究人员对大多数故障进行了分析，并根据其主要原因进行了归类。表 2.1 给出了常见的塔故障因素总结。假设这些案例具有代表性，则下面的分析具有统计学意义。因此，表 2.1 可以为最可能导致塔故障的因素提供有用的指导，并可以引导故障排除者找到最可能产生问题的地方。

表 2.1   常见的塔故障因素

| 编号 | 原因 | 案例的数量 | 炼油行业 | 化工行业 | 烯烃/天然气工厂 |
|---|---|---|---|---|---|
| 1 | 堵塞、结焦 | 121 | 68 | 32 | 16 |
| 2 | 塔基础和再沸器返回 | 103 | 51 | 22 | 11 |
| 3 | 塔内件损坏(不包括爆炸、起火和破裂) | 84 | 35 | 33 | 6 |

续表

| 编号 | 原因 | 案例的数量 | 炼油行业 | 化工行业 | 烯烃/天然气工厂 |
|---|---|---|---|---|---|
| 4 | 异常运行事件(开车、停车、试运行) | 84 | 35 | 31 | 12 |
| 5 | 安装问题 | 75 | 23 | 16 | 11 |
| 6 | 填料液体分布器 | 74 | 18 | 40 | 6 |
| 7 | 中间抽出(包括集液箱) | 68 | 50 | 10 | 3 |
| 8 | 错误测量 | 64 | 31 | 9 | 13 |
| 9 | 再沸器 | 62 | 28 | 13 | 15 |
| 10 | 化学品爆炸 | 54 | 11 | 34 | 9 |
| 11 | 发泡 | 51 | 19 | 11 | 15 |
| 12 | 模拟计算 | 47 | 13 | 28 | 6 |
| 13 | 泄漏 | 41 | 13 | 19 | 7 |
| 14 | 组成控制困难 | 33 | 11 | 17 | 5 |
| 15 | 冷凝器不工作 | 31 | 14 | 13 | 2 |
| 16 | 控制装置 | 29 | 7 | 14 | 7 |
| 17 | 压力和冷凝器控制 | 29 | 18 | 3 | 2 |
| 18 | 超压释放 | 24 | 10 | 7 | 2 |
| 19 | 板式塔进料 | 18 | 11 | 3 | 3 |
| 20 | 火灾(无爆炸) | 18 | 11 | 3 | 4 |
| 21 | 中间组分累积 | 17 | 6 | 4 | 7 |
| 22 | 化学品泄漏至空气中 | 17 | 6 | 10 | 1 |
| 23 | 过冷问题 | 16 | 8 | 5 | 1 |
| 24 | 板式塔中的低液相负荷 | 14 | 6 | 2 | 3 |
| 25 | 再沸器和预热器控制 | 14 | 6 | — | 5 |
| 26 | 液液两相 | 13 | 3 | 9 | 1 |
| 27 | 热集成问题 | 13 | 5 | 2 | 6 |
| 28 | 填料效率不好(不包括分布不均、压圈和支撑) | 12 | 4 | 3 | 2 |
| 29 | 复杂的塔板布置 | 12 | 5 | 2 | — |
| 30 | 塔板漏液 | 11 | 6 | 1 | 3 |
| 31 | 填料压圈和支撑 | 11 | 4 | 2 | 2 |

参考文献[1]: Reprinted courtesy of the Institution of Chemical Engineers in the UK。

表 2.1 中的数据则通常不适用于特定的塔或装置。例如,表 2.1 中"发泡"出现的频率并不太高,然而在胺吸收中,发泡是最常见的问题。因此,不要盲目地将表 2.1 中的数据应用于任何特定的情况。表中最后 3 列表示按行业类别划分的案例数。

从表 2.1 可以看出:

(1)堵塞、塔基础、塔内件损坏、仪表和控制问题、开车或停车问题、过渡段(塔基础、填料流体分布器、中间抽出、进料)和安装问题是塔故障的主要原因,占报告的事件的一半以上。因此,参与精馏塔和吸收塔故障排除的人员必须熟悉这些问题。

（2）基础设计是一个非常广泛的主题，包括气液平衡、回流和理论级的关系、逐板计算、多组分精馏的特征、塔板和填料效率、放大、塔径确定、流动形式、塔板类型，以及填料的尺寸和材质。这个主题是目前主要的精馏研究内容[4~7]，这也许代表了现在大部分精馏技术的已有认知。虽然这个主题对于设计和优化精馏塔至关重要，但在精馏操作和故障排除方面只起到很小的作用。如表 2.1 列出，14 起事故中只有 1 起是由基础设计阶段的问题引起。对于新分离系统这个数字可能会更高，但对于已有、在用的分离塔，这个比例会比较低。由于已在其他很多研究中涉及[4~7]，而本书的覆盖范围有限，本章将不讨论该主题。

（3）上述建议不应被理解为"我们建议塔维修不需要熟悉基础设计"。一个好的塔维修人员必须对基础设计有充分的认知，因为它是精馏技术的基础知识。然而，上述陈述确实表明，一般来说，当塔维修人员排查主要由设计引起的故障，发现的概率不到 1/10。

# 第一部分　精馏塔故障诊断：怎样排查起因

## 2.2　已有的精馏塔维修案例

在 2.3 节和 2.4 节中将提到解决精馏问题的系统方法。下面我们用已有的精馏塔维修案例来说明其操作步骤。

以下是真实发生的事故。一天早上，我坐在公司总部的办公桌前，老板来到我的办公室，并带来了一个不好的消息。一个分公司炼油部门的经理来电，讲述了他在新建炼油厂中发现的问题。他从中选择了一个我负责工艺设计的气体处理装置作为一个有问题的案例。这个经理只有一句抱怨："这个气体处理装置不能正常运行。"

因此，我被立即派往该炼油厂，以确定我的设计在哪方面有问题，从而从错误中学习，避免重复错误。

到达炼油厂后，我见到了该厂的操作主管们。他们告诉我，工艺设计没有一点问题，有问题的是仪表操作。好在炼油厂主管仪表工程师很快就解决了该问题。

随后，我遇到了装置操作人员，他们提供了更具体的信息。他们观察到循环泵［见图 2.1(a)］有些问题。每当他们将热油打到脱丁烷塔再沸器时，气体处理装置就会变得不稳定，再沸器的热负荷和回流量会变得很不稳定。很显然，热油循环泵的出口压力大幅波动，所以他们认为需要一个新的低汽蚀余量的泵。

这两个相互矛盾的问题让我无从下手。但我知道，故障排除的关键是眼见为实，所以我决定进行一个现场测试。

当我到达气体处理装置时，吸收塔和脱丁烷塔都在正常运行，但显然有问题。图 2.1(b)显示了气体处理装置的配置。脱丁烷塔的回流量如此之低，以致馏分产量相当低。此外，脱丁烷塔的操作压力比设计压力低约 700kPa。仅有少量的油气从回流罐产出，基本没有液体。由于气体处理装置的目的是回收液体的丙烷和丁烷，因此那位炼油部门经理关于气体处理装置不能正常运行的说法是准确的。

首先，我向操作班长介绍了自己，并解释我的到访之意。在获得运行测试的许可后，我

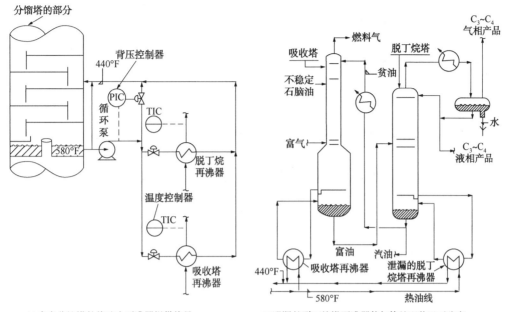

(a)来自分馏塔的热油为再沸器提供热量　　(b)泄漏的脱丁烷塔再沸器使气体处理装置不稳定

图 2.1　精馏塔故障排查的历史案例

参考文献[8]：Reprinted courtesy of PennWell Publishing Co.

将气体处理装置的控制面板上的所有仪表从自动控制切换到本地手动控制。然后，我增加了到吸收塔的贫油流量、脱丁烷塔的回流量和脱丁烷塔再沸器的热油流量。

气体处理装置开始表现得很好，热油循环泵输出的流量和压力都稳定。然而，从脱丁烷塔回流罐出来的仅有油气，这定是因为脱丁烷塔的操作压力太低，无法使 $C_3$、$C_4$ 产品冷凝。通过缓慢关闭回流罐排气阀，我将脱丁烷塔压力逐渐从 700kPa（G）提高到其设计操作压力 1380kPa（G）。

突然，在 900kPa（G）时，到脱丁烷塔再沸器的热油流量开始骤减；在 930kPa（G）时，脱丁烷塔压力和热油流量均骤降，这表明该操作单元绝对有问题。脱丁烷塔操作压力怎么可能影响热油流量呢？

为了恢复气体处理装置的运行，我降低脱丁烷塔的回流量和吸收塔的贫油流量。我又回到了起点，并有了将会失败的预感。

但我依然重复两次上述操作。每次都是刚开始时一切进展顺利，直到脱丁烷塔压力增加。这时已经是凌晨 3 点，我正打算放弃然后回家。

就在那时，我注意到分馏塔控制面板的一个不起眼的提示。在那里，操作人员说，分馏塔已经是今天晚上的第三次液泛了，而不知为何，分馏塔的石脑油产量却增加了一倍。

在每个故障排除过程中，总会在某个特殊的时刻，当所有的碎片信息汇集时，真相便以简明的方式显露出来。

当我将脱丁烷塔压力调至 700kPa（G）时，分馏塔的液泛就立即消失了。操作人员将再沸器的热油进口截止阀关闭并打开排净阀，排出的是石脑油，不是瓦斯油。这表明脱丁烷塔再沸器存在换热管泄漏。

每当脱丁烷塔压力达到 900kPa（G）时，再沸器压力超过热油压力，相对低沸点的石脑油流入加热系统的热油中并发生瞬时闪蒸。这将产生大量的气体从而阻止了热油的循环。石脑油气体进入分馏塔中并且导致该塔液泛。

## 2.3　解决精馏问题的策略

几乎在所有故障排除任务中，用户都希望尽可能迅速而且最少花费地解决问题。在众多案例中，只有部分实现了这一目标。导致这一情况出现的主要障碍之一就是处理问题的策略较粗糙(常常还没有策略)。

当制订故障排除策略时，考虑"医生和病人"的类比是有益的。医生在治疗中的故障诊断策略是公认的且是容易被大多数人理解的。将相似的原理应用于解决精馏问题通常可以制订出最有效和最经济的行动方案。以下介绍的策略适用于医疗问诊，在精馏故障排除时也同样有效。

顺次进行以下步骤，通常被认为是解决故障问题的最佳方法。这是基于作者以及他人的经验[8~13]，并参考了医患诊断的类比。利伯曼案例(见第 2.2 节)阐明了最佳步骤顺序。一个好的故障排除策略总是逐步进行的，从简单明了开始。

**1. 救治患者并防止疾病传播给他人**

评估可能产生的安全或环境危害。如果存在危险，则在进行故障排除工作之前，需要采取紧急措施。类比于医学方面，采取措施救治患者或防止患者的疾病传染给其他人总是比调查问题的起因具有更高的优先级。

**2. 临时策略：住院、卧床休息、特殊饮食**

实施临时策略以解决问题。问题的识别、分析、解决都需要时间。与此同时，对安全、环境和工厂效益的不利影响必须最小化。该策略还需要尽可能地具备可操作性。该策略和被暂时容忍的不良影响(例如不稳定性、生产损失、不合格产品)通常影响故障排除的速度。

在前面介绍的脱丁烷塔的案例中，临时策略是在足够低的压力下运行该塔，在消除不稳定性的同时接受不合格的塔釜产品。类比于医学方面，临时策略是住院或卧床休息，或仅仅是"放轻松"。

**3. 确定治疗的紧迫性：是危及生命还是可以忍受?**

如果步骤 2 中的解决方案是可接受甚至较轻微的程度，那么紧随其后需要考虑的就是估计问题的复杂性，盘点可用的资源，这些将决定故障调查的效率。如果对安全或环境有重大影响，或塔无法正常生产，或者对工厂的效益有极大的影响时，此类故障通常归于"高"紧急类。当塔的处理能力不足或产品质量虽有欠缺但仍可以操作并生产合格产品时，此类故障通常归于"中等"紧急类。而当操作存在不稳定性，出现干扰但对生产成本影响不大时，此类故障应归于"低"紧急类。在脱丁烷塔的例子中，由于塔顶无产品并且塔底产品不合格，应该归于"中"到"高"紧急类。对应于医疗救助，当面临生命危险时应快速抢救，而一般的病痛则可稍缓处理。

**4. 医生从病人那里获得问题描述(详细症状)**

获得明确、真实的症状描述。糟糕的症状描述是最常见的故障诊断陷阱之一。在上述脱丁烷塔的案例中，针对再沸器换热管破裂带来的故障，不同的人给予不同的说明：

a）气体处理装置无法正常运转。

b）由于仪表故障，装置运行不稳定。然而，问题很快由仪表工程师解决。

c）热油循环泵有故障。每当提高再沸器的热油流量时，再沸器的热负荷和回流量将变得不稳定，并且泵的出口压力将大幅波动。需要一个低汽蚀余量的新泵。

d）该塔虽然运行平稳但是回流量太低，因此降低了分馏效率。塔操作压力比设计值低700kPa。工作介质原本应该主要在回流罐内，并无液相采出，仅有少量气相产出。操作人员注意到的其他问题如上所述。

以上就是问题描述的典型现状。由故障排除专家提供的最后一个描述可以清楚地知道问题所在。前两个描述不够明确、不够详细。第三个描述谈及部分真相，但却忽略了主要部分。前三个描述还包含对故障原因的猜测，无一正确。

倾听相关人员的叙述有助于得到详细的答案。其中一些可能是至关重要的，这是很容易错过或忽视的细节。不同的人关注不同的细节，谈话可以带出隐藏的细节。在脱丁烷塔的案例中，装置操作人员的观察成为问题描述的一部分。

前三个描述等同于医生/病人之间诸如"我觉得我要死了""我感觉有点难受，但我很快就会好了""我头疼得厉害（没有提及其他痛苦和发烧）"的对话。很显然，这些对话没有提供给医生全部的信息。

**5. 医生检查病人**

如果问题描述很差，那么故障排除者亲自检查塔的症状是很有必要的。在脱丁烷塔的案例中，如果故障排除者的调查完全基于其他人的观察结果，那么他将无法抓住问题的主要矛盾。人与人之间总是存在着一些沟通障碍，而且这些障碍往往难以跨越。类似地，医生总是需要在开始治疗之前检查患者。

**6. 医生寻找肿胀、皮疹或声音**

在塔的周围转转，查看外部的标志。检查所有与产品相关并包含阀门的管路，并测量阀门两侧的温度。阀门经常出现泄漏或者被误开。篮式过滤器的滤网可能在清洗之后没有装回去。听一听从塔中发出的声音。这些声音可能预示着振动、喷溅、晃动、螺母松动或泵汽蚀。塔出现晃动表明塔釜液位过高。

**7. 医生获得病人的健康史**

了解塔的历史记录。"我们现在做错了，然后我们之前做得对吗？"这个问题也许是最有效的故障排除工具。如果塔是新的，请仔细检查该塔和相似用途的塔之间的差异。此外，检查预期性能和实际性能之间的差异。每个差异都有可能提供一个主要线索。医生总是询问病人的健康史，寻找类似的线索。在脱丁烷塔案例中，描述者就对塔的操作与设计性能作了比对（他当时正设计一个新塔）。

挖掘过去也可能揭示一个复发性（"慢性"）问题。如果是这样，在过去和现在的情况之间很容易找到正确的联系。要仔细甄别这些联系，新问题可能与过去的问题有相同的症状，但却是由完全不同的原因引起的。

调查历史还可以察觉隐患。在一个案例里[10]，对塔的一项改变导致塔的效率下降。如果这种损失没有被注意到，那么性能降低将成为常态。几年以后，人们才注意到这个问题。

### 8. 医生询问病人首先发生的症状

在故障发生时搜索和扫描问题。仔细查看操作图表、趋势、计算机记录和操作人员日志。建立故障时间表以便区分初始问题及其后果。Harrison 和 France[10] 使用案例历史与实际操作图表来证明建立故障时间表的价值。他们的经验将在 2.16 节中讨论。在医学方面，医生总是会问患者在疾病开始的时候，他们是不是做了与众不同的事情，以及最先发生了什么。

其中包括可能出现完全无关的事件，因为这些事件可能以模糊的方式与问题相关联。在脱丁烷塔的例子中，观察到分馏塔中的液泛与脱丁烷塔变得不稳定，成为故障排除者的重要线索。乍一看，两者似乎完全无关。

### 9. 医生了解家族健康史

不要将调查局限在塔上。通常，塔的问题源于上游设备。医生经常通过向患者询问他们已经接触的人或他们的家族健康史来寻找线索。

倾听现场操作人员和主管的意见。有经验的人经常可以发现问题，即使他们不能完全解释或说明它们。这些人的意见经常可以提供某条重要的线索。在脱丁烷塔例子中，一些关键的线索是由这些人提供的。

### 10. 医生检查病人的反应("深呼吸")

通过进行小而易得的更改措施来研究塔的反应。这些对于故障的筛查特别重要，它们可能包含重要的线索。记录所有的观察数据并收集数据，这些也可能包含某条主要的线索。因为随着调查的继续，这些问题可能很容易被隐藏和忘记。在脱丁烷塔案例中，故障排除者增加了塔压并观察其表现。这使得故障排除者观察到，脱丁烷塔的压力影响热油流量——这是故障排除的一个主要步骤。在医生和病人的类比中，这类似于医生要求病人在医疗检查期间深呼吸或暂时停止呼吸。

### 11. 医生获得实验室测试和验血报告

在塔及其辅助设备上取出一组良好的记录，包括实验室分析数据。仪表、样品和分析提供的误导性信息是塔故障的常见原因。始终对仪表或实验室读数持怀疑的态度，并尽可能多地交叉检查以确认其有效性。即使仪表技术人员保证他们的操作是正确的，仪表也可能发生故障。在一个实例[2,11]中，不合理的管道设计导致了回流流量计的读数有误。调查管道是否有异常，例如管道布置不当、阀门泄漏、控制阀黏滞和阀门半开半闭。编制质量平衡、组分平衡和能量平衡公式，这些公式用于仪表显示的一致性检查并排查泄漏的可能性。该步骤等同于医生对患者进行的体检。仔细检查塔的图纸是否有反常之处。

根据工程实践经验检查塔内件，并确定是否有不符合图纸的地方。如果是，请检查此类违规的后果及与信息的一致性。在测试条件下进行水力学计算，以确定是否接近或超过了操作限值。

如果涉及分离问题，则进行塔的计算机模拟；检查测试样品、温度读数和换热器热负荷。

### 12. 医生使用超声波、X 射线和其他无创伤性检查

如果需要更多的信息，就像在塔内看到的，有大量的无创伤性技术可以提供良好的观察，其中一些技术的科技含量较高。这些技术包括伽马扫描、中子反向散射、表面温度调

查、CAT 扫描、示踪剂注射、定量多道伽马扫描等。这些相当于医学中使用的超声波、X 射线、核磁共振和 CT 扫描等。

**13. 医生批判性地接收不同来源的结果**

从一种技术获得的数据应该与其他技术的数据一致。例如，如果测试血液，使用如伽马扫描和差压测量都得出相同的结果。调查所有不一致性，这可能提供一条重要的线索，必要时重复测量。医生核对 X 射线的结果是否与他们的检查结果以及血液测试结果一致。

## 2.4　制订和测试理论的注意事项

按照前面的步骤，现在应该能有一个较好的问题描述。在一些案例中（如脱丁烷塔），具体的原因可能也已经找到。如果还没有归因，那应当收集足够的信息，并甄别可能的原因以期形成结论。一般来说，当出现问题时，每个人都会有一套理论。在下一阶段的调查中，通过试验或者试错对这些理论进行检测。

以下指导适用于此阶段：

**1. 让你的事实正确**

多次检查数据的有效性，直到它们是正确的，不要做任何假设。请参见 2.3 节中的步骤 11 进行验证检查。不正确的数据将导致错误的结论，并远离正确的分析。寻求相互独立的方法来确认或核实测量及观察的有效性。任何理论必须与经充分验证的数据一致，充分验证的数据构成了提出理论的坚实基础。

**2. 理论和数据**

逻辑是美妙的，只要它符合事实。从理论和数据中明确事件的真相，避免"根据一个很好的理论去筛选数据"的陷阱。以数据为依据，没有"不可能"的数据。如果数据出现异常，应进行额外验证，检查核实或弃用。当你有了意义重大的数据，好好地利用它们。

**3. 向过去的经验学习**

精馏失效是常见现象（见 2.5 节）。因此，从前车之鉴中总结形成的完备理论是无价之宝。探索事情的起源而非纠结于疾病对身体带来的损伤。

**4. 想象发生了什么**

在试图归因时，尝试构想在塔内发生了什么。一个有效的方法是将自己想象成在塔里流动的质点，可能是液体或蒸汽（再现当时的场景）。请记住，这个策略在简化问题时屡试不爽。

**5. 代入日常生活的类比**

另一个有用的方法是代入日常生活的类比。塔内部发生的过程和那些发生在厨房、浴室，或在院子里的事情没有太大的区别。例如，在喝饮料的时候吹气到吸管中会使饮料飞溅，同样，再沸器的返回口一旦淹没在液面下，将会导致液沫夹带以及液泛。

**6. 不要忽视显而易见的事情**

在大多数情况下，越简单的理论，越有可能是正确的。

### 7. 谨防"明显的错误"陷阱

一个明显的错误不一定是问题的根源。最常见的一种故障诊断陷阱是当一个明显的错误被发现时便中断或延迟进一步的故障诊断。通常，这符合大多数人的逻辑，人们都认为这个明显的错误是问题的原因。根据笔者多年的经验，在很多情况下，纠正了一个明显的错误，既没有消除故障也没有改进性能。一旦发现一个明显的错误，最好是把它当作另一种推测，并(在试错中)给予调整。

### 8. 问"为什么?"

在脱丁烷塔的例子中，故障检修工问："为什么塔再沸器压力影响热油流量?"这是将这些细节串在一起的关键发问。

### 9. 计算优于推测

以理论为基础的前提往往很容易被计算支持或反驳。在一个案例中，是否存在液沫夹带是一个争论点。后经简单的计算表明，在上升流动的过程中，由于重力的反作用，任何液滴的上升都不会超过25mm。计算推翻了这一推测。

### 10. 有效地验证推论

理论测试应该从那些容易被证明或证伪的推论开始，在这个过程中不关注其可能性或者不可能性(有多高)。如果停车的代价较高(几乎总是如此)，且属于必须验证的推测，那么可以首先检验牵连更少(更温和)的一些推测，尽管采取这些措施可能需要更长的时间。相比于医疗问诊，在验血之前，不应开展外科手术，即使验血发现病症的可能性更低。

### 11. 使用一个可逆的单一变量来测试推论

测试变量的变化带给塔的反应，如蒸汽流量或液体流量的变化。比较各种推论假设得出的结果。如果某个塔的液泛随着蒸汽负荷的变化做出反应，而非液相负荷，那么关于过多液相引起液泛的推测均被推翻。在某一案例中[14]，因为以上的发现而否定了当时占主导意见的猜测，从而指向了问题的根源。一次仅改变一个变量。如果同时调整几个变量，那么结果就无法良好归因。关于气液两相的敏感性分析，将在2.9节中论述。在分析测试完成之前，尽量避免对已有的系统做出硬件上的改造。

### 12. 可以简化系统吗?

寻找简化系统的可能性。例如，如果要得知某一不明组分是从塔外进入还是在塔内生成，可以考虑在全回流操作状态下做测试。

### 13. 不要忽视人的因素

别人的推论可能会不同于你的，他们会根据他们的推论来开展行动。你越是彻底地质疑他人的设计、操作和推论，你将越容易发掘出问题的线索。因为在许多情况下，你甚至会发现一些你之前并不清楚的关键思路。另外，质疑需谨慎。你想了解更多关于系统的知识以及还有什么方面有待改进的态度可以赢得合作的机会。指责或暗示有人把事情搞砸只会起反作用。

### 14. 确保管理人员的支持

确保管理人员知道将要开展哪些工作，并且接受它[11,13]；否则，一些重要的非技术因素可能被忽略。此外，当管理人员确信将要开展的工作是最好的行动方案时，他们将最大限度缓和因为进展缓慢而导致的焦虑。

通常，管理团队是由经验丰富的专业技术人员组成，他们常常可以集思广益。此外，这些技术人员往往希望将他们的想法纳入测试当中。

**15. 让主管和操作人员参与到每个"检修"工作中**

只要有可能，给他们一份企图进行的检修工作的详细指南，并给他们留下一些自由的空间来完成修复系统的工作。作者曾亲身经历过一些故障排除的案例，一些是积极的操作人员按照正确修理方案完成修理工作的案例，另一些是由能动性较差的操作人员执行的案例则未获成功。这说明操作人员是否具有积极性至关重要。

**16. 促进团队合作和避免"党派之争"**

不同的人有不同的观点和理论，重要的是在团队内部集思广益，并避免冲突。有些人会与自己提出的理论进行荣誉关联，当他们的推测接近真相时会十分风光，而一旦被证伪又会备感失落。优秀的团队领导者应一视同仁地鼓励与尊重各类想法，甄别对解决问题有益的部分，并对贡献者表达感谢。

**17. 不要害怕承认错误**

承认错误的确是很难做到的。尽管如此，调查的目的无关谁是谁非，而是找到正确的技术解决方案。每个人都是团队的一分子，当找到正确的解决方案后都会受益。接受真相，或接受其他人比你更好，坦诚地合作并积极推动有效方案的进行。这将促进思想交流，提高生产力和增加团队凝聚力。

**18. 谨防在"检修"过程中缺乏沟通**

口头指令、事态紧急以及跨专业人员共同参与，这些要素具备时将有助于问题沟通。确保指示说明简洁并且足够详细。如果有未完的工作遗留至下一班组，一定要书面交接。充分沟通并鼓励沟通可以降低问题的难度。在任务启动时，召集所有班组人员参加动员会，以确认他们都理解你的指示。

**19. 认识到变更的危险性**

许多事故都是由看似微不足道的变更以及变更引起的不可预见的副作用引起的。禁止随意变更，因为变更带来的风险可能比最开始的问题更严重。妥善归置各类变更文档，借助检查表(如 HAZOP 工作表)对变更计划进行会签。在完成检查之前，检查修改工作以确保其按计划妥当执行。

**20. 妥善对文件归档**

归置与修复相关的文档。这些信息对后续的维护在许多情况下可能有益，突发情况可能会降低故障诊断的优先级，甚至会导致故障排除中断，一段时间之后才又继续。良好的文档记录可以保持工作的连续性。有一次，我们原本已在物料进口处设计了挡板以避免涡流，结果我们发现类似的挡板已经存在，但它们并没有在图纸上显示出来，并且无人知晓此事。

## 2.5 学习排除故障

故障排除不是魔法，也不是由魔术师来表演的，这是一门技艺。不幸的是，学校教得并不是很好，尽管一些大学开设故障诊断这门课程。通过学习别人的经验你可以避免走弯路。参考文献[1,2]的目的就是把这些经验放到每一个感兴趣的工程师、主管或操作人员的手中。有些故障具有重复性，从过去学习到的经验可以解决今天的问题，避免明天的问题。

还有许多其他资源：与你的工厂和团队中有经验的人讨论，在专业会议中和工友讨论，并参加他们的业务陈述会议；参与开车、停车和调试工作；参与事故调查工作；检查设备并参与设备测试等。

# 第二部分　塔故障排除工具

## 2.6　塔问题分类

精馏塔的问题通常可以分为以下类型：

处理能力问题：在设计的回流量/再沸量下，塔不能达到要求的进料量或产品产量，或产生过大的压降。

塔效率问题：在设计的回流量/再沸量下，塔不能达到设计要求或分离效率低。在某些情况下，即使是增加回流量/再沸量，还是无法符合产品要求。在其他情况下，塔在最大负荷下工作得很好，但在调低负荷时会意外地降低效率。

压力或温度偏差：塔不能达到预期的或设计的温度和压力。很多时候，这反映了再沸器和冷凝器的负荷存在瓶颈，或者存在/缺失未知的第二液相。

开车/停车/调试问题：塔在稳态和低负荷状态下操作正常，但是在非正常操作时会发生故障。

不稳定问题：塔不能在稳定条件下运行或者对于微小的操作条件的变化非常敏感。

通常，塔效率的问题可能表现为能力或稳定性的问题。由于低效率，操作者会增加回流量和采出量来保证产品规格。这会表现为塔内的水力学负荷增长从而导致塔的总处理能力受到限制，或表现为在塔处理能力的极限附近操作，塔会很不稳定。相反，塔处理能力有问题可能过早产生液泛，表现为低效率或不稳定。同样，压力或温度偏差可能是由液泛或效率低下引起的。

故障排除者的挑战就是区分原因和结果。下一节主要探讨可以用来缩小问题范围的方法。

## 2.7　液泛点的确定：症状

在精馏和吸收塔中，液泛是最常见限制产能的故障。液泛的特点是塔内积聚大量的液体。这种积聚从最低的液泛区域向上蔓延。液体慢慢积聚到上层塔板(或填料部分)，并且不断向上，直到整个塔都充满液体，或当达到某一个塔板设计条件(如进料点)时发生突变。在这一点以上有可能发生液泛，也有可能不发生液泛。液泛通常具有下列特征：

（1）塔压降过大；

（2）塔压降激增；

（3）塔底流量减少；

（4）塔顶雾沫夹带迅速增加；

（5）分离效率的损失（可以通过温度曲线或产品分析结果得知）。

塔内不同截面处的压降测量值是确定液泛点的主要工具。

（1）塔压降过大。液体积聚造成的液泛会导致塔的压降升高。一般来说，一层塔板的正常压降是 $100 \sim 130\text{mm}$ 高的液柱压力。对于相对密度在 $0.7 \sim 0.8$ 的大多数有机物和烃类体系，对应的每层塔板压降为 $0.7 \sim 0.9\text{kPa}$。如果测量的塔板压降是这个数值的两倍，即 $1.5 \sim 2\text{kPa}$，并且测量值是准确的，那么就应怀疑发生了液泛。

填料塔的液泛压降可由 Kister 和 Gill 方程[7,15~17]计算得出：

$$\Delta P_{flood} = 4.17 F_P^{0.7} \qquad\qquad (2.1)$$

式中　$\Delta P_{flood}$——液泛压降，$\text{mmH}_2\text{O/m}$ 填料；

　　　　$F_P$——填料因子，$\text{m}^{-1}$。

式（2.1）用到的填料因子数值可以从第 8 版的 *Perry's Chemical Engineers Handbook* 中查到。其他来源的填料因子数值可能会导致失真甚至错误的预测。测量填料压降明显高于式（2.1）的计算值则表明发生液泛。

较高的压降（超过上述值）一般意味着液泛。但在有些情况下，即使塔内发生液泛但压降仍然很低。高压降表明液体积聚较多。当持液量较少时，压降可能不会大幅上升。典型的场景包括在塔顶附近液泛（只有几层塔板或较短的填料高度积聚液体）、减压填料塔中的液泛（液体积聚在缝隙中，并且气体通过这些缝隙绕过了液体积聚的区域），以及低液相负荷时发生的液泛（液体积聚缓慢）。

（2）压降的急剧增加。气相负荷带来的压降急剧增加可能是一个更敏感的液泛指标。气相负荷提高的同时，塔板压降同时增加。在液泛发生后，压降上升速度取决于液体积聚速度。在很多情况下，一旦发生液泛，压降会持续上升，即使气相负荷没有进一步提高。

液泛点可以从压降对气相或液相流量变化的图中推断出，液泛点就是曲线的斜率变化显著的那个点（见图 2.2、图 2.3）。

在板式塔中，斜率变化相对平缓的曲线（见图 2.2 中的曲线①），通常表示液泛夹带或少量的塔板发生液泛，而斜率变化相对陡峭的曲线（见图 2.2 中的曲线②），一般表示降液管（DC）液泛，或者很多层塔板都发生液泛。一旦达到液泛点，压降曲线会出现垂直上升的趋势[18,19]。

在填料塔中，通过使用压降和负荷变化曲线（图 2.3）来确定液泛点，通常是不太令人满意的，因为斜率在载点（B 点）开始改变，并在临近液泛点的区域内连续地而不是突然地改变（曲线 BCD）。况且，在许多填料塔中，在液泛点之前就会发生效率迅速下降现象。此时，生产能力受分离效率下降的影响，而水力学液泛点却没有多少实际的价值。在某些情况下，特别是在减压精馏环境中，发生液泛时是观察不到拐点的[20]。

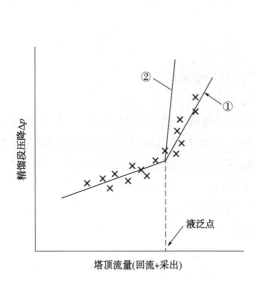

图 2.2　板式塔气相流量和压降的关系

参考文献[3]：copyright © 1990 by
McGraw-Hill, Inc.；reprinted by permission。

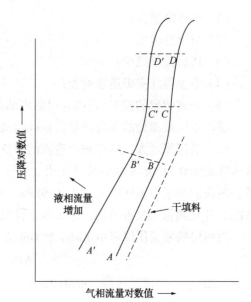

图 2.3　填料塔的典型压降特性图

参考文献[3]：copyright © 1990 by
McGraw-Hill, Inc.；reprinted by permission。

首选压降测量的技术在第 3 章和其他地方[3,21]均有介绍。为达到最佳效果，在故障诊断时推荐使用压降记录仪[3,22,23]，并且在测试液泛之前应该在塔内的每个部分都安装压降记录仪。这种技术可以清楚地识别出塔内哪一部分是液泛最先开始的地方。在一个案例中，已经证实了这种技术能够预防错误的诊断[24]。

如果条件允许，强烈推荐使用多通道压降记录仪[22]，它已经成功地被应用于液泛的测试中[18,22]。这个仪表可以跟踪事件发生的先后顺序、液泛发生的准确位置、发生时的条件、液泛是如何传播的，以及哪一种补救方式是有效的。如果液泛的发生是由塔板或降液管堵塞（例如腐蚀产物造成的堵塞）造成的，这个设备将特别有用。在一个案例中[25]，使用传统压降装置并没有能够检测到这些情况。图 2.4 显示了多通道压降记录仪可以传达的信息[22]。

（3）塔底流量的降低。塔底流量的降低是液泛的常见标志，是确定液泛点的主要标准之一[3,20]。在发生液泛时，液体在塔中积聚，使得较少的液体到达底部，可以观察到塔釜液位的下降。最常见的是，通过控制塔底采出流速来控制塔釜液位，因此塔釜液位虽得以保持恒定，但是塔底采出流量下降。

虽然塔底采出流量的减小表明存在液泛，但是许多塔可能在发生液泛时底部流量却并没有显著下降。例如，如果在精馏段中发生液泛，而大部分进料是液体，则底部可以继续正常操作，而塔底采出流量也没有显著下降。此外，如果液泛点远远高于底部，则从液泛开始到塔底采出流量显著减小的时间可能存在比较大的延迟，这使得液泛条件的精确测量变得困难。

一般地，在塔釜附近发生液泛或者在相对较矮的塔[2]中发生液泛，特别是在进料点和塔釜之间的位置发生液泛时，塔底采出流量的降低是发生液泛的一个明显指标。

（4）雾沫夹带急剧增加。雾沫夹带的急剧增加是另一个常见的液泛指标[3,21,25]。当液体积聚在塔中时，会积聚到顶部并且夹带在塔顶物流中。

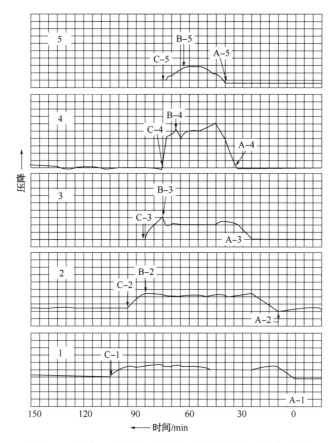

图 2.4　高速、多波段带状图记录仪获得的压降分布图

参考文献[22]：reprinted by special permission from Chemical Engineering,

copyright © 1970 by Access Intelligence, New York, NY。

对于那些塔顶馏出物直接流到分离罐或另一个塔的塔釜的情况，当分离罐或下游塔的塔釜的液位快速上升时，可以认为发生了雾沫夹带。在大多数精馏塔中，塔顶馏出物进入冷凝器，冷凝器出口物流入回流罐。回流罐液位通常由馏出物流量（见图 2.5）或回流量来控制。

当用回流罐液位控制馏出物流量时，雾沫夹带的升高通常表现为没有明显原因的馏出物流量的增加。当用回流罐液位控制回流量时，雾沫夹带通常表现为回流量的升高，而再沸量并没有相应地增加，或者回流量的增加并没有导致维持相同的塔底温度所需的热量输入的增加。由于在顶部附近发生液泛，增加的回流量不能下降到塔内，因此其回流到塔顶，作为额外的回流返回，并且从未到达塔的底部。由于雾沫夹带发生在塔顶回路中，回流阀通常会增

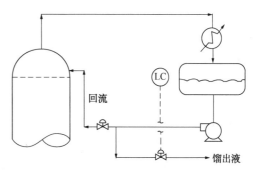

图 2.5　典型精馏塔塔顶回流冷凝系统

注：回流罐液位控制（LC）要么与采出调节阀（如图所示连接）相关联，要么与回流调节阀（未在图中显示）相关联。

参考文献：H. Z. Kister, Practical Distillation Technology, course manual, copyright © 2013；reprinted with permission。

加开度。泄放器(见下文)也被用来检测这种雾沫夹带的上升[23]。

当压降上升不显著时，该方法特别有用。然而，当提馏段发生液泛且没有传播到精馏段时，该方法可能失效。

(5) 分离效率的损失。当接近液泛时，气体夹带液体的流量急剧上升。在高压或高液体流量下，向下流动的液体中夹带的气体也随之上升。任何一种类型的雾沫夹带在液泛点附近都会加快，导致分离效率下降(见图2.6)。

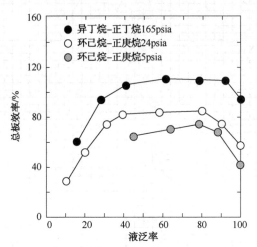

图2.6　总板效率，塔径1.2m，全回流，液泛点附近的效率下降的图解说明

该图同时也显示了正常操作范围(过度漏液和过度夹带之间)气相和液相负荷对效率的影响很小。

注：165psia=1138kPa；24psia=165kPa；5psia=34kPa。

参考文献[27]：copyright © 1982，American Chemical Society；reprinted with permission。

相比雾沫夹带液泛，降液管液泛引起的效率下降更倾向于在接近液泛点时发生。从图2.6中可以看到[27]，在丁烷体系中液泛是由降液管限制引起的，而在环己烷-正庚烷体系中液泛是由过量的雾沫夹带引起的。在填料塔中，在靠近液泛点时效率下降往往发生在较小尺寸的填料中。对于大尺寸的填料(例如50mm或更大的散堆填料，以及比表面积低于200m²/m³的规整填料)，在真空或高压下，效率的下降可能会在远低于水力学液泛点时就已经开始了。

因为分离效率的损失往往在塔完全液泛之前就已经开始了，所以用它作为液泛的指标会比其他指标得到更低的液泛点。这并不是一个缺点，因为在实际操作中，精确的液泛点位置与塔效率急剧下降的操作点相比意义不大。后一点通常被称为"最大操作能力"或"最大有用效率"，并且通常发生在比水力学液泛点流量少0~20%处。在大多数常压和高压板式塔中，这一点出现在水力学液泛点流量以下5%或更小处。

分离效率损失从产物的实验室分析中能够得到最好的体现。在恒定回流比下，塔效率(见图2.6)对流量的曲线图通常用于确定发生分离效率损失的点。

分离效率损失也可以由塔温度曲线表现出来。因为积聚的液体富含重组分，并且还因为液泛塔板不再能实现有效的分离，所以液体积聚通常带来液泛塔板上方的温度升高。由于液泛流到下方的液体减少而导致该部分不断地被加热，同时更高的压降增加了液体的沸点，导致温度升高也可能发生在液泛部分下方。

为了获得最佳结果，使用该方法需要得到相似的进料条件下正常的和液泛的温度分布。图 2.7 显示了正常的和液泛条件下的温度曲线[28]。

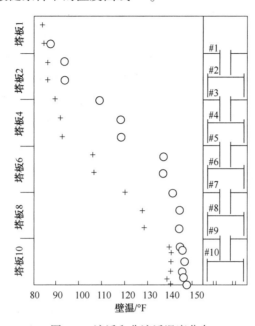

图 2.7　液泛和非液泛温度分布

+—正常操作下没有液泛；○—高流量测试，塔板 7~10 发生液泛

参考文献[28]：reprinted courtesy of the American Institute of Chemical Engineers。

由于塔体并不保温，可以通过爬梯采用高温温度计测量不同位置的壁温得到数据。在图 2.7 中，梯子在塔的左边，所以所有温度都是偶数层塔板的(奇数层塔板被从偶数层塔板下降的边降液管遮蔽)。图上的十字符号是正常的温度分布，它显示了在上升的塔中，每两层塔板的温度呈现不连续的降低。图中的圆圈是塔底部 3~4 层塔板发生液泛时的温度曲线。从中可见，塔底部 4 层塔板的温度变化完全消失，表明分离效率很差。这些温度也有所升高，因为塔的分离效率恶化导致重组分夹带到塔的顶部。

当解释这种类型的曲线时必须小心，因为它们也可能表示"夹点"状态(例如由于回流量或再沸量不足而导致的不良分离)。为了有所区别，可以提高回流量和再沸量。如果分离改善，则表明是夹点状态；如果分离变坏或保持不变，则表明是液泛。

为了准确、可靠地建立塔温度曲线图，需要大量的温度测量点。具有短记录周期的多点温度记录仪特别适合获得温度曲线的时间记录。也可以进行垂直温度测量。温度测量将在 2.13 节中详细讨论。

温度梯度是确定液泛点有效、低成本的方法，但该方法的成功取决于是否存在足够多的测量点和在正常操作条件下是否存在足够大的温度梯度。如果正常情况下塔板之间的温差小，如在精密分离中，液泛的温度曲线与正常曲线区别不大，那么温度曲线将不能很好地指出液泛点。

（6）泄放器。一种可以有效测试液泛的技术是使用气体泄放器[23]。泄放器位于塔板上方，或在冷凝器上游的塔顶蒸汽管线空间中。如果泄放器在正常操作期间打开，将收集到气体；如果在塔板液泛时打开，液体会喷出。当塔板液体高于其常压沸点时，喷出的液体将会闪蒸并且冷却后泄放。因为从泄放器排出的气体的温度急剧下降[23]，所以液体的存在可以被温度记录仪检测到。

泄放技术不是很受欢迎，是因为操作时可能会有危险而且受环境因素制约。其他缺点是需要知道哪些塔板最可能发生液泛并且缺乏接近液泛状况的迹象。

（7）伽马扫描。伽马扫描是一种特别适合液泛检测的技术。它在诊断液泛、识别液泛区域方面非常有效，并且通常还可以对液泛的性质提供深刻的理解。详细讨论见2.12节。

（8）视镜。视镜已被用于给液泛提供视觉观察[3,23]。视镜是昂贵的，并增加了泄漏的风险，因为玻璃一旦破裂，可能导致化学品泄漏。提供可供观察的光源也是一个问题。由于这些原因，视镜在工业生产的塔中并不常见。它主要用于常压或低压塔，处理的介质也应是无毒无害的。

## 2.8　液泛点的确定：测试

为了确定液泛点，需提高气相或液相流量，或者两者都提高。最常见的是两者都提高，否则塔的物料平衡会受到影响，并且可能出现某一个产物的纯度在达到液泛条件之前就会变得很差的状况。以下方法通常用于在液泛测试期间提高气相和液相流量：

（1）提高进料量。同时等比例地提高回流量和再沸器负荷，或保持产物组分不变。这种技术可以直接测量塔能够处理的最大进料量，但是它只能在上游和下游单元具有足够处理能力时应用。

（2）提高回流量和再沸量，同时保持进料量不变。这可能是最常用的技术。只有两个变量(而不是三个)需要更改，产品组分将不会改变，直到实际液泛发生，并且它不依赖其他装置的处理能力，因此更简单和更容易实现。在大多数情况下，由该技术提供的数据可以容易地推测出塔的最大进料量。

（3）在调节回流量和再沸量的同时，改变预热器或预冷器的负荷。该方法仅在进料被预热或预冷却时才能使用，通常受换热器能力的限制，运用得最少。在一些多组分精馏中易产生误导结果，因为它可能引起中间杂质在塔的某个区域富集[3]。

上述方法均改变了回流量和再沸量。改变这些流量的操作流程非常重要，因而应当妥善考量塔的控制系统。

大多数塔的控制方案使用组分(或温度)控制器来直接或间接地操纵回流量或再沸量。不受控制的流股具有自由度，即不受流量控制。这种具有自由度的流股在测试期间被调控，受温度控制的流股将自动调整以保持产品组分。图2.8是一个温度控制再沸量而回流量为自由控制变量的实例。在这种情况下，通过提高回流量进行液泛测试，可以冷却受控的塔板。温度控制器将要求更多的再沸量，塔将达到再沸量和回流量同时增加的稳定状态。

这个过程可能会导致"越过"液泛点。即使回流量和再沸量超过了引起液泛的数值，塔在变化后可能看起来还会稳定相当长的一段时间，因为可能需要一段时间才能让液体到达液泛开始的塔板。对于塔板数多的塔来说尤其如此。此外，液体可能需要一些时间来填充填料空隙或塔板和降液管，达到足以发生可以监测到的液泛程度，特别是在体积较大并且内部液相流量小的塔中。与此同时，随着测试的进行，气相和液相的流量会进一步提高。当超标时，确定的液泛点将高于实际液泛点。

"低估"液泛点的问题是普遍存在的。例如，增加再沸量可以增加泡沫高度，从而增加塔板(或填料)中的持液量。这些额外的持液量可能会占据填料中的空隙空间或塔板之间的空间,以使塔过早发生液泛。当这种情况发生时,确定的液泛点将低于实际液泛点。

为了避免高估和低估液泛点,可以按照非常小的量提高气相(或液相)流量,并在下一次变动前稳定较长时间。这对于有很多层塔板的塔来说是非常重要的。如果需要进行初步液泛试验,其步骤可能相对较大和较快。通常,在初步测试[3]期间,气相(或液相)流量在 15 ~ 30min 提高 5% ~ 10%。在初步测试中,1% ~ 2% 的增幅更加合适。研究表明[23],频繁地少量增加气相(或液相)流量不太可能使得塔内操作紊乱,且通常更快建立新的平衡。

虽然初步测试的结果可能会高估或低估液泛点,但是液泛点很有可能在 ±10% 的范围以内,甚至在 ±5% 以内。该测试的结果用于作为进一步准确测试的起始点。研究发现,初步测试方式对提高精度和减少液泛点确定的时间都是有效的[23]。

准确的物料和能量平衡对于液泛点的确定也很重要,这些误差应分别在 3% 和 5% 之内[21,23],并在试验前和试验期间进行检查。通常不需要准确的组分平衡。2.11

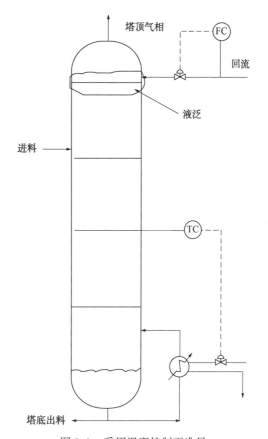

图 2.8　采用温度控制再沸量
和回流量为自由控制变量的简单精馏塔
在本示例中,液泛在塔顶附近产生。

参考文献:H. Z. Kister, Practical Distillation Technology, course manual, copyright © 2013;reprinted with permission。

节中描述的几个关键指标,特别是与物料和能量平衡有关的指标,对于液泛测试也是有用的。但是,请注意,液泛测试对分析错误的敏感性远远低于效率测试,因此需要的投入水平较低。

## 2.9　液泛机理的确定:气体和液体敏感性测试

在故障排除调查中,通常有很多理论。故障排除者的挑战是将理论数量缩小到可以控制的数量。当涉及液泛时,缩小理论数量的最好方法之一是进行气体和液体敏感性测试。

液泛的特点是液体积聚,有四种不同的机制导致塔板上的这种液体积聚:

(1)雾沫夹带(喷射)液泛。气体速度增加时,塔板上的泡沫或喷雾高度增加。当泡沫或喷雾接近上层塔板时,部分液体作为夹带被吸入上层的塔板。气体流速进一步增加时,大量的泡沫或喷射的雾沫夹带开始发生,导致上层塔板发生液体积聚和液泛。

(2)降液管返混液泛。由于塔板压降、板上的液体高度和降液管区域的摩擦损失,充气的液体会倒退入降液管中。所有这些因素都会随着液体流量的增加而增加。塔板压降同样也会随着气体流量的升高而增加。当充气的液体阻塞降液管超过"板间距+出口堰高"时，液体积聚在上层塔板上，导致降液管返混液泛。

（3）降液管阻塞液泛（也称降液管入口液泛或降液管流速液泛）。降液管必须有足够大的空间以运输所有向下流动的液体。在降液管入口处过大的摩擦损失或从降液管中排出过大流量的逆流向上的气体将阻碍液体向下流动，从而引起液体在塔板上积聚，这被称为降液管阻塞液泛。

（4）系统极限液泛（也称极限能力液泛）。这是极限的喷射液泛，当气体向上的冲力超过塔板上下降液体的重力时就会发生该类液泛。这种液泛不受塔板的结构尺寸和塔板间距约束。

在填料塔中有三种液泛机理：

（1）富含气体区域的液泛。随着气体负荷的升高，达到气体流量干扰液体自由流动的一个点，填料床层开始装满液体。一旦气体流量进一步增加，会发生大量的液体积聚并开始液泛。

（2）富含液体区域的液泛。在高液体负荷和高气体密度条件下，填料床层中的持液量变得更高，并且起泡性增加，使得液体流动更加困难。随着气体或液体负荷的升高，到达阻碍液体流动的一个点，床层开始积液。当积液量变大时，液泛开始。

（3）系统极限液泛（也称极限能力液泛）。这与塔板的液泛原理类似。

从上述讨论可以看出，雾沫夹带（喷射）液泛、富含气体区域的液泛和系统极限液泛是由过量的气体负荷引起的，因此对气体的量是高敏感性的。如果这些液泛对液体负荷有敏感性，则可忽略不计。降液管阻塞液泛、富含液体区域的液泛，以及填料分布器溢流引起的液泛，都是由于过多的液体负荷引起的，因此对液体量比较敏感。如果对气体负荷有敏感性，则可忽略不计。根据降液管返混方程式[4~7,17]中的主要项目，过高的气体负荷或过高的液体负荷都会引起降液管返混液泛，所以它对二者都敏感。

在排除液泛问题时，通常有许多理论：有些人认为气体负荷过大，另一些人认为液体负荷过大，也有人认为这两者都过大。测试液泛的灵敏度时，阶跃式改变气体负荷和液体负荷的方法，是缩小这些理论数量的有效手段。通常，这些灵敏度测试导致约一半的理论无效。

图2.8是一个简单的精馏塔及其控制系统的示意图。使用2.8节中的方法2（提高回流量和再沸量）来进行液泛测试，回流量逐渐升高，直到观察到有液泛的特征（见2.7节）。这个测试确定了到底是气体负荷还是液体负荷引发液泛，但它不能判断液泛是对气体敏感，还是对液体敏感，还是两者兼而有之。回流量的增加会增加液体负荷，但较高的回流量也会使塔冷却下来并降低操作温度。较低的操作温度增加了再沸器负荷，这也增加了塔内的气体负荷。从这个测试来看，不能说液泛是由于回流量的初始增加（是对液体敏感的液泛）还是由于随后的气体增加（是对气体敏感的液泛），或者由于这两者（一种对气体和液体都敏感的液泛）。

为了确定液泛是否是对液体敏感，需要断开温度控制，再沸量保持恒定（流量控制或手动）。如果回流量增加了，塔发生液泛，那么这种液泛就是液体敏感的。这个测试的缺点是，由于回流量升高，而再沸器没有匹配地增加热源，轻组分被压入塔底部产品中，从而导致产品不合格。类似地，也可以进行气体敏感性测试。对于该测试，回流量保持恒定(在图2.8中，它在流量控制时已经是恒定的)，然后增加再沸器热负荷。在这个测试中，温度控制器可以保持在自动状态并且温度设定点被提高。本次测试可以证实是否为气体敏感的液泛。这个测试的缺点是，它会引起重组分进入塔顶馏出物中，并导致馏出物不合格。好消息是，这些通常是快速测试；如果正确执行每个测试，将在2~3h内得到结果。一旦执行了这两个测试，所有不能预测观察到的敏感性的理论都被证实无效。参考文献[14]描述了一种情况，在这个案例中，这些测试使一个理论无效，并为第二个理论铺平了道路。第二个理论后来被证明是正确的，并指导了一个成功的修复工作。

总的来说，这里的诀窍是测试塔一次只对某一个变量的响应。

## 2.10　液泛和液泛机理的确定：水力学分析

在大多数精馏文献中[4~7,17]可以获得水力学计算方法，可以计算塔中每层塔板或填料床层中各种类型液泛的起始点。最新发布的规程在最新版的 *Perry's Chemical Engineers Handbook* 中。

此外，水力学计算软件可从技术供应商那里获得，如精馏技术研究公司(FRI)和设备供应商。首先，在期望的条件下对塔进行模拟以便得到每层理论塔板所对应的内部气液负荷数据和物性数据，特别是在塔遇到问题之前所运行的最高负荷。之后，使用最高的气液负荷数据及物性数据计算水力学方程。

计算液泛的大致点位对判断塔处理问题的根本原因是非常重要的。表2.2[29]展示了一个案例，其中水力学分析足以判断塔液泛问题的根本原因。该塔底部直径为1.83m，顶部缩径至0.91m。在进料流量增加时，观察到正好在缩径段以上发生液泛。在最大处理量下对塔进行模拟，基于模拟和塔板降液管结构尺寸，使用 FRI 软件计算负荷限制。

表2.2首先列出了几何结构参数，其次是计算出的特征水力学参数。表中分别列出了"喷射泛点率/%""降液管中的泡沫/%""降液管泛点率/%"，用来描述主要负荷极限的接近程度。对于这些参数，超过或接近100%的值表示该系统接近液泛点。

表2.2显示，所有的塔板操作都远离喷射泛点率和降液管泛点率。在塔上部分，降液管的泡沫也远离液泛点。相比之下，紧随其后的降液管(15~25层塔板)的泡沫高度超过了100%，表明液泛可能是由降液管内泡沫层过高引起的。塔板26~73的降液管的泡沫高度接近液泛点，但尚未到达。分析得出的结论是，即使症状出现在变径段之上，观察到的液泛也很可能起源于变径段以下部分。

水力学分析会专注于根本原因。在液泛限制以下，表2.2列出了导致降液管液泛的各种因素的水力学计算结果。降液管液泛是塔板压降、板上清液层高度和降液管下压头损失全部因素的总和[4~7,17]。表2.2显示，在变径段之下，主要的影响因素是塔板压降，特别是干板压降。开孔面积不足是根本原因，增加更多的开孔面积可以解决问题。因此，水力学分析指出的开孔面积不足是根本原因。

实际上，变径段以下的开孔面积是塔板面积的3.2%，而典型值为8%~10%。因此，增加更多的开孔面积可以消除液泛。

表 2.2　诊断脱甲烷塔问题的水力学分析

| 项　目 | 上部分 | | 下部分 | | |
|---|---|---|---|---|---|
| | 塔板 1~6 | 塔板 7~14 | 塔板 15~25 | 塔板 26~28 | 塔板 29~73 |
| 塔径/m | 0.91 | 0.91 | 1.83 | 1.83 | 1.83 |
| 塔板间距/mm | 457 | 457 | 457 | 533 | 584 |
| 开孔率/%(基于鼓泡面积) | 6.5 | 6.5 | 3.2 | 5.6 | 7 |
| 降液管面积/%(基于塔截面积) | 14 | 14 | 30 | 30 | 30 |
| 降液管底隙/mm | 33 | 33 | 38 | 71 | 71 |
| 出口堰高/mm | 38 | 38 | 38 | 51 | 51 |
| 基于净面积的气相因子 $C$/(m/s) | 0.043 | 0.040 | 0.024 | 0.034 | 0.043 |
| 堰上溢流强度/[m³/(h·m)] | 19 | 25 | 56 | 98 | 121 |
| 降液管入口流速/(m/s) | 0.040 | 0.055 | 0.034 | 0.061 | 0.073 |
| 喷射泛点率/% | 47 | 46 | 62 | 65 | 70 |
| 降液管中的泡沫/% | 58 | 53 | 106 | 94 | 87 |
| 降液管泛点率/% | 51 | 53 | 38 | 65 | 78 |
| 降液管内液层高度/mm 液柱 | 152 | 152 | 300 | 312 | 312 |
| 板上清液层高度/mm | 61 | 64 | 79 | 112 | 112 |
| 降液管内压头损失/mm 液柱 | 5 | 8 | 30 | 28 | 43 |
| 塔板压降/mm 液柱 | 86 | 81 | 191 | 173 | 157 |
| 干板压降/mm 液柱 | 58 | 48 | 163 | 119 | 94 |

参考文献[29]：reprinted courtesy of the Oil & Gas Journal。

# 2.11　效率测试

## 2.11.1　故障排除中效率测试的目的和策略

对故障塔进行效率测试的目的是显而易见的。具有预期效率的模拟可以显示塔应如何运行。基于工厂数据的仿真提供了实际的效率，在没有液泛的情况下，低于预期的实际效率意味着差的分离效率，如塔板和填料中流道分配不均、糟糕的水力学设计、腐蚀或损坏等原因。在许多情况下[30~33]，模拟数据和工厂数据不匹配是正确诊断和有效解决操作问题的关键。

即使是一个表现良好的装置，效率测试也是至关重要的，原因如下：

（1）装置在将来发生故障时，拥有良好的运行测试数据可大大降低故障排除工作量。

（2）即使在非最佳条件下运行，塔单元也可能表现良好。例如，能耗可能过多。由于留有一定余量的设计，这些不利因素可能被隐藏。Yarborough 等[34]提出了几个案例（并非所有都和精馏相关），其中性能测试直接使效益大大提高。

（3）用于确定最佳运行条件和修改计划有效性评价的模拟可能会产生误导作用，除非对数据的可靠性进行测试。

（4）模拟和塔性能之间的差异（例如模拟和测量温度曲线之间的差异）可能会找到隐藏的问题。

良好的效率测试是严格的、费力的、耗时的。严格程序的成本效益经常受到质疑，寻求捷径显得非常重要。参考文献[3]和[21]中概述了严格的测试程序，可以通过跳过那些不重要的指导方针来获得简化程序。

采用的最佳方法取决于测试的目的。快捷测试最适合检测总体异常，并且通常作为故障排除工作的一部分进行。调查严重故障时，严格的检测可能会严重延误故障的识别和纠正。当一个塔表现良好时，快捷测试可以提供一个有用的数据以供将来参考，尽管有些数据可能并不太准确。

对于检测细微的异常情况、确定塔的效率、设计检查和优化，以及作为性能改进或消除瓶颈改造的基础来说，快捷测试是不合适的，而且经常会出差错。在大多数情况下，为了这些目的应用快捷测试，需要重复多次，并得到了有矛盾的数据，提供了不确定的结果，从而导致无效的改造。在大多数情况下，花费的总时间、精力和费用可能会比几个单一严格测试还要多，测试的目的却没有达到。因此，笔者强烈建议，为了这些目的，不要应用快捷方式。此建议由别人分享得来[34]。

快捷测试仅适用于那些只需要从塔中读取一组数据和取出部分样品，用来检查物料、组分、能量平衡和关键仪表。即使是快捷测试，笔者也重申了上述检查准备工作，并为检查预留充足的时间，以确保关键指标正常运行。这些检查将允许至少找到主要问题区域，并能对数据的可靠性进行大致评估。这些关键项目可以从文献[3]和[21]中推荐的准备和检查清单中提取，用于严格的检测任务。

## 2.11.2　故障排除中效率测试的计划和执行

（1）综述。进行整个装置的性能测试是最好的做法。一次对一个塔进行单独测试，增加了总耗时和劳动量，并且降低了测试的可靠性。测试整个装置可以提供多种物料平衡的交叉检查结果，也可以更好地识别错误的仪表和实验室分析结果。例如，如果不进行塔进料的分析，则塔组分平衡可能不足以指出哪个分析是可疑的；如果来自上游和下游设备的组分平衡的数据是准确可用的，则可以轻易地识别不正确的分析。

当装置进料流量和组分自上一次测试以来没有显著改变，且所有的问题点已被知悉时，上述建议的捷径是可以接受的。在这种情况下，只需要测试特定的塔区域即可[3,34]。

当塔靠近工艺流程的末端用于生产比较纯的产品时，另一种捷径通常是可以接受的。产品分析和计量往往比中间段的测量更可靠，且通过交叉检查下游工艺的测量值比检查上游工艺的测量值会获得更多的益处。在这种情况下，只测试塔区域及其下游设备就足够了。

（2）持续时间。执行一次性能测试的周期最好超过 2~3 天[3,21]。如果时间较短，装置条件的变化可能会引起严重的问题。超过 2 天的时间，问题将会被平衡化。此外，如果测试时间较短，塔控制问题很难获得足够长的稳定运行时间。超过 2 天的时间，塔应该至少稳定运行一段时间了。

（3）时机。进行性能测试的最佳时机是装置稳定运行时。在大多数情况下，周末是理想的时机，因为此时上游装置的波动最小。

（4）安全环保。测试程序必须符合所有法律规定和公司的安全环保规定。测试计划应交由熟悉安全和环保要求的人员进行审查，并按要求进行修改，以完全符合安全环保要求。

（5）准备工作。测试前的充分准备对于性能测试的成功至关重要。在性能测试期间，仪表故障、截止阀泄漏或者实验室分析不力都能显著降低结果的可靠性，并且达不到测试的目的。这个时候应该对所有潜在的问题进行分类。

详细的考虑是重要的，并且被制订成参考文献[3]和[21]中详细说明的程序（两者是相同的程序）。基于笔者的经验，这些程序被补充在参考文献[8，22]和[34~36]中。由于参考文献[3]和[21]详细说明了这一点，这里不再赘述。然而，最重要的是准备工作的正确实施，笔者建议读者在进行性能测试之前查阅这些参考资料。

### 2.11.3 处理结果

第一步是编制装置的物料平衡、能量平衡和组分平衡。解决这些问题的一个很好的方法是用测试数据填写一个空白流程图，然后可以确定每个设备的性能，使用露点和泡点计算检查实验室分析。一些物流和组分可能需要重新调整以满足平衡方程。在继续进行结果处理之前，必须解决任何不一致之处。

塔效率测定。为了确定塔效率，通常应遵循以下步骤：

（1）对塔效率进行初步猜测（这个初步猜测不一定准确），并假定其在整个塔中均匀。从塔板的实际数量和猜测的塔效率，可以估算理论塔板数。

（2）使用测试得到的物料平衡和估算的理论塔板数进行计算机模拟测试。调整塔的理论塔板数以获得测量的产品纯度。

（3）检查模拟换热器的热负荷是否与测量值匹配。如果不匹配，仔细检查原因。注意模拟测试中使用的潜热数据。

（4）将模拟温度曲线与测得的曲线进行比较。如果存在重大差异，请改变相关部分的理论塔板数使之匹配。类似地，如果可以获得塔内部样品，则检查它们与模拟预测的理论塔板组成是否一致，并相应地调整理论塔板数量。

（5）如果在上述步骤(4)中，塔的一部分的理论塔板数改变显著，则塔的总理论塔板数也可能需要调整。重复步骤(2)和(4)，直到模拟与测得的组分平衡、温度或内部组分分布匹配。

（6）应用模拟来检验产品纯度对理论塔板数变化的敏感性。这可能是处理测试数据最关键的一步，忽视它易产生非常令人难以理解的测试数据。在产物纯度对理论塔板数不敏感的塔中，塔效率被高估了2倍甚至更高的情况并不少见。这种令人难以理解的数据的放大在许多场合已经被证明是灾难性的。

（7）当塔在最小回流量条件下运行，塔板的数量足够多时，或在其他困难条件下运行时，产品纯度通常对理论塔板数不敏感。在笔者熟悉的一个实例中，塔接近最小回流量运行，当理论塔板数减半时，产品纯度几乎保持不变。当塔模拟少于3块理论塔板时，产品纯度对理论塔板数是敏感的。在同一个塔中，理论塔板数从5增加至15，产品纯度的变化非常小，以至于实验室都测不出这种变化。在参考文献[37]中，测试塔的顶部有相似的情况。夹紧（由于错误的进料位置，接近最小回流量或相切的夹点）通常由上述不敏感性所引起。McCabe-Thiele图和关键比例图可以帮助确定原因。这些方法在这方面的应用在文献[7,33]中有所描述。

（8）与步骤(6)类似，考察理论塔板数对回流量误差的灵敏度。根据测量的回流量，准备理论塔板数与回流量的曲线。接近最小回流量或夹紧状态，轻微变化(相当于典型流量计误差)对产品纯度的影响可能会比塔中的理论塔板数加倍(或减半)要大。相反，接近最小理论塔板数时，即使在能量平衡收敛性较差的情况下，也能获得可靠的效率测定[37]。

(9) 考察模拟对每部分塔板数减少的灵敏度。在多组分精馏中，考察减少塔板数对塔顶和塔底产品中关键组分比例(轻重关键组分浓度之比)的影响。笔者经历了一个案例，其中提馏段的效率设定为40%~60%，与测试数据匹配得相当好。在这种情况下，关键组分含量比较接近估算值。

(10) 允许把再沸器、冷凝器、中间再沸器和中间冷凝器也算入理论塔板数中。常见的经验方法包括：

① 一次通过式再沸器、釜式再沸器，或塔釜底部抽出空间被挡板隔开的再沸器[3]可以算作一块理论塔板。无挡板循环式再沸器可以算作半块或者零块理论塔板。

② 分凝器可以算作一块理论塔板，全凝器不能算入理论塔板数中。但是请注意，大多数计算机模拟中都会将全凝器计为一块理论塔板。

③ 确定中间再沸器或中间冷凝器是否接近一个理论级。如果是，就允许将其算入理论塔板数中。

从模拟计算的总理论塔板数中减去上述这些设备贡献的总塔板数，得到的差值是塔内理论塔板数。

(11) 将测试运行效率与设计效率或同一操作中其他塔的效率进行比较。当相对挥发度低(<1.5，特别是<1.2)时，效率比较可能会产生误导，除非使用相同的气液平衡(VLE)数据。在低相对挥发度下，VLE值的差异反映为塔效率的差异。在低相对挥发度(1.1)体系中，相对挥发度2%的差异足以导致效率值50%的差异[8]。除非塔顶和塔底的设计或操作条件有很大差异，否则塔效率在整个塔中应该上下基本一致。如果模拟显示从上到下的效率变化比较大，则表明模拟中有错误或有实际性能问题。

## 2.12　伽马射线吸收和其他放射性技术

扫描精馏塔的伽马射线采用500~2500keV[39]的放射源。康普顿散射是这些射线衰减的主要表现，其使用的放射源通常是钴-60和铯-137。以下是本技术原理的概述，具体介绍可参见文献[39]。

当伽马射线通过介质从放射源到检测器时，部分辐射被介质吸收，未吸收的辐射量由下式给出[39~41]。

$$I = I_0 e^{-\mu \rho \chi} \tag{2.2}$$

式中　$I$——辐射强度，被检测器检测到，keV；

　　　$I_0$——放射源的辐射强度，keV；

　　　$\rho$——介质的密度；

　　　$\chi$——介质的厚度；

　　　$\mu$——吸收系数，取决于伽马射线源和介质材料。

当伽马射线的能量超过200keV时，$\mu$与介质的化学成分无关，吸收变为介质密度和厚度乘积的函数[39,40]。对于固定长度的水平弦[见图2.9(a)]，在检测器处接收的辐射强度是介质密度的函数。如果伽马射线通过金属(非常高密度)或液体(高密度)，检测器所接收的强度就相对较低，但是如果射线通过气相空间(低密度)，则检测器读数较高。

放射源和检测器排列在同一的水平面上，并且穿过塔板或降液管(期望的)进行读取。然后将放射源和检测器同时垂直向下移动到一个较低的位置，在这个位置读取下一组读数。放射源和检测器同时沿着塔垂直移动，并且在每个垂直位置记录到达检测器的辐射强度。高强度表示射线通过的是气相空间，低强度意味着射线通过的是液体或固体。

由此获得的垂直强度分布提供了塔的行为信息，并且识别出塔内不规则的位置和性质。

### 2.12.1　常规定性伽马扫描

常规定性伽马扫描是最常见且最便宜的伽马扫描应用技术，占伽马扫描应用的80%以上。在板式塔中，通过塔板活动区域[见图2.9(a)]拍摄单个射线弦，并将该射线弦向下移动到塔的下部，通常每隔50mm垂直高度拍摄一次。完成扫描后，可以拍摄更多的射线弦。通常通过降液管[见图2.9(b)或图2.9(c)]或通过塔板的其他溢流来寻找沟流效应[见图2.9(d)]。

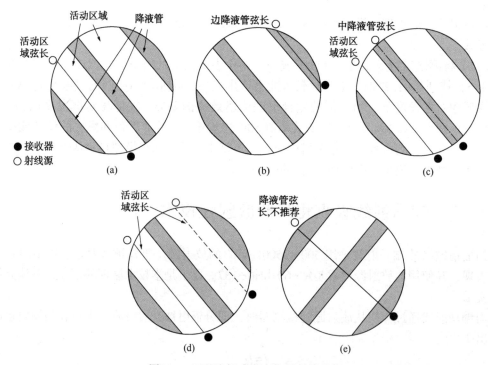

图2.9　双溢流板式塔内伽马射线弦长
(a)活动区域扫描；(b)边降液管扫描；(c)活动区域和中降液管扫描；(d)双侧活动区域扫描，寻找沟流效应；(e)穿过活动区域和降液管的扫描，这种扫描实际效果不佳
参考文献：H. Z. Kister, Practical Distillation Technology, course manual, copyright © 2013; reprinted with permission.

在正常操作时，塔板活动区域扫描将显示刚好在每层塔板上方的高密度(或低检测器读数)区域(由于存在液体)，然后是在塔板之间的低密度(或高检测器读数)气相区域。塔板间的高密度区域意味着液泛，塔板间的均匀中间密度意味着起泡，而低密度区域意味着塔板脱落或损坏。在填料塔中，填料床层显示为中密度区域(检测器读数为中等)，低密度区域(高检测器读数)可能意味着发生了填料床层的坍塌,而高密度区域意味着堵塞或液泛(图 2.10)。

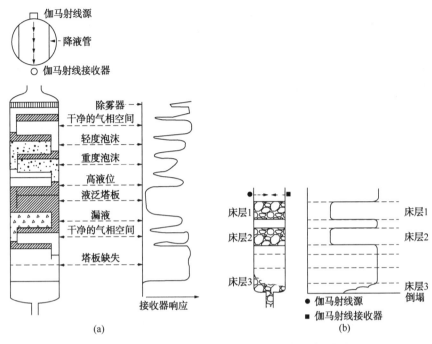

图 2.10　描述各种类型的塔反常行为的伽马扫描图

(a)板式塔;(b)填料塔

参考文献:(a)reprinted by special permission from Chemical Engineering, copyright © 1983 by Access Intelligence, New York, NY.[40];(b)reproduced courtesy of the American Institute of Chemical Engineers[42]。

图 2.11 是一个活动区域扫描图,是塔板活动区域的典型评估。塔板位置和外部干扰源(例如焊缝、支撑物、管口、环缝)在图上已经标记出来。实际的扫描数据是每隔 50mm 进行测量的。曲线右侧显示的"干净气相"线,是伽马射线通过干净的气相传播的参考线。如果扫描通过存在干净气相的区域(通常在没有发生液泛的顶部塔板上方或再沸器返回入口上方),则会比较靠近这条线。标记为"泡沫高度强度"的线用于确定泡沫高度。这条线是通过将蒸汽和液体的辐射值平均后得到的泡沫高度测量的经验值。在图 2.11 中,气相辐射值为 4000,液体辐射值为 200,因此泡沫线的辐射值为平均值 2100。泡沫高度通过测量从塔板到喷射末端的物理距离来确定,如图 2.11 中的塔板 2 所示。对于此塔板,泡沫高度为 9in(225mm)。Harrison 提出了一种更准确的确定泡沫密度的方法[45]。

在图 2.11 中,所有的气相空间测量的峰值都能达到干净气相线,表明很少或没有雾沫夹带。当一些喷射物沫接近上面的塔板时,气相空间峰值低于干净气相线。这种情况被定义为"雾沫夹带"。夹带的程度可以用峰顶部到干净气相线的接近度来确定。塔板 1 上方的箭头显示了常用的术语,从"轻微"到"严重"夹带,最后是"液泛"。请注意,扫描中提到的夹带量不是指能测量夹带到上面塔板的液体量,而是指喷射雾沫顶部附近的液滴量。曾经有一个案例显示[46],尽管许多塔板已经发生严重的雾沫夹带,该塔仍表现良好。

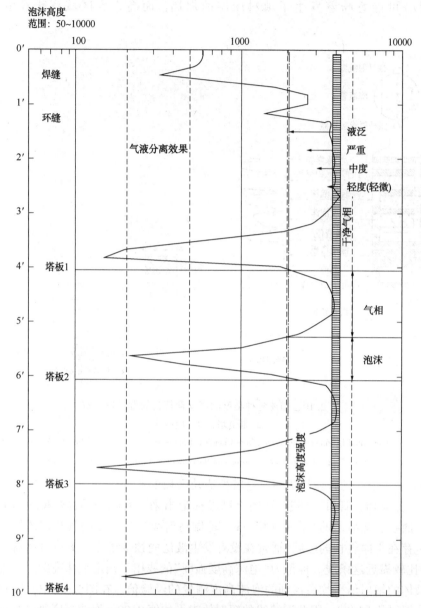

图 2.11　塔板活动区域的典型评估伽马扫描图

参考文献[44]：reproduced courtesy of the American Institute of Chemical Engineers。

伽马扫描可以很容易地检测到明显的异常，如塔板丢失、塔板塌陷、液泛或严重起泡。这种技术还可以检测更多的微小异常，如高或低的塔板负荷、起泡、过度夹带、过度漏液、堵塞和多通道液体不均匀分布。也可以用常规的伽马扫描来监测由于结垢、腐蚀等因素导致的塔性能下降。

在填料塔中，经常拍摄四个相等的扫描射线（见图 2.12）。

每个扫描射线的辐射源和检测器同时沿着床层移动，其移动方式与塔板检测中的方法类似。这种"网格"伽马扫描可以查找分布不均匀和沟流，这是迄今为止填料塔效率损失的主要原因[1]。当液体分布良好时，四个扫描射线的扫描结果看起来相同（见图 2.13 中的床层 1）。

扫描射线之间的差异被解释为床层分布不均。例如，图 2.13 的床层 2 中的一条扫描射线比其他三条射线的辐射透射更多，表明沿着该扫描射线流过填料床层的液体较少。这种更高的辐射透射在分布器之下产生了，表明沿这条射线从分布器流出的液量更少，因此这是分布器的问题。

填料塔扫描射线的选择为穿过床层，使每两条线交叉成 90°。这种布置可以验证液体分布器和收集器的存在。通过适当设置扫描射线，这种布置还可以提供收集器和分布器中液体的高度和气泡的测量值，从而确定填料塔是否正常工作、是否溢出、是否存在液体不均匀分布。此外，该方法通常能够检测床层的位置、一些填料的缺失（例如被腐蚀掉）、显著的堵塞和局部液泛区域。

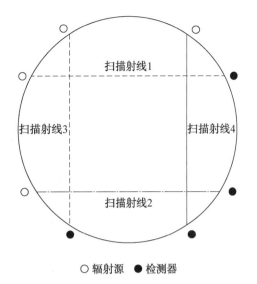

图 2.12　典型的填料塔网格扫描

参考文献：H. Z. Kister, Practical Distillation Technology, course manual, copyright © 2013; reprinted with permission。

Vidrine 和 Hewitt[47] 列出了一些影响液相不良分布诊断准确性的因素。他们注意到，在填料密度为 240kg/m³、液体润湿量较低的 2.5m 塔中，测得的润湿量仅为 24kg/m³。在这种情况下，50% 的液体分布不均匀产生的辐射变化类似于辐射源和检测器位置同时发生 30mm 偏移（例如由于平台扰动或由风引起）产生的辐射变化。此外，辐射测量中的统计误差对密度的影响通常为测量值的平方根的两倍，这在所引用的示例中与 50% 液体不均匀分布具有相同的辐射变化。最后，Vidrine 和 Hewitt 指出，误差会随着辐射源能量的减弱和塔径的扩大而迅速升高。在大直径塔（>5~6m）中，由于需要获得可靠的液体不良分布诊断，使得辐射源太强而可能不实用。

伽马扫描的一个实际应用是执行"时间研究"。固定式伽马射线源被放置在气相空间中，这个空间原则上是不会发生液泛的地方。提高流量（进料量、回流量、再沸量或任何变量），直到在某个气相空间中辐射量急剧下降，这表明液体积聚，从而导致液泛。辐射急剧下降的位置是液泛开始的地方，其发生的流量是液泛流量。一个限制因素是固定源的垂直位置不能彼此太近（通常间隔大约 2m）以避免辐射干扰。

为了正确检测细微的异常，重要的是有一个参考伽马曲线（基线）。这种参考伽马曲线通常来自运行良好的塔，或者是一个空塔，或二者兼备。参考伽马曲线可以从塔内件、保温层、法兰、管道、平台等的干扰中区分出细微的异常。辐射源和检测器需要精准地定位，这些由供货商负责。为了达到此目的，可使用附着在塔上的金属导轨，以及可以同步上下移动检测器和放射源的机械系统。

塔的伽马扫描可能没有什么价值，甚至是误导性的，除非可以避免一些陷阱。笔者经历了以下影响伽马扫描提供的信息质量的陷阱：

（1）为扫描仪提供塔的正确图纸以及有关塔板位置和塔壳厚度的准确数据是很重要的。该信息对于扫描的规划和进行至关重要。

（2）有时候伽马扫描数据的解读是困难的，需要对扫描技术和塔操作都有很好的了解。

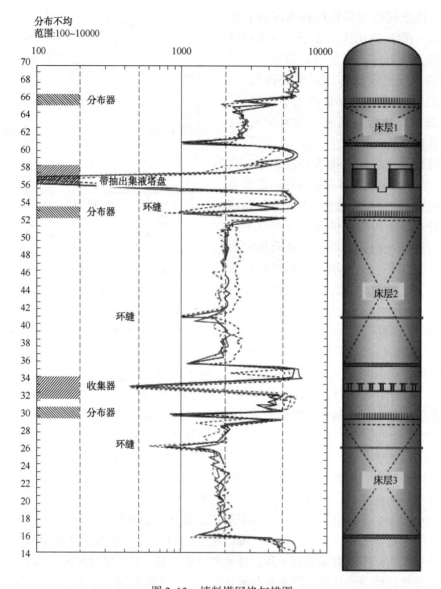

图 2.13　填料塔网格扫描图
床层 1 显示液体分布均匀；床层 2 显示由液体分布器引起的分布不均匀

在许多情况下，伽马扫描供应商被带入工厂，拍摄扫描然后出具一个报告。笔者已经看到许多这样的报告包含了不符合标准的解释。为了避免这种情况，重要的是让熟悉塔设计和操作历史的人员在塔被扫描时以及解读扫描数据时与供应商进行密切沟通。

（3）扫描时确保装置的稳定运行非常重要。否则，由于存在不稳定性可能被误认为塔异常。

（4）避免在极端天气条件下进行伽马扫描。这通常导致塔不稳定，同时减缓伽马扫描。两者都可能导致扫描结果被误解。

（5）对液泛或其他处理能力限制进行故障排除时，请始终执行液泛和未液泛的扫描。液泛扫描可以很好地指示液泛的位置，但无法提供引起液泛的信息。未液泛的扫描应在液泛点以下的部分进行，并且在有关液泛可能性原因方面提供宝贵的信息。

（6）一些商业扫描仪更喜欢垂直于出口堰或者成一定角度［见图 2.9（e）］进行降液管扫描，而不是从平行于堰的方向进行［见图 2.9（a）］扫描。笔者对垂直于堰或者按一定角度扫描降液管没有太多的成功经验。由于塔板和降液管之间的耦合，这种扫描非常困难，甚至是不可能的，所以会经常产生误导诊断的信息。当降液管倾斜时，问题更加严重。此外，用于扫描每个降液管顶部的伽马射线可能需要穿过相当厚的支撑梁，它们的存在与额外液体存在呈现出相同的扫描结果。由于这些原因，笔者建议进行降液管扫描时始终平行于堰的方向［见图 2.9（a）或图 2.9（c）］，而不是垂直或与之成角度［见图 2.9（e）］。

（7）平行堰扫描降液管［见图 2.9（a）］也有陷阱。如果扫描线较浅，散射和反射可能会降低其精度。当塔壳较厚（例如高压条件）时，金属可以吸收比流体更多的辐射。考虑在含有 50% 相对密度为 0.5 的液体的降液管中沿着 300mm 的弦扫描。如果塔壳的厚度为 25mm，那么它会吸收比流体多大约 5 倍的辐射。因此，在高压塔中，最好是扫描中降液管而不是边降液管［见图 2.9（c）］。

（8）将扫描提供的信息与其他故障排除技术（如液泛测试、气相和液相敏感性测试和水力学分析）的信息相结合至关重要。"在水力学分析预测发生液泛的地方，伽马扫描是否显示了液泛？"或"当伽马扫描显示发生泡沫行为时，是否塔之前有过严重发泡的经历？"经常考虑这些问题可能会大大消除"伽马扫描谎言"。

（9）由于每隔 50mm 进行一次伽马扫描，而塔板厚度为 2~3mm，因此伽马扫描难以区分干板和丢失的塔板。伽马扫描看不见塔板，只能看到塔板上的液体。这可能是低液相负荷和低气相负荷塔板的主要问题。使用水力学分析判断是否有低液相或低气相负荷区域是非常重要的。如果有，请以更高的值重复扫描。如果在较高气相或液相负荷下重新扫描，仍然看不到液体，则可以认为是塔板缺失。

（10）对于填料塔，尽可能地测量收集器和分布器中的液位，这是非常有用的。收集器和分配槽溢流是填料塔报告中最常见的故障，但可能需要额外的扫描以避免分配槽金属的干扰。

关于伽马扫描的几个案例已被报道[40~54]。这些资料说明，借助检测器强度图的帮助，应用伽马扫描能够诊断以下异常：

（1）塔板液泛[41,45,46,48,51]；

（2）塔板液泛的流量[45]；

（3）确定液泛准确流量或位置的时间研究[45,46]；

（4）塔板泡沫层高度的特征[45]；

（5）塔板堵塞[45,51,52]；

（6）堵塞导致双溢流或多溢流塔板的分配不均匀[51]；

（7）识别和绕过降液管的限制[47]；

（8）监控塔板堵塞[39,45]；

（9）发泡[39,54]；

（10）干板[48]；

（11）塔板丢失[40]；

（12）塔板损坏[40,41,48,51]；

（13）填料塔分布不均问题[45,46,49,50,53,54]；

（14）填料气体分布器问题[54]；

（15）液泛[46,54]；

（16）填料分布器结垢[46,54]；

（17）填料床层塌陷[42,53]；

（18）填料床层损坏[50]；

（19）填料塔中液体收集器和液体分布器损坏[53]；

（20）填料损坏或破碎；

（21）塔釜基础液位高于再沸器返回口或底部气相进口[45,46]；

（22）塔釜液位[39]；

（23）在可能有问题的地方没有发现异常[41,48]；

（24）一个塔中有两种不同类型的异常[40]；

（25）侧线堵塞[43]。

### 2.12.2　计算机辅助层析成像（CAT）扫描

这种技术主要用于确定填料床层中分布不均的情况。虽然网格扫描（见图 2.12）能够识别不均匀分布，并且可以经常提供这种不均匀分布的线索，但 CAT 扫描在检查床层中的液体分布方面更为重要，在显示网格扫描无法识别的中心到外围液体分布不均衡方面也是很有效的。

图 2.14(a)显示了如何进行 CAT 扫描。放置伽马放射源，并且在填料床层周围均匀分布的径向位置处设置多个检测器[通常为 9 个，为简单起见，图 2.14(a)仅显示 3 个]，所有检测器位于同一高度。一旦完成，放射源被移动到最近的检测器的位置，检测器移动到放射源的位置，并重复扫描。一直持续到放射源被放置在床层周围的所有径向位置。然后将在所有位置获得的轮廓图进行整合，得到这一高度处的二维吸收密度分布图。该密度分布图能够识别出富含液体的区域（高密度）和干燥区域（低密度）。如果需要，可以沿着填料床层的其他高度重复进行 CAT 扫描。

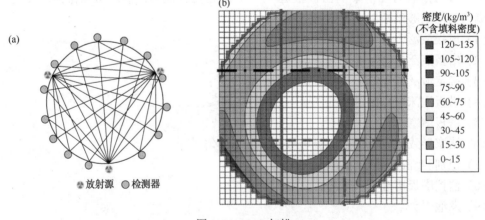

图 2.14　CAT 扫描

（a）CAT 扫描射线；（b）CAT 扫描图显示在床层中心的液体很少，而在周边有大部分液体

参考文献：（a）H. Z. Kister, Practical Distillation Technology, course manual, copyright © 2013, reprinted with permission；（b）reprinted courtesy of IChemE[49b]。

图 2.14(b)是填料床层的 CAT 扫描图[49b]。随着从填料床层的中心移动到周边区域,液体密度增加。在填料床层的中心有一个圆圈接近全干。这个圆圈大约占塔截面积的 15%。正常的网格扫描可以显示不正常的分布,但 CAT 扫描可以很好地确定该塔出现的问题是分布不均匀。

CAT 扫描很昂贵。此外,它可能难以很好地测量边缘附近的液体密度。在执行 CAT 扫描之前,最好先执行正常的网格扫描。对于网格扫描显示问题严重的区域,是 CAT 扫描的最佳选择区域。该技术的详细介绍见参考文献[49a]。

### 2.12.3　伽马扫描的定量分析

含有常规或高容量塔板的塔,特别是那些具有较大直径的塔,偶尔会出现液相或气相不均匀分布的情况。这种分布不均会降低塔板效率,增加回流量、再沸量的能量需求,并使塔处理量达到瓶颈。使用常规故障排除方法(如供应商软件、压降测量和常规单弦定性伽马扫描)来诊断气相和液相分布不均匀问题是困难的或者是不可能的。定量分析的多因素伽马扫描是诊断分布不良的最佳工具。

使用这种方法,沿着连续路径扫描几个平行的弦,通常为 3~6 个[见图 2.15(a)]。使用如参考文献[24]和[45]中所述的高精度方法,在每个弦上为每个塔板确定泡沫高度、泡沫密度、液体压头和夹带指数等数据。利用数据,沿着连续路径的这些变量的轮廓被绘制并使用 Kistergram 对其进行作图,Kistergram 可以显示按比例缩放的变量。图 2.15(b)中,Kistergram 显示了通过多重伽马扫描测量的 10 层塔板的塔中沿着连续路径的泡沫高度分布。到达上层塔板的高度表示液泛或接近液泛。该图表示在塔板 6、8 和 10 的中心附近的泡沫高度已经接近上方的塔板。由于高气相负荷引起高泡沫,所以这表明气相优先通过塔的中心。集油箱(塔板 10 下方的 CT)上泡沫高度超过了其集油箱高度(这些也被按比例绘制),特别是在边降液管附近,表明液体溢出了边降液管附近的集油箱,这将使气相优先通过塔的中心。因此,扫描显示气相沟流是由集油箱的溢流引起的,并由于其上层塔板的开孔率过大而得以传递。改造集油箱和减少塔板开孔面积便可以解决该塔问题[24,28]。

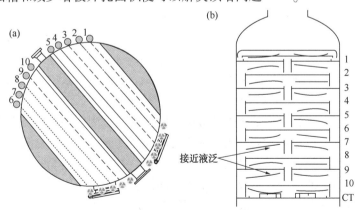

图 2.15　用于定量分析的多通道伽马扫描

(a)扫描射线;(b)定量分析的多通道扫描图上显示喷射高度剖面图

参考文献:(a) H. Z. Kister, Practical Distillation Technology, course manual, copyright © 2013;

reprinted with permission;(b) reprinted courtesy of the American Institute of Chemical Engineers[28]。

伽马扫描的定量分析对于常规和大容量塔板的塔故障排除是非常有价值的。以前的伽马扫描技术在含有多个降液管的塔中运用得不太成功。这包括那些相邻塔板之间以90°旋转的塔，以及每层塔板都是其下方塔板镜像的塔。正如有些研究指出，定量扫描技术使得研究这些塔板的水力学变得可能[55]。

### 2.12.4　中子反向散射技术

中子是能够穿透相当厚度金属的高能粒子。然而，这些高速的中子通过与氢核碰撞而减慢。碰撞将能量转移到氢原子上，变慢的中子被反射回放射源。这类似于台球桌上球的反弹。反弹中子的强度与邻近放射源的介质中的氢原子的浓度成比例，并且可以通过检测器来测量。在其他研究中提供了关于该技术的更详细的描述[39,43]。

中子反向散射技术适用于定位具有不同氢原子浓度的两种材料之间的界面。图 2.16(a)是一种典型的设备。放射源和检测器安装在同一台手持扫描器上。扫描器位于容器的外壁附近，并沿着壁面上下移动。反射辐射强度在界面处发生变化。图 2.16(b)显示了来自气相空间的低反射辐射强度的扫描，其中分子相距很远，因此氢原子的浓度低。含有氢原子的液体的反射辐射强度要高得多，因为分子紧密地靠在一起。油水界面中氢原子浓度的明显变化使得该技术适合检测液体界面。

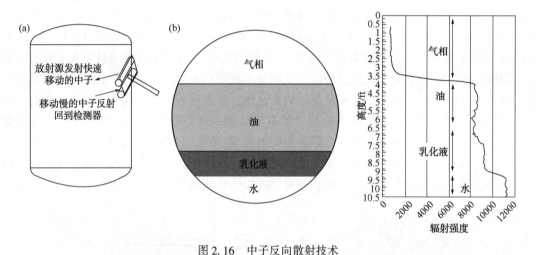

图 2.16　中子反向散射技术
(a) 放射源和检测器一体式的手持扫描器示意图；(b) 中子反向散射扫描示例，
显示蒸汽的低反射性和不同液体的不同反射

该技术在精馏塔和吸收塔中最常见的应用是液位界面检测，特别是当正常的测量技术行不通的时候。中子反向散射技术通常用于降液管泡沫高度测量和用于检测将近干涸或堵塞的降液管。一个案例曾经描述过[39]，在使用中子反向散射技术测量降液管泡沫高度时发现了由降液管内沉积物引起的塔内过早液泛。中子反向散射技术对于检测集油箱、收集器和分布器的溢流是非常有用的，但只能在液体靠近塔壁时应用。中子反向散射技术可以比伽马扫描更有效地检测液体界面，特别是在大直径塔中，以及当两种液体的密度相似时。

中子反向散射技术还能够仅从容器的一侧进行水平测量，这对于测量再沸器中的液位是非常有用的[56]，因为使用伽马射线透射会被换热管束遮蔽。

当壁厚超过 40mm 或绝缘时，难以应用中子反向散射技术。由于氢原子浓度非常大，湿的或冰冷的绝缘体会使测量不准确。当不存在氢原子（如四氯化碳）时，无法应用中子反向散射技术。

### 2.12.5　示踪剂技术

示踪剂技术是将放射性示踪剂注射到装置内部，并借助辐射检测器监测其运动。根据不同的应用场合，示踪剂可以以脉冲或恒定流量方式注射。为了使污染最小化，绝大多数情况会使用脉冲法。

示踪剂技术通常用于泄漏检测、流量测量和填料分布不均匀的分析研究。例如，可以将示踪剂注入再沸器蒸汽管线中；在工艺方面，检测器将确定示踪剂是否都进入工艺流体中。已经有报道显示，这种技术成功诊断了再沸器泄漏并测量泄漏流量的情况[39]。示踪剂技术在其他研究中也有详细的讨论[39,40,42,43]。

## 2.13　壁温测量

可以在塔周围的绝缘层中切割孔，并通过表面高温计、接触高温计或热像仪测量壁温。这些壁温对于验证模拟、测试推测、检测填料塔不良分布、液泛测定以及识别第二液相是非常有价值的。

在板式塔中，塔壁温度可以提供详细的塔板温度曲线，通常可以据此对问题的根本原因进行识别。在一个烃类分离塔中，在某些条件下，提高流量能够导致塔顶产品中的重组分进一步增加。塔板间温度阶跃式增加会伴随着温度曲线的改变而发生，如图 2.17 所示。

标准温度曲线显示，随着塔高增加，正常来说温度会下降，但不正常的特性曲线具有意想不到的温度反转。从进料点往上，温度先下降至 65~70℃，然后升高约 10℃，接着再次下降。这种行为表明存在出人意料的第二液相——水。水出现在进料位置以上而不是塔顶，表明可能由于高沸物如碱或盐的存在而发生积聚。在另一座塔[57]中，由于冷循环流与产物流的令人意想不到的混合，壁温测量显示了另一种温度反转。在这座塔中，对温度变化的时间研究确定了这种意料之外的行为的根本原因。在这两个塔中，正常情况下不应该看到温度反转。测试中使用温度测量来识别液泛也被介绍过[28]，如图 2.17 所示。

温度测量最常应用于排除填料床层中的分

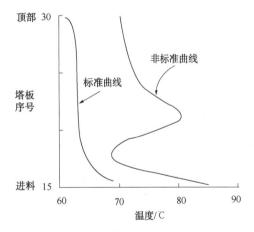

图 2.17　通过高温计测量温度反转

参考文献：H. Z. Kister, Practical Distillation Technology, course manual, copyright © 2013; reprinted with permission.

布不均匀问题。在同一径向平面上的保温层中切割 6~8 个孔［见图 2.18（a）］，并测量壁温。如果液体分布良好，所有这些温度都是一样的。同一高度的不同点之间的温差（超过 10~15℃）表示分布不均匀。这种技术只能在温度沿着塔高度变化很大的地方应用。当不均匀分布仅在塔的中心和周围之间时，同一高度的壁温可能不会有太大的变化，但是塔壁可能比预期的更冷(塔壁附近有多余的液体)，或比预期的更热(塔壁附近缺少液体)。

为了获得最佳的效果，温度测量应在三个不同的高度上进行：在靠近床层顶部附近、靠近床层底部附近、靠近床层的中部[49b,50]。该跟踪过程沿着床层高度的分布不均而变化。此外，在一个高度处的测量提供了对整个床层上面或下面的一致性检查。

图 2.18(b)显示了一个填料床层在四个不同高度的温度测量结果。相对另外三个推荐的高度来说，在回流入口以上的第四个高度是后加的。测量结果显示，在床层的西北方向冷的温度点贯穿整个床层。那个冷点甚至延伸到床层上方(高于回流入口和分布器的高度)。在床层顶部和高于顶部的地方，西北方向的温度更接近 87℃ 的回流温度，而不是 195℃ 的塔顶气相温度。

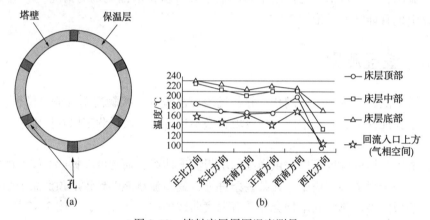

图 2.18 填料床层周围温度测量

(a) 用于壁温测量的保温层切割孔；(b) 四个不同高度的测量值

参考文献：(a) H. Z. Kister, Practical Distillation Technology, course manual, copyright © 2013; reprinted with permission；(b) reprinted courtesy of IChemE[49b]。

除了分布不均的情况外，温度测量提供了调查的主要线索。在塔顶附近显示出冷的、分布不均的温度，最高为 80℃，明显低于塔顶蒸汽温度。这是非常不寻常的，同时表明明显过冷的回流可能被猛烈地向上喷射。这种喷射导致回流向上飞溅。在进行温度测量之前，没有任何理由怀疑回流的向上飞溅。

在上述情况下，如许多一致性检查所证实的那样，调查的成功归功于测量的有效性和可靠性，相反，不可靠的温度测量导致错误的诊断。在一个案例中，沿着常压塔洗涤段的一周有超过 60℃ 的温度变化，原以为是分布不均造成的，实际是由表面温度测量错误引起的。因此，确保表面测量的有效性和可靠性是至关重要的。成功的温度测量的关键是可靠性、重复性和一致性。以下是实现这些目标的一些想法：

(1) 检查塔中的预期温度曲线。如果一段塔的温度变化不太大(小于 10~15℃)，与实际温度变化相比，温度测量值可能不太准确，而且温度调查往往作用不大。

(2) 检查是否存在可能阻碍使用温度测量方法的地方。例如，塔的某一部分是搪玻璃的或者是在里面涂有防腐材料，这些都不能很好地传导热量。在低温塔中，保温层中切开孔洞的地方会迅速结冰，因而导致测量不准确。

（3）检查在塔保温层材料上切割孔的安全或环境限制。如果塔为石棉保温层，则不允许切割或者需要大量特殊程序才能切割。在这种情况下，温度测量可能需要放弃。和安全员沟通确认，保温层是否可以安全切割，以及是否有特殊程序的要求。

（4）重要的是避免水进入保温层。进入的水会导致碳钢和不锈钢塔的严重腐蚀[59]。在保温层中切割的孔应具有紧密关闭的盖子，在不使用时可以防止水的进入。

（5）在要求的操作条件下，塔的稳定操作对于温度测量的成功不可或缺。测量中的温度变化是温度曲线被误读的常见原因。有个例外的情况是，温度测量用于研究某一特定位置上温度随时间的变化关系（时间研究）。这种技术可以用于研究不稳定的来源和性质[57]。

（6）校准温度测量设备。这是通过测量塔中每个热电偶旁边的表面温度来完成的。热电偶给出塔内的流体温度。预计的内部温度稍高于壁温。通常，当内部温度为 100℃ 时，壁温为 85~95℃。所有热电偶旁边的壁温与热电偶温度的关系应该是平滑的曲线。通过这一平滑曲线可以将任何测量的壁温转化为内部液体的温度。需要注意，当热电偶伸入一个填料床层中一段距离时，可能会读取与塔壁不同的温度。检查热电偶规格，如果有理由怀疑塔壁和内部温度不同，就无须再次校准。高温计的发射率需要被经常探讨，通常选择 0.9~1.0 的高值。在笔者的经验中，该值并没有太大关系，因为校准工作将弥补发射率的错误。

（7）从一个方向进行一个初步的温度测量。然后重复一遍，不用查看前面的结果。假设塔是稳定的，任何给定点的温度测量值之间的差异不应超过约 3℃。如果超过了 3℃，则表明存在一些尚未解决的测量问题。继续重复操作，直到测量结果完全重复。

（8）另一个有用的一致性检查是组成一个三人小队（或至少两人）爬到塔上面去。如果可能，要包含一个操作人员。团队的每个成员都读取一个读数，且不必告诉其他人。只有在所有成员完成测量后才对比结果。差异应小于 1~2℃。

（9）温度应该随着塔升高一直下降。通过沿着有关区域的塔高度测量温度来检查，温度应随高度平滑变化。通过对该区域的彻底研究，调查所有异常数据。

（10）人们经常讨论风、雨和阳光是否影响塔壁温度测量。在笔者的经验中，当孔的直径不大于 80mm 时，太阳、风和小雨（确保雨水不被吹入孔中）的影响很小。在强降雨或其他极端天气条件下，应避免温度测量，因为这样不但测量会受到影响，而且塔经常也会变得不太稳定[参见以上第（4）项和第（5）项]。

（11）还有其他一些一致性检查。进行的一致性检查越多，数据的有效性就越强。

（12）在填料塔中，床层周边温度测量应沿着该床层至少两个（最好是三个）高度上进行。图 2.18 中的案例研究是本程序的一个很好的示范。该过程提供了良好的测量一致性检查[在一个高度处收集的数据需要与其他高度的数据一致，如图 2.18（b）所示]。这个过程也体现了分布不均匀的发展趋势，这对于分布不均的原因给出了宝贵的见解，就像在这个案例中研究的一样。

（13）脚手架通常是进行填料塔温度测量的必备工具[根据上述第（12）项]。脚手架十分昂贵，需要特殊的安全保护措施。在笔者的经验中，为了获得可靠的数据，脚手架不可或缺。笔者的经验是，诸如测量较少点或使用吊车到达够不到的测量位置，这些便捷方式会导致误导性数据。如果没有足够多的脚手架和通道，不要进行塔顶温度测量。

（14）当使用红外高温计时，请注意表面温度是不均匀的。由于表面纹理和发射率的变化，在相同的孔中会出现大于 10~20℃ 的温度变化。建议在每个孔中进行大量测量，并选择最一致的温度测量值作为真实的壁温。

（15）通过红外高温计测量，重要的是每个点读数都集中在孔中的一个小点上，而不是扩展到包含较高和较低温度的区域。因此，应使用具有聚焦功能的高温计（如激光瞄准或照相机聚焦）进行测量。

将高温计激光点聚集在一点上，取围绕该点的圆周上的壁温平均值。高温计说明书列出了圆的直径。直径 40mm 的圆不适合塔壁温度测量。对标准高温计来说画出直径为 20mm 的圆形是适合的。高精度的高温计应绘制直径小至 6mm 的圆，建议使用这种仪表。圆直径随高温计和塔壁之间的距离而变化。通常，高温计距离塔壁 150~300mm。一些高温计实际上在焦点周围显示一个光环，并在塔壁上显示圆的形状。

（16）使用红外高温计测量时，光泽表面具有高反射率。在测量之前，用黑漆（黑色）涂料喷涂绝缘孔。如果塔壁由不锈钢制成，请确保涂料中氯化物含量较低。

（17）注意塔壁金属元素的变化。如果发生这种变化，塔的每个部分需要单独校准，因为发射率随着金属元素的变化而变化。

（18）对于塑料塔壁，温度测量的经验很有限，且效果不好。这种塔的壁温往往比内部液体温度低很多。例如，当塔内温度为 100℃ 时，由于塑料良好的绝缘性能，壁温通常为 50~70℃。我们期待玻璃塔有一个类似的经验数据。

## 2.14　能量平衡故障排除

能量平衡对于发现泄漏特别有用，包括内部泄漏、夹带、再沸量或回流量不足。

如果测得的回流量高于实际值，则基于该测量值的冷凝器负荷也高于实际值。能量平衡将显示冷凝器负荷和回流量都低于从测量值推测的数值。当回流量不足是分离问题的根本原因时，这可能说明回流量测量有问题，例如参考文献[2]中 2.6 和 25.2 的案例。或者，如果回流量测量准确，且其由回流罐的液位控制，则由于过多的液体在塔顶部回路中循环，能量平衡则可说明塔发生了液泛。

在直接接触式冷却设备中，例如大多数炼油厂主分馏塔，烯烃、硫黄装置急冷塔和许多其他设备，能量平衡是发现内件泄漏的主要工具。图 2.19 展示了在炼油厂燃料型减压塔顶部运用的实例。这部分是一个带直接接触式全凝器（气相产物可忽略）的循环回流，由一段填料和其下方的全抽出集油箱组成。从集油箱抽出的液体一部分成为减压轻蜡油（LVGO）产品，其余部分经冷却后返回填料层顶部，冷却冷凝塔内上升的气体。

在故障排除期间，为塔的上部分编制了能量平衡。因为它是一个全凝器（集油箱是全抽出的），所以上升气相的流量等于 LVGO 产品的流量。因此，LVGO 部分的热负荷为：

$$Q_{LVGO} = (H_{V,260℃} - H_{L,175℃}) \cdot M_{LVGO} = 0.43 \frac{MJ}{kg} \cdot \frac{50000kg/h}{3600s/h} \approx 6MW$$

式中　$Q_{LVGO}$——热负荷，MW；

$H_V$ 和 $H_L$——气体和液体的焓，MJ/kg；

$M_{LVGO}$——LVGO 产品流量，kg/h。

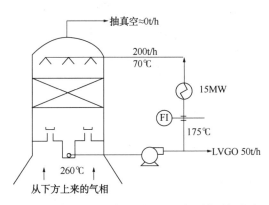

图 2.19　能量平衡在炼油厂燃料型减压塔顶部的应用

参考文献：H. Z. Kister, Practical Distillation Technology, course manual, copyright © 2013; reprinted with permission。

总共从气相中取出了 6MW 的热负荷。还可以根据从冷凝器中取出的热量计算 LVGO 部分的热负荷：

$$Q_{\text{LVGO}} = M_{\text{PA}} \cdot c_{\text{p}} \cdot (T_2 - T_1) = \frac{200000\text{kg/h}}{3600\text{s/h}} \cdot 0.0025 \frac{\text{MJ}}{\text{kg} \cdot \text{℃}} \cdot (175 - 70)\text{℃} \approx 15\text{MW}$$

式中　$M_{\text{PA}}$——循环流量（见图 2.19），kg/h；

　　　$c_{\text{p}}$——比热容，MJ/(kg·℃)；

　　$T_2$, $T_1$——循环返回和抽出的温度，℃。

由冷凝器计算的热量远远大于冷凝 LVGO 产品所需的热量。仪表检查确认测量的数据不存在严重误差。

能量平衡基于以下假设：进入 LVGO 部分的所有气相作为 LVGO 产品流出。这种假设只有在冷凝液体不能从某些其他路线流出时才有效。有两个可能的流出路线：从塔的顶部夹带或从集油箱泄漏/溢出。在该塔中，顶部的夹带可以容易地从喷射器蒸汽冷凝物中的液体产物（溅出）中检出。在该塔中没有溅出。这使得集油箱泄漏/溢出成为唯一合理的解释。采用能量平衡可以计算出泄漏量/溢出量。上升气相与其上方冷凝液之间的焓差为 0.43MJ/kg，15MW 的热负荷，则在 LVGO 部分中冷凝的液体总量是：

$$M_{\text{condensate}} = \frac{15\text{MW}}{0.43\text{MJ/kg}} \cdot 3600 \frac{\text{s}}{\text{h}} \approx 125000 \frac{\text{kg}}{\text{h}}$$

因此，总共 125000kg/h 的 LVGO 被冷凝。其中，50000kg/h 作为 LVGO 成品，其余的从集油箱中泄漏或溢出。在该塔中，泄漏或溢出的 LVGO 进入塔的下部，降低了该部分的泡点，造成了下部冷凝器的瓶颈。在之后的检修中，集油箱密封焊接的问题就解决了。

## 2.15　按比例绘制过渡点简图

如表 2.1 所示，塔故障调查[1]，列出过渡点（塔底、填料分布器、中间采出、进料）是塔故障的主要原因之一。在故障排除调查中，必须仔细检查相关的过渡点，以找出问题的根本原因。

对过渡点进行故障排除的最佳方法是按比例绘制该处的简图，以便清楚地了解这个过渡点应该如何工作。然后，将可能的气液流动模式绘制在简图上，并提问"它是否按照该有的模式运行？"

请注意，笔者不建议只看塔图。塔图包含大量细节，其中许多细节与过渡点的功能和故障排除任务无关。更糟糕的是，相关细节通常分散在几个塔图中，并很难放在一张清晰的图中。清晰的简图有助于故障排除者剔除不相关的细节，并专注于重要的细节。同时，按比例绘制简图是很重要的。虽然不需要很高的精度，但需要表明各项之间的位置和距离。不按比例绘制的简图可能会产生误导。简图中可以包括高度、平面图、侧视图和任何所需要的信息，以清楚地表明过渡点处如何工作，以及气液流动通道上有哪些阻碍。

在下面的案例研究[58]中，此处所提倡的简图决定了改造的成败。为了使 FCC 主分馏塔的处理能力最大化，所做的改造之一是将两个侧线抽出产品的塔板更换为全抽出的集油箱，其目的是尽量减少进入下段的内回流量。

通过仔细监测和控制，最大限度地减少回流，同时消除其上方集油箱的泄漏或溢出。最重要的是确保集油箱是全抽出的。任何泄漏或溢出都会变成液体循环，在底部被蒸发并增加塔的负荷。改造后，塔的处理量非常紧张，任何循环汽化都可会导致实际处理量低于设计值。为了防止泄漏，集油箱应完全密封焊接。

新集油箱的设计如图 2.20(a)所示。来自其上方双溢流塔板的液体沿着边降液管落入液封盘中。集油箱上的所有液体都从其下方的渠(图中未显示)中抽出。通过将原抽出塔板的出口堰高由 350mm 左右增加至 610mm，原降液管转换为溢流式。集油箱上正常液位约300mm，不会从溢流式降液管中流出。但是，如果发生异常且集油箱液位高度超过 610mm，液体将溢流到降液管中。

在设计阶段，液封盘和集油箱在不同的图纸上，且都通过审查可用于制造。最后一刻的图纸审查将简图放在一起，如图 2.20(b)所示，结果显示出一个重大的缺陷。从外周集油箱中排出并吹向塔壁的气体将从液封盘流下的液体直接吹入溢流降液管中。因此，尽管集油箱是全焊接的，液体仍然会绕过它。

图 2.20(c)显示了如何规避该问题。将外周集油箱靠近塔壁的缺口封闭。在每个液封盘的底部安装一个 25mm 的垂直排水口，以防止液体直接进入降液管中。

该案例给我们的启示是，当涉及过渡点(进料、抽出、底部油槽、集油箱)的故障排除时，您需要的不是专家而是简图。

## 2.16　故障时间分析和审查操作图表

第 2.3 节中的第 7 项强调了解塔及其以往情况的重要性。"我们现在做错的地方，之前做得对吗？"这一问题也许是最强大的故障排除工具。

最常见的方法是确定问题发生的时间，并在一张图上简单地绘制关键变量的同步操作图表。借助这个图表，仔细检查事件的顺序。这种类型的分析不仅可以揭示问题是什么，还可以揭示它发生的原因以及如何发展成明显的症状。Mark Harrison 的文章[2]中的案例 8.3 详细说明了这个问题。

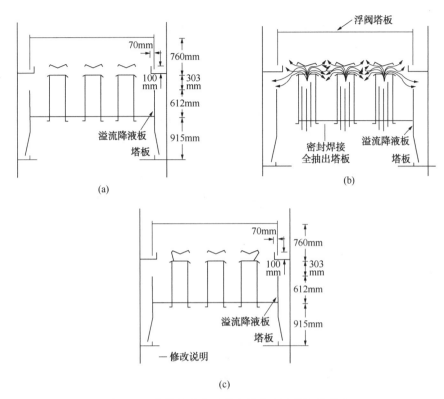

图 2.20　全抽出式集油箱未能实现全部液体抽出

（a）初始设计；（b）预计的流动模式；（c）规避液体从旁路绕过集油箱的修改

由于"塔没有生产出合格的产品"，故障排除人员被召入控制室。查看操作图 2.21（a）得知塔发生了液泛。塔压降的上升和塔釜流量的减少证明了这一点。

操作人员意识到塔发生了液泛。他们说，在塔液泛之前产品已经不合格了。图 2.21（a）显示为了提高产品纯度，回流量在塔液泛之前已经开始增加了。

将图表往前翻到回流量开始增加的地方［图 2.21（b）］，在这一点上塔再次发生了液泛，这可以通过高的塔压降来说明，但这次塔釜液位和流量也很高。在常规的液泛中，随着液体在塔中积聚，塔釜流量和液位应该呈下降的趋势。

图 2.21（c）显示了初始状态，塔底泵暂时失效，导致塔液位上升。塔釜液位计一开始显示为升高，随后平稳不变，这是由于液位上升达到并超过了液位计量程的上限。液位继续上升到达塔板，塔压降的升高说明了这一点。

一段时间后，泵恢复使用并大量采出釜液。塔中积聚的液量减少，塔压降先稳定后开始下降［见图 2.21（b）］。不久之后，塔液位恢复正常。然而，塔压降没有恢复正常，而是降至低于正常水平，这说明在高液位时有些塔板倒塌或损坏了。同时，由于塔板减少，为了保证产品纯度，回流开始增加。而回流量和再沸量的进一步增大使塔发生了液泛［见图 2.21（a）］，而没有得到合格的产品。

本案例提供了一个研究事件（或塔）历史和事件顺序的重要性的经典例证。

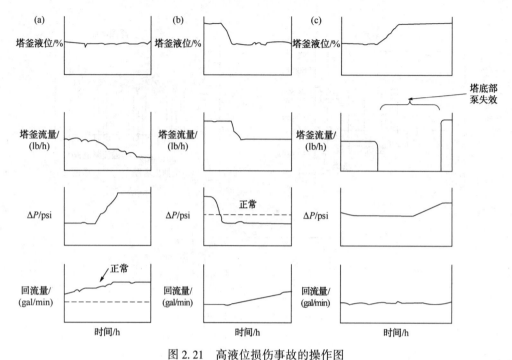

图 2.21　高液位损伤事故的操作图

（a）最后的图表，显示塔的液泛；（b）中期图表，显示液泛事件发生后的回流量增加；
（c）初始图表，显示导致塔板倒塌的高液位事件

## 2.17　检查：有所查就有所得

　　安装问题占全部精馏故障的五分之一[1]。1997 年，早期的精馏故障调查将安装事故列为增长最快的故障，1990～1997 年报告的故障数量是 1950～1990 年故障数量的两倍多。好消息是，这种增长已经趋于平稳。似乎是行业内在注意到安装事故惊人的上升量之后采取纠正措施。许多主要机构已经启动系统而彻底的塔器工艺检测项目，这正带来很大的收益。

　　安装事故导致分离不佳、不稳定、生产能力下降和能源消耗增加，这些都带来负面的经济影响。在某些情况下，塔可能会停止运转，迫使过早停工检修。在施工和运转后的适当检查是发现安装事故、设计漏项、污染和损坏的最佳手段，并在发生故障之前对其进行纠正。少量的预防胜于大量的治疗。预防性故障排除强调彻底的工序流程检查。

　　表 2.3 列出了故障调查中最常见的安装事故[1]。报告中数量最多的安装事故是关于填料液体分布器，其中大多数是最近发生的。这是一个通过检查可以改进的领域。填料安装不正确是另一个主要问题，这对一些较不常见的填料组件（例如陶瓷散堆填料的破裂，组装不良的格栅填料发生塌陷，无监督地安装规整填料）更麻烦。因此，对于大多数填料安装没有这个问题。经验做法是让供应商监督规整填料的安装（包括分布器），并在特殊情况下更需要特别小心，例如倾倒陶瓷填料、紧固格栅填料，以及在决定是否将塔板支撑圈留在塔内时。

**表 2.3　最常见的安装事故**

| 编 号 | 原 因 | 数 量 |
|---|---|---|
| 1 | 填料液体分布器安装错误 | 13 |
| 2 | 填料安装不正确 | 13 |
| 3 | 螺母、螺栓、卡子未拧紧 | 9 |
| 4 | 塔板组装错误 | 8 |
| 5 | 板式塔进料和抽出处的流道堵塞和内件错位 | 7 |
| 6 | 收集器和低液相流量塔板的泄漏 | 7 |
| 7 | 底隙和入口堰安装错误 | 5 |
| 8 | 杂物残留在塔内 | 5 |
| 9 | 塔的通道板未紧固 | 4 |
| 10 | 材质低于规定的要求 | 4 |

参考文献[1]：Reprinted courtesy of the Institution of Chemical Engineers in the UK。

　　螺母、螺栓和卡子未拧紧以及塔板的组装错误都是多发事故，应该着重检查。杂物在塔内残留以及材质错误也属同类问题。其他经常遇到需要检查人员重点关注的事项包括：板式塔进料和抽出处的流道堵塞和内件错位；在需要密封以及防漏的收集器处发生漏液(应在试运行时进行试漏测试)；降液管底隙安装不当和塔的通道板未紧固。

　　近期的几篇论文[61~64]给出了几个案例，其中检查和试运行发现了由不正确的内件安装、不充分的检查、结垢和内件损坏造成的潜在和实际问题。在每种情况下，检查对于问题发现都是一个简单、低成本的解决方案。这些文献表明，彻底而深思熟虑的检查往往可以预防运行中的重大故障。对于塔来说，你会得到你所检查的结果，而不是你所期望的结果。

# 参 考 文 献

[1] H.Z. Kister, What caused tower malfunctions in the last 50 years? Trans. IChemE 81 (Part A) (January 2003) 5.
[2] H.Z. Kister, Distillation Troubleshooting, John Wiley and Sons, NJ, 2006.
[3] H.Z. Kister, Distillation Operation, McGraw-Hill, NY, 1990.
[4] B.D. Smith, Design of Equilibrium Stage Processes, McGraw-Hill, 1963.
[5] M. Van Winkle, Distillation, McGraw-Hill, 1967.
[6] R. Billet, Distillation Engineering, Chemical Publishing Company, New York, 1979.
[7] H.Z. Kister, Distillation Design, McGraw-Hill, New York, 1992.
[8] N.P. Lieberman, Troubleshooting Process Operations, fourth ed., PennWell Books, Tulsa, OK, 2009.
[9] R. Sands, Thoughts on troubleshooting: tips from those who do it best, in: Distillation 2011: The Dr. James Fair Heritage Distillation Symposium, Topical Conference Proceedings, AIChE Spring National Meeting, Chicago, IL, March 13—17, 2011, p. 315.
[10] M.E. Harrison, J.J. France, Distillation column troubleshooting, Chem. Eng. (March 1989) 116. April 1989, p. 121; May 1989, p. 126; and June 1989, p. 139.

[11]  C.S. Wallsgrove, J.C. Butler, Process Plant Startup, Continuing Education Seminar, The Center for Professional Advancement, East Brunswick, New Jersey.

[12]  M. Gans, S.A. Kiorpes, F.A. Fitzgerald, Plant startup—step by step, Chem. Eng. (October 3, 1983) 74.

[13]  A. Sofronas, Case 70: twenty rules for troubleshooting, Hydroc. Proc. (September 2012) 35.

[14]  J. Ponting, H.Z. Kister, R.B. Nielsen, Troubleshooting and solving a sour-water stripper problem, Chem. Eng. (November 2013) 28.

[15]  H.Z. Kister, D.R. Gill, Flooding and pressure drop in structured packings, Distillation and Absorption 1992, IChemE Symposium Series 128, p. A109, IChemE/EFCE, 1992.

[16]  R.F. Strigle Jr., Random Packings and Packed Tower, second ed., Gulf Publishing, Houston, TX, 1994.

[17]  H.Z. Kister, P. Mathias, D.E. Steinmeyer, W.R. Penney, J.R. Fair, Equipment for Distillation, Gas Absorption, Phase Dispersion, and Phase Separation, Section 14, in R. H. Perry and D. Green "Chemical Engineers' Handbook", eighth ed., 2008.

[18]  R.G. Garvin, E.R. Norton, Sieve tray performance under GS process conditions, Chem. Eng. Prog. 64 (3) (1968) 99.

[19]  D.W. Jones, J.B. Jones, Tray performance evaluation, Chem. Eng. Prog. 71 (6) (1975) 65.

[20]  H.Z. Kister, R. Rhoad, K.A. Hoyt, Improve vacuum-tower performance, Chem. Eng. Prog. (September 1996).

[21]  AIChE Equipment Testing Procedure, Trayed and Packed Columns: A Guide to Performance Evaluation, third ed., AICHE, January 2014.

[22]  D.B. McLaren, J.C. Upchurch, Guide to trouble-free distillation, Chem. Eng. (June 1, 1970) 139.

[23]  R.E. Kelley, T.W. Pickel, G.W. Wilson, How to test fractionators, Pet. Ref. 34 (1) (1955) p. 110, and 34 (2) (1955) p. 159.

[24]  H.Z. Kister, Use quantitative gamma scans to troubleshoot maldistribution on trays, Chem. Eng. Prog. (February 2013) 33.

[25]  N.P. Lieberman, Troubleshooting Natural Gas Processing, PennWell Publishing, Tulsa, Oklahoma, 1987.

[26]  F.C. Silvey, G.J. Keller, Testing on a commercial scale, Chem. Eng. Prog. 62 (1) (1966) 68.

[27]  T. Yanagi, M. Sakata, Performance of a commercial scale 14% hole area sieve tray, Ind. Eng. Chem. Proc. Des. Dev. 21 (1982) 712.

[28]  H.Z. Kister, K.F. Larson, J.M. Burke, R.J. Callejas, F. Dunbar, "Troubleshooting a water quench tower", Proceedings of the 7th Annual Ethylene Producers Conference, Houston, Texas, March 1995.

[29]  S.P. Bellner, W. Ege, H.Z. Kister, Hydraulic analysis is key to effective, low-cost demethanizer debottleneck, Oil Gas J. (November 22, 2004).

[30]  H.Z. Kister, Can we believe the simulation results, Chem. Eng. Prog. (October 2002).

[31]  H.Z. Kister, S. Bello Neves, R.C. Siles, R. da Costa Lima, Does your distillation simulation reflect the real world? Hydrocarbon Process. (August 1997).

[32]  S. Opong, D.R. Short, "Troubleshooting columns using steady state models", in: Distillation: Horizons for the New Millennium, Topical Conference Preprints, AIChE Spring National Meeting, Houston, TX, March 14—18, 1999, p. 129.

[33]  H.Z. Kister, Troubleshooting distillation simulations, Chem. Eng. Prog. (June 1995).

[34]  L. Yarborough, L.E. Petty, R.H. Wilson, Using performance data to improve plant operations, in: Proc. 59th Annual Convention of the Gas Processors Associations, Houston, March 17—19, 1980, p. 86.

[35]  G.J. Gibson, Efficient test runs, Chem. Eng. (May 11, 1987) 75.

[36]  C. Branan, The Fractionator Analysis Pocket Handbook, Gulf Publishing, Houston, Texas, 1978.

[37]  H.Z. Kister, E. Brown, K. Sorensen, Sensitivity analysis key to successful $DC_5$ simulation, Hydrocarbon Process. (October 1998).

[38] H.Z. Kister, Effect of design on tray efficiency in commercial columns, Chem. Eng. Prog. (June, 2008) 39.

[39] J.S. Charlton (Ed.), Radioisotope Techniques for Problem Solving in Industrial Process Plants, Gulf Publishing, Houston, Texas, 1986.

[40] J.S. Charlton, M. Polarski, Radioisotope techniques solve CPI problems, Chem. Eng. (January 24, 1983) 125 and February 21, p. 93, 1983.

[41] W.A.N. Severance, Advances in radiation scanning of distillation columns, Chem. Eng. Prog. 77 (9) (1981) 38.

[42] V.J. Leslie, D. Ferguson, Radioactive techniques for solving ammonia plant problems, Plant/Operations Prog. 4 (3) (1985) 144.

[43] R.L. White, On-line troubleshooting of chemical plants, Chem. Eng. Prog. 83 (5) (1987) 33.

[44] J.D. Bowman, Use column scanning for predictive maintenance, Chem. Eng. Prog. (February 1991) 25.

[45] M.E. Harrison, Gamma scan evaluation for distillation column debottlenecking, Chem. Eng. Prog. (March 1990) 37.

[46] S.X. Xu, L. Pless, Distillation tower flooding—more complex than you think, Chem. Eng. (June 2002) 60.

[47] S. Vidrine, P. Hewitt, Radioisotope Technology—Benefits and Limitations in Packed Bed Tower Diagnostics, Paper Presented at the AIChE Spring Meeting, New Orleans, Louisiana, April 25−29, 2004.

[48] W.A.N. Severance, Differential radiation scanning improves the visibility of liquid distribution, Chem. Eng. Prog. 81 (4) (1985) 48.

[49] [a] W. Mixon, S.X. Xu, Identify liquid maldistribution in packed distillation towers by CAT-scan technology, in: Distillation 2005: Learning from the Past and Advancing the Future, Topical Conference Proceedings, AIChE Spring National Meeting, Atlanta, GA, April 10−13, 2005, p. 375;
[b] H.Z. Kister, W.J. Stupin, J.E. Oude Lenferink, S.W. Stupin, Troubleshooting a packing maldistribution upset, Trans. IChemE 85 (Part A) (January 2007).

[50] R. Duarte, M. Perez Pereira, H.Z. Kister, Combine temperature surveys, field tests and gamma scans for effective troubleshooting, Hydrocarbon Process. (April 2003).

[51] F.J. Sattler, Nondestructive testing methods can aid plant operation, Chem. Eng. (October 1990) 177.

[52] D. Ferguson, Radioisotope techniques for troubleshooting olefins plants, in: 7th Annual Ethylene Producers Conference Proceedings, AIChE, 1995.

[53] J. Bowman, Troubleshoot packed towers with radioisotopes, Chem. Eng. Prog. (September 1993) 34.

[54] M.M. Naklie, L. Pless, T.P. Gurning, M. Ilyasak, Radiation scanning aids tower diagnosis at Arun LNG plant, Oil Gas J. (March 26, 1990).

[55] H.Z. Kister, Apply quantitative gamma scanning to high-capacity trays, Chem. Eng. Prog. (April 2013) 45.

[56] H.Z. Kister, H. Pathak, M. Korst, D. Strangmeier, R. Carlson, Troubleshoot reboilers by neutron backscatter, Chem. Eng. (September 1995) 145.

[57] H.Z. Kister, D.W. Hanson, T. Morrison, California refiner identifies crude tower instability using root cause analysis, Oil Gas J. (February 18, 2002).

[58] H.Z. Kister, B. Blum, T. Rosenzweig, Troubleshoot chimney trays effectively, Hydrocarbon Process. (April 2001).

[59] A.D. Jain, Avoid stress corrosion cracking of stainless steel, Hydroc. Proc. (March 2012) 39.

[60] H.Z. Kister, Are column malfunctions becoming extinct—or will they persist in the 21st century, Trans. IChemE 75 (Part A) (September 1997).

[61] R. Cardoso, H.Z. Kister, Refinery tower inspections: discovering problems and solving malfunctions, in: Proceedings of at the Topical Conference on Distillation, the AIChE National Spring Meeting, San Antonio, TX, April−May 2013.

[62] J.M. Sanchez, A. Valverde, C. Di Marco, E. Carosio, Inspecting fractionation towers, Chem. Eng. (July, 2011) 44.

[63] G.A. Cantley, "Inspection War Stories—Part 1", Presented at the Distillation Topical Conference, AIChE Spring National Meeting, Houston, April 1—5, 2012.

[64] E. Grave, P. Tanaka, The final step to success—tower internals inspection, in: Part 1 and Part 2, Proceedings of at the Topical Conference on Distillation, the AIChE National Spring Meeting, Houston, TX, April 22—26, 2007, pp. 533—547.

# 第3章 塔性能测试程序

## 3.1 简介

在化工行业特别是分离液相混合物的过程中，精馏是应用最广泛的分离方法[1]。产能较大时精馏过程具有明显的经济优势，所以预计未来精馏仍是主要的分离方法。多年以来，研究人员和工程师们已经掌握了许多精馏的知识，并得到了大量的气液平衡数据(VLEs)。

作为设计和开发工具，计算流体力学(CFD)在塔内件(例如塔板和填料)性能的改进上取得了明显的进步，但作为一种计算工具，其结果仍待验证。分子建模和CFD模拟在很长一段时间内依然不能替代试验。在耦合传质的多相湍流流体力学模拟技术成熟之前，仍有必要对精馏塔的性能进行测试。

本章讲述的内容适用于装置、大型试验、中试装置和实验室小塔性能的测试，不可用于工业塔器性能的测试和故障排除。对于工业塔器的性能测试和故障排除来说，最近美国化学工程师协会出版了设备测试程序《板式塔和填料塔》[2]一书，该书详细讨论了板式塔和填料塔的性能测试过程，并包含了与装置性能测试相关的大量信息。Kister、Liberman、Hasbrouck 和 France 等人也在各自的著作[3~6]中提出了工业塔故障排除和性能测试的独特观点。

对精馏内件(塔板和填料)的性能测试是评价精馏设备性能的最佳也是最可靠的方法。性能测试在很多方面都发挥着重要的作用，例如对精馏原理的理解、精馏技术和内件的开发、为新方案提供基本数据、识别塔器瓶颈、积累可靠数据以及开发高性能模型等方面，其亦是解决性能问题和验证计算模拟的最佳工具。

性能测试过程所得到的流体力学数据和传质试验数据是比较可靠的。对塔板来说，水力学测试数据包括塔板的泛点率、板压降、降液管清液层高度、塔板持液量、漏液量和雾沫夹带，传质数据包括最大有效负荷(MUC)和塔板效率。对填料来说，水力学数据包括填料的泛点率、压降和填料内的持液量，传质数据包括 MUC 和传质效率。填料的传质效率一般用等板高度(HETP)表示。HETP 与分离效率成反比。

性能测试过程要进行合理的规划和执行。测试成功与否取决于规划是否合理、准备是否充分以及塔配置是否正确。缜密的计划可以保证测试工作的顺利完成，并能得到更多有用的信息。测试体系合适与否对精馏内件性能的评价极为重要。由于不同的内件具有其最合适的应用领域，所以需要使用不同的测试物系来测试和评估内件的性能。物系选定后要经过验证并且物性保持不变，这两点对测试结果的正确解释是非常重要的。

塔板、填料以及其他内件必须要正确地安装，并根据测试程序和说明进行细致的检查。为了评估精馏内件的水力学和传质性能，选择适当的温度、压力、组分和压降仪表是十分重要的。在进行测试前，要确定好仪表的位置并对其进行正确的选型，需要分析数据的质量和准确性，还要使用同样的方法和程序对测试数据进行评价、解释和体现。

本章讲述了评价、解释和体现塔板和填料性能测试的方法、步骤和原则，主要是为性能测试的评价过程提供一系列的试验方法和原理。本章的方法、步骤和原则不适用于设备制造商的测试验收工作。

## 3.2　现有的测试装置

全球共有几套精馏测试装置用于精馏研究和性能测试。在公开的文献中，这些装置可被分为四种：

研究型装置[7,8]；

精馏设备制造商的测试装置[9,10]；

生产单位的测试装置[11,12]；

基于学术研究的测试装置[13,14]。

上面这些装置均未公开设备参数、测试程序、测试物系、物性等方面的详细内容。每种测试装置的方案以及进行性能测试程序均不相同。大多数装置都只在全回流的模式下操作，所以对于指定物系来说，无法测量液相负荷对塔板或填料的影响。此外，关于仪表和塔配置方案的信息也不完整。

因为测试程序或标准不一致并且缺少性能结果的统一定义或判据，所以比较不同精馏装置的性能是十分困难的[15]。

## 3.3　定义和术语

为了测试和体现精馏设备的性能，必须对性能相关的术语进行统一的定义，例如性能因子、效率、压降和极限负荷之比。

### 3.3.1　液泛

精馏塔的液泛通常定义为塔内液相过多而导致无法操作的状态。当塔处于液泛时，会表现出不同的现象，例如进料罐和塔釜液位的变化，压降明显增大。

需要注意的是，空气-水模拟装置的液泛可能与精馏塔的液泛不同。前者的液泛通常是由气相夹带的液相量或气相夹带的液相百分比来定义。

### 3.3.2　初始液泛或最大水力学负荷

液泛在本质上是一种不稳定的状态。一旦出现液泛，塔便不能持续稳定地工作。为了收集试验数据，当塔接近液泛时，操作人员往往会稍微降低塔的气相负荷或液相负荷，直到操作可控。这种状态通常被称为初始液泛或最大水力学负荷（MHC）状态。当塔处于初始液泛时，需要记录所有的液泛数据。因此将塔板或填料的 MHC 定义为一个点，超过该点塔便不可控或无法运行。

### 3.3.3　最大有效负荷

MUC 被定义为液泛造成传质效率开始降低的点。有时也被定义为最高负荷，此时在可接受的全塔效率下，塔仍能稳定操作。MUC 一般由效率数据确定。因此，该定义可能偏于主观。

图 3.1 和图 3.2 分别表示了板式塔和填料塔的特征点 MHC 和 MUC。从图上可以看出效率与气相负荷之间存在函数关系，即在后面内容中所定义的性能因子 $C_V$。

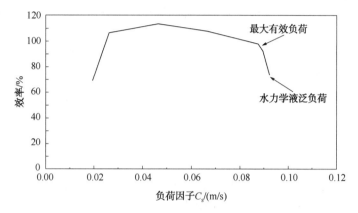

图 3.1　板式塔的水力学负荷和最大有效负荷(读者可以参考本书线上版本的彩图，下同)

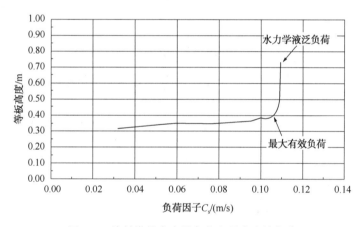

图 3.2　填料塔的水力学负荷和最大有效负荷

测试物系不同时，传质效率可能在尚未到达 MHC 点时就会下降很多。液相流量较小或者操作压力较低时，MHC 可能要比 MUC 大很多，这就降低了 MHC 的可信度，同时不利于塔的设计。

### 3.3.4　效率

板式塔有几种效率的定义。

总塔板(塔)效率 $E_0\%$：为理论塔板数($N_t$)与实际塔板数($N_a$)的比值。

如果塔内所有部分的总塔板效率相近，此时可将其称之为全塔效率 $E_{CO}$。一般在塔性能的测试过程中得到总塔板效率。

表观 Murphree 板效率表示的是单层塔板的效率。可通过进入的液相或离开的气相来表示。

Murphree 点效率指的是塔板上单个点的 Murphree 效率。

这些效率之间的关系可参考相关文献[16,17]。

### 3.3.5　等板高度

一般通过填料的等板高度来评价填料的传质性能。HETP 定义为填料层高度，即离开填料层顶部的气相摩尔分数与离开该填料层底部的液相摩尔分数是平衡的。在性能测试的过程中，可以直接得到 HETP 值。

### 3.3.6　传递单元的高度

传递单元的高度（HTU）指的是获得一个传质单元所需的填料高度。该值为传质效率的量度。3.15.4.4 节讨论了 HETP 和 HTU 之间的关系。

### 3.3.7　水力学

板压降是气相经过塔板后的压头损失，是板式塔设计过程中很重要的参数。每块塔板的压降一般由液相热流体的高度来表示，单位为 mm。

塔板持液量或者液相压头是表示塔板上液相高度的一种方式。因为该参数会影响塔板效率、板压降、液泛、漏液、降液管内液柱高度和雾沫夹带，所以在进行塔板的性能测试时，该参数是非常重要的。

降液管内液柱高度表示了降液管内清液层的压头。

降液管的泡沫高度指的是降液管内的泡沫高度。通常将清液层高度与泡沫高度的比值称为降液管内的平均泡沫密度。

漏液和漏液量是指穿过塔板的液相量。如果压降支撑不起板上液层的高度，一部分液相就会穿过塔板进入到下一层塔板，而不是进入降液管。

夹带通常是指液相被气相带到上一层塔板或者填料层的上方。出现夹带的原因是气相流速过快。夹带会对塔板或者填料的效率造成影响。过度夹带可以造成液泛。

填料层的压降是指气相穿过填料层时的压头损失。该参数对填料塔的设计非常重要。填料层的压降通常以单位高度填料的水柱高度或者 mbar 表示。

填料层的持液量是指当塔内气液相流体停止流动时，单位体积的填料内所含的液相量。通常是以填料内的液相体积分率来表示。

## 3.4　测试方案和计划

与跳入尝试相反的是，合适且准备充分的测试程序能使测试过程更好地进行，还能降低成本，同时试验结果也更可靠。

### 3.4.1　HSE 注意事项

在进行性能测试之前，必须保证职业健康，确保环境和操作人员的安全，尽量消除所有的安全隐患和环保问题。当设计和规划测试过程时，要高度重视测试之前的 HSE 注意事项，同时还要遵守 HSE 的相关法律法规。

### 3.4.2 设备性能对塔板或填料液泛能力的影响

随着精馏技术的不断进步，需要精馏设备具有更高的液泛能力。对高负荷塔板或填料进行测试之前[18~20]，需要确认相关测试设备是否能使塔板或填料达到液泛状态，例如再沸器、冷凝器和凉水塔以及泵等设备的性能。对某一特殊物系来说，如果相关设备的性能不能满足液泛要求的话，就需要考虑更换测试体系。

### 3.4.3 测试塔板的数量

测试塔板的数量受很多因素影响，例如塔高、板间距和测试物系。通常烃类物系的塔板数为 6~10，这样能避免边界效应。但是当相对挥发度很高时，塔板数就会减少，这样可以避免出现组分夹点问题以及分析上的困难。

### 3.4.4 填料高度

受测塔的填料高度一般要比工业塔填料的高度低。为了获得统一的性能数据，需要仔细确认填料的高度。

烃类物系作为测试物系时，相对挥发度较高的物系的填料高度要比相对挥发度较低的物系的填料高度小。在测试规划阶段，需要根据填料的特定几何面积和测试物的物性来估算理论级数。建议填料的理论级数在 10~15。但是，如果测试物系的相对挥发度较高，所需的理论级数也会降低，同时还能避免填料层顶部和底部产品出现纯度过高的现象。在理论级数相同的前提下，比表面积大的填料要比表面积小的填料高度小。

## 3.5 操作模式

如图 3.1 和图 3.2 为整个操作范围内常规塔板和填料的效率和压降。图 3.3 为板式塔的性能曲线，分别为液泛线、夹带线、漏液点线、漏液量线和倾漏点线。本书的第二章详细介绍了塔板的性能曲线。

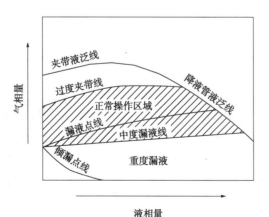

图 3.3 塔板的性能曲线图

填料塔没有漏液曲线和倾漏点曲线。图 3.4 和图 3.5 为典型的填料塔的性能曲线图。实线表示不同液相负荷时的液泛点。如图 3.2，填料塔的传质性能经常以不同气相负荷下的 HETP 值来表示。HETP 值越小说明传质效率越高。

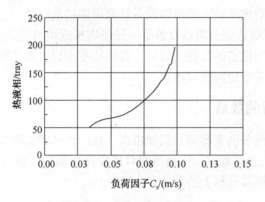

图 3.4　填料的压降曲线

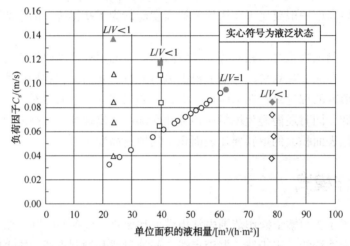

图 3.5　填料塔的操作曲线图

　　精馏塔的大多数效率数据都是在全回流的操作模式下得到的。图 3.6 为全回流操作状态下的塔的流程图。实际上，流程图可因测试设备的不同而不同，但操作原理相似。全回流操作模式下，冷凝器的凝液以回流的方式全部返回塔顶，即 $L/V=1$。精馏设备的传质效率取决于塔内的液气比 $L/V$。全回流操作能避免出现组成夹点并可以消除 L/V 比值的误差。

　　接近液泛时，塔内的持液量会逐渐增大，所以图 3.6 中的进料罐和回流罐可以起到缓冲的作用。如果釜式再沸器的尺寸足够大，也可起到缓冲的作用，这样就可以删掉进料罐。

　　中试装置和测试设备一般是在闭合系统中运行，所以不需要塔顶和塔底净物流。一般的操作模式为塔中间没有进料。

　　作为著名的精馏设备测试和研究组织，美国精馏研究公司（FRI）有两个工业规模的精馏塔可以在全回流的模式下运行，也可以在液气比较低（$L/V<1$）和较高（$L/V>1$）（操作模式）时运行。这两座塔的操作压力可由超低压到 $35×10^5Pa$[21]，物系为烃类或其他精馏体系。

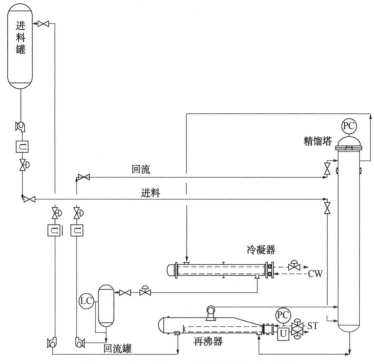

图 3.6　全回流模式下的精馏塔和辅助设备

为了测量和评价液气比不同时塔板或填料的性能，必须将测试塔模拟为精馏段或提馏段。精馏段的 $L/V<1$，提馏段的 $L/V>1$。

在精馏段操作模式下，塔顶凝液的一部分进入进料罐，其余凝液以回流的方式返回塔顶。因此塔内是 $L/V<1$。

在提馏段操作模式下，进料罐的一部分液相由泵打到塔顶。进料罐的液相与冷凝器的凝液汇合后进入塔顶。因此，塔内是 $L/V>1$。

非全回流的操作模式通常用于水力学研究，目的是在液相流量恒定时测量精馏塔的液泛性能和压降。文献中几乎都是全回流操作模式的测试结果，其中大多数研究成果均由 FRI 出版[21-25]。

## 3.6　试验塔和辅助设备

如图 3.6 所示，精馏测试设备由塔、换热器、容器、泵、管线、阀门和仪表组成。对板式塔或者填料塔进行测试时，塔内壁要干净，目的是可以将塔板或填料安装在塔内的任何位置。在塔外壁按顺序布置几个观察口，可以直接观察塔内的运行情况。一般需要在塔外壁设置几个接口，用于安装温度和压力传感器，同时还可对液相或者气相产品进行取样。

塔高取决于被测内件(塔板或填料)的间距以及液相和气相分布设备的尺寸，同时塔顶和塔底部分还要预留空间。塔顶空间一般为 1.0~2.0m，方便气液相的分离。塔釜必须为液相存放提供足够的空间。同时还要满足气相进料及分布。如果需要测量漏液量和雾沫夹带量，就需要额外的空间来安装必要的设备。对于填料塔，可能需要在填料下安装气相分布器或液相收集器。还需要安装液相分布器，目的是提供初始的液相均匀分布。如果在液相分布器的顶部安装预分布装置，所需的额外空间更大。

再沸器为精馏过程提供必需的汽化过程。冷凝器用于冷却塔顶的气相。收集器或回流罐用于存放凝液或者回流液，因此液相可以循环回到塔内。收集器还提供了必需的缓冲空间。大多数再沸器使用高压蒸汽作为热源。其他热流体例如导热油，也可以用作热源。

根据试验设备的能力来确定再沸器和冷凝器的尺寸。必须对再沸器的回路进行合理设计。再沸器回路出现问题是造成塔不良操作的主要原因之一[26]。当塔接近液泛时，持液量会明显增加，如果釜式再沸器还要起到缓冲的作用，就需要增大再沸器的尺寸。

## 3.7　回流加热

与工业塔相似，精馏试验塔的回流通常是过冷状态。与泡点回流相比，过冷回流对精馏性能的影响可能不大。精馏专家们的共识是过冷回流对分离效率和操作负荷的影响是可以忽略的。但是过冷回流的确降低了回流量。对于填料而言，意味着进入液相分布器的液相量会低于塔内的液相量。因此在液相量较低时，要合理设计液相分布器，保证液相分布良好。

## 3.8　测试物系及物性

测试物系的物性对塔板和填料的性能有明显的影响。理想情况下，测试物系应能满足不同的工艺条件和不同的体系性质。不过，很难也不可能有这样的物系。实际上，需要多种物系来测试不同精馏装置的性能，并且操作压力要尽可能接近实际压力。

### 3.8.1　空气-水物系

在测量塔板和填料的水力学数据时，经常用到常温常压下的空气-水物系。水力学数据包括持液量、压降、夹带量和负荷。空气-水物系的缺点是很难得到效率方面的数据。为了测量填料塔和板式塔的效率与 MUC，需要对精馏塔进行测试。本章主要讨论了精馏体系的性能测试。

### 3.8.2　烃类物系

二元烃类物系主要用于精馏塔的性能测试。不同的烃类物系可以满足多种物性和工艺条件。烃类物系纯组分的成本合理，并且没有腐蚀性，是碳钢设备的理想测试物系。

系统处于低压或者液相量较低时，对二甲苯-邻二甲苯是一种较好且可用于测试精馏内件(例如规整填料)性能的物系。该物系经常被 FRI 使用[27~28]。在欧洲，与对二甲苯-邻二甲苯物性相近的是氯苯-乙苯，该物系广泛用于规整填料的测试。对二甲苯-邻二甲苯或者氯苯-乙苯作为测试物系时，物性和塔内的液相负荷或气相负荷是相近的[15]。

环己烷-正庚烷($C_6/C_7$)广泛用于低压到中压操作条件的性能测试。操作压力为 $1.65 \times 10^5 Pa$ 时，该物系的液相负荷可达到 $50 m^3/hm^2$。FRI 和 Separation Research Program 均用到了 $C_6/C_7$ 物系[29,30]。该物系可用于塔板和填料的测试。

测试塔板的性能需要一种可以在高压和高液相负荷条件下进行操作的物系。能够进行这种测试工作的理想烃类物系是异丁烷-正丁烷($iC_4/nC_4$)。FRI[32]经常使用该物系。使用$iC_4/nC_4$物系时，物性以及塔顶和塔底的液相负荷或者气相负荷是相似的。

### 3.8.3　水相物系

除了上面所说的烃类物系外，水相物系也可用于塔板和填料的性能测试。应用范围最广泛的是甲醇-水相物系。其他物系比如乙酸-水和丙二醇-水有时也会得到应用。对于水相物系来说，两种组分的泡点温度一般来说相差很多，所以塔内液相负荷和气相负荷的变化十分明显。水相物系的相对挥发度一般较大，并且对组成比较敏感。同一般的烃类物系相比，塔顶和塔底得到相同纯度的产品时，水相物系的理论级数更小。为了避免塔顶和塔底产品出现纯度过高的情况，测试水溶液物系时，塔板数或者填料高度应更小。

### 3.8.4　物性

在处理和解释性能测试数据时，最重要的前提是要在塔的操作条件范围内进行验证并且测试物系的物性要一致。水力学的计算要用到密度、黏度和表面张力。传热的计算要用到潜热和热容。塔模拟和效率的计算要用到 VLE 数据和扩散系数。准确可靠的 VLE 数据或相关性是确定理论级数的先决条件。表 3.1~表 3.4 列出了常用测试物系(对二甲苯和邻二甲苯、CB 和 EB、$C_6$ 和 $C_7$ 以及 $iC_4$ 和 $nC_4$)的物性。

表 3.1　邻二甲苯和对二甲苯的物性

| 项　目 | 单　位 | 邻二甲苯的性质 | 二甲苯的性质 |
|---|---|---|---|
| 压力 | $10^5$ Pa | 0.1 | 1 |
| 液相密度 | kg/m³ | 821.76 | 761.43 |
| 气相密度 | kg/m³ | 0.442 | 3.284 |
| 相对挥发度 | — | 1.235 | 1.165 |
| 液相黏度 | Pa·s | 3.86E-4 | 2.42E-4 |
| 表面张力 | N/m | 0.023 | 0.017 |
| 液相扩散系数 | m²/s | 0.363E-8 | 0.687E-8 |
| 气相黏度 | Pa·s | 6.98E-6 | 9.10E-6 |
| 气相扩散系数 | m²/s | 0.219E-4 | 0.036E-4 |

表 3.2　氯苯和乙苯的物性

| 项　目 | 单　位 | 氯苯的性质 | 乙苯的性质 |
|---|---|---|---|
| 压　力 | $10^5$ Pa | 0.1 | 1 |
| 液相密度 | kg/m³ | 930.00 | 870.00 |
| 气相密度 | kg/m³ | 0.409 | 3.233 |
| 相对挥发度 | — | 1.180 | 1.130 |
| 液相黏度 | Pa·s | 5.0E-4 | 3.0E-4 |

| 项 目 | 单 位 | 氯苯的性质 | 乙苯的性质 |
|---|---|---|---|
| 表面张力 | N/m | 0.025 | 0.020 |
| 液相扩散系数 | m²/s | 0.340E-8 | 0.640E-8 |
| 气相黏度 | Pa·s | 8.0E-6 | 10.0E-6 |
| 气相扩散系数 | m²/s | 0.40E-4 | 0.042E-4 |

表 3.3　环己烷和正庚烷的物性

| 项 目 | 单 位 | 环己烷的性质 | 正庚烷的性质 |
|---|---|---|---|
| 压 力 | $10^5$Pa | 0.31 | 1.62 |
| 液相密度 | kg/m³ | 680.64 | 641.02 |
| 气相密度 | kg/m³ | 1.101 | 4.971 |
| 相对挥发度 | — | 1.1871 | 1.578 |
| 液相黏度 | Pa·s | 3.58E-4 | 2.27E-4 |
| 表面张力 | N/m | 0.018 | 0.013 |
| 液相扩散系数 | m²/s | 0.359E-8 | 0.619E-8 |
| 气相黏度 | Pa·s | 6.98E-6 | 8.21E-6 |
| 气相扩散系数 | m²/s | 8.722E-4 | 2.184E-6 |

表 3.4　异丁烷和正丁烷的物性

| 项 目 | 单 位 | 异丁烷的性质 | 正丁烷的性质 |
|---|---|---|---|
| 压 力 | $10^5$Pa | 6.9 | 11.4 |
| 液相密度 | kg/m³ | 520.80 | 487.36 |
| 气相密度 | kg/m³ | 15.910 | 28.689 |
| 相对挥发度 | — | 1.300 | 1.232 |
| 液相黏度 | Pa·s | 1.14E-4 | 0.89E-4 |
| 表面张力 | N/m | 0.008 | 0.005 |
| 液相扩散系数 | m²/s | 0.296E-8 | 1.767E-8 |
| 气相黏度 | Pa·s | 8.8E-6 | 9.6E-6 |
| 气相扩散系数 | m²/s | 0.63E-4 | 0.41E-6 |

## 3.8.5　组成范围

对二元物系进行测试时，比较好的做法是将两种组分等比例混合。为了从不同的性能测试中得到一致的结果，塔顶产物到塔底产物的组成范围要相近。为了避免在组成和 VLE 数据分析的过程中出现产品纯度过高的情况(会增大二者的误差)，建议将塔底和塔顶物流中易挥发组分的含量分别保持在 10% 以上和 90% 以下。另一种方法就是降低理论级数。

## 3.9　安装的准备工作

性能测试过程中比较重要的步骤是准备和安装工作。塔板或填料必须毫无损伤地安装在塔内。安装过程必须依照测试的计划和塔的布局来进行。安装过程的每一步都要合规并能满足特殊的要求。无论是填料塔还是板式塔，液相和气相的均匀分布都是十分重要的。

### 3.9.1　气相进料

填料塔的压降远低于板式塔的压降。当进行填料塔的性能测试时，确定气相进料是否合理分布是十分重要的。如果气相接口距离填料层底部很近，或者返回管线中气相流速过高，就需要用到气相分布器，保证填料层以下的气相分布均匀。

### 3.9.2　气相分布器和液体收集器

一般将填料下方的气相分布器设计为液体收集器。在性能测试的过程中使用气相分布器时，其处理能力要高于填料的处理能力，这样气相分布器才不会限制塔的处理能力。同时还要保证气相不会夹带填料底部的液相，这也是十分重要的。

### 3.9.3　填料用量

散堆填料的用量通常以体积计算。因为填料可能会装在小型的方形集装箱或大集装箱内，一般建议填料的体积裕量为 10%~20%[33]。

### 3.9.4　液体分布器和水测试过程

液相分布较差是造成填料塔分离效率低的最常见的原因[34,35]。研究人员、学术界和工业界人士在研究液相分布对填料性能的影响上付出了很多努力。填料的效率会因液相分布质量的不同而有较大的差异。FRI 和其他机构的测试结果表明：布液点数及其排布对填料分离效率的影响非常大。为了能持续地测量填料的真实性能，应一直使用高质量的分布器，保证液相可以均匀地分布在填料顶部。

液体分布器未进行水测试之前，不能安装在塔内。如果分布质量达不到要求，就不能使用分布器。利用水测试分布器性能的结果应保存并记录在测试报告中。

### 3.9.5　分布质量

研究人员利用了很多标准[27,36~38]来定义液体分布器的分布质量。一般使用变化系数 $CV$。$CV$ 是一个点与点喷淋量比值的无量纲统计分析量，其中比较过程是测量随机选择的某个喷淋点或某组喷淋点的喷淋量而完成的。该量确定了液体分布器(包括预分布器、液相动量破坏器和计量孔板)的整体性能。液体分布器的 $CV$ 必须低于 5%。

### 3.9.6　喷淋点密度

喷淋点密度定义为每平方米的喷淋点或者倾流点个数。喷淋点密度与填料的尺寸和型号有关。精馏塔分布器的喷淋点密度一般要达到 $100~150/m^2$。

### 3.9.7　分布器气相流动的开孔面积

液体分布器的开孔面积要满足气相的流动，否则分布器就可能会限制塔的液泛能力。根据测试物系的不同，建议分布器为塔截面积的 25%～45%，保证气相流动不受影响。通常，低压测试系统所需的开孔面积更大。

## 3.10　填料塔的安装

安装填料之前必须确保塔内是干净的。在安装过程中，需要标记并经常检查安装高度，确保填料安装正确，同时也确保其他内件安装正确。实际的安装过程会随填料种类的变化而变化，但殊途同归，即测试并得到填料的实际性能。

### 3.10.1　填料支撑格栅的安装

填料支撑格栅必须水平放置且位于气相进口之上。利用木工水平尺或激光水准仪对其进行调平。

### 3.10.2　液体分布器的安装

正确安装精心设计的液体分布器对获得填料塔的性能数据是非常重要的。液体分布器的安装对填料性能的影响非常大。分布器的水测试过程并不能保证其在塔内的性能。在安装过程中，必须仔细调节分布器的水平程度，以确保液体可以均匀分布在填料上。调平分布器的首选方法是水位调平。最好是能设计出一种具有内置机制来调平的液体分布器。必须保证分布器底部和填料顶部之间的间距。

### 3.10.3　散堆填料

散堆填料一般是干法或湿法装填。除陶瓷填料外，基本上不再使用湿法装填。陶瓷填料进行装填时，要避免破损。当采用湿法装填时，填料穿过塔内的水向下运动。

金属填料不需要湿法装填。湿法装填和干法装填的测试结果表明二者对填料分离效率的影响非常小[34]。当进行填料测试时，应确定好装填方法并且要保持一致。

前半米填料应当通过降低箱子或货柜的方式将其放入塔内，然后在靠近填料支撑格栅的位置倒空箱子或货柜。需要注意的是，填料应均匀地分布在格栅周围和塔截面上。

必须使用床层限位器或防移动筛网，这样能阻止出现液泛或者不稳定情况时散堆填料进入分布器。床层限位器不能影响液体的分布。

### 3.10.4　规整填料

金属规整填料通常是多层安装。每层填料分为几部分，每部分的大小应能穿过人孔。填料进塔前，最好是在塔外排布至少一层完整的规整填料，这样可以正确理解填料的排布以及确认填料层的尺寸是否正确。支撑格栅上的第一层填料必须根据供货商的说明来放置。后续的填料应按照供货商的说明进行旋转。相邻两层的取向一般为 90°。大多数规整填料（并不是全部）都具有刮水器，这些钎头被点焊到填料上。刮水器应与塔壁接触，以便沿壁流动的液体能被收集并流入填料内。

在安装之前，应标记好不同内件的深度和高度。装填填料时，需要频繁地检查床层深度，确保填料高度与安装的层数一致。

在安装过程中，避免安装人员直接在规整填料上行走。如图 3.7 所示，应使用金属板或胶合板来分散安装人员的重量。

填料固定器位于填料层顶部，在出现不稳定情况或液泛时，规整填料位置不会发生变化。

## 3.11　板式塔的安装

安装填料的原理同样适用于塔板。安装塔板时，一般会用到固定圈。要保证固定圈水平

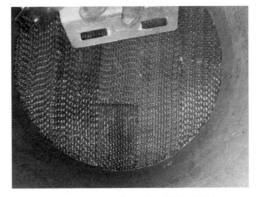

图 3.7　分散安装人员重量的金属板

并在其与塔壁之间使用密封垫，这样液相才不会进入固定圈和塔壁之间的间隙而形成泄漏。否则，塔板的效率和性能都会受到影响。

安装塔板前，比较好的做法是在塔外拼出实际的塔板，保证所有部件都能很好地结合在一起。塔外可视化的塔板有助于理解它们是怎样拼接在一起的，可以识别出潜在的问题并在安装之前解决。同样有助于安装人员确认塔板的参数并找出可能存在的偏差。

安装塔板时，需要仔细调整塔板的水平度，未达到水平的塔板无法正常运行。降液管的宽度、降液管底隙和堰高必须符合设计规定，这一点非常重要。和塔板一样，降液管、溢流堰和入口堰都需要调平。对于浮阀塔板，所有阀必须能自由开启。

塔板一般由规定尺寸的组件并通过人工的方式进行拼接和移动。因此，板式塔的塔板是由几块平板组成的。这些平板的连接处可能会出现泄漏。为了防止泄漏，可以对连接处进行密封。

总之，安装是进行性能测试的最重要以及最关键的步骤。如果塔板或填料未能正确安装，就无法测试设备的真实性能。除了塔板和填料需要正确安装之外，还必须正确设计和安装其他辅助设备，例如进料管线、液相进口、气相进口、液体分布器、气体分布器和降液管。

## 3.12　操作和测量

### 3.12.1　操作控制

精馏塔有效和平稳的运行对收集准确、一致并且可靠的性能数据来说是非常重要的。有效操作取决于变量的控制。一般的控制原理和方案超出了本章的范围，可参考第 1 章[39]的相关内容。

测试塔的控制变量、操纵变量和干扰变量可能与生产塔的控制变量、操纵变量和扰动变量不同[40,41]。测试塔的控制变量一般是塔压、储罐液位、再沸器液位和进料液位。操作变

量是再沸器和冷凝器的热负荷，有时是冷凝器的液位。干扰变量是测试条件、冷凝器冷却水量和天气的变化。液位控制保证了测试塔的物料平衡。压力控制保证了热量平衡和传质平衡。通过调节冷凝器的循环水量来调节和控制塔压。提高或降低循环水的流量可以改变凝液的温度，从而改变塔内的气相量，进而改变塔内的压力。也可以通过调节传热面积来控制塔压，例如改变冷凝器的液位或注入惰性气体来降低冷凝器的有效传热量。

### 3.12.2　水力学稳态

水力学稳态是指精馏塔内任何位置的水力学参数不会随时间的变化而变化。水力学参数包括塔压、压降、持液量和流速。

对于塔的性能测试来说，操作条件可由液泛变化到低于液泛的20%。只要操作条件发生变化，塔就需要一定的时间才能达到水力学稳态。达到稳态的时间取决于塔的操作压力、测试设备的类型、塔内液相量以及操作条件的变化程度。

有许多参数可用于确定塔是否处于稳态。与其他流动参数相比，塔板或填料的压降达到稳态所需的时间一般更长。对于精馏塔来说，全塔压降是确定塔是否达到稳态的最可靠、最常用的参数。规定好塔的操作条件后，达到水力学稳态一般需要 $30\sim60\text{min}$。如果测试塔的直径较小或塔内物料量较少，达到水力学稳态的时间也就越短。

### 3.12.3　传质稳态

精馏塔的性能包括水力学性能和传质性能。当塔达到水力学稳态后，必须测试其水力学性能。同样，在塔达到传质稳态后必须测试其传质性能，传质稳态是指塔内任一点的液相和气相均处于传质平衡状态。塔处于传质稳态后，任何位置的组成都将保持不变。

通常，达到传质稳态要比达到水力学稳态的时间更长。达到传质稳态的时间与测试物系、操作压力、测试设备、塔尺寸和塔内的物料量有关。

### 3.12.4　确定达到稳态的时间

在得到性能数据之前，首先要确定达到水力学稳态和传质稳态的时间。由于达到稳态的时间会随操作压力和测试物系的变化而变化，因此要通过试验确定。达到水力学稳态的时间可通过压降测量来确定。一般利用控制系统的压降走势来判断塔是否达到水力学稳态。

有时将温度当作判断传质是否达到稳态的参数，但温度并不是十分可靠，尤其是测试物系的沸点接近时。组成分析是判断传质是否达到稳态的最可靠的方法。规定好塔的操作条件并在其达到水力学稳态后，就可以隔一段时间分析液相样品的组成，样品最好来自回流流股和再沸器流股。当连续两次取样之间没有明显变化时，也就确定了达到稳态的时间。

对于工业塔来说，可能需要 $2\sim3\text{h}$ 才能达到传质稳态，而较小的塔可能会更快。

## 3.13　测量手段

性能数据是否可靠并且一致在很大程度上取决于流量、温度、压力、压降和组分的测量结果。性能测试成功与否与测量数据的准确性和可重复性直接相关，所有这些数据只有在达到稳态后才能得到。本节简要讨论了这些数据测量及其测量仪表的一般原理，并提供了这些仪表的基本使用方法。有关仪表的详细信息，可以参阅其他资料[42]。

### 3.13.1　流量测量

流量测量对于确定液相和气相负荷以及精馏塔的热量和质量平衡至关重要。确定塔的处理量和性能需要非常准确并且可重复的流量测量数据。流量计的阻力应较小。大多数流量计前后都有直管段，确保流量稳定并处于充分发展状态。本节讨论的流量计适用于洁净流体。

流量计的种类有很多。精馏塔常用的流量计一般为差压式流量计，还有电磁流量计、超声波流量计、科里奥利流量计以及激光多普勒流量计。

#### 3.13.1.1　差压式流量计

差压式流量计以伯努利原理为基础，通过测量收缩段或静压与总压的差值得出动态压力。流量和压差之间的关系由伯努利方程式确定，假设高度和传热忽略不计。文丘里流量计、孔板流量计和皮托管是一些常用的差压式流量计。

#### 3.13.1.2　电磁流量计、涡街流量计和超声流量计

外加磁场作用在测量导管之上，流体的流向与磁感线垂直，所产生的电势差与流速成比例，这就是电磁流量计(通常称为磁式流量计)的原理。电势差来源于流体流向与磁感线之间的垂直切割。电磁流量计的流体要能导电，因此不可用于烃类物系。

涡街流量计以旋涡脱落的原理为基础。在流量计内部，当液体经过一个微小的圆柱体时，会产生涡流，但其规模较小。涡流交替出现的频率与流体的流量成正比。涡街流量计通过圆柱体下游的涡流模式将超声波束传递出去。随着旋涡的脱落，超声信号的载波被修改。载波的这种变化是可以测的。数字处理允许对旋涡频率进行计数并将其转换为流速。通过的流速和安装仪表的管道截面积就可以得到体积流量。

超声波流量计利用声波来确定管道内流体的流速。流体不流动时，超声波进入管道的频率与其被流体反射的频率是相同的。流体流动时，由于多普勒效应，反射波的频率与发射波的频率是不同的。流速较大时，频移或频率微分的线性就会增加。流量变送器处理发射波和反射波的信号来确定流速。通过使用绝对渡越时间，就可以计算出平均流速和声速。

#### 3.13.1.3　科里奥利流量计

科里奥利效应会使横向振动管变形，因此可以通过科里奥利流量计直接测量流体的质量流量和密度(如图 3.8 所示)。由于质量不受压力、温度、黏度和密度变化的影响，这些参数的合理波动不会影响流量计的精度。无论是何种气体和液体，科里奥利流量计的精度都非常高(质量流量的 0.05%)。同一个流量计可用于氢气和沥青的测量且无须重新校准。

图 3.8　科里奥利流量计

#### 3.13.1.4　激光多普勒流量计

激光多普勒流量计是一种非侵入式测量流速的仪表。这种流量计以多普勒效应为基础[43]。激光多普勒测速仪(也称为激光多普勒风速仪)是将激光束聚焦到少量的含有小颗粒(自然产生或诱发)的流体内。粒子通过多普勒频移将光散射出去。通过对该位移波长的分析来直接并且非常准确地确定粒子的速度，该速度非

常接近流体的流速。

在精馏塔性能测试的过程中，通常会使用科里奥利流量计、涡街流量计和孔板流量计。科里奥利流量计的精度最高，但相对昂贵，同时压降也大。科里奥利流量计现常用于测量精馏塔的质量流量，特别是蒸汽凝液和回流的流量测量。孔板流量计的精度低于涡街流量计，但非常可靠，因为它没有可以磨损的运动部件。

### 3.13.2　温度测量

#### 3.13.2.1　温度传感器的种类

精馏塔的工艺条件和物性与温度直接相关，其中温度会随测量位置和操作条件的变化而变化，所以必须准确测量温度，从而得到可靠的工艺数据和性能数据。温度应保持在一定的范围内，确保可靠、稳定和一致的操作。

在大多数情况下，要避免温度传感器受到工艺物料的损伤，避免受到温度和压力所引起的作用力以及工艺物料化学作用的危害。还应避免其受感应和损伤的干扰。因此，在工艺物料和温度传感器之间设置了一层坚固且耐腐蚀的保护壳。常用的保护壳是护套或热电偶。热电偶通常为金属管。利用热电偶套管，可以在不中止操作的前提下移动、更换和校准温度传感器。操作过程中移动或更换传感器时，要谨慎操作并遵守正确的安全规程。

热电偶套管和电阻温度检测器（RTD）属于温度传感器，因为它们坚固耐用且使用价值高，因此主要用于精馏塔的温度测量。在进行测量之前，温度传感器必须要进行检查和校准。

热电偶套管在准确性、可靠性与成本之间达到了很好的平衡，其在过程工业和中试装置上的应用非常广泛。热电偶套管有不同的金属组合。最常用的四种是由镍合金组成 J、K、T 和 E[44]。每种传感器都有自己的测量范围，因此需要对热电偶套管进行选型。RTD 一般比热电偶套管精确，但也更昂贵。

#### 3.13.2.2　精馏塔的温度测量

对于填料塔来说，一般是将热电偶套管按照填料的高度进行安装，这样就可以测量填料段的温度分布。如果塔径较大或者需要考虑整个塔截面的液体分布时，可以在同一高度安装多个热电偶套管，从而得到径向温度分布。塔截面的温度变化情况能够较好地表示塔内液体的分布。同样，垂直方向的温度变化与传质效率有着直接的关系。

对于板式塔，一般是在降液管和平台位置上安装温度计。液相温度的测量位置首选降液管。如果是常规塔板，那么降液管下方的受液盘或密封盘是测量温度的理想位置，因为热电偶套管是完全浸没的状态。但是，如果测试塔板的降液管较短，就需要将热电偶套管安装在降液管的底部，因为该处有一层清液。当需要温度来计算物性时，温度测量的位置应靠近液相或气相取样的位置。

#### 3.13.2.3　其他辅助设备的温度测量

除了测量填料和塔板的温度以外，还应测量再沸器、冷凝器、进料流股和回流流股的温度，从而确定物料平衡和焓平衡，计算出液相负荷和气相负荷，并得到填料塔或板式塔的效率和性能。

#### 3.13.2.4　液相温度和气相温度

一般通过测量塔板、填料和其他工艺物流来得到液相温度。对于板式塔或填料塔来说，由于液相可能会形成干扰，因此很难准确地得到气相温度。所以，一般不会测量气相温度。但是，如果必须要测量气相温度(例如传热研究)，就需要特殊设计的热电偶套管，从而避免液相的影响。图 3.9 为设想的测量气相温度的热电偶套管。

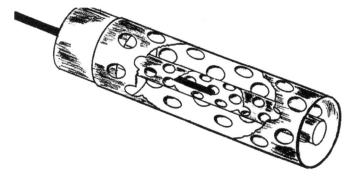

图 3.9　测量气相温度的热电偶保护壳

这些设计方案已被 FRI[45] 成功地应用于塔板和填料的传热研究。由于这些位置不存在液相干扰，因此塔顶和气相返回管线的气相温度通常也是非常准确的。

### 3.13.3　精度和校准

所有热电偶套管在投用之前必须要进行检查和校准。如果无法在测量的温度范围内校准热电偶套管，就需要对可控温源(例如冰浴)进行校准。

热电偶套管的精度取决于传感器的类型和测量温度的范围。在测试常规精馏塔时，热电偶的精度约为±1K，RTD 的精度可达±0.1K。

### 3.13.4　塔压和压降的测量

#### 3.13.4.1　塔压

精馏塔的压力一般为塔顶压力。塔压的波动会改变塔的气相负荷、温度曲线和组成曲线。因此，应该准确测量并严格控制塔压，因为塔压变化会影响塔的性能。关于有效控制塔压的更多内容，可以参考第 1 章[39] 和相关文献[40~41,46]。

#### 3.13.4.2　压降

精馏过程要求塔板或填料的压降低、性能好并且效率高，尤其是减压精馏过程。塔板和填料的压降是评估塔性能最重要的参数。在精馏塔故障排除的过程中，测量压降也起着重要的作用，测量有误是塔出现故障的十大原因之一[47]。

为了得到准确且可重复测量的压降数据，必须谨慎地设计测量系统，包括取压孔、连接压力变送器的管线、取压孔和变送器的位置，还有校准工作。每个因素都有可能对压降造成影响[48]。压力变送器的选型和校准是第一步也是最重要的一步，但超出了本章的范围。本章重点介绍如何正确测量、解释和利用压降。

压降测量不准确的原因包括塔径、取压孔尺寸、安装位置和气相冷凝等方面。气相静压头还会对压降和塔压造成影响。

#### 3.13.4.3　塔板压降和填料压降

图 3.10 和图 3.11 分别是测量塔板和填料压降的方案。

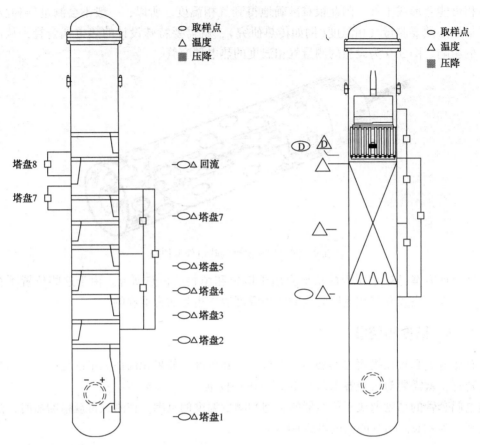

图 3.10　测量板式塔压降的常规方案　　　　图 3.11　测量填料塔压降的常规方案

　　如图 3.10 所示，除了测量总压降外，还测量了单板压降。当接近液泛时，塔上半段的压降总的来说是大于下半段压降的。如图 3.12 所示，在气相负荷较高时，根据这两个截面压降之间的差异就可以确定是否发生了液泛。

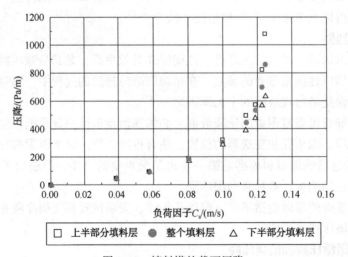

图 3.12　填料塔的截面压降

#### 3.13.4.4　仪表种类及其精度

尽管压力表是测量压力和压降最方便经济的仪表，但在精馏性能的测试过程中还是建议使用差压变送器。

差压变送器的种类也有很多。选择压力变送器进行性能测试时，需要考虑并比较变送器的精度、稳定性、可靠性、安全性和使用范围。用户还应考虑产品质量以及运营和维护的成本。大多数变送器都可在危险环境中使用，因此需要解决潜在的所有安全问题。

在安装和投用之前，需要对塔的压力变送器和差压变送器进行校准。目前压力变送器的测量精度一般是±0.04%，且稳定性很高。因此，塔压和压降的准确性极有可能是由其他因素所决定的，例如取压孔、塔径、气相冷凝和气体吹扫。

#### 3.13.4.5　压力取压孔

通常使用差压变送器测量压降，该变送器测量的是两个不同位置的静压差。为了准确地测量处于流动状态的气相静压和液相静压，一般会在塔壁上设置静态取压孔。静态取压孔为塔壁上钻出的小孔，并通过独立的管线连接压力变送器。静态取压孔的测量误差将直接影响塔压降[48]。

取压孔最好是具有以下特征[49]：

（1）取压孔深度（$h_{tap}$）与其直径（$d_{tap}$）的比值较大并且保持不变（$h_{tap}$：$d_{tap}$ 至少大于 2），确保流体完全充满取压孔；

（2）取压孔的直径（$d_{tap}$）与塔径（$D_c$）的比值较小时可以最小化撞击对塔内流动的影响；

（3）取压孔的 $h_{tap}/d_{tap}$ 比值较小（<2）时，建议在取压孔后留一个较大的空腔，可使误差最小。

如果静压取压孔未与塔壁齐平或没有伸入塔内，就会发生第二种错误。例如，如果取压孔安装不正确或塔壁表面出现腐蚀或脱落，就可能会出现这种情况。伸入长度越大，误差就越大。因此，在测量塔压降时，要避免取压孔突出。

#### 3.13.4.6　塔径

研究人员[34,50]发现塔径也会影响填料的压降，但影响程度取决于填料的种类。对于散堆填料和小塔（<0.9m）来说，填料的压降较低。这很可能是塔壁带来的影响，也就是说，靠近塔壁区域的填料的空隙率要比填料本身的空隙率大。与大塔相比，小塔的内壁表面积与填料表面积的比值较大。这可以解释为什么小塔的压降似乎小于大塔的压降。但是对于规整填料来说，塔径对压降的影响是相反的。规整填料的压降有限[50]，该数据表明，小塔压降大于大塔压降。这可能是因为小塔内气相流动的弯曲次数相对较高而导致的。本书作者认为规整填料的刮水器也可能起到了重要作用，导致小塔压降较高。

#### 3.13.4.7　气相静压头和塔压

精馏塔两个取压孔之间的压差由两部分组成：第一部分是取压孔之间气相重力形成的静态压头，第二部分是内件对流体的阻力而形成的动态压降。在压降测量的过程中，需要校正气相静压头。由于塔板压降较大，因此板式塔的静压头可以忽略不计。但是静压头可能会给填料塔带来严重的影响，尤其是压降较小的规整填料。当操作压力增加时，静压头将成为动态压降的重要部分。因此有必要校正静压头。

塔压主要是在塔顶测量。塔内有气相静压头，并且整个测试装置的压降会使塔釜的压力明显增大，尤其是高压降的板式塔或者非常高的塔。如果要计算局部压力，就需要将压降、气相静压头与塔压合并。

### 3.13.4.8　气相静态校正和惰性气体吹扫

图 3.13 为测量压降的示意图。如果压力变送器的两个导压管均充满了塔内的工艺气体，就不需要校正静压头。但是在大多数的精馏场合中，气相会在环境温度下冷凝，所以需要用不能够被冷凝的惰性气体(例如氮气)吹扫压力管线。因此气相静压头经过校正后才能得到正确的压降值。

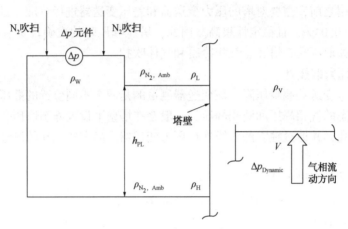

图 3.13　压降测量示意图

$h_{PL}$—两个取压孔的间距；$\rho_L$—低静态取压孔；$\rho_W$—高静态取压孔；$V$—气相流量

对于图 3.13 所示的塔来说，通过下式可以得到每毫米水柱的动态压降：

$$\Delta p_{\text{dynamic}} = \Delta p_{\text{meter}} - \left( \frac{\rho_V - \rho_{N_2 Amb}}{\rho_W} \right) \cdot h_{PL} \qquad (3.1)$$

这里的 $\Delta p_{\text{meter}}(\text{mmH}_2\text{O})$ 为压力变送器的读数；$\rho_V(\text{kg/m}^3)$ 为整个测量过程中的平均气相密度；$\rho_{N_2 Amb}(\text{kg/m}^3)$ 为环境压力下 $N_2$ 的密度；$\rho_W(\text{kg/m}^3)$ 为水的密度；$h_{PL}(\text{mm})$ 为压力变送器两个取压孔的间距。

图 3.14　差压变送器和氮气吹扫管线

### 3.13.4.9　取压孔位置

为了准确地测量压降，需要正确布置取压孔的位置。取压孔的位置最好不要靠近气相入口或气相出口。要确保管线中的凝液都能流回塔内，从而避免对压降的测量带来影响。实际上，所有取压孔都位于压力变送器的下方。建议使用惰性气体(例如 $N_2$)均匀地吹扫每一条管线，确保管线内没有气相凝液。压差变送器和 $N_2$ 吹扫管线如图 3.14 所示。

局部流量的任何变化都会影响静压。如果将取压孔布置在局部速度相差很大的位置，则需要根据气相速度的变化来校正得到的压降。塔径的变化、气相侧采物流、取压孔位置以下或以上的硬件以及其他性质都会影响局部流量。

### 3.13.4.10  管线和管件的泄漏检查

如果管线和管件上有泄漏点,就会影响压降。取压孔以及其与压力变送器之间的管线、导压管和其他紧固件在使用之前必须进行泄漏检查。

## 3.13.5  组成测量

精馏性能测试的成功与否与组成测量的准确性息息相关,并且在很大程度上取决于组成测量的准确性。如果不是绝对的话,一定要确保每种样品可以表示其取样物流的组成。样品要毫无损失且无污染地送到分析室。取样工作要谨慎进行,同时要遵循正确的程序,并在性能测试工程师的监督下完成。

应该在同一时间段内取出所有样品。很少对气相样品进行组成分析,因为很难采集到有代表性的气相样品。气相样品一般会在取样管线和取样设备中冷凝。气相样品的处理和分析难以进行。因此,一般会对液相样品进行取样并在精馏性能测试的过程中进行分析。如果必须使用气相样品,最好是通过取样管线(例如在线取样系统)将其直接传送至组分分析仪。

对有代表性的液相样品取样时,要采用合适的取样方法。与温度测量一样,液相样品应来自精馏过程中充分混合的部分。一般利用气相色谱(GC)分析液相样品的组成。应利用性能测试过程中的液相以及已知的混合物(标样)来校准 GC。

建议在相同的工艺条件下重复采集样品,用以验证取样和分析方法以及是否达到稳态。样品从塔内物流或液相物流中采出时,不能改变或破坏塔内处于稳态的传质过程。尤其是取样过程不能破坏过程的物料平衡和相态比。因为如果是进行小塔的性能测试时,塔内的液相很少,所以取样过程就显得尤为重要。

液相或气相样品可能会在操作压力以及高温时出现闪蒸,并且样品可能有毒或与空气以及水反应。因此,只有经过培训并且穿戴好个人防护设备的人员才能进行取样工作。

### 3.13.5.1  取样位置和取样器

选择合适的取样位置对获得具有代表性的液相样品来说是非常重要的。一般在泵出口、塔底、再沸器、进料罐以及回流管线上采集充分混合的液相产品,这些位置的液相样品具有代表性。为了测量塔板和填料的效率,还应对塔内的液相进行取样。

对于填料塔来说,如果用到了液体收集器,就可对离开填料层的液相进行取样。如果没有,可直接从填料支撑格栅下方的取样器内收集离开填料层的液相样品。如图 3.15 所示的交叉取样器,一般安装在支撑格栅的正下方,可利用它得到液相样品[51]。

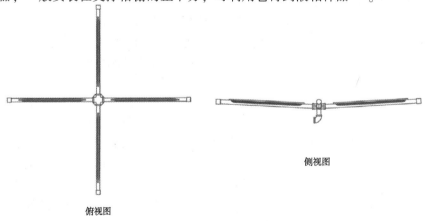

俯视图

侧视图

图 3.15  交叉取样器

交叉取样器有四个直臂并稍微向内倾斜。四个直臂收集并混合液体后，在取样器的中心采出液体。填料为散堆填料时，这种取样器也可用于取出填料层内的液相样品。填料为规整填料时，可以通过插入式取样器取出填料层的液相样品。收集经过填料的液相样品的最佳位置是液体分布器或预分布器。

对于板式塔来说，应在存有清液的地方进行取样。对于有受液盘或密闭盘的常规塔板来说，可从二者底部得到充分混合的液相样品。如果降液管是截断的，可以从其底部得到液相样品，降液管底部一般存有清液。塔板没有降液管时（例如穿流塔板），可以通过塔板底部的取样杯采集塔板上的液相样品。取样杯应足够深且足够大，便于气液分离。

需要使用组成和温度来计算测试物系的物性、焓和气液平衡数据。因此，测量同一位置的温度和成分是非常重要的。测温位置应与取样位置相同。如果不是这样，温度传感器应该尽可能地靠近取样位置。

### 3.13.5.2　取样方法

进行液体取样前，需要仔细检查取样器、取样管线、管件以及其他与之有关的辅助设备是否泄漏。取样系统的泄漏将不利于组分的测量。为了得到充分混合的新鲜液相样品，需要用新鲜液体吹扫取样管线和取样器。为了降低吹扫物料的量，取样管线的直径最好为 3～6mm，同时也应该尽可能地短。如果样品出口处的截止阀太大，在取样时就不能进行必要的控制，此时应在截止阀的下游安装一个小阀并将其用作样品阀。使用冷却盘管（装有冷却剂的敞开容器中使用 6mm 的管线）的目的是避免取样过程中出现液相闪蒸。冷却盘管应位于截止阀和取样阀之间。

### 3.13.5.3　组成分析

应该尽快对样品进行分析，最大程度地减少泄漏和蒸发同时或单独发生时引起的组成变化。如果样品不带压，通常会将其转移到一个小的样品瓶中进行组成分析。如果样品带压，就需要将特殊的样品注入体系内。组成分析的详细内容不在本章范围之内。可以在各种出版物或气相色谱供货商那里得到[52,53]。

样品经过分析后，将其存于冰箱以备进一步检查是非常明智的。建议保留所有的液相样品，直到完成性能测试并发布测试报告以后。

## 3.13.6　持液量测量和清液层高度的测量

### 3.13.6.1　填料塔的持液量

持液量是填料塔进行水力学计算和传质计算的关键参数，其定义为操作条件下单位体积的填料所含有的液相量。填料停止流出液相后，残留的液相被称为静态持液量。操作过程中填料内的液相被称为总持液量。总持液量与静持液量的差为动态持液量。在性能测试过程中一般测量的是总持液量。

填料的持液量可以通过体积或重量测量而得，近些年使用是伽马射线吸收法。对于体积测量来说，达到水力学稳态后要同时关闭所有进料管线，并收集填料流出的液相。这种方法简单并且非常可靠，在空气-水物系中的效果很好。使用这种方法时需要知道液体分布器内的液相量，同时在收集的液相总量中要减去这一部分。但是，在精馏塔内很难进行这种测量（实际上不可能实现）。

重量测试法也出现了类似的情况。这种方法是在填料段或者塔板段安装称重部件。该方法可以测量填料的总持液量和静态持液量。同样，它只适用于空气-水物系。

众所周知，伽马射线吸收法是精馏塔性能分析过程中的一种诊断和故障排除工具[54~56]。FRI 的伽马射线源更强，根据 FRI 近年来的经验来看，伽马射线源是一种非常有用且功能强大的工具，可用于测量填料内的持液量。后面的"伽马射线扫描"部分介绍得更为详细。

### 3.13.6.2　板式塔泡沫密度、液层高度、降液管清液层高度的测量

泡沫密度或液相体积分数是确定降液管清液层高度和塔板持液量的重要参数。在过去，泡沫密度是通过压力计读数结合目测的方法来确定的。图 3.16 是测量降液管内清液层高度 $h_{DC}$ 的示意图。

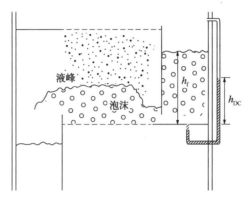

液峰　泡沫

图 3.16　降液管清液层高度的测量示意图

可以使用类似的方法来测量塔板上的液层高度。一般通过目测来估算降液管或塔板的泡沫高度 $h_f$。如下所示，可以通过液层高度和泡沫高度的关系式计算出泡沫密度或液相体积分数 $\Psi$：

$$\Psi = \frac{h_{DC}}{h_f} \tag{3.2}$$

最近，伽马射线扫描已广泛应用于精馏性能的测试过程，例如测量泡沫密度、持液量和降液管清液层高度。

### 3.13.6.3　伽马射线扫描

伽马射线扫描不会影响塔内的水力学以及传质状态。对塔进行故障排除时，与伽马射线扫描相比，性能测试过程需要更强大的信号源和更精准的定位，从而准确测量持液量和清液层高度。

性能测试的过程中，使用伽马射线需要特殊的许可。有时候，申请或更新许可会耗费大量的时间和精力。核监管委员会许可某机构使用放射性物质时，必须指定一名辐射安全主任（RSO）。该机构的 RSO 负责安全地使用放射性物质并遵守相关的法律法规。

均相物料对伽马射线的吸收可通过下面的方程式描述：

$$I = I_0 e^{-\mu \rho \chi} \tag{3.3}$$

这里的 $\chi(m)$ 为物料的厚度，$\rho(kg/m^3)$ 为物料密度，$\mu$（无量纲）为物料的有效质量吸收系数，$I_0(keV)$ 是伽马射线源的强度（第 2 章）。常用的伽马射线源是铯 137 和钴 60。

当塔内物料的密度由 $\rho_1$ 变为 $\rho_2$ 时，探测器测量的强度关系式如下：

$$\frac{I_2}{I_1} = e^{(-\mu \chi \rho_2 + \mu \chi \rho_1)} \tag{3.4}$$

对于给定的密度 $\rho_1$ 和 $\rho_2$ 和测得的 $\dfrac{I_2}{I_1}$，由方程(3.3)和(3.4)可以得出 $\mu \chi$ 项和 $I_0$，如下所示：

$$\mu\chi = \frac{\ln\dfrac{I_2}{I_1}}{\rho_1 - \rho_2} \tag{3.5}$$

$$I_0 = I_1 e^{\mu\chi\rho_1} \tag{3.6}$$

联立方程(3.3)、(3.4)和(3.6)，测得强度I后，通过下式计算可得密度$\rho$为：

$$\rho = \rho_1 + \ln\frac{I_1\rho_1 - \rho_2}{I} \cdot \frac{1}{\ln\dfrac{I_2}{I_1}} \tag{3.7}$$

方程(3.7)表明：在使用伽马射线扫描仪测量密度之前需要对其进行校准。理论上，已知密度的气相或液相都可用于校准过程。实际上，气相校准一般使用空气，液相校准使用实际的测试液体。

由方程(3.7)得到的密度一般转换为液相体积分率，如下所示：

$$\Phi = \frac{\rho - \rho_V}{\rho_L - \rho_V} \tag{3.8}$$

图 3.17 和图 3.18 分别为塔负荷不同时，塔板和降液管的液相体积分率分布。

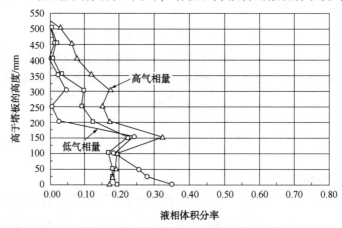

图 3.17　塔板的液相体积分率分布

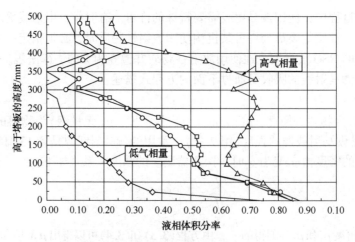

图 3.18　降液管的液相体积分率分布

如图 3.18 所示，随着气相负荷的增大，降液管的 $C_V$、雾沫高度和液相体积分数都会增大。得到不同位置的液相体积分数后，通过数值积分的方法可以得到塔板上的液层高度或降液管内的清液层高度。

对于填料塔来说，通常将伽马射线扫描测得的密度转换为液相体积分率。通过填料塔内各个位置的伽马射线扫描数据(液相体积分率)可以得到极为重要的液相分布。

## 3.14　测试程序

在进行性能测试之前，准备合理的测试程序是很有必要的。测试程序如下。

### 3.14.1　初步测试准备工作

在进行性能测试之前，应与工程师和操作人员一起审查测试程序。所有测试程序必须符合安全和环保法规。

根据测试程序的需要，现代测试设备都配备了先进的控制系统和数据采集系统。在开始测试之前，所有仪表以及组分分析仪都需要进行校准和配置。

精馏塔安装好塔板或填料后，必须检查整个测试系统是否存在泄漏点，包括塔、管线、阀门、仪表和辅助设备，并根据测试程序进行排净。

### 3.14.2　测试条件和程序

大多数效率测试过程都是在全回流状态下完成的。一般是首先确定测试塔的泛点。然后降低塔的气相负荷，直至达到测试设备的负荷调节比。

当塔接近液泛时，为了避免提前发生液泛，塔的热量输入或气相负荷的增量应该减小。当塔出现液泛的前兆时，应稍微降低塔的负荷，直到塔能够保持在可以记录试验数据的稳态为止。

传质效率会随气相负荷和液相负荷的变化而变化。严格的效率测试包括测量不同操作条件下的分离效率。确定液泛能力后，一般会在液泛的 20%、40%、60%、80%、90% 以及 95% 的条件下进行效率的测量。如果两个相邻条件之间的效率值发生了明显变化，就需要补充测试条件来完成效率的测量。在塔效率测试的过程中，必须在记录效率数据之前达到传质平衡的状态(稳态)。如果有必要，可以用一组重复的液相样品来验证稳态的存在。

除了测量全回流条件下的液泛能力外，还应测量液相量不变时的液泛能力。因此需要对测试设备进行配置，使其能在非全回流的条件下运行。液相量不变的条件下得到塔的液泛能力后，就应该可以测量气相负荷不同时的压降了。

## 3.15　数据整理

控制系统和数据采集系统都能得到大量的原始工艺数据，包括特定时间段的流体流速、塔压、压降、液位和温度曲线。这些原始数据对识别和验证稳态条件来说非常有用，并且都可以对物料平衡和热量平衡进行严格分析。

### 3.15.1　物料平衡

在收集性能数据之前，应该对总物料平衡和单组分的物料平衡进行验证。测试设备或中试设备一般会配备经过绝热处理的精密仪表。总物料平衡和单组分的物料平衡的误差应在±2%以内。

### 3.15.2　热量平衡

除了物料平衡外，在得到性能数据并进行计算之前，还要检查塔的热量平衡及塔内的一致性。对于测试塔来说，必须准确估算再沸器的热负荷、冷凝器负荷以及热损失，从而得到可靠且连续的性能数据。测试塔在热量平衡上允许有±5%的偏差。如果使用了回流预热器，热量平衡计算中要考虑预热器输入的热量。

需要对热量输入和输出进行系统的误差分析。应该对可以影响热负荷计算的因素以及热负荷的准确性进行研究。应该使用最准确的热负荷来计算塔的负荷。再沸器的热负荷通常比冷凝器负荷更可靠，因为冷凝器负荷会受天气、温度测量精度、过冷回流等因素的影响。此外，冷凝器冷却水温度的变化（尤其是热通量较低时）一般非常小，小于 5~10K。热电偶传感器的精度为±1K，导致冷凝器负荷出现误差的可能性较大。因此，再沸器的热负荷一般更准确，常用于气相负荷和液相负荷的计算。

### 3.15.3　再沸器热负荷和冷凝器负荷的确定

再沸器的热负荷是加热介质（例如高压蒸汽）的放热量。同理，冷凝器的负荷是冷却介质（一般为冷却水）的吸热量。再沸器的热负荷由下式计算而得：

$$\dot{Q}_R = \dot{M}_{SC}(h_V - h_L)$$ (3.9)

这里的 $\dot{Q}_R(kW)$ 为再沸器的热负荷，$\dot{M}_{SC}(kg/s)$ 为蒸汽凝液的质量流量，$h_V(kJ/kg)$ 为蒸汽的焓值，$h_L(kJ/kg)$ 为蒸汽凝液的焓值。

同理，冷凝器负荷由下式计算而得：

$$\dot{Q}_C = \dot{M}_W(h_{WO} - h_{WI})$$ (3.10)

这里的 $\dot{Q}_C(kW)$ 为冷凝器负荷，$\dot{M}_W(kg/s)$ 为冷却水的质量流量，$h_{WO}(kW/kg)$ 为回水的焓值，$h_{WI}(kW/kg)$ 为上水的焓值

### 3.15.4　水力学性能计算

精馏塔最重要的水力学参数是塔内的气相负荷和液相负荷、液泛能力和压降。这些参数都与热负荷和物性有着直接或间接的关系。

#### 3.15.4.1　确定液相负荷和气相负荷

精馏塔的液相负荷和气相负荷通常取决于塔顶、塔底或塔内参考位置附近的热量平衡和物料平衡。一般使用再沸器的热负荷和参考位置的汽化潜热来计算这些参数。对于全回流操作来说，塔内气相量由下式确定：

$$\dot{M}_V = \frac{\dot{Q}_R - \dot{Q}_{loss}}{\Delta h_{tV,ef}}$$ (3.11)

这里的 $\dot{M}_V(kg/s)$ 为参考位置处的气相流量，$\dot{Q}_R(kW)$ 为再沸器的热负荷，$\dot{Q}_{loss}(kW)$ 为热损失，$\Delta h_{V,ref}(kJ/kg)$ 为参考位置处的汽化潜热。

汽化潜热随组成和温度的变化而变化，因此塔内的气相流量会随参考位置的变化而变化。一般会选择底部塔板、中间塔板、顶部塔板、填料层下面的第一块塔板、填料中间、填料顶部作为参考位置。

对于全回流操作来说，塔内液相流量与气相流量是相等的，因为塔顶所有气相被完全冷凝为液相并回流至塔内。

如果不是全回流操作，则塔内的气相量与方程(3.11)不同。应根据物料平衡和热量平衡来确定塔内的气相流量和液相流量，二者是不相同的。

### 3.15.4.2  $F$ 因子和性能因子的确定

塔板或填料的性能通常由 $F$ 因子和性能因子 $C_V$ 表示。二者一般是以中间塔板或中间填料的物性为基础的。对于高真空或沸点相差较大的测试物系来说，塔顶和塔底的物性会有明显的差异。因此，应该分别确定塔顶和塔底的 $F$ 因子和性能因子 $C_V$。

$F$ 因子以表观汽相流速为基础，其定义式如下：

$$F = u_V \sqrt{\rho_V} \tag{3.12}$$

$$u_V = \frac{\dot{M}_V}{\rho_V A_C} \tag{3.13}$$

这里的 $u_V(m/s)$ 为塔内某一截面积 $A_C$ 的表观气相流速，$F(Pa^{0.5})$ 为表观 $F$ 因子，$\rho_V(kg/m^3)$ 为参考位置处的气相密度，$\dot{A}_C(m^2)$ 为塔截面积，$\dot{M}_V(kg/s)$ 为参考位置处的气相流量。

性能因子 $C_V$ 同样是以塔截面积为基础的，通过方程(3.14)而得：

$$C_V = u_V \sqrt{\frac{\rho_V}{\rho_L - \rho_V}} = \frac{F}{\sqrt{\rho_L - \rho_V}} \tag{3.14}$$

这里的 $\rho_L(kg/m^3)$ 为参考位置处的液相密度。

对于板式塔来说，性能因子是以塔板的鼓泡面积 $A_b(m^2)$ 为基础计算而得的。

### 3.15.4.3  压降

差压变送器的压降读数通常以 $mmH_2O$ 的形式来表示。如第 3.13.4.8 节所述，压力变送器的读数包括气相静压头。动压降由方程(3.1)计算而得。

对于板式塔来说，压降通常为每块塔板的压降(每块塔板的热液相的毫米高度)。因此，应将方程(3.1)的压降简化为每块塔板上热液相的毫米高度，如下所示：

$$\Delta p(热液相的高度，mm) = \Delta p(水柱高度，mm)\frac{\rho_W}{\overline{\rho_L}} \tag{3.15}$$

$\rho_W(kg/m^3)$ 为水的密度，$\overline{\rho_L}(kg/m^3)$ 为规定塔段的平均液相密度。

对于填料塔来说，压降一般为单位高度的压降。所以，方程(3.1)的压降需要除以填料的高度。

### 3.15.4.4  效率计算

如前所述，在全回流的条件下得到了精馏塔的许多效率数据。对于板式塔来说，效率以

全塔效率 $E_0$ 表示。当已知所有被测试塔板的组成时，还可以计算出这些塔板的效率。全塔效率 $E_0$ 定义为满足分离任务所需的理论级数 $(N_t)$ 与实际塔板数 $(N_a)$ 的比值，如下所示：

$$E_0 = \frac{N_t}{N_a} \cdot 100\% \tag{3.16}$$

全回流的条件下，塔板和填料的理论级数由 Fenske 方程[57]计算而得：

$$N_t = \frac{\ln\left[\left(\frac{x}{1-x}\right)_T\right] - \ln\left[\left(\frac{x}{1-x}\right)_B\right]}{\ln\alpha_{avg}} \tag{3.17}$$

这里的 $x(-)$ 是易挥发组分的液相摩尔分数，T 表示塔顶，B 表示塔底，$\alpha_{avg}(-)$ 为相对挥发度的几何平均值：

$$\alpha_{avg} = \sqrt{\alpha_T \alpha_B} \tag{3.18}$$

联立方程(3.16)~(3.18)，就可以得到所有被测塔板或某一段被测塔板的效率：

$$E_0 = \frac{\ln\left[\left(\frac{x}{1-x}\right)_T\right] - \ln\left[\left(\frac{x}{1-x}\right)_B\right]}{N_a \ln \alpha_{avg}} \cdot 100\% \tag{3.19}$$

对于填料来说，传质效率一般由 HETP 表示，即填料高度与等效于该填料高度的理论板数的比值：

$$HETP = \frac{h_{PB}}{N_t} = \frac{h_{PB}\ln\left(\sqrt{\alpha_T \alpha_B}\right)}{\ln\left[\left(\frac{x}{1-x}\right)_T\right] - \ln\left[\left(\frac{x}{1-x}\right)_B\right]} \tag{3.20}$$

对于填料顶部和底部相对挥发度明显不同的物系来说，各个部分的 HETP 也不同。在这种情况下，为了使相对挥发度对填料性能的影响最小，提出了 HTU(比 HETP 更能说明填料的效率)的概念。

填料的 HETP 与 HTU 和汽提因子 $S$ 的关系式如下：

$$HETP = HTU_{OG} \frac{\ln S}{S-1} \tag{3.21}$$

以及

$$HTU_{OG} = HTU_G + S \cdot HTU_L \tag{3.22}$$

这里的 $HTU_G(m)$ 为气相传递单元的高度，$HTU_L(m)$ 为液相传递单元的高度，$HTU_{OG}(m)$ 为全部气相相关的传递单元的高度，$S(-)$ 为汽提因子。

汽提因子由下列方程计算而得：

$$S = m\frac{\dot{N}_V}{\dot{N}_L} \tag{3.23}$$

$$m = \frac{\alpha}{[1+(\alpha-1)\cdot x]^2}$$

这里的 $x$ 为轻组分的液相摩尔分数，$\alpha(-)$ 为轻组分的相对挥发度，$m(-)$ 为平衡曲线的斜率(由摩尔分数表示)，$\dot{N}_V(kmol/s)$ 为气相摩尔流量，$\dot{N}_L(kmol/s)$ 为液相摩尔流量。

### 3. 15. 4. 5　最大可用效率

图 3.1 和图 3.2 分别为塔板的效率曲线和填料的 HETP 曲线,通过这些曲线可以得到 MUC。

## 3. 16　试验误差和测试的故障排除

与工业塔相比,用于研究和试验的塔的误差一般要小得多,因为设备和仪表是为了测试的目的而专门进行设计和配置的。

测试塔的潜在误差可能是由下面的因素引起的:

(1) 仪表;

(2) 取样;

(3) 组分分析;

(4) 热损失;

(5) 非稳态条件。

流量、温度、校准过程以及压降读数出现问题可能会导致仪表出现误差。热电偶套管接触不良可能会导致温度读数出现问题。压力变送器导压管的泄漏会造成压降不正确。为了尽可能地减少潜在误差,所有仪表应该定期进行校准和检查。温度传感器需要使用冰蓄冷和沸水一种或两种方法进行校准。流量计应该定期校准或重新认证。每次测试前都应校准压力变送器。要检查所有取压孔管线和连接是否存在泄漏的情况。应使用惰性气体吹扫管线,避免管线内出现凝液。

性能测试结果与组成的测量准确与否息息相关。组成出现误差会导致物性、性能和效率出现问题。组成的误差可能是由于取样或分析出现问题所致。应确认取样管路、连接件和阀门是否存在泄漏。对取样管线要充分吹扫,直到新鲜的流体流经该管线。对于组成分析来说,应经常检查分析设备(例如气相色谱)是否满足样品的标准,确保分析的准确性。

为了最大程度地减少热损失,应对测试塔和辅助设备进行必要的绝热处理。应准确估算热损失,并在数据处理的过程中加以考虑。

在塔达到稳态之前,不得记录任何性能数据。很多因素都会导致操作不稳定,例如控制问题、体系内的水积聚、蒸气压力以及冷却水温度的变化。

有关塔故障排除的更多内容,请参见本卷第 2 章。

## 3. 17　归档和汇报

应当使用一致并且简洁的方法记录精馏性能的测试数据。该文档需要包括所有相关的测试数据。完整的测试文档包括以下内容:

(1) 测试目标;

(2) 装置信息;

(3) 塔的配置和安装;

(4) 仪表;

(5) 测试物系;

（6）测试顺序；

（7）数据分析；

（8）试验结果；

（9）结论和建议。

测试报告不需要包括全部内容。以下各节为测试报告的相关内容。

### 3.17.1　测试目标

精馏性能的测试目标包括性能测试和效率测试、性能验证测试以及基础研究。测试文档需要将测试目标表述清楚。

处于研发阶段的精馏内件也可进行性能测试和效率测试。测试结果有助于研究人员发现问题并改进产品。性能验证过程是测试精馏内件是否满足要求（供货商承诺的内容）的最好方法。

需要对测试设备进行很多性能测试，目的是研究精馏的基础原理，例如研究物性对塔板效率的影响或填料几何外形对填料性能的影响。性能测试非常有助于开发预测模型或验证模型的试验结果。

### 3.17.2　装置信息

性能测试报告的内容应当包括装置信息。装置信息十分重要，有助于其他人理解和解释测试结果、验证测试设备的性能以及性能模型的开发。

测试报告同样要有塔板参数和填料的几何形状等相关内容。塔板参数包括但不限于降液管的类型、降液管面积、鼓泡面积、塔板类型、开口面积，降液管底隙和溢流堰高度。

对于填料来说，测试报告还应包括填料的比表面积、空隙率和材质。对于规整填料来说，还应包括填料层数、填料高度、压接角度和表面处理情况。

### 3.17.3　塔的配置和安装

塔的配置包括塔板的种类和数量、板间距、塔板高度以及液相进口和气相进口等数据。如果测量了夹带量和漏液量，则应记录测量二者的步骤。对于填料塔来说，报告应包括填料高度、液体分布器、气相分布器（如果使用）、填料支撑格栅和床层限位器的详细内容。

液相取样器或气相取样器是进行安装时需要注意的地方。测试报告中应详细说明液相取样或气相取样的方法和位置。

### 3.17.4　仪表

性能测试过程中应记录所有仪表的数据，包括温度传感器、塔压力变送器和差压变送器。应明确说明测温和测压的位置。报告还应包括温度传感器和压力变送器的校准信息。

### 3.17.5　测试物系

一般使用不同的物系对精馏内件进行测试。报告需要包括主要的物性和 VLE 数据，以便他人检查和复制性能计算过程，例如性能和效率。测试物系的信息对性能模型的开发也很重要。

### 3.17.6　测试程序和测试顺序

测试程序和测试顺序对得到可靠并且一致的性能数据来说是非常重要的。在性能测试的过程中都应遵循这些步骤，并记录在报告内。由于某些原因没有遵循正确的过程或顺序，需要在报告中说清楚实际的测试顺序。

### 3.17.7　数据分析

数据分析包括如何分析液相样品以及处理原始的试验数据。塔板测试数据的整理与填料测试数据的整理有些不同。例如对于填料塔来说，要说明计算 HETP 的填料高度。对于板式塔来说，要在报告中说明计算板效率的塔板数量，并且计算性能因子的鼓泡面积也要记录在案。

### 3.17.8　结果与结论

试验结果应表格化。如果在测试过程中使用了多个测试物系，则要单独记录每个测试物系的结果。比较重要的数据，例如性能曲线、传质效率曲线和压降曲线，应根据气相负荷或液相负荷进行绘制。

报告的最后一部分是结论和建议。结论基本上是对测试结果的最终评价。这部分内容总结了性能测试过程中的主要发现。最后包括改进的建议以及对未来方向的预测。

## 参 考 文 献

[1] J.G. Kunesh, H.Z. Kister, M.J. Lockett, J.R. Fair, Distillation: still towering over other options, Chem. Eng. Prog. (October 1995) 43–54.
[2] AIChE Equipment Testing Procedure, Trayed & Packed Columns, American Institute of Chemical Engineers, 2013.
[3] H.Z. Kister, Distillation Operation, McGraw-Hill, New York, 1990.
[4] N.P. Lieberman, Troubleshooting Process Operations, second ed., Penn Well, Tulsa, 1985.
[5] J.F. Hasbrouck, J.G. Kunesh, V.C. Smith, Successfully troubleshoot distillation columns, Chem. Eng. Prog. 89 (1993) 63–71.
[6] J.J. France, Troubleshooting Distillation Columns, Presented in AIChE Spring Meeting, Houston, March 1993.
[7] T.J. Cai, G.X. Chen, C.W. Fitz, J.G. Kunesh, Effect of bed length and vapor maldistribution on structured packing performance, Chem. Eng. Res. Des. 81 (2003) 85–92.
[8] Z. Olujic, A.F. Seibert, B. Kaibel, H. Jansen, T. Rietfort, E. Zich, Performance characteristics of a new high capacity structured packing, Chem. Eng. Process. 42 (2003) 55–60.
[9] T.D. Koshy, F. Rukovena, Distillation Columns Containing Structured Packings, Presented at the AIChE Spring Meeting, March 28–April 1, 1993.
[10] L. Spiegel, W. Meier, Distillation columns with structured packings in the next decade, Trans. IChemE 81 (Part A) (2003) 39–47.
[11] Z. Olujic, B. Kaibel, H. Jansen, T. Rietfort, E. Zich, Experimental characterization and modeling of high performance structured packings, Ind. Eng. Chem. Res. 51 (2012) 4414–4423.
[12] J.F. Billingham, M.J. Lockett, Development of a new generation of structured packing for distillation, Trans. IChemE, Chem. Eng. Res. Des. 77 (Part A) (1998) 583–587.

[13] Z. Olujic, M. Behrens, L. Spiegel, Experimental characterization and modeling of the performance of a large-specific-area high-capacity structured packing, Ind. Eng. Chem. Res. 46 (2007) 883−893.

[14] Z.P. Xu, A. Afacan, K.T. Chuang, Predicting mass transfer in packed columns containing structured packings, Chem. Eng. Res. Des. 78 (2000) 91−98.

[15] M. Ottenbacher, Z. Olujic, T. Adrian, M. Jodecke, Structured packing efficiency−vital information for the chemical industry, Chem. Eng. Res. Des. 89 (2011) 1427−1433.

[16] H.Z. Kister, Distillation Design, first ed., McGraw-Hill, New York, 1992.

[17] M.J. Lockett, Distillation Tray Fundamentals, Cambridge University Press, 1986.

[18] R. Weiland, J. DeGarmo, I. Nieuwouldt, Converting a commercial distillation column into a research tower, Chem. Eng. Prog. 101 (7) (2005) 41−46.

[19] J.L. Bravo, K.A. Kusters, Tray technology for the new millennium, Chem. Eng. Prog. 96 (12) (2000) 33−37.

[20] Z.P. Xu, B.J. Nowark, K.J. Richardson, R. Miller, Simulflow device capacity beyond system limit, in: Presented in the Distillation Topical Conference of the 2007 Spring AIChE Meeting, Houston, Texas, April 22−26, 2007.

[21] C.W. Fitz, J.G. Kunesh, A. Shariat, Performance of structured packing in a commercial scale column at pressures of 0.02 to 27.6 bar, Ind. Eng. Chem. Res. 38 (1999) 512−518.

[22] T.J. Cai, C.W. Fitz, J.G. Kunesh, Vapor Maldistribution Studies on Structured and Random Packings, AIChE Annual Meeting, Reno, Nevada, November 2001.

[23] C.W. Fitz, D.W. King, J.G. Kunesh, Controlled liquid maldistribution studies on structured packing, Chem. Eng. Res. Des. 77 (1999) 482−486.

[24] T.J. Cai, G.X. Chen, Liquid back-mixing on distillation trays, Ind. Eng. Chem. Res. 43 (2004) 2590−2596.

[25] A. Shariat, T.J. Cai, The Effect of Outlet Weir Height on Sieve Tray Performance, AIChE 2008 Annual Meeting, Philadelphia, Pennsylvania, November 16−21, 2008.

[26] T.J. Cai, M.R. Resetarits, A. Shariat, Hydraulics of Kettle Reboiler Circuit, AIChE Annual Meeting, Salt Lake City, Utah, November 7−12, 2010.

[27] J.G. Kunesh, L. Lahm, T. Yanagi, Commercial scale experiments that provide insight on packed tower distributors, Ind. Eng. Chem. Res. 26 (1987) 1846−1856.

[28] J.G. Kunesh, L. Lahm, T. Yanagi, Controlled maldistribution studies on random packing at a commercial scale, Distillation and Absorption (1987). IChemE Symp. Ser.No. 104, P. A2331.

[29] T.J. Cai, G.X. Chen, A. Shariat, Entrainment Particle Size from Commercial Scale Distillation Trays, AIChE Annual Meeting, San Francisco, California, November 16−21, 2003.

[30] T.J. Cai, G.X. Chen, Control of Liquid Flow on Fractionating Trays, AIChE Spring Meeting, Atlanta, Georgia, April 10−14, 2005.

[31] Z. Olujic, A.F. Seibert, J.R. Fair, Influence of corrugation geometry on hydraulics and mass transfer performance of structured packings: an experimental study, Chem. Eng. Proc. 39 (2000) 335−342.

[32] C.W. Fitz, A. Shariat, J.G. Kunesh, Performance of Mellapak Structured Packing Using the Butane System at Pressures of 7 to 28 Bar, Gvc, Luzern, Switzerland, April 29−30, 1996.

[33] J.G. Kunesh, Practical tips on tower packing, Chem. Eng. (December 1987) 101−105.

[34] R. Billet, Distillation Engineering, Chem. Pub. Co, New York, 1979.

[35] F. Rukovena, T.J. Cai, Achieve good packed tower efficiency, Chem. Proc. (November 2008) 22−31.

[36] T.J. Cai, G.X. Chen, Structured packing performance, in: First China-USA Joint Conference on Distillation Technology, Tianjin, China, June 15−18, 2004.

[37] F. Moore, F. Rukovena, Liquid and gas distribution in commercial packed towers, in: CPP Edition Europe, August 1987, p. 11.

[38] J.F. Billingham, D.P. Bonaquist, M.J. Lockett, Characterization of the Performance of Packed Distillations Column Liquid Distributors, Distillation and Absorption Symposium, Maastricht, The Netherlands, 1997, 841−851.

[39] L.W. Luyben, Control of distillation process, in: A. Gorak, H. Schoenmakers (Eds.), Distillation Book, vol. III, Elsevier, Amsterdam, 2014.

[40] L.W. Luyben, Process Modeling, Simulation, and Control for Chemical Engineers, McGraw-Hill, New York, 1990.

[41] F.G. Shinskey, Process Control Systems: Application, Design, and Tuning, fourth ed., McGraw-Hill, Inc, New York, 1996.

[42] R.H. Perry, Perry's Chemical Engineer's Handbook, seventh ed., McGraw-Hill, Inc, New York, 1998.

[43] Y. Yea, Z. Cummings, Localized fluid flow measurements with an He-Ne laser spectrometer, Appl. Phys. Lett. 4 (1964) 176−178.

[44] Manual on the Use of Thermocouples in Temperature Measurement, fourth ed., ASTM, 1993, 48−51.

[45] T.J. Cai, J.G. Kunesh, Heat Transfer Performance of Large Structured Packing, AIChE. Spring Meeting, Houston, Texas, March 1999.

[46] A.W. Sloley, Effectively control column pressure, Chem. Eng. Prog. (January 2001).

[47] H.Z. Kister, Distillation Troubleshooting, Wiley-Interscience, Hoboken, New Jersey, 2005.

[48] T.J. Cai, M.R. Resetarits, Pressure drop measurements on distillation columns, Chin. J. Chem. Eng. 19 (2011) 779−783.

[49] B.J. Mckeon, A.J. Smith, Static pressure correction in high Reynolds number fully developed turbulent pipe flow, Meas. Sci. Technol. 13 (2002) 1608−1614.

[50] Z. Olujic, Effect of column diameter on pressure drop of corrugated sheet structured packing, Chem. Eng. Res. Des. 77 (1999) 505−510.

[51] F.C. Silvey, G.J. Keller, Chem. Eng. Prog. (1966) 62−68.

[52] D.L. Pavia, G.M. Lampman, G.S. Kritz, R.G. Engel, Introduction to Organic Laboratory Techniques, fourth ed., Thomson Brooks/Cole, 2006, 797−817.

[53] C. Daniel, "Gas Chromatography, fifth ed, W. H. Freeman and Company, 1999. Quantitative Chemical Analysis (chapter), 675−712.

[54] J.G. Kunesh, D.W. .King, C.W. Fitz, Use of gamma scanning to obtain quantitative hydraulic data on a commercial scale, Distillation and Absorption (1992). IChemE Symp. Ser., No. 128, P. A211.

[55] T.J. Cai, M.R. Resetarits, L. Pless, R. Carlson, A. Ogundeji, Gamma Scanning of FRI Kettle Reboiler Vapor Return Lines, 2010 AIChE Spring Meeting, San Antonio, TX, March 2010.

[56] M.E. Harrison, Gammas scan evaluation for distillation column debottlenecking, CEP (March 1990).

[57] M.R. Fenske, Ind. Eng. Chem. 24 (1932) 482−487.

# 第4章 炼油过程中的精馏

## 4.1 操作范围

精馏操作是炼油过程中常用的分离方法。根据炼油厂的规模和复杂程度，精馏塔的数量一般不少于30座，直径在2~14m。如图4.1所示，炼油厂中有许多精馏塔。

图4.1 炼油厂的精馏塔(图中虚线所标)

除了将原油分成不同的馏分(石脑油，煤油，柴油等)之外，炼油厂的转化和提质工艺都用到了精馏装置，目的是将反应产物分离为各种产品。这些转化装置(将在第4.10节介绍)的流程十分复杂，一般都需要几座大型的精馏塔。

精馏是一种高耗能过程。尽管在装置的热集成方面做了很多努力，精馏过程的能耗仍在10~200MW(取决于装置的产能和分离纯度)。分离纯度以及难易程度(将在后面讨论)决定了精馏塔的高度。装置的产能和回流量决定了精馏塔的塔径。

炼油过程中最主要也是最重要的分离过程是原油处理装置。该工艺为炼油过程的龙头工艺(图4.2)。原油处理装置可以处理所有种类的原油，是最传统、规模最大的单元操作过程。原油处理装置的处理量可达250Mbpd(约40000m³/d)，此时装置的直径约为8~9m，高度一般在50m左右。主处理装置(一般称为常压塔)的操作压力接近大气压(0.5~2bar)，产物为常压产物。按照沸程依次进行馏分的分离，塔顶得到最轻的馏分。常压塔侧线采出较重的馏分。塔底得到最重的馏分。需要注意的是，只有在进料加热炉中汽化的烃类才能作为常压馏分进行回收。为了最大程度地回收常压馏分，原油处理装置的进料温度相对较高，一般为360~370℃。因此，会使用大型加热炉将原油从250℃加热到370℃。对于处理量为250Mbpd的原油处理装置来说，加热炉的负荷约为200MW，其取决于原油种类和进料的汽化率。

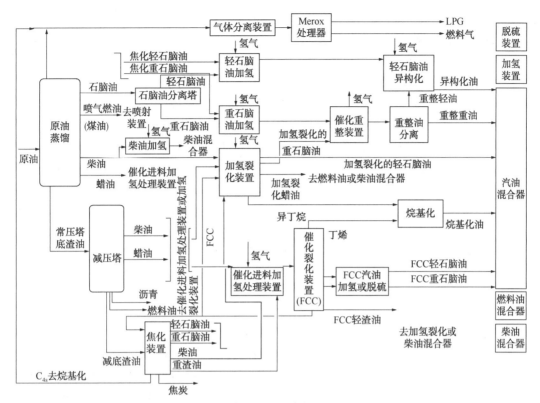

图 4.2　现代炼油厂的单套工艺流程图

太重且不能在常压塔汽化的烃类会进入塔底产物(常压渣油)。然后将该物料送至减压塔进行馏分的二次回收(减压产物)。减压装置的操作原理与常压装置的操作原理相似,不同之处在于塔的操作压力一般为 10~50mbar。减压装置的操作压力更低,能更大程度地汽化常压产物,从而得到减压馏分。与原油处理装置相比,因其操作压力较低,所以塔径更大。炼油厂减压塔的直径一般为 12~14m。图 4.3(a)和(b)直观地体现了减压塔的规模。有意思是,由于这些装置的操作压力很低,减压塔塔径不仅要足够大(满足气相负荷和液相负荷),同时进料管线尺寸也要足够大(解决进料速率快的问题)。进料为气液相混合状态,气相流速不应超过音速(约 100~130m/s)。图 4.3(维护期间拍摄)为进料管线上的工作人员。该设备的管线直径为 2.24m。

(a)减压塔内部

(b)减压精馏装置的进料管线

图 4.3　典型的减压精馏装置

## 4.2　炼化装置流程方案

炼油厂需要不断发展来适应不断变化的原料供应和商业需求。较老的炼油厂可能会有两套或三套处理量不同的原油处理装置，目的是能在不同的阶段满足扩能的需求。新的炼油厂一般都会有一个处理量较大的流程(图4.2的炼油厂工艺流程图)，这样能降低操作过程的固定成本。单套流程的主要缺点是整个操作过程取决于原油处理装置的复杂程度。常减压装置的设计和运行时间为5年，利用率约为98%，因此，对于新的炼油厂而言，一般都会选择单套流程。

现在，常减压装置的产物均会进入下游的转化或处理单元，因此，常减压装置的操作和分馏质量对下游的工艺流程产生了非常明显的多米诺效应。常减压装置的优化是所有炼厂的主要关注点。对于常减压装置来说，苛刻(更高)的操作温度能够提高装置的盈利能力。但是，必须确保在整个运行周期(一般为4~5年)内，设备能够安全可靠地运行。

## 4.3　原油表征

原油包括成千上万种的纯组分，因此不可能通过纯组分的性质对其表征。实验室的精馏或标定可用于原油的表征过程。在实验室内使用标准的设备和工艺(例如图4.4所示的ASTM D2892法)对其进行简单的间歇精馏。原油样品进行间歇精馏后，记录所得产品的百分比与精馏温度的关系，并校正为大气压下的温度。

这些标定方法通常在专门的实验室中进行，一般需要2~3周才能形成报告文件。标定测试的重要结果是提供了原油的实沸点数据(TBP)，该数据体现了原油TBP温度与精馏后总重量或体积百分比之间的关系(见图4.5)。TBP数据可用于确定炼油馏分的收率(质量百分比)，并在炼油装置中进行回收和处理。

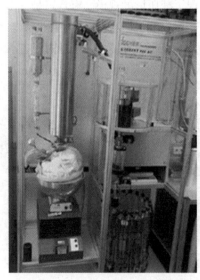

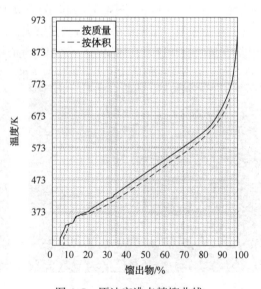

图4.4　ASTM D2892测试设备　　　　图4.5　原油实沸点精馏曲线

第 4 章　炼化过程中的精馏　103

因此，TBP 数据是评估原油性质的重要参数。但是，还有许多性质对原油的评估也很重要，这些性质是通过分析标定过程中的产物而得到的。然后通过标准分析切割法得到产品的物性并对其进行回归，从而得到相关物性的精馏曲线。炼油厂特别感兴趣的物性包括：

（1）原油中含硫组分的分布（表明收率和生产清洁低硫产品的难度）；

（2）倾点或浊点的分布（这可能决定柴油能达到的最大收率）；

（3）金属和沥青质的分布（表示下游催化转化装置的适用性）；

（4）康氏炭分布（表示焦炭残留量的收率）；

（5）任何可能以某种方式限制炼油厂运营的特殊物性。例如，取决于装置的冶金设计，原油的环烷酸含量[一般称其为原油总酸度值（TAN）]会限制高 TAN 原油的加工量。

在充分了解需要加工的原油后，就可以通过原油 TBP 曲线和分馏质量估算出炼油厂产品的最终收率。

对于图 4.6 的案例来说，常压产品（瓦斯油和轻质馏分）的收率为 57%。因此，进料中常压渣油的收率为 43%，理想情况下下游的减压装置应该能处理该百分比的进料量（假设炼油厂的产能处于最大状态）。

炼油厂一般进行原油的调和（通常是三四种原油的调和），调和的目的是优化炼油厂的盈利能力。优化过程包括了规划过程，一般使用某种形式的线性程序（LiP）来优化盈利能力。LiP 是包括关键装置和产品质量约束（例如产能限制、装置产品的性能、质量规格）的综合表达式。LiP 的目标函数是优化炼油厂的整体盈利能力。

原油馏分之间的重叠程度（图 4.7 的虚线椭圆）表明了各种产品的分离质量。重叠程度越大，分离的质量也就越差。图 4.7 的案例中，煤油与柴油（在原油处理装置上）的分离难度要低于柴油与瓦斯油的分离难度。

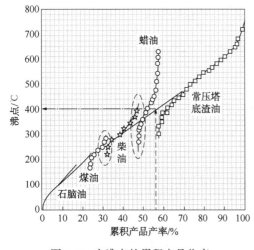 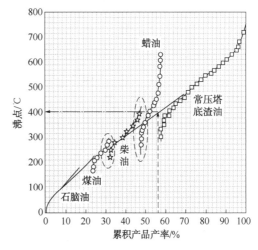

图 4.6　实沸点的累积产品收率　　　　图 4.7　出现重叠区域的馏分（虚线椭圆）

炼油产品（例如汽油、煤油和柴油）也包含数百种纯组分，并且也通过实验室简单精馏的方法进行表征。

用于表征产品的实验室精馏方法与原油精馏标定的方法相似，但不尽相同。ASTM D86 一般用于表征轻质馏分，例如汽油和煤油；ASTM D2882 一般用于表征重质馏分，例如粗柴油和减压馏分。两种标定方法都是自动进行的，需要 30~60min 才能完成，并生成与原油 TBP 曲线相似的馏分曲线。图4.8 为 ASTM D86 生成的 D86 沸点曲线与所得产品体积百分比之间的关系，而 ASTM D2882(SimDis) 是一种标定色谱的方法，目的是生成与回收质量百分比相关的 TBP 曲线。大多数炼油厂的液相产物都有质量规格要求，至少包括最低沸点和(或)最高沸点。这些精馏规格可能会基于 ASTM D86 或 SimDis 方法。例如，石脑油的沸点在 D86(95) 方法的测试下应低于 180℃。ASTM 标准的复印件可以在线购买[1]。通常利用软件(例如 Aspentech[2] 和 Invensys SimSci[3])将 ASTM 曲线转换为纯石油组分的基团。

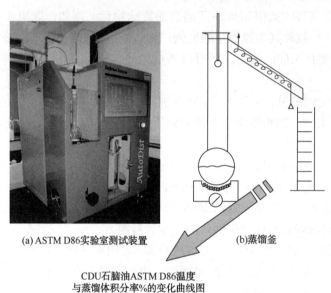

(a)ASTM D86实验室测试装置    (b)蒸馏釜

CDU石脑油ASTM D86温度
与蒸馏体积分率%的变化曲线图

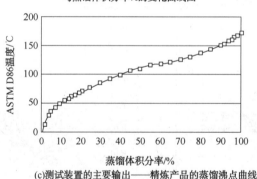

(c)测试装置的主要输出——精炼产品的蒸馏沸点曲线

图 4.8 (a)产品的 ASTM D86 实验室测试装置；(b) ASTM D86 的精馏釜；(c)该装置得到的主要产品的实沸点曲线

尽管产品的规格是重要的质量标准，但还有其他物性同样重要，包括以下方面：

(1)闪点：表示存在明火时的点火温度，与精馏曲线的前端有关。大多数产品都有最低闪点，对于储罐的安全存储非常重要。

(2)浊点和倾点：对柴油很重要，表示在车载油箱和分配系统中形成蜡的风险，与产品(和原油种类)精馏曲线的后端有关。

(3)凝固点：对煤油和航空燃料很重要，表示形成晶体的风险，也与产品精馏曲线的后端和原油种类有关。

（4）十六烷特性：柴油燃烧的重要参数，表示爆震特性，与原油种类和炼油厂的转化工艺有关。

（5）里德蒸气压：表示产品的蒸气压，对于常压罐的储存很重要，与精馏曲线的前端有关。

这些性质可以通过测定的原油标定数据和产品的精馏曲线进行估算。还有一些其他质量规格也是十分重要的，它们或多或少受到中间产品处理过程的影响。例如，在下游催化转化单元进行处理的馏分可能会受到可使催化剂中毒的杂质含量（百万分之几）的约束。因此，了解原油中金属浓度的相应沸点与蒸馏百分比之间的关系是非常重要的。

对于原油处理来说，大多数馏分都会有某种形式的质量规格，但是馏分的数量和质量规格会因炼油厂的配置和馏分处理过程的不同而发生变化。例如，图 4.9 为一套原油处理装置的产品规格。了解产品的规格并确保其是否可行是非常重要的。

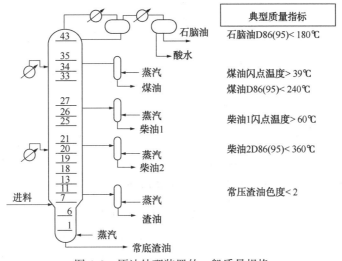

图 4.9　原油处理装置的一般质量规格

例如，图 4.9 的石脑油后端精馏规格［石脑油 D86（95），低于 180℃］也会影响煤油的前端精馏曲线。煤油的闪点主要由其前端精馏曲线所决定。因此，这两个规格相互矛盾，二者取决于装置中这两种产品可实现的分离效率，可能可行，也可能不可行。

## 4.4　炼油厂的原油处理装置和减压装置

原油精馏装置（CDU）是炼油工艺的龙头，该装置可以处理所有种类的原油，因此操作过程中适度的变化可能会对下游操作带来非常大的影响。如果炼油厂只有一套原油处理装置，那么该装置的产能或可用性在发生变化时，都将对下游装置带来很大的影响。下游的转化和处理单元大多数是催化装置，因此当原油处理装置的馏分质量较差时，会缩短催化剂的寿命。原油处理装置很可能是炼油工艺中最古老并且技改最多的单元。类似于图 4.10 那样，原油处理装置大多是包括减压装置的两塔集成方案。关于减压精馏的更多内容，可参阅第 2 卷的第 9 章。

随着炼油厂的扩建，不同侧采产品和不同工艺流程的常减压装置也得到了逐步发展。图4.11（a）为带有预闪蒸塔的原油精馏装置。预闪蒸塔一般设置在原油精馏装置之前进行预分馏操作，同时得到约 60%~70% 的石脑油馏分。

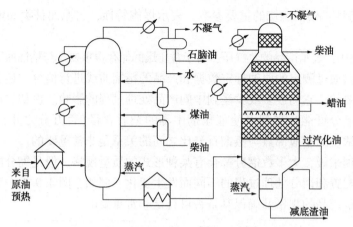

图 4.10　原油处理装置和减压装置的示意图

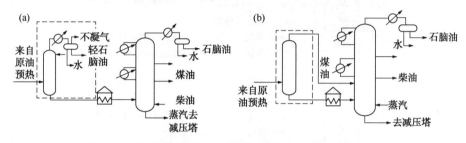

图 4.11　带有预闪蒸塔(a)和预闪蒸罐(b)的原油处理装置

　　预闪蒸装置从根本上解决了原油处理装置、预热机组和原油精馏装置加热炉的瓶颈问题[4]。该方案一般作为改造项目进行实施,目的是使炼油厂能够处理较轻的原油(同样适用于凝析油进料)。另一种低成本的改造方案是使用预闪蒸罐而不是预闪蒸塔,如图 4.11(b)所示。该方案不需要原油精馏装置加热炉和预热机组,进料一般进入原油精馏装置精馏塔的较低位置。

　　馏分采出的数量和位置也因场所而异。一般来说,降低侧线产品的数量可以使分离质量最优。但是,根据下游加氢处理装置的设计和数量来看,可能会有意得到其他侧线产品。通常沸程较低的馏分易于脱硫;沸程较高的馏分可能需要更苛刻的加氢处理过程才能完全脱硫(操作压力更高)。原油处理装置和减压装置的主要操作流程如图 4.12 所示。

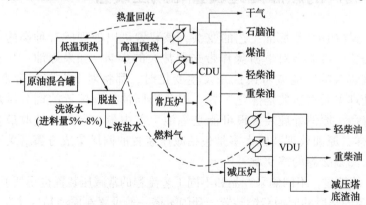

图 4.12　原油精馏装置(CDU)和减压装置(VDU)的主要单元操作流程

### 4.4.1　原油预热

原油的冷热处理是通过管壳式换热器的集成操作(图 4.13)而完成的, 目的是最大程度地提高冷原油和热馏分之间的热量回收。原油的进口温度一般为环境温度(5~20℃)。

图 4.13　原油预热换热器

加热炉的入口温度可达到 280℃(预热处理过程的出口温度), 但一般为 240~260℃, 该温度取决于换热网络的设计。预热系统非常复杂并且设计难度较高[5]。预热体系的设计必须具有足够的灵活性, 能在原油种类不同时, 产品收率也不同。通常, 原油处理装置的热量会与其他炼油装置集成, 这就增加了设计的复杂性。预热单元拥有 20~30 台换热器是比较常见的, 总换热面积约为 5000~10000m²。预热系统的热力学和水力学性能会极大地限制原油处理装置的操作。原油也可能会使预热系统结垢。这就会使压降增大并且降低了热量回收。最终, 预热体系的结垢会限制原油的产能。一旦出现结垢, 清洁这些换热器最有效的方法是短路它们, 绕开管束, 然后离线手动清洁(使用高压水枪)。但是, 许多炼油厂可能没有能力隔开结垢的换热器并"在运行过程中"进行清洁工作。

### 4.4.2　原油脱盐

原油中通常含有盐(氯化钠、氯化钙和氯化镁), 其中一些盐会在原油的预热过程中水解形成氯化氢(HCl)。

$$MgCl_2 + 2H_2O \longrightarrow Mg(OH)_2 + 2HCl$$
$$CaCl_2 + 2H_2O \longrightarrow Ca(OH)_2 + 2HCl$$

HCl 会被原油处理装置中的游离水吸收, 并可能在主要处理装置的较冷部分(塔顶部分)造成严重的腐蚀。因此, 大多数原油处理装置会包括一个或两个脱盐过程(见图 4.14), 即将洗涤水与原油混合。洗涤水用量一般为原油量的 4%~8%。新鲜水溶解并稀释盐, 得到的废盐水被送至废水处理过程。

为了使原油和盐水得到较好的分离, 脱盐容器一般是体积较大的卧式容器, 并具有可控的油水界面。容器的尺寸应能提供较长的停留时间, 从而有效地从油中分离出盐水。油和水的停留时间一般分别为 30min 和 60min。另外, 电场能进一步促进盐水从油中分离出来。性能良好的两级脱盐器能使原油的盐含量降至 $1 \sim 2ppm(mg/L)$，水含量降至 $0.2\% \sim 0.3\%$。脱盐器的关键性能指标为原油精馏装置塔顶回流罐的水相中氯化物的含量[6]。

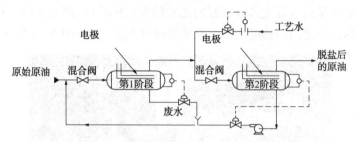

图 4.14　脱盐工艺的常规处理方案

图 4.15　施工过程中的原油处理装置的加热炉
（箭头位置表示辐射段的加热管）

### 4.4.3　原油处理装置的加热炉

原油处理装置需要使用大型的燃烧型加热炉（见图 4.15）才能产生高品位的热量。原油处理装置回收的的常压馏分需要在进料加热炉中汽化。

原油处理装置加热炉的出口温度达到最高，但不能超过加热炉管内部发生裂化和形成积炭的温度。对于常压原油处理装置来说，加热炉盘管的出口温度实际上约为 $360 \sim 380℃$。对于减压装置来说，加热炉的出口温度较高（$415 \sim 425℃$）。主要原因是减压加热炉的流速较高并且停留时间较短。原油处理装置和减压装置的加热炉一般采用直接燃烧（通常使用燃气燃烧器）的方式进行加热，并设有辐射区和对流区。图 4.15 为一个正在施工的水平舱式加热炉，对流顶部部分即将吊装到位。辐射管在加热炉侧面。管径一般为 150mm 或 200mm，一般将加热炉设计为多通道（四或八）形式，目的是控制管内的流动状态。加热炉的设计是一个专业，需要对燃烧室、管内的流动状态和管壁温度进行详细的热分析。需要定期进行过程监控，监控参数包括管壁表面温度、燃烧室温度、烟道中过量氧气的含量、热效率以及吸收的热量，以确保加热炉可以在设计范围内工作。作为对管壁热电偶读数的备份和校准检查，需要通过燃烧室观察孔定期对红外热像仪进行检查。最大壁温取决于加热管的材料性质，如果加热管发生结焦，积炭就会成为隔热层，壁温会逐渐升高。对操作人员来说，唯一的办法是降低加热炉的通道数并最终关闭加热炉，从而进行手动除炭。加热管的流动形式是影响油膜壁温的重要参数。油膜壁温过高会导致加热管结焦。因此，加热炉的工作范围有限，并且一般不能在低于原油进料量设计值的 50%以下运行。对于某些装置的设计，可以在加热管打入蒸汽来提高操作范围。蒸汽提高了管侧流速，并以降低烃类的分压的方式促进其汽化。这将在下文进行讨论。一般来讲，加热盘管的出口操作温度是原油处理装置特别是减压装置的主要优化参数。盘管出口温度的微小变化（升高）可以为原油处理装置带来每年数百万美元的收益。不过，加热炉盘管温度过高会增加结焦的风险。

## 4.5　原油处理装置的基本原理

原油精馏装置在本质上与其他精馏装置类似，但有一些不同的操作特点（见图 4.16）。

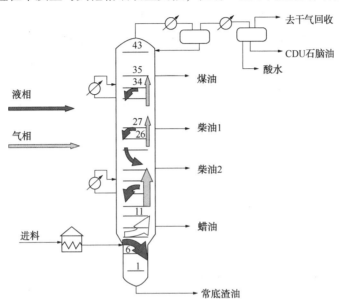

图 4.16　原油精馏装置的基本原理

进料加热炉产生热的气相（图 4.16 中灰色箭头所示）并沿塔向上流动。在进料加热炉中无法汽化的烃类（黑色箭头所示）进入常压渣油。当热的气相沿塔向上流动时，挥发度较低的组分会被向下流动的较冷的回流液相所冷凝。较冷的回流液相中易挥发的组分被汽化并沿塔向上流动。这与精馏过程中二元分馏的原理相同。与常规精馏工艺一样，回流量越高，或更准确地说是液气比（$L/V$）越大，分馏质量越好。

原油处理装置利用侧汽提塔提高侧线馏分与其上方馏出物之间的分离质量。通过增加汽提蒸气（稍后讨论）或再沸侧线汽提塔（见图 4.17）的方式在其内部产生气相。因此，侧线汽提塔被称为再沸汽提塔或蒸汽汽提塔。侧线汽提塔的主要功能是选择性地改善侧线馏分与其上方馏分之间的分馏质量。

侧线汽提塔从液相中汽提出的轻组分越多，汽提塔的操作难度（通过再沸器负荷或汽提蒸汽量来衡量）也就越大，被汽提的轻组分需要返回主塔。侧线汽提塔大大改善了馏分采出前端的分离质量。对于图 4.17 的案例来说，提高煤油侧线汽提塔的负荷将改善煤油和石脑油之间的分离程度，可以使分离质量最大化，最终从石脑油中回收煤油。改变煤油侧线汽提塔的负荷不会对其下方馏分的质量产生影响。通常，侧汽提塔的塔板数为 6～10。

原油处理装置比较特殊的地方是使用中间回流来实现内部回流。可视其为塔内直接进行换热的换热器。从塔内采出的液相流股在外部换热器回路中被冷却，返回塔内的进料位置位于采出位置上方的两到四级之间（见图 4.17）。中间回流不会直接影响分馏，但会产生对分离质量影响很大的内部回流。中间回流量和热负荷非常重要。中间循环量可能是原油进料量的 50%～100%，而泵的功率可能是几兆瓦。中间循环泵的位置和数量对其所在塔段的液气比有很大的影响，所以就会对该部分的分馏效率产生很大的影响。图4.17的案例中，如果希望煤油和柴油1之间实现最佳分离，就要使该部分以上的中间回流的热负荷最大，从而使32~27塔板之间的液气比最大。为了使该塔段的液气比最优，还要使该位置下方（19~20塔板）中间回流的热负荷最小。实际上，是否需要改变中间回流的热负荷取决于装置的设计和原油预热所带来的影响。对上述案例加以延伸，如果中间回流的热负荷最小，就会影响原油的预热回收以及增加进入21~33塔板之间的气相负荷。因此，中间回流的最优操作是一个复杂的优化问题，并且一般是分馏质量与预热回收之间的权衡。定期使用流程模拟工具来改变中间回流的热分布，可以预计出收率和能效。实际上，由于装置的局限性，一般很难改变中间回流的热分布。此外，中间回流热负荷的优化值是一个非常重要的操作参数。

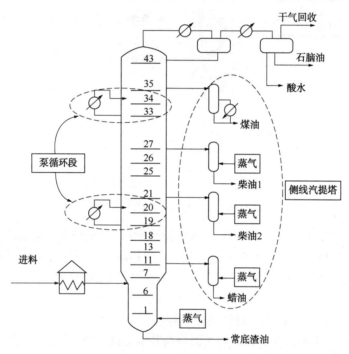

图4.17 原油处理装置的中间回流和侧线汽提塔

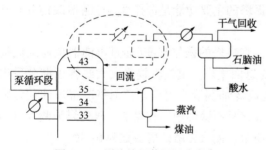

图4.18 原油处理装置回流方案

原油处理装置的回流也可通过冷凝器实现，类似于简单的二元精馏塔。这也有助于在该塔段产生液相比。对于图4.18所示的案例来说，降低顶部中间回流的热负荷并提高原油处理装置的回流量会增大该塔段（43~35塔板之间）的液气比，从而提高石脑油和煤油的分离质量。

但是，以顶部中间回流来增加塔顶回流的主要缺点是其热量品位较低（温度较低），因此很难在塔顶冷凝器内回收热量。

蒸汽广泛用于炼油厂的原油处理装置和减压装置，目的是增加汽化率（见图4.17）。塔底（渣油部分）引入蒸汽可以降低烃类的分压（道尔顿分压定律），并能显著增加入口处的汽化百分比。分压蒸汽可以显著提高最重的常压馏分（图4.17的瓦斯油流股）的收率。汽提蒸汽的用量较大，一般为每小时几吨。通常，每立方米常压渣油（对于渣油部分）所需汽提蒸汽量约为 20~40kg，每立方米常压侧线馏分渣油所需的汽提蒸汽量为 10~20kg。但是汽提蒸汽过多时会存在一些问题，例如：

（1）可能在塔顶（较冷）产生自由水相，可能导致内件和塔内壁出现严重腐蚀；

（2）气相负荷过大。蒸汽的低分子量将显著提高蒸汽的流速，可能会使塔内件达到过载点；

（3）增加的汽提蒸汽必须冷凝、回收以及处理随之产生的废水。这样就提高了该装置的能耗以及原油处理装置顶部冷凝器的尺寸。此外，汽提蒸汽量对原油处理装置和减压装置来说是一个非常重要的优化参数。

## 4.6　原油减压装置

本质上，原油减压装置（VDU）与原油处理装置的基本操作原理是相同的。

（1）利用大型的燃油型加热炉加热常压渣油，汽化率一般达到 40%~80%（取决于原油的种类）。VDU 加热炉的温度一般要明显高于原油处理装置的温度（由于停留时间较短，所以出现结焦的可能性更小）。

（2）有中间回流（类似于原油处理装置）。

（3）加热管和塔内经常使用蒸汽，目的是降低烃类的分压并提高气汽率（稍后讨论）。

（4）使用侧线汽提塔对侧线馏分清晰分馏（例如炼油厂生产润滑油的减压装置）。

减压装置与原油处理装置的不同之处在于：

（1）装置的压力由真空系统维持，如图 4.19 所示。操作压力（原油减压装置塔顶）一般为 10~40mbar。利用三级蒸汽喷射器得到真空。图 4.19 为喷射器的工艺流程图。酸性气体（进料热裂解产生）经喷射器压缩后进行回收或者在原油处理装置的加热炉中燃烧。酸性气体的量很小，约为原油减压装置进料的 0.1%~0.2%。不过需要仔细估算酸性气量，以此确定真空喷射器的尺寸。

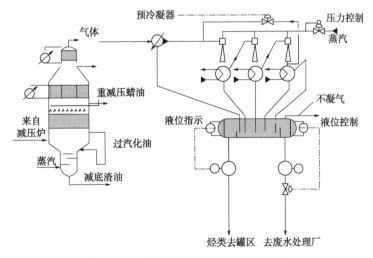

图 4.19　减压精馏装置的喷射器示意图

（2）与原油减压装置的进料量（渣油加裂解气）相比，其塔顶馏分的量相对较低，因此原油减压装置一般是在没有塔顶冷凝器回流的情况下运行的（与原油精馏装置不同）。

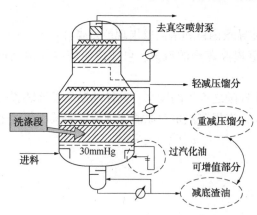

图 4.20　减压装置液相过度闪蒸的示意图

（3）闪蒸部分的操作条件基本上确定了最重减压馏分的收率（图 4.20 的重减压馏分），该值是由闪蒸部分入口处的烃类分压所决定的。与原油处理装置一样，可能只回收闪蒸部分进口处能够汽化的减压馏分。为了使烃类分压最小（并使闪蒸部分入口处的汽化率最大），比较重要的一点是减压精馏装置的闪蒸压力要尽可能地低。该压力是由减压装置顶部压力加上内件的压降所决定的。因此，要尽量降低减压精馏装置内件的压降，所以减压精馏装置的塔内件几乎都是填料（而原油精馏装置多使用塔板）。

填料塔内件（例如散堆、格栅和规整填料）的压降一般为塔板压降的 25%。对于图 4.20 的案例来说，如果将中等尺寸减压装置的闪蒸区压力降低 10mbar，那么每年多回收的重馏分的经济价值将超过 100 万美元。根据炼油厂的复杂程度来看，重减压馏分和减压渣油之间的价格差一般是中间产品的最大利润，因此，使重减压馏分的收率最大是非常有前景的。

（1）最大限度地提高重减压馏分的收率能提高盈利能力，所以与原油精馏装置相比，减压精馏装置的出口温度更高，可达 425℃。减压精馏装置的加热炉可以在较高温度下运行并能避免结焦，因为减压精馏装置的液膜停留时间要比原油精馏装置的液膜停留时间短。另外，经常在减压精馏装置的炉管中引入蒸汽，具有降低烃类分压和提高管侧流速的双重作用，同时还能进一步降低油膜的停留时间。

（2）与原油精馏装置相比，减压装置的工作温度更高，所以更容易出现故障，并且结焦的风险也更大。减压装置温度最高的部分称为洗涤段，是最容易结焦的部分，并且该区域应设有回流，不能在烧干的状态下运行。离开洗涤床层底部的液相量称为过汽化量（图 4.20）。应该控制过汽化量从而使液相负荷最小。最低液相量取决于装置的操作条件和所处理原油的种类。闪蒸部分的直径可达 14m，在这种情况下保证整个床层面的润湿量最小（通过洗涤段的合理分配和控制来实现）是非常有挑战性的。过汽化量过大很容易带来每年损失数百万美元（重减压馏分降级为减压渣油）的后果。但是，过汽化量不足的话会造成床层结焦和设备意外停机。如果洗涤床层出现结焦，除了关闭设备并取出结焦床层进行更换之外，没有其他选择。装置工程师必须对洗涤段进行仔细操作和监控，以确保在生产周期内减压精馏装置可以正常运行。对于装置工程师来说，比较难的是要知道实际的过汽化量。这是一个关键问题，因为测得的过汽化量可能会包括进料的部分液相夹带（进口流速很高）。

（3）如图 4.20 所示，由于减压精馏装置的运行温度要比原油处理装置高，因此减压装置低位油槽一般要使用过冷的减压渣油淬火。较低的淬火温度降低了油槽内发生热裂解的可能性，同时也降低了裂解气的量，裂解气必须通过喷射器进行处理。

（4）减压装置也用到了侧线汽提塔（同常压装置），其中侧线馏分的分离是非常重要的。这就是减压精馏装置生产润滑基础油的案例，并且需要在润滑基础油馏分之间进行较好的分馏，见图4.21(a)。然而，大多数减压装置被称为燃料装置，侧线馏分的处理在转化装置[催化裂化反应器(FCC)或加氢裂化反应器]中进行。在这种情况下，一般不需要侧线汽提塔。但是，渣油部分的蒸汽汽提较为常见，对重减压馏分的回收也有很大影响，见图4.21(b)。

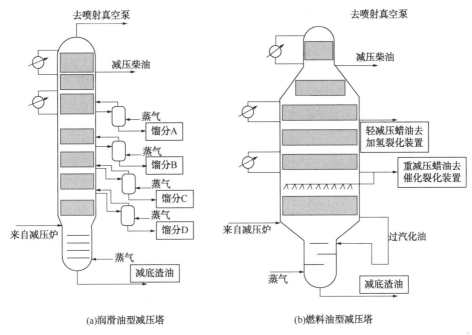

(a)润滑油型减压塔　　　　　　　　　(b)燃料油型减压塔

图4.21　润滑油(a)和燃料油(b)的减压装置

## 4.7　影响分馏质量的关键因素

影响产品分离质量的参数相对较少，概括如下。大多数参数均适用于精馏过程，但是有一些参数特别适用于炼油厂的原油处理装置和减压装置。

（1）液气比(或回流比)；

（2）操作压力；

（3）加热炉的操作温度；

（4）侧线馏分的切割宽度；

（5）汽提蒸汽比；

（6）塔内件效率。

回流比(液气比)可能是影响分离效率的最重要的参数。精馏塔的基本原理为：加热炉内产生的热的气相向上通过精馏塔，并被冷回流液相冷却(见图4.22)。

热气相被冷回流冷却进行传热的同时，还发生了传质。气相中挥发度较低的组分被冷凝，液相中挥发度较高的组分被汽化。可以看出传热和传质进行的程度取决于塔内的液气比。现在通过装置的流程模拟可以轻松得到复杂分馏塔(如原油处理装置)各个部分的液气比。根据中间回流部分的运行负荷，可以得到与实际接近的整个塔内的液气比。

对于塔来说，液气比越高，分离效率越高。

可以通过改变中间回流的负荷来控制各塔段的液气比。该问题非常复杂，但是流程模拟工具在理解液气比、中间回流的负荷以及对馏分收率之间的关系有很大的作用。

操作压力会影响分离效率，但影响程度不大，在实际生产中改变塔的操作压力一般是不可行的。

操作压力越低，相对挥发度越高，分离越容易实现。

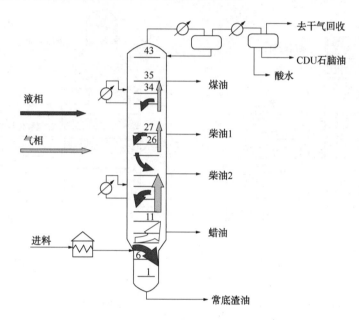

图 4.22　原油处理装置气相和液相的流动方式

但是，对于大多数炼油厂的精馏塔来说，主要是通过冷凝温度（一般是环境温度或冷却水的温度）来设定塔的操作压力。因此，如果塔顶为轻质馏分，就可能需要在较高的压力下操作，目的是在可用的冷媒温度下能够冷凝该馏分。但更重要的是尽可能地降低塔压。例如冬季的冷凝温度较低，因此设备的操作压力可以降低一些。利用昼夜以及夏季或冬季冷凝温度的变化进行节能是非常重要的：某些装置的节能甚至能达到 1~2MW。

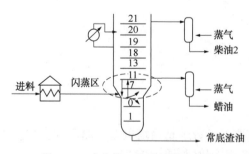

图 4.23　来自第 7 块塔板的液相的是原油的过度汽化

原油处理装置和减压装置加热炉的出口温度是非常重要的参数。加热炉温度越高，出口处的汽化率也就越高。原油处理装置的关键分离是在常压渣油中回收常压馏分，为了使馏分回收量最大，需要使闪蒸区正上方区域的液气比最大。在原油处理装置和减压装置上称为洗涤段。离开进料口闪蒸区（图 4.23 所示示例中的塔板 7）上方的液相量称为过过汽化量，一般以液相量与原油进料量的百分比来表示。过汽化量越大，该区域的液气比也就越大，越有利于回收常压渣油中的瓦斯油。但应该认识到，为了使过汽化量增大，首先需要提高加热炉出口处的汽化率。这就需要加热炉出口温度较高，操作压力较低并降低烃类分压。

原油精馏装置加热炉的温度为 360~380℃，加热炉的最高温度由设计方案和加工原油的种类决定。炼油厂减压精馏塔加热炉的温度最高可达 425℃，但需要慎重设计和操作，避免出现结焦。

侧线馏分的数量和切割宽度对分离效率有很大的影响。较窄的切割馏分与较宽的切割馏分的分离是比较困难的，并且要在可能的情况下尽量减少侧线馏分的数量，从而实现最佳分离。如图 4.24 所示，装置 A 有四种侧线馏分，但有一些馏分需要在塔外调和。装置 B 只有两种侧线馏分。

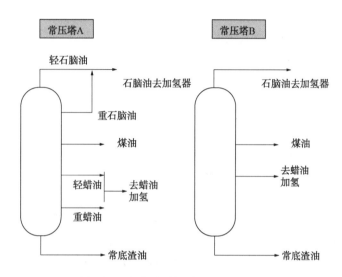

图 4.24　切割宽度对分馏质量的影响

从分馏的角度来看，装置 B 的设计更好，无论产品规格如何设定，均能促进分离并使馏分的收率更高。例如，如果最有价值的产品是煤油，则装置 B 得到的煤油一般要比装置 A 多 5%。为了使分馏效果最佳，应使侧线产品数量最少，并避免采出多种侧线产品然后在塔外调和。

可以通过查看相邻馏分之间的精馏重合程度来确定分馏的质量（见图 4.7）。在原油精馏装置中，较轻馏分的重合程度一般比重馏分的重合程度要低（分馏效果更好）。主要是因为原油处理装置上半部分的液气比较高。

原油处理装置和减压装置中汽提蒸汽对液气比有明显的影响，特别是在塔的洗涤段，能明显影响最重馏分的回收。蒸汽降低了烃类的分压，并允许在闪蒸区域入口处得到更多的气相，所以重馏分的回收量较高。汽提蒸汽量以及加热炉的出口温度是原油处理装置和减压装置的重要优化参数。对于减压装置来说，二者取决于最重减压馏分的质量规格，因此可以最大化加热炉出口温度和汽提蒸汽量的限值。图 4.25 的减压精馏装置对此进行了说明（进料量 250t/h）。优化加热炉的出口温度要优于汽提蒸汽量，但两者均对工艺有利，并且会明显影响最重馏分的收率，见图 4.25 的 HVGO（重减压瓦斯油）。

当优化减压装置的汽提蒸汽时，增加汽提蒸汽量可能会对真空喷射器的性能产生不利的影响（尤其是喷射器之前没有预冷凝器时）。在这种情况下，考虑汽提蒸汽量对塔内真空度的影响是十分有必要的。

塔内件的效率也会影响分离效率，但仅限于某塔段液气比满足工艺的情况。显然，如果特定塔段的液气比为零，即使有 100 个理论级也不会起作用，因为回流量不足，分馏质量将会变得很差。

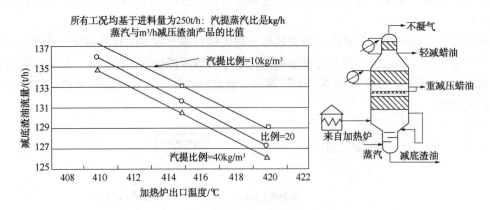

图 4.25　加热炉温度和汽提蒸汽对馏分收率的影响

# 4.8　炼油工艺的塔内件

塔板普遍用于原油处理装置和其他炼油工艺的常压装置以及高压装置。主要原因是塔板比填料更可靠也更坚固，并且易于清洗和检修。塔板的种类有很多，因此在操作时可以提供更高或更低的灵活性，但总的来说塔板的设计相对容易理解，并且技术风险适中。炼油装置的塔板材质一般为不锈钢，厚度为 2~3mm。板间距一般为 610mm。因为大多数炼油工艺的塔的操作弹性通常不大，所以固阀(不移动)塔板的设计越来越普遍。另外，固阀塔板与旧式浮阀塔板相比，运行周期内更坚固，也更易清洗。

填料普遍适用于减压塔和其他一些炼油装置。这是因为填料相对于塔板的压降更低，因此可带来巨大的经济优势。填料的压降一般约为 2~3mbar/m。塔板压降一般是填料压降的 4 倍。在减压塔中，因为填料的压降较低，所以带来的效益要比塔板高很多。但是，所有减压塔的设计人员都应该知道，填料选型时需要谨慎考虑许多关键的设计问题，尤其是分布系统的设计和调节。

填料供应商提供填料的等级或尺寸，一般来说填料的比表面积越高，分馏效率越好。然而，填料表面积越大，处理气液负荷的能力也就越低，因此，分馏效率是装置性能的权衡结果。当炼油厂希望通过消除瓶颈以提高产能时，可以安装表面积较小(或空隙率较大)的填料。

# 4.9　可燃污垢层的危害

原油一般都含有硫，因此在正常的操作过程中，容器内部会积聚形成硫化亚铁薄膜。硫化亚铁遇空气可燃，停车期间打开容器遇到空气时，会有内部着火的危险：

$$2FeS+2O_2 {=\!=\!=} 2FeO+2SO_2+Heat$$

由于可燃污垢层的存在，精馏塔中发生自燃的案例有很多[7]。其中一些破坏性非常大，特别是在使用稀有冶金(部分反应)的工艺时。

规整填料与其他填料相比，更容易出现自燃(其他类型的填料也会出现自燃现象)，这是因为规整填料的热质相对较低(钣金元件非常薄)。因此存在空气时,规整填料内部的可燃污垢层会升温,从而达到相对较高的局部温度。

解决可燃污垢层的方法是使填料完全被水润湿,尤其是在停车的早期阶段。但对大直径的容器来说难度可能较大,特别是分布系统不能保证高润湿率时。也有专门的供应商对可燃污垢层进行化学处理。这是业内必须解决的安全隐患,尤其是使用规整填料的场合。炼油工艺的周转过程中,出现可燃污垢层的主要装置是:

(1)原油减压装置;

(2)FCC 主分馏塔装置;

(3)焦化装置主要分馏器单元。

## 4.10　炼油过程的其他精馏装置

炼油厂还有许多其他精馏装置,这些装置主要与中间产品提质的转化装置有关。大多数转化装置为热催化装置,操作温度和操作压力相对较高,本质上是将沸点较高的烃类转化为较轻且更有价值的馏分。通过精馏将反应产物分离成可出售的产品。与这些工艺相关的精馏装置一般包括四到六座不同的精馏塔。表 4.1 概括了炼油厂的一些主要转化装置。

表 4.1　炼油厂转化单元的主要精馏装置

| 转换装置 | 进料组分 | 产品 | 精馏塔 |
|---|---|---|---|
| 催化裂化装置 | 重蜡油,TBP:360~600℃ | 干气、液化石油气(LPG)、汽油、柴油、燃料油和焦炭 | 主分馏塔、吸收塔、汽提塔、二级吸收塔、脱丁塔、汽油分馏塔 |
| 加氢裂化装置 | 重蜡油,TBP:360~500℃和氢气 | 干气、LPG、汽油、柴油、燃料油 | 进料汽提塔、主分馏塔、脱丁塔、吸收塔、脱戊塔 |
| 催化重整异构化装置 | 石脑油,TBP:80~180℃ $C_{5s}$、$C_{6s}$ 和 $H_2$ | 高辛烷值汽油、$H_2$、轻汽油、LPG | 汽油稳定塔和重整塔、异构化稳定塔、脱异己烷塔 |
| 烷基化装置 | 丁烯和异丁烷 | $C_8$ 汽油、$C_3$、$nC_4$ 和酸性油 | 烷基化主分馏塔、脱丙塔、丙烷汽提塔、脱丁塔 |
| 焦化装置 | 减压渣油:600~1200℃ | 焦炭、干气、LPG、汽油、柴油和燃料油 | 焦化主分馏塔、吸收塔、脱丁塔 |
| 石脑油脱硫装置 | 石脑油,TBP:0~180℃和 $H_2$ | 石脑油、$H_2S$、LPG | 稳定塔、石脑油汽提塔 |
| 馏分油脱硫装置 | 馏分油,TBP:240~360℃和 $H_2$ | 柴油、$H_2S$、LPG | 稳定塔 |

除了转化过程外,还有许多精馏装置用于炼油厂气相物质和产品的回收与处理(尽管其中一些为吸收工艺)。表 4.2 概括了常用的气体回收和处理装置。

表 4.2　炼油厂处理单元的精馏装置和吸收装置

| 精制装置 | 进料组分 | 产品 | 精馏塔 |
|---|---|---|---|
| 饱和气装置 | 炼厂的所有气体($H_2$、$C_1$、$C_2$、$C_3$、$C_4$和$C_{5s}$) | 燃料气、丙烷、丁烷和$C_{5+}$ | 吸收塔、解吸塔、脱丙塔、脱丁塔 |
| 酸水气体装置 | 酸性水物流 | $H_2S$、$NH_3$和干净水 | 汽提塔 |
| 燃料气吸收装置 | 炼油燃料气物流和胺类 | $H_2S$和处理后的燃料气 | 胺吸收塔和汽提塔 |
| 液化气脱硫装置 | LPG和胺类 | 处理后的LPG和富胺液 | 液–液胺吸收塔 |

这些精馏单元的工艺流程图和关键性能指标将在后面进行讨论。

### 4.10.1　饱和气装置

炼油厂的饱和气装置(SGP，见图 4.26)一般用于处理和分馏炼油厂大部分的轻端馏分($C_1 \sim C_{6s}$，$H_2$和$H_2S$)。这些轻端组分的来源包括原油以及炼油厂转化工艺的热裂解过程。加氢装置会生成$H_2S$，并将加氢装置的少部分进料裂解为$C_1 \sim C_4$以及所谓的粗石脑油。SGP的主要功能是分离并回收进料气($C_3$和更重的烃)中较重的烃类。较轻的组分($C_1$，$C_2$，$H_2S$)进入炼油厂的燃料气管线(吸收后除去$H_2S$)。

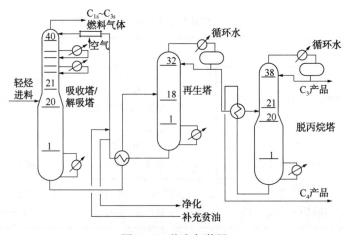

图 4.26　饱和气装置

SGP利用吸收剂和石脑油(一般称为贫油)沸程的物流吸收进料气中较重的组分。为了使吸收最大化，吸收过程要在相对较高的压力(10~20bar)和低温(20~30℃)的条件下进行。回收难度最大的组分是丙烷(此处不针对甲烷和乙烷的回收)，该装置的关键性能是丙烷的总回收率。丙烷的回收率应大于90%。

有助于吸收塔回收$C_3$的工艺参数包括：

(1) 较高的操作压力(一般由进料气压力设定)。

(2) 较低的操作温度；许多装置在吸收塔上设置了中间冷却器来保持低温(如图 4.26)。

(3) 较高的贫油量，能源成本和下游富油汽提塔设备尺寸之间的平衡。

(4) 吸收性能好的贫油(贫油中$C_3$和$C_4$含量低)。

在吸收过程中，$C_1$和$C_2$也会被贫油吸收一部分。因此，在吸收塔之后增加了汽提塔，

目的是将 $C_1$ 和 $C_2$ 汽提出来(除去)。对于某些 SGP 工艺,汽提塔可以是位于吸收塔之后的独立容器,但在其他 SGP 工艺中,汽提塔与吸收器可以合并为如图 4.26 所示的一台设备。汽提塔在指定的再沸器温度下运行,以便从底部汽提塔产品中除去(汽提出)乙烷。丙烷的正常销售规格允许其产品混入约 2%的乙烷;因此,汽提塔再沸器的热负荷汽提塔通过再沸器加热并除去(汽提)产物中的乙烷可变,从而将汽提塔内的 $C_2$ 与 $C_3$ 的比值控制在 2%或更低。过度汽提是导致 SGP 回收 $C_3$ 性能差的常见原因,因为过度汽提还会在除去乙烷的同时造成丙烷损失。巡视 SPG 装置的工艺工程师一般会查看燃料气中丙烷的含量以及丙烷中乙烷的含量。可销售丙烷的乙烷含量为零表明汽提过度,这很可能会使丙烷进入燃料气从而给炼油厂带来经济损失(可通过燃料气中过多的 $C_3$ 含量来确认)。SGP 操作性能如果差的话,很容易导致炼油厂每年的损失达到 100 万~300 万美元。

图 4.26 所示的 SGP 流程以贫油为吸收剂,经过汽提回收 $C_3$ 和 $C_4$ 的富油成为贫油(在下游的分馏塔实现),贫油的一部分汇合补充的贫油后循环回吸收塔。富油汽提塔再沸器负荷可变,目的是从富油中汽提出 $C_4$。$C_4$ 产品的销售规格通常允许 $C_5$ 的含量为 2.5%;因此,富油汽提塔的关键质量规格是塔顶产品中 $C_5$ 与 $C_4$ 的比率。该塔可以在允许的最大回流量下操作,并通过控制馏出物的流量使 $C_5$ 与 $C_4$ 的比例不超过 2.5%。最大回流量取决于塔的设计(尺寸、内件性能和再沸器性能)。富油汽提塔的操作压力应尽可能低,但该值由 $C_3/C_4$ 塔顶产品的冷凝温度来确定(塔顶压力一般约为 6~7bar)。SGP 工艺通过上文另一部分的贫油回收 $C_5$ 和 $C_6$,一般在粗石脑油装置中进行。

## 4.10.2　重油转化装置的分馏方案

催化裂化装置(FCC)、加氢裂化装置(HCK)和焦化装置(COK)是炼油厂主要用到的三个重油转化装置。这三个装置反应器的产物为 $C_1 \sim C_5$ 的轻端馏分以及其他馏分(例如汽油、柴油、燃油、焦炭和未转化的油)的混合物。通过调整催化剂的选择性和工艺的操作条件可以提高特定产品(例如柴油)的收率,但在某种程度上反应器的产品类似于合成的原油,因此分馏装置的设计类似于原油处理装置。图 4.27 为加氢裂化装置的工艺流程图。

首先将加氢裂化装置的产物进行汽提,目的是除去液化石油气、轻质石脑油和 $H_2S$,然后在主分馏塔对汽提塔的塔底产物进行分馏,该分馏塔的设计和操作与原油处理装置非常似。在气体装置中分离与回收较轻的馏分(从进料汽提塔的塔顶产物中回收),类似于前文所述的 SGP。该装置的关键性能指标是最大限度地提高未转化油中柴油的回收率。通过以下方法可以提高柴油的回收率:

(1)主分馏塔的操作压力最小;

(2)加热炉的温度最高;

(3)汽提蒸汽量最大;

(4)柴油和未转化油之间塔板的最优设计。

通过跟踪 ASTM 产品的重叠情况,可以得知各种馏分之间的分离情况(类似于原油处理装置的监控方式)。

图 4.28(a)和(b)分别为 FCC 主分馏塔的板式塔和填料塔。反应产物进入主分馏塔底部。应器的所有产品均为气态(因为反应器出口温度约为 500℃)。FCC 主分馏塔的外观、操作方式和尺寸类似于炼油厂的原油处理装置。图 4.28(a)和(b)为 FCC 主分馏塔的中间产品。

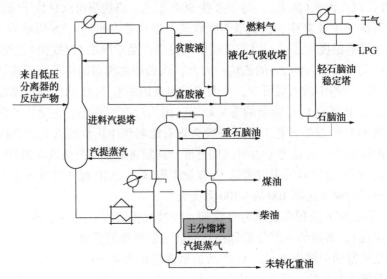

图 4.27　加氢裂化气体装置

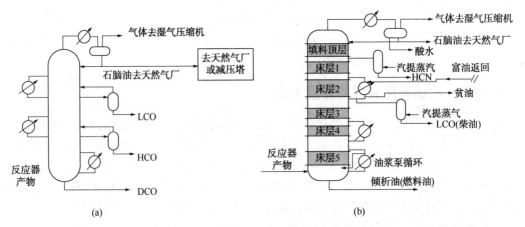

图 4.28　催化裂化主分馏塔的板式塔和填料塔

（1）石脑油（汽油）和轻端组分，特别是丙烯，会进入气体装置进行回收；

（2）重裂解石脑油（HCN）和轻循环油（LCO）的沸程与柴油相同，该馏分送至加氢处理器进行脱硫，然后进入柴油池；

（3）重循环油（HCO）比柴油重，将进入燃料池或焦化装置；

（4）倾析油（DCO，有时也称为油浆）送至燃料油或焦化装置。

FCC 主分馏塔的操作压力较低，约为 1bar。反应器内轻质气体的收率相对较高，因此湿气压缩机（压缩主分馏塔的冷凝器废气）一般是决定装置关键产能的因素，所以主分馏塔的内件由塔板改为填料后效果更好。填料压降较低，可能会消除湿气压缩机的瓶颈。

图 4.29 为 FCC 气体装置或气体回收装置的工艺流程图（与所描述的 SGP 非常类似）。分馏塔的轻馏分经过湿气压缩机升压至 12~15bar，然后在吸收/汽提塔装置内被吸收。吸收油为主分馏塔的石脑油（经过冷却）。FCC 气体装置一般使用第二个吸收塔（二级吸收塔）回收一级回收塔尾气中达到平衡的 $C_4$ 和 $C_5$（因为一级吸收塔贫油中的 $C_4$ 和 $C_5$ 含量很高）。

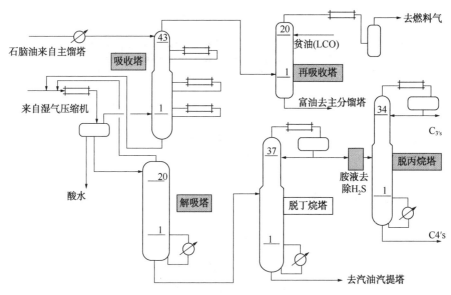

图 4.29　催化裂化气体装置的工艺流程图

FCC 分馏塔和气体装置的关键性能指标为:

(1) 最大限度回收 DCO(燃料油中的柴油)中的 LCO。

(2) 使 C$_3$ 量最大化,更具体的是使气体装置的丙烯回收率最大(一般可达到 90% ~ 95%)。某些装置的贫油温度更低,目的是提高回收率,或者脱丁塔的塔底馏分作为二次贫油循环到一级吸收塔。装置工程师将频繁追踪吸收塔尾气中 C$_3$ 的含量以及 C$_3$ 产品中 C$_2$ 的含量(避免过度汽提)。

(3) 监控主分馏塔的压降,包括塔顶冷凝器的压降。

## 致谢

本文大多数插图、照片和案例均得到了 BP Refining 的授权许可。

参 考 文 献

[1] http://www.astm.org/Standard/index.shtml?complete.

[2] Aspentech Hysys Simulation Software, http://www.aspentech.com/hysys/.

[3] Invensys SimSci Simulation Software, http://iom.invensys.com/UK/Pages/SimSci-Esscor.aspx.

[4] M. Errico, G. Tola, M. Mascia, Energy saving in a crude distillation unit by a preflash implementation, Appl. Therm. Eng. (July 28, 2008).

[5] B. Linhoff, E. Hindmarsh, The pinch design method for heat exchanger networks, Chem. Eng. Sci. 38 (1983) 745−763.

[6] J. Gutzeit, Controlling Crude Unit Overhead Corrosion − Rules of Thumb for Better Crude Desalting, Nace International Document 07567, March 2007.

[7] M.S. Mannan, Best Practices in Prevention and Suppression of Metal Packing Fires, Texas A&M University System, August 2008. http://kolmetz.com/pdf/articles/MetalFires.pdf.

# 第 5 章　大宗化学品的精馏

Hendrik A. Kooijman, Ross Taylor
化学工程系，克拉克森大学，波茨坦，纽约，美国

## 5.1　一般工业分离

本章讨论了大宗化学品精馏所有工艺的各个方面，这些直径为 6ft(2m) 和更大的精馏塔构成了最先进石油化工厂中分离过程的基础。先进的世界级装置需要高处理能力的塔内件，这些内件能可靠地将该装置处理能力提高几个数量级。这些工业塔的设计需要注意一些尚未明确不良影响因素，如起泡、润湿、聚合、结垢或雾沫夹带。这些因素常常随着时间催化剂老化或处理不同进料时发生变化。在化学品精馏过程中，必须考虑高操作弹性或由于组分的非理想性而产生复杂的相互作用，比如含盐的溶液分离。除去痕量组分生产高纯度产品还需要其他处理工艺来配合复杂精馏工艺。我们将用实际化工装置中所使用的精馏塔内构件来解释这些问题。本章第一部分为与化工生产所用精馏塔内部构件设计有关的常见问题；在第二部分，将阐述如何应用现有工业过程的塔内件设计知识，涉及单元操作选用，塔的操作、构造、集成，并研究精馏装置的具体设计。

### 5.1.1　化工厂的分离系统

化工厂以反应器为中心，这些反应器通常以两种反应物以及某些惰性物质为进料；反应产物为含有目标产物的混合物，通常包括潜在的几种副产物，惰性物质和一些未反应的原料[1]。通常，反应器进料必须预热以提高化学反应速率来获得合理的转化率。如果为气相反应，部分或者全部进料可能需要预先汽化。反应器流出物经常需要冷却以减少或杜绝后续反应。有时可通过急冷手段以防止生成副产物。典型做法是将反应产物和反应物相对粗略地分离开，然后反应物循环回反应器系统以增加总体转化率。

大多数时候，这种粗分离是一个简单的气-液两相闪蒸过程，分离的气体和液体分别返回各自的回收系统；有时候，这种分离直接通过精馏塔进行。在一些特殊的案例(至今也不太常见)，反应器、第一分离单元与再循环系统组合成一个单元，也就是反应精馏塔，这样可使化工厂布局更加紧凑(详见第 2 卷第 8 章)。然而在许多过程中，最初分离是通过一组急冷塔或洗涤塔进行的之后再进行初步分馏。这种急冷塔通常有简单的一个或两个床层，带有冷却水或冷却油的泵循环系统。典型例子为处理石脑油裂解气的急冷塔。

通常情况下，气相回收系统可以通过以下方式回收产物或反应物：
(1) 冷凝(通常需要配备制冷系统)；
(2) 吸收(带有汽提)；
(3) 吸附；

（4）膜分离；

（5）反应器。

最佳处理方法取决于系统的目的。例如吹扫气流（以防止反应物或产物的损失）；需根据在系统中所处的位置来选择最佳的处理方法循环气体（以防止产物的再循环），或者是预分离单元来的气体需采用不同的处理方法。有时，可不设置回收系统来降低成本特别是仅需少量清洗且清洗物可安全废弃的情况下。

通常，气相物流中个别组成需要多个分离步骤来处理，例如在环氧乙烷（EO）的生产中，因为再循环的 EO 将被大部分氧化成 $CO_2$ 而损失掉，因此首先将反应产物本身从循环气体流中除去。通常用水吸收法将循环气中 EO 含量降至 100ppm 以下。然后用碳酸钾溶液做吸收剂选择性除去。最终气体经压缩机进反应器回用。吸收不是本书的重点，读者可以参考其他书籍[2~6]以了解更多信息。

膜分离的典型应用是利用含氢物流选择性地通过膜来纯化氢气过程。可以通过冷凝和变压变温吸附将水分从气相中有效除去。高纯度氩的提取是一个利用化学反应除去杂质的例子：利用催化氧化，过量氢气可以将沸点与氩非常接近的氧反应掉。因为氢的沸点远低于氩，随后的精馏分离氢和氩就容易多了。

通常利用分馏的方法处理液体，这一方法是基于产物和反应物挥发性的差异。尽管其能耗高，但分馏仍是一种最简单的分离方法。因此，决定"反应器系统"集成的关键是精馏分离的类型和顺序，这取决于混合物性质，比如它们是非共沸的还是共沸的。例如，可以通过将共沸混合物直接循环回反应器来节省分离共沸物的能耗。

当使用精馏这一工艺时，首先必须决定如何去除轻组分。

可以通过采用以下方式（见图 5.1）来去除轻组分：

（1）减压或升温后相分离；

（2）产品塔顶部分冷凝；

（3）产品塔带巴氏精馏段；

（4）产品塔前加稳定塔。

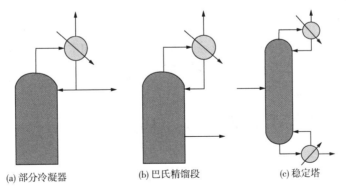

(a) 部分冷凝器　　　　　(b) 巴氏精馏段　　　　　(c) 稳定塔

图 5.1　轻馏分精馏解决方法：部分冷凝器（左）、巴氏精馏段（中间）和 稳定塔（右）

轻馏分可以排放到炼厂的火炬系统中或作为燃料气外送，或者循环到气相回收系统。后者的实例是甲醇制备二甲醚（DME）中形成的甲醛的处理：气相甲醛从分凝器流出，与二甲醚产物分开，然后送至吸收塔，在吸收塔被来自后续的甲醇回收塔的甲醇吸收。该吸收塔也可捕获在部分冷凝器中没有回收的有价值的 DME。含有甲醇的 DME 将再循环回反应器。巴氏精馏段工艺通常用于去除痕量组分以获得纯度极高的产品，如在丙烯-丙烷塔精馏得到聚酯级丙烯，不含轻组分（乙炔）和重组分[甲基乙炔（MA）和丙二烯（PD）]杂质。当然，巴氏精馏段工艺需要从冷凝器排放少量气体。如果这股气体不能被反应物吸收并再循环到反应器，就意味产品的少量损失，DME 反应系统就是这样的例子。只有在反应产物不与原料起反应而生成副产物的情况下，这种再循环才会有意义。物料循环也会导致轻组分的累积，从而污染产品。巴氏精馏段例子见第 5.2 节关于乙烯、丙烯以及乙二醇生产工艺介绍。

非共沸混合物可以直接精馏分离，每次精馏得到一个最轻的组分；或者通过间接分离，通过精馏除去塔釜的最高沸点组分。适用于这种类型的精馏程序可以除去腐蚀性或反应性（不稳定）组分，通常尽可能以直接顺序保证馏出物不含盐、固体和颗粒。同理，特别是在反应器中有填充床层的情况下优先将循环物流作为馏出物回收以防止固体进入循环物流。一般来说，最有利的是首先分离含量最大的组分以减小剩余分馏塔的尺寸和总能量消耗；同时这也有利于等摩尔分离（整塔的水力负荷平衡且精馏段和提馏段塔径基本相同）。侧线精馏塔是以直接顺序在相同压力下操作，侧线汽提器是以间接顺序在相同压力下操作。因为操作压力是一样的，冷凝或再沸将在不利的温度下进行，并将导致内部流量一定程度的增加。然而，当侧线塔用于除去进料中含有大量或者少量的组分时，可以节省能量。工业实例是从空气中除去小于 1% 的氩，侧线塔和隔板结合起来应用可以节省很多投资。

类似地，由数个初馏塔和一个具有多个侧线产品的主分馏塔组成的相关联的预精馏塔系统可以节省大量能源已经被申请为专利 Brugma[7]，并且用在由 Stone 和 Webster 开发的甲烷、乙烷、乙烯、丙烷和丙烯预分离的过程中。当这些塔在同样压力下操作时，塔被称为 Petlyuk 塔。当使用隔板集成在一个塔内时，则可以获得显著的投资利益。隔板技术也可以用于萃取或共沸精馏塔装置（见第 5 章第 2 节）。本书第 8 章第 2 节和参考文献[8]中有关于非共沸和共沸塔系统的详细论述，详细讨论了各种情况：何时用侧线来抽出产品，何时应用侧线汽提塔/侧线精馏塔，以及何时使用隔壁塔。最近，更多关于三个或更多产品的热集成序列著作已经出版，其中叙述的方法有利于节约能源和资本[9,10]。

本书第 7 章和第 6 章的第 2 节将会讨论共沸混合物的分离。在本章第 5.2 节中，将讨论特殊类型的精馏过程，如多效精馏，以除去溶剂和稀释剂（如水）、反应物（如乙二醇生产中的反应物）。精馏也可以用于除去作为均相反应催化剂的盐或作为盐替代形式的特定盐析化合物。这里不做详细讨论。

### 5.1.2　精馏的限制因素（塔的尺寸、内件、温度和压力）

工业生产工厂的设计和后期改造通常受到其产品纯度、经济条件和环境条件的约束。由产品的纯度要求、经济性或者改造期间主要的环境条件等所约束。例如，空气分离通常使用板式精馏塔来进行。低温精馏直到 1990 年，才在低压氧塔和氩塔中。引入了规整填料。这种规整填料的低压降特性，使填料塔可以直接精馏产出高纯度氩。即在侧线汽提器 150 平衡塔板处以高沸点的氧中分离出氩。这标志着旧设计的巨大改进。而在旧的设计中，首先将氩气分离达到 97%~99% 的纯度，然后利用催化反应使氢与剩余的氧反应；这需要额外的热交换器来加热和冷却氩气，还需要额外的分离设备以除去过量的氢和催化反应所产生的水。此外，低等板高度(HETP)的规整填料能够减少热集成精馏塔的高度，因此不会由于所需塔高超过了工业装置 50~60m 的限制，而将一个塔分为两个塔。(注：有一些特别的超出了这个限制，例如丙烯−丙烷塔直立高度超过 380m)

规整填料还可以用在利用乙苯脱氢方法生产苯乙烯单体过程中的产品快速分离，利用真空精馏分离产品和反应物，并将温度控制在 100~110℃ 以下阻止苯乙烯的聚合。为了保证聚合级苯乙烯单体的纯度，即乙苯在苯乙烯单体中含量不大于 2000$\mu$g/g，此精馏塔需要 70~80 块塔板，回流比需要达到 6。在二次世界大战期间建立的第一座热集成精馏塔的全塔总压降比泡罩塔[2]减少了 0.47bar。来自林德的低压降塔板单塔操作时，总压降仅为约 0.23kPa，其取消了一个塔壳和相应的换热器。Sulzer Mellapak[11] 则允许更小的全塔压降，可低至 0.1bar 或者更小。这使得可以在单塔内使用多达 90 块理论塔板成为可能，从而可以生产纯度更高的苯乙烯(乙苯含量仅为 150ppm)。1999 年出现的大通量 Mellapak 填料允许使用更多的理论塔板(100~140)，从而可以节约 30%~40% 的能耗。

随着催化剂技术的进步，反应转化率和选择性不断得到提高，精馏塔的进料条件也在不断变化，导致不同的分离序列变得更可行或更节能。例如，乙苯到苯乙烯单体的转化率从最初的 40% 变成今天的 60%。换热器技术的进步使得能够用大通量内件改造现有的塔，而不需要更换换热器壳体或改进的过程效率。另外，新型换热器，如铝钎焊式、板式或印刷电器板式换热器(PCHE)的引入，允许更高效的热集成并由此开发新工艺。

大多数工业过程操作温度和压力的实际限制取决于设备材料以及加热或冷却介质的成本和可行性。因为大多数设备是由碳钢制造的，其操作温度限制范围从 −45~450℃。不锈钢或者碳钢的使用温度也会受到工艺介质的影响，例如，氢对不锈钢具有强的脆化作用，氢离子对不锈钢可引起应力腐蚀。

反应物、产物和原料的热稳定性是决定操作条件的另一个重要因素。一些化合物在其正常沸点下是不稳定的。例如，在原油精炼中，常压塔入口温度是由进料中重烃的热稳定性决定的，其限制加热炉出口温度至 370℃，当然这个限制温度也与原油在炉中的停留时间有关(因为可以允许原油一定程度的裂化)。这些较重的馏分只能在真空精馏塔中得到分离而不发生裂化。表 5.1 列出了各种工业精馏过程的温度限制，对于加热蒸汽，使用 20℃ 的经济温差并列出相对成本。当然，温差可以在一个范围内变动，但是小于 10℃ 的温差不是很实用。除非塔很小，否则电加热通常是不实用的。

表 5.1　各种工业精馏过程最大温度限制[8]

| 加热介质 | 工艺/物质 | 典型最高温度/℃ | 典型操作压力/bar |
|---|---|---|---|
| 热裂化 | 原油 | 350~370 | 2 |
| | 常压渣油 | 390~420 | 0.02 |
| | 尾油 | 260 | 0.005 |
| 自燃 | $H_2O_2$ | 60~80 | 1 (形成 $SO_3$) |
| 化学反应 | $H_2SO_4$ | 170 | (形成 $NO_x$) |
| | $HNO_3$ | <Tb | |
| 聚合 | 苯乙烯 | 100~110 | 0.03 |
| | 丙烯酸 | 130 | |

| 加热介质 | 蒸汽（bar） | | 相对成本 |
|---|---|---|---|
| | 废气（1） | 90 | 0.5 |
| | 低压蒸汽（7） | 145 | 1 |
| | 中压蒸汽（15） | 180 | 1.3 |
| | 高压蒸汽（30） | 210 | 1.5 |
| | 高压蒸汽（80） | 270 | |
| | 导热油 | 400 | |
| | 烟气 | 450 | |
| | 熔盐 | 700 | |

精馏塔的最低温度是由所处理化合物的熔点决定的。即使这些高熔点的化合物含量很少，精馏操作也是不可行的，必须首先除去这些化合物。通常通过一些其他的分离方法，如变温或变压吸附除去这些高熔点组分。决定塔最低温度的最常见因素是可用的冷却介质（见表5.2）。最便宜的冷却介质是空气，因此，它比冷却水越来越受欢迎。因为在冷却剂温度低于环境温度时，能源成本更高，经济温差变得非常小（通常为10℃，空气分离中深冷换热器温差可以低至1℃。）

表5.2　产品侧典型最低温度和常用的冷却介质的相对成本[8]

| 冷却介质 | 温度/℃ | 相对成本/% |
|---|---|---|
| 空气 | 40~70 | 60 |
| 冷却水 | 40~50 | 100 |
| 冷冻水/海水 | 20~30 | 150 |
| 氨 | 10 | 300 |
| | −5 | 400 |
| | −30 | 500 |
| 丙烷/丙烯 | −30 | |
| 乙烷/乙烯 | −75 | |
| 甲烷 | −150 | |
| 氮气 | −190 | |

温度约束间接地确定了可行的操作压力范围。如前所述，通常必须将操作压力降低以降低工作温度。工业应用的单级真空泵可以将操作压力降低至10kPa，使用双级真空系统可低至2kPa；达到最小工作压力0.2~0.5kPa则需要三级真空系统。通常，这些系统由喷射真空泵和液环泵组成。喷射真空泵可以使用蒸汽、水或油作为动力流体。动力流体的选择取决于被精馏组分的分离的难易程度。一个替代真空操作的方法是在混合物中添加低沸点组分，例如氮气或蒸汽，以降低混合物的沸点。

高压操作的塔可以精馏分离低沸点混合物，例如轻烃。对于特定的分离可以显著降低运行成本（OPEX），因为这可以避免使用超低温制冷，然而，如果采用超低温制冷，大量的能耗被用于气相制冷剂压缩。如果压缩能够在液相中进行，将会比气相压缩中节能2~3个数量级（二者能耗的区别主要是由于气液两相密度差）。此外，随着压力增加，相对挥发度也将随之减少，导致需要更多的塔板来达到相同的分离效果，因此需要更多的资本支出（CAPEX）。

　　待分离组分的临界压力形成了工作压力上限。操作压力越接近临界压力，相对挥发度越小。因此，将导致更大的资本支出。通常，精馏塔的操作压力超过待分离物质临界压力的50%时是无法分离的。但是甲烷是一个例外，因为脱甲烷塔可在高达 33bar，或其临界压力的 70%的操作压力下运行。

　　能源和资本成本推动了精馏塔和换热器系统的进一步热集成，例如蒸汽再压缩塔（VRC）或多效精馏塔系统。这种热集成系统包括操作压力不同的两个、三个，有时多达四个塔，这对塔的加热及冷却介质的选择和塔的操作压力构成了明显的限制。当这些塔实际上集成在一个壳中，就形成了隔壁塔，然而，这些集成可以带来较大的操作费用和资本支出的节省，使得可以保证即使用不太有吸引力的温度的冷却/加热介质也是合算的。

　　最后，塔的大小受到效率、内件处理能力和壳体材料的限制。最常见的是，压力容器是由钢圆筒制造而来的。高压下操作的塔的经济性被塔壳壁厚的增加抵消了，壁厚必须随着直径的增加而增加；焊接和封头加工难度的提高也增加了成本。大型塔也需要较大的内件和管道，并且，需要更大的人孔。而是对于厚壁高压容器，这些需求变得更加昂贵。类似地，真空塔上的人孔数目应尽量少以避免空气进入。通常可以通过使用多个进料和产品采出管及内部的 I 形或 H 形管来降低这些要求。目前最大的工业精馏塔是全真空塔，通常应用在炼油厂。不可否认的是，为了获得尽可能小的塔径，即使安装高通量的内件，塔径仍然达到15m，进料管直径达 5m。需要特殊的叶片形入口分布器来处理入口的高速的蒸汽（超过100m/s），并防止液体被蒸汽向上夹带。

　　工业精馏塔的填料床层高度由机械约束（操作和静态重量）或液体（蒸汽）分布不均所引起的分离效率下降所决定。当液体流过填料层时，若其分布不均匀，液体与蒸汽就会以变化的比率（$L/V$）通过塔横截面。$L/V$ 比率值影响汽提因子，从而影响局部填料效率，进而降低床层的整体效率。降低的程度取决于填料类型、液体分布器的质量，以及床层操作状态接近拐点的程度，一般效率降低很容易达到 20%或更多。

　　使用合理设计和良好质量的液体分布器（液体分布偏差小于 5%），可以设计高达 15~20 个平衡理论塔板的散堆填料床层，或者设计高达 20~30 个理论塔板的规整填料床层。在这样的设计中，设计者必须考虑一定床层效率的损失。因为散堆填料的持液量可以达到 10%~20%的床层体积，并且由于床层没有足够的结构强度，所以填料必须有足够强度以支撑床层重量，以不至崩塌（引起局部液泛）。金属厚度还取决于所需的腐蚀裕量，对于 50mm 环状填料，其厚度范围为 0.4~0.8mm。与之形成对比的规整填料，其典型的板材厚度仅为 0.1~0.2mm（取决于填料材料和密度）。因此，散堆填料床层中散堆填料的公称直径一般为 25~50mm，填料床层高度不得超过 7m。相比之下，空气分离厂中纯氩塔中的床层高度达到 9m。

　　表 5.3 列出了一些常见的平衡理论塔板的典型数量和（石油化工）工业精馏塔的大小。本章的第二部分将更详细地讨论这些分离过程。所需的理塔论板数取决于原料、反应器技术和产品规格。例如，单体纯度的规格越来越严格，其原因是最终聚合物所需的结构改进或者中间体存在毒性。有时，精馏技术的发展能够让公司创造更高价值的产品，其随着时间的推移也成为市场标准。

**表 5.3　工业精馏工艺和典型塔内件及尺寸[8]**

| 组分 | 典型理论级数/内件类型和数目 | 典型塔径/m |
|---|---|---|
| **工业气体** | | |
| 氮气/氧气 | 100/20m 规整填料，350m²/m³ | 4~5 |
| 氩气/氧气 | 150/30m 规整填料，750m²/m³ | 2~3 |
| **石油化工和芳烃** | | |
| 原油（常压塔） | 35/50~60 塔板 | 6~10 |
| 渣油（减压塔） | 5/格栅和规整填料 | 8~15 |
| 乙烷/乙烯 | 60/100~120 低板间距高通量塔板 | 4~7 |
| 丙烷/丙烯 | 120~150/150~350 低板间距高通量塔板 | 4~8 |
| 苯/甲苯 | 34 | |
| 甲苯/乙苯 | 30 | |
| 甲苯/二甲苯 | 45 | |
| 间二甲苯/邻二甲苯 | 130 | |
| 乙苯/苯乙烯 | 90~140/28m 规整填料，250m²/m³ | 7~9 |
| **有机化学品** | | |
| 甲醇/甲醛 | 23 | |
| 二氯乙烷/三氯乙烷 | | |
| 乙二醇/二乙二醇 | 16 | 4~5 |
| 异丙基苯/苯酚 | 40 | |
| 苯酚/苯乙酮 | 40 | |
| **水溶液** | | |
| 氰化氢/水 | 15 | |
| 醋酸/水 | 40 | |
| 甲醇/水 | 60 | |
| 乙醇/水 | 60 | |
| 异丙醇/水 | 12 | |
| 醋酸乙烯酯/水 | 35 | |
| 环氧乙烷/水 | 50 | |
| 乙二醇/水 | 16 | |

　　如果塔制造或安装不当，将造成不规则的圆度。对于散堆填料，这通常不是问题；然而对于规整填料，如果不解决，它可导致液体或气流间隙的增加，流体可绕过整个填料床层并导致严重的分离性能下降。对于圆度存在问题的规整填料塔，必须注意塔板与整个塔圈的密封情况，否则，会形成绕过塔板的大量泄漏。虽然板式塔通常不会遇到液体分布问题，但是塔的倾斜对于没有堰的塔板也可能是有害的（例如在低板间距的高压空气塔中）。当安装不当时，如基础做得不好，或塔圈不均匀，塔有可能是倾斜的。不均匀的盘圈可以使用垫片来校正，但必须注意避免产生能让液体绕开塔板的较大间隙。因此，没有堰的塔板的支撑环允许公差应该为每米塔径 1~2mm，而对于有堰的塔板，该允许公差为此值的两倍。在低液体负荷下，可以使用栅栏堰或齿形堰来保持堰上液层最低高度来解决塔的倾斜问题。然而，当

塔直径增加时，由于倾斜导致分离效率的损失也随之增加。

对于低液体负荷的塔板，可以将塔板板分成多个不同高度的塔板板，同时采用中间堰以确保每块板的均匀流动。这需要分流板、额外的支撑、分层塔圈，以及更高的整体板间距。另一个减轻倾斜问题的方法是使用较多数量的小降液管，例如使用 UOP 公司的 MD 塔板或壳牌的 Calming Section/HiFi 塔板。然而，不论何种塔板类型，塔板圈公差应始终小于 6 ~ 8mm。精馏塔高度受高径比限制。在工厂中的塔高度可以达到 50~60m。塔高高于 70m 是罕见的，一些最高的竖直塔是丙烯-丙烷分离塔(见第 5.2.1.3 节)，其高度可达 100m。

### 5.1.3  水力学限制和起泡影响

工业精馏专家的任务是为精馏塔的每个区域找到一个稳健的设计点，使得在塔中各个部分最大可能地在高效区域操作。这将包括最大处理量、最宽处理上限和下限范围以及可接受的内件效率之间的协调。在改造中，通常为了换取额外处理量(通常是塔板效率)而舍弃最低处理下限。这里我们专注于探讨在工业塔中利用重力实现相分离的高通量内件的操作极限问题(即不使用离心力，如超高通量塔板技术)。

#### 5.1.3.1  塔板

高通量塔板操作的主要水力学限制如下：

(1) 需要保持一定的气相负荷使得有液体在塔板上流过，从而防止漏液(塔板效率减少 10%~20%)和倾泻(完全丧失分离能力)。该气相负荷的最小值由塔板开孔面积、堰高度和鼓泡装置的类型(如泡罩不会漏液)所决定。

(2) 需要保持一定的液相负荷以防止气体无法液封从而塔板短路(分离能力丧失)且塔板上液相高度太低同样会使塔达不到所需的分离能力，该液相负荷最小值由降液管设计和液封所决定的。

(3) 将液体夹带到上层塔板最大气相负荷的值。受到低流动参数下的操作限制。

(4) 引起雾沫夹带的最大气相负荷值，由可用的鼓泡区面积、鼓泡装置的类型、液体在塔板上的停留时间、塔板布局和由此决定的液体流动模式所确定。

(5) 最大气相负荷过高，会使塔板产生压降升高从而导致降液管液层过高。这主要由塔板开孔面积、鼓泡装置产生的压降、堰高和推液阀的存在，以及可用的降液管高度和最大值降液管中液相密度所决定。

(6) 当液相负荷超过最大值会导致降液管入口堵塞及泡沫通过溢流堰后不能顺利进入降液管等现象。它的影响因素包括降液管的顶部宽度、形状和防跳板/塔壁的存在。

(7) 最大降液管速度(大致相当于泡沫破裂所需的停留时间)。

这些限制中有一部分取决于所使用的鼓泡装置的类型，而其他部分则由降液管的形状和尺寸决定。更复杂的设计是起泡对塔板最大能力的影响：可以利用发泡因子或系统因子来表示，从而建立最大处理能力的度量方法。这一方法通过与非发泡系统相对比可以获得某一化学系统的处理能力。表 5.4 列出了普通常规筛板和最常应用的系统因子。重要的是这些因子通常源于喷射泛点能力限制的计算，因此应适用于该泛点的计算。

典型的工业塔板设计泛点率为 70%~85%，这取决于特定系统的经验值和客户对设备灵活性及改造能力的要求。工厂所有者一般期望该装置的寿命最少为 10 年，但实际上能使用 30 年或更久，在此期间将有催化剂改进以增加反应转化率，以及增加生产能力。因此，分离系统必须能够与反应器一起增大能力以使得投资效益最大化。只有给这样的改进留有足够的空间才是有意义的，否则只有通过使用高通量塔内件，才可以降低工厂成本。因此，对于高转化率(>80%)的成熟化工生产过程，我们将看到更多高通量塔内件的使用，除非工厂中有可以被去除的作为"瓶颈"的循环回路或者可以低成本增加反应器生产能力。当然，塔的辅助设备也必须能够处理额外的容量。因为诸如热交换器和分布器等辅助设备通常被设计具有10%~20%的富裕量，所以大多数高通量内件设备旨在增加约20%的额外能力，以增加更多处理能力。

**表 5.4　普通常规筛板和最常应用的系统因子**

| 塔类型 | 塔板系统因子 (SF) | 设计压降 | 填料系统因子 (SF) | $\ln SF_{填料}/\ln SF_{塔板}$ |
|---|---|---|---|---|
| 轻微起泡 | | | | |
| 脱丙烷塔 | 0.9 | 0.9 | 0.95 | 0.5 |
| 热碳酸盐汽提塔 | 0.9 | 0.4 | 0.93 | 0.7 |
| 氟利昂 | 0.9 | | | |
| $H_2S$ 汽提塔 | 0.9 | | | |
| 中等起泡 | | | | |
| 高压塔 $2.94/\rho_G^{0.32}$ | 0.84 | | | |
| 脱甲烷塔顶部 | 0.85 | 0.8 | 0.88 | 0.8 |
| 脱甲烷塔底部 | 1 | | 1 | |
| 油吸收塔 | 0.85 | 0.6 | 0.9 | 0.6 |
| 胺汽提塔 | 0.85 | | | |
| 醇汽提塔 | 0.85 | | | |
| 环丁砜系统 | 0.85 | | | |
| 常压塔 | 0.85 | 0.35 | 0.88 | 0.8 |
| 热碳酸盐吸收塔 | 0.85 | 0.3 | 0.88 | 0.8 |
| 糠醛精制塔 | 0.8 | | | |
| 容易起泡沫 | | | | |
| 胺吸收塔 | 0.75 | 0.25 | 0.84 | 0.6 |
| 废油再生器 | 0.7 | | | |
| 醇洗涤塔 | 0.65 | | | |
| 甲乙酮 | 0.6 | | | |
| 酸水汽提塔 | 0.6 | | | |
| 稳定泡沫 | | | | |
| 酒精合成吸收塔 | 0.35 | | | |
| 碱再生器 | 0.3 | | | |
| | | | 平均值 | 0.7 |
| | | | 标准偏差 | 0.1 |

注：1. 填料床层的系统因子($SF$)由 1.5 号鲍尔环试验测定，在给定设计压降和泛点压降为1.8in 热液柱高度，使用 Ludwig (1979)压降模型计算，设计泛点率为80%。

2. ln 是数学自然对数符号。

3. 根据 Lockett[13] 推荐对于板式塔的系统因子（$SF$），推荐的设计压降来自 Kister[14]，填料床层系统因子来自这二者。

对于普通塔板，可以使用 Ward 塔板负荷因子来进行关联，见式(5.1)。

$$C_{BA} = \left[ \frac{0.26 \times TS - 0.095 \times TS^2}{(1 - a_{DC})\sqrt{1 + 14.6 \times TS^{0.75} \times \phi^2}} \right] \times \text{MAX}\left[ 1, \frac{1+f}{1+f \times \phi} \right] \times$$

$$\text{MIN}\left[ 1, 0.56 + 23 \times \phi \right] \times \text{MIN}\left[ 1, \left( \frac{\sigma}{3} \right)^{0.2} \right] \tag{5.1}$$

式中　$TS$——塔板间距，m，

　　　$\phi$——流动参数，

　　$a_{DC}$——降液管面积相对于塔板横截面积之比；

　　　$\sigma$——表面张力，dyn/cm。

第二项是对高容量鼓泡装置的校正，例如对苏尔寿的 MVG，塔板或 Koch-Glitsch 的 VG-0，其中 $f$ 从 0.1 变化到 0.2。第三项是低流动参数区域雾沫夹带作为限制因素的简单降额校核。最后一项是低表面张力如 Summers 所观察到的情况[15]的降额。对于高通量塔板，常数 14.6 应根据塔板的类型降低到 8~10。首先估算降液管面积可以从最大降液管速度来计算：

$$a_{DC} = \frac{\phi \times C}{u_{DC,\,max}} \sqrt{\frac{\Delta\rho}{\rho_L}} \tag{5.2}$$

对于一些高通量塔板，Glitsch 最大降液管流速计算方法如下：

$$u_{DC,\,max,\,Glitsch} = \text{MIN}\left[ 0.17, 0.0081 \times \sqrt{TS} \times \sqrt{\Delta\rho} \right] \tag{5.3}$$

对于其他高通量塔板，与板间距无关的 Nutter 设计准则非常合适（只有当板间距不是非常小时）：

$$u_{DC,\,max,\,Nutter} = 0.15\text{MIN}\left[ 1, \sqrt{\frac{\Delta\rho}{400}} \right] \tag{5.4}$$

降液管面积应限制在实际最大值（例如塔截面积的 30%）之内。根据对于降液管面积的初步估算，可以确定堰长。根据堰长和气液负荷，就可以计算泡沫层高度。对于直流道的塔板，降液管入口阻塞的分数可以用泡沫层高度减去堰高，然后除以降液管宽度来计算（对于多降液塔板，通常为 40%）。当降液管分数超过期望的泛点率，必须增大降液面积直到合适为止。如装有防跳/防溅板，降液管最大允许阻塞数可以提高 5%。在常规分块降液管塔板上，总塔板面积等于鼓泡区面积加上降液管面积的两倍。对于具有悬挂降液管的高通量塔板，总面积等于冒泡区面积加上单个降液管的面积。对于悬挂降液管的塔板，降液管液体高度是采用常规方法。当悬挂的降液管带有密封盘时，例如在壳牌的 CS 塔板中，可以用正常关联式计算间隙压降。密封盘的动态水力损失取决于槽的开孔面积、形状和数量。由于在文献中没有公开的关联式，必须咨询具体的厂商。要计算降液管中的实际液柱高度，需要液体平均密度。Lockett 的研究[13]给出了 UOP 公司不带挡板的 MD 塔板的降液管面积：

$$a_{DC} = 0.8 \times \text{MIN}\left[ 1 - \frac{0.25}{SF}, \frac{\Delta\rho}{1000} \right] \tag{5.5}$$

方程的第一部分计算出了允许的降液管泛点率。对于带有挡液板的塔板，液体下降得更快，0.25 这个因子可以减少到 0.15~0.1。为了确定高通量塔板的稳定性和漏液极限，可以使用常规的关联式来计算。

#### 5.1.3.2　填料

在这里，我们专注于工业填料塔用于工业大宗化学品生产过程的实际设计，特别是在高通量填料的应用方面。填料塔的设计基于填料的通量关联式。早期通量关联式主要是基于通用的压降关联式(GPDC)，其将气相容量因子($C_V$)关联为流动参数的函数，同时加入了填料因子的影响，FP. Wallis用与气相容量因子[式(5.7)]类似的方法定义了液体容量因子$C_L$[式(5.6)]：

$$C_L = u_L \sqrt{\frac{\rho_L}{\Delta\rho}} \tag{5.6}$$

$$C_V = u_V \sqrt{\frac{\rho_V}{\Delta\rho}} \tag{5.7}$$

此外 $\varphi = \dfrac{L}{V}\sqrt{\dfrac{\rho_V}{\rho_L}} = \dfrac{C_L}{C_V}$。

他观察到 $\sqrt{C_V}$ 是 $\sqrt{C_L}$ 的线性函数，也就是说 $\sqrt{C_V} = a + a\sqrt{C_L}$，并且这种关系可以转换成一个关联式[见式 (5.8)]，其表现为气相容量是流动参数的函数：

$$C_V = \frac{a}{1 - 2b\sqrt{\varphi} + b^2 \cdot \varphi} \tag{5.8}$$

Lockett 的研究[13]表明，这种相关性适合预测规整填料在空气深冷分离过程的处理能力，并得出大比表面积 Y 型填料(45°)的参数。可以通过使用两个参数集进行改进，一个用于低流量参数{$a$, $b$}，另一个用于高流量参数{$A$, $B$}。通过这种流量参数，利用三个或更多个数量集(见图 5.2)，可以预测许多填料的通量，其误差只有几个百分点。多种适用于氯苯和乙苯体系的标准板波纹和丝网填料的参数列于表 5.5 中。表 5.5 还包括 Kooijman 等开发的压降模型[17]参数；适合 100kPa 压降的数据，也在图 5.2 给出。这两个模型都用于基于速率的模拟，这将在本章后面部分再次讨论。各种文献对于如何校正不同物系的容量因子没有一致意见。一些厂商进行校正，另外一些并不校正，例如，Strigle[18] 描述的 Norton 方法有两个校正：

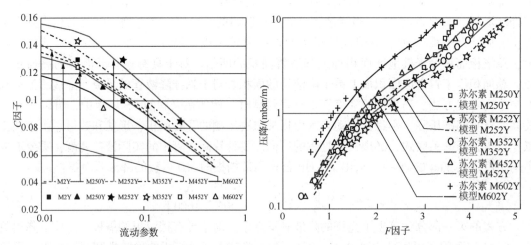

图 5.2　使用两个参数的 Wallis 容量模型和 Kooijman 等的压降模型建模的
各种标准和高通量规整填料的容量因子(左)和压降(右)

注：图中数据点是从苏尔寿手册[11]中提取出来的；模型参数来自表 5.5 和参考文献[17]。

表 5.5　各种标准规整填料的通量和压降模型参数

| 参数 | M2Y | M250Y | M252Y | M352Y | M452Y | M602Y | BX | BX+ |
|---|---|---|---|---|---|---|---|---|
| $a$ | 0.155 | 0.14 | 0.165 | 0.165 | 0.155 | 0.135 | 0.19 | 0.17 |
| $b$ | −0.5 | −0.3 | −0.3 | −0.45 | −0.7 | −0.7 | −1.9 | −0.45 |
| $A$ | 0.175 | 0.17 | 0.21 | 0.19 | 0.155 | 0.155 | 0.19 | 0.2 |
| $B$ | −1.15 | −1.15 | −1.15 | −1.15 | −1.2 | −1.2 | −1.9 | −1.15 |
| $f_{pack}$ | | 0.25 | 0.2 | 0.2 | 0.25 | 0.45 | 0.25 | |
| $C_{load}$ | | 0.0047 | 0.0057 | 0.0057 | 0.0057 | 0.0057 | | |
| $C_p$ | | 0.01 | 0.003 | 0.003 | 0.002 | 0.002 | | |

注：参数 $a$，$b$，$A$，$B$ 用于 Wallis 模型，而 $f_{pack}$，$C_{load}$ 和 $C_p$ 用于 Kooijman 等模型[17]。

$$C_{V,\,\varphi,\,\sigma} = C_V \mathrm{MAX}\left[\,1.05,\,\left(\frac{\sigma}{20}\right)^{0.16} \cdot \left(\frac{\eta_L}{0.2}\right)^{-0.11}\,\right] \tag{5.9}$$

式中，$C_V$ 是流动参数的函数，液体黏度单位 cP，表面张力单位为 dyn/cm。注意：使用最大函数校正后最常见的测试系统(空气-水系统)的容量因子只比常见的烃系统高 5%。

### 5.1.3.3　起泡

通常，来自精馏塔板上的泡沫内液体的排出使气泡液膜变薄，最终使膜破裂，导致液体聚结。然而，在塔板上发生的质量传递可以产生表面张力梯度和与重力驱动过程相反的力，从而显著增加起泡现象。因为它阻碍了相分离，故发泡降低了塔板的通量。尽管起泡程度以及发泡的严重程度对于塔板通量的实际影响难以从化学成分和过程方面来预测，然而其影响趋势是可重复的。因此，它通常被归为所谓的系统或发泡因子，其通常来自中试装置数据，有时可以从实际工厂试运行得到这个数据。系统因子通常是专利授权商商业秘密的一部分，据此可以进行有竞争力的工厂设计。因此，系统因子没有广泛公开发表，这阻碍了预测新工艺系统因子的科学进程。发泡也往往是与设备硬件相关的，例如，已经报道使用大直径筛孔(19mm)可以抑制塔板上的泡沫高度[19]。

Lockett[13] 和 Kister[14] 列出了常见的板式塔物性系统的系统因子(见表 5.4)。虽然流体的发泡趋势在填料内容易被抑制，但是填料仍然受发泡的影响，填料的通量也受到起泡的影响。然而，对于填料来说，没有公开的系统因子数据，但给出了推荐的设计压降[14]。这些数值列在表 5.4 中。

假设压降模型和泛点率的设计分数相对应，这些设计压降可以轻易地转换为填料的系统因子。此时，可以观察到所有填料的系统因子是高于塔板的发泡因子。这证实了填料较少受起泡影响。当比较相同系统的两个系统因子时，可以得到一个简单的关系[参见式(5.10)]，可以在只有塔板发泡因子而没有填料发泡因子时，给设计者提供帮助。

$$SF_{packing} = SF_{tray}^{0.7} \tag{5.10}$$

表 5.4 显示在上述的幂次方关系上的标准偏差为 0.1。因此，可以通过使用 0.8 的幂次方来进行保守设计。然而，如果有更多的数据可用，那将是最好的。当发泡倾向变得如此大以至形成稳定的泡沫时，可能需要使用消泡剂(也称为泡沫抑制剂、泡沫控制剂)。虽然浓

度低，但是消泡剂液是使用的最大单一类别的化学工业助剂[20]。传统上，消泡剂是单组分液体、植物油或矿物油的均匀溶液，但是现在疏水性固体是最有效的成分。现代消泡剂是复杂的、专门配制的特殊化学品，其确切组成通常是厂家专有的。在消泡剂中发现的最常见的四种液相组分是烃、聚醚、硅氧烷和碳氟化合物。通常它们的应用非常具有针对性，例如作为某一工艺中的一种特定化合物的聚合抑制剂。由于消泡效应对塔内件性能具有非常大的影响，消泡剂成本由工厂运行节约而不是由制造成本驱动。当然，在精馏中消泡剂最重要的性质之一是它的热稳定性及其在换热器中的低结垢倾向，这就是聚二甲基硅氧烷（PDMS）是石化行业最重要的硅消泡剂的原因。然而，在水性体系中，PDMS的有效性取决于固体疏水性二氧化硅的添加量。许多消泡剂需要添加表面活性物质或乳化剂，通常加入载体组分易于消泡剂发挥作用。消泡剂市场规模大且高度专业化，有众多制造商。表5.6列出了一些重要的消泡剂供应商及其相关的商品名称。

**表5.6　商业消泡剂[20]**

| 供货商 | 商　　标 | 供货商 | 商　　标 |
|---|---|---|---|
| Air Products and Chemicals | Surfynol | General Electric | AF |
| Akzo Nobel Chemicals | Propomeen | Henkel | Foamaster |
| BASF | Mazu，Pluronic | Huntsman | Jeffox |
| Calgene Chemical | Calgene antifoam | Rhone-Poulenc | FleetCol，Foamex |
| Dow Corning | Dow Corning antifoam | Taylor Chemical | Taylor antifoam |

### 5.1.3.4　污垢沉积和结垢

结垢是一个广义的术语，包括几个不同的现象：

（1）聚合析出；

（2）沉积/沉淀/结晶；

（3）化学反应/腐蚀；

（4）蒸发/溶剂脱除。

其中两个或多个情况同时发生时，结垢机理更为复杂。例如。在乙烯碱洗塔中，结垢变得严重的原因有停留时间过长、存在停滞区、发生急剧转变、夹带和乳化问题。污垢沉积和结垢不是静态的：它们往往随着时间的推移变得更严重。如果结垢存在于液相中，则可以使用抑制剂。抑制剂的类型和选择高度取决于工艺过程；例如，为防止苯乙烯精馏中的结垢，可使用在市场上提供的各种苯乙烯聚合抑制剂，如Nufarm公司的AHM系列和Nalco公司的Prism聚合抑制剂，这两者含有二硝基-烷基-酚，而科聚亚耐高温抗氧剂Naugard由烷基化芳族二胺组成。每种类型的抑制剂有不同的性质，其应用取决于化学品生产中预期用途，所产生单体的聚合过程确定了应该使用哪种聚合抑制剂。

在许多应用中，结垢由挥发性组分的蒸发而产生。例如，在炼油厂真空和脱沥青塔中，在不加新鲜进料且不断再循环处理，易挥发组分夹带了沥青质就会从系统中逃逸，由此会引起不挥发组分的结垢。含有重金属的残渣进入减压塔后产生的气体会夹带重金属，因此需要在进料段上方设置洗涤床层以阻止夹带发生。如果洗涤床没有完全润湿，夹带的残留物不会立即除去，因此会引起该床层由于高温裂化而结焦，并大大缩短了这些单元原本4~5年的运转周期。液体流过塔内件时液膜厚度达到最小厚度才能保证床层润湿。

沉降是由于固体在设备低速区域积累从而覆盖了传质表面，最终降低了塔的性能。悬浮固体包括盐、金属氧化物/硫化物（腐蚀产物）、催化剂细粉、发酵产物、灰和焦炭粉。当水分蒸发时，通常其中溶解的盐会结晶和沉淀，但是铵盐也可以直接从气相沉积。有时形成的沉积物不能牢固地黏附在表面上，使得沉积物不能变得更厚。污垢沉积受速度影响强烈，而受温度影响较弱，但是当沉积在表面后，可能变得非常难以去除。通常在塔板、降液管和液体分布器中维持最小速度，以防止沉淀发生。因此，最好使用较少的大尺寸开槽或狭缝而不是用许多较小开口，而且应避免在设备内存在停滞区。其他解决方案是通过辅助喷嘴/装置周期性地用水冲洗。通常为了实现腐蚀控制而限制沉淀是必要的。腐蚀产物可以是该工艺固有的，例如在去除 $H_2S$ 的 Rectisol 工艺中产生的铁硫化物。可以选用合适的材料、使用腐蚀抑制剂（注入苛性碱以中和原油中的酸）和优化工艺条件（苯乙烯精馏塔在低于一定温度下操作）来防止腐蚀。

当工艺中的液体变得过饱和时，可发生沉淀和结晶。某些盐，例如硫酸钙，在温水中的溶解度比在冷水中的溶解度低；如果此股流体遇到高于饱和温度的器壁，则其将在表面上结晶。需要特别注意蒸发器中的盐溶液，当具有不同组成的物流混合，要注意 pH 值的变化（影响 $CO_2$ 的溶解度）和温度变化（如果溶解的蜡被冷却，它可以固化）。

在含有碳酸钙的精馏塔中，如有新鲜蒸汽进料或有水蒸发总会产生沉淀。蒸汽从塔板上的开口通过时，沉淀往往集中在塔底部[21~23]，且与材料有关。小于 25mm 直径的开孔更容易堵塞。因此，非常容易结垢的工况，大孔塔板、穿流塔板、挡板塔板和折流板塔板经常被使用。在炼油厂，在洗涤段安装由光滑金属板制成的大通道填料，便可以促使液体往下流。有一些证据表明，如果在易产生污垢的区域布置可移动装置，则可以防止塔板的堵塞[22,23]。

尽管污垢沉积和结垢对塔内件性能具有长期显著的影响，但是这并没有被详细地记录下来，可能是因为其与具体工艺和工艺条件有很大关系，有时甚至也受当时精确的进料、所使用的材料和设备的影响。

### 5.1.4 工业精馏塔的精馏效率

如 5.1.2 节所述，精馏效率对工业精馏塔的总高度起着决定性的作用。有各种各样的方法定义效率，但在工业中，总效率是最常使用的，因为其可以与精馏塔模拟时用的 Murphree 板效率相关联。多年来，利用开发新工艺的中试塔已经获得了很多总效率数据。通常，设计工程师可以利用这些数据绘制各种表格来反映硬件功能、系统功能和操作条件。总效率通常是设备类型、工艺系统和操作条件的函数。通常，设备的类型由系统和工艺确定；例如，因为塔板对结垢不敏感、容易检查和清洁，以及蒸汽破坏后易于维修，因此其常被应用于炼油常压塔中。类似地，每块理论塔板的压降较低是选择规整填料的关键因素，例如在真空精馏或在低温氩精馏过程中。当然效率仍然取决于塔板的类型和布局，但是因为塔是为典型的工业生产装置而设计的，这些结构通常也是固定的。在这种情况下，我们可以选取固定的板效率。因为筛板、浮阀或固阀塔板的效率并没有太大差异，所以这种做法已经更加成熟。

#### 5.1.4.1 填料

对于填料，效率有时表示为 HETP，也被称为 HETS，因为有时用"板"（Plate）一词，有时用"级"（Stage）一词。对于散堆填料，工业塔中填料的典型尺寸范围为 1.5~3in（38~

76mm）。填料越大，HETP 越高，同时气相处理能力也更高。较大的填料尺寸也意味着难以结垢或形成固体沉积。多年来，已经开发了几代散堆填料，新一代散堆填料有更高的液相处理能力和更低的压降。它们拥有更开放的结构，其具有更高的空隙率。当塔直径小于 1m 时，为了保持塔径与填料直径之比大于 10，工业上也使用 25mm 公称直径的散堆填料。这有助于限制填料床层的液体和蒸汽分布不均。由塑料制成的散堆填料耐腐蚀比金属填料好，因此，塑料填料广泛用于水溶液处理中，特别是用于盐溶液处理。但是，要实现塑料填料和金属填料床有近似的高度，塑料填料厚度必须比相应的金属填料厚，因此其空隙率较小，降低了通量，并且需要在塔的设计中使用单独的泛点曲线。

在规整填料塔的设计中，除了填料材质（金属薄板、塑料、碳钢或者丝网）和填料比表面积，还有一个自由度，即填料峰（$Y$ 或 $X$）与水平线的角度（45°或 60°）选择。虽然有很多规整填料供应商，但是来自苏尔寿 Chemtech 的最初填料系列，BX 丝网规整填料和金属板波纹填料 Mellapak 系列，已成为行业的标准。各供应商产品主要差别在于使用不同的等板高度。作为规定，标准苏尔寿 Mellapak 金属板填料[11]的 HETP（m）可以通过式（5.11）估计。

$$\text{HETP} = 12 \left[ \frac{\cos(\theta)}{\cos(45°)} \right]^{3/2} \frac{1}{a_{\text{p}}^{0.7}} \tag{5.11}$$

式中    $a_{\text{p}}$——比表面积，大于等于 170m$^2$/m$^3$；

　　　　$\theta$——填料波纹与垂直方向的角度。

这个公式包括一个汽提因子。对于 BX 填料，常数 12 可以替换为 8~10。注意，填料效率随压力变化，因此，在非常低的压力下需要校正。出于设计目的，大多数供应商提供它们在低压（例如 100mbar）下填料的 HETP，并在一个独立的测试机构[例如美国精馏研究公司（FRI）、俄克拉何马州的静水市（Still wate）或在得克萨斯州奥斯汀大学分离研究机构]进行业界所能接受的性能测试。即使通过测试，专利商和运营公司仍然不愿意使用供应商的新填料产品。

1999 年，苏尔寿推出了一种新型 HC+系列[11]填料。最初只提供 Mellapak 250Y 的升级产品 M252Y，现在已覆盖全系列 200~500m$^2$/m$^3$ 型号。因为这些 HC 系列填料非常容易去除现有工厂瓶颈，它们在许多改造工程中非常受欢迎。其他供应商也快速跟进，提出不同类型的创新塔内件以提高通量[24]，如 Koch-Glitsch 公司的 HC Flexipac[25,26]和 Montz 公司的 MN 系列[27]。这些高通量填料具有各自不同的 HETP 和通量，使得它们不能互换通用。

因为 HETP 和通量随填料尺寸和材料的变化很大，各个公司设计指南通常列出各种填料在一般烃类应用中的 HETP 值。通常，这些值包括未指定的安全系数。因为散堆填料的HETP 变化较大，其安全系数往往较高，通常是 20%而不是规整填料常用的 10%。标准做法是使用工艺特定的系统校正因子并转换成表格形式以便于设计。例如，水溶液系统经常采用的 HETP 值采用裕量为 10%~20%。第一个发布这种计算方法的填料商是诺顿[18]；他们提出了 HETP 和系统物理性质之间的关系：

$$\text{HETP} = B_{\text{packings}} \frac{\eta_{\text{L}}^{0.213}}{\sigma^{0.187}} \tag{5.12}$$

式中　HETP——等板高度，ft；

σ——表面张力，dyn/cm($4 < \sigma < 33$)；

$\eta_L$——液体黏度($0.08 < \eta_L < 0.83$)，cP；

$B_{packings}$——填料常数，近似等于 $d_p/10$，其中 $d_p$ 是填料直径，mm。

对于小的环型填料，尺度因子稍微不利，即对于 $d_p < 30mm$，使用 8 而不是 10。式(5.12)中 HETP 不包括操作上偶然性的影响因素。因此诺顿对式(5.12)做了改进：

$$HETP = B_{packings} \frac{\eta_L^{0.213}}{\sigma^{0.187}}\ln\left(\frac{S}{S-1}\right) \tag{5.13}$$

式中，汽提因子 $S$ 定义为 $mV/L \approx KV/L$。散堆填料的变化较多，导致一些公司与单个填料供应商合作以降低频繁地确定每种类型和尺寸填料的 HETP 的成本。通常，特定的系统校正因子只适用于特定的填料系列。这就意味着设计工程师不能随意地选择填料类型，也意味着设计公司和填料供应商在某些化学工业领域需要长期合作。

为了更准确地预测填料效率，各种传质关联式(MTC)已经开发出来。以下是一些用于预测工业塔填料性能的传质关联式：

(1) Billet 和 Schultes(1999)[28]用于预测散堆填料性能。

(2) Bravo 等(1985)和 Rocha 等(1996)[29]用于预测规整金属板波纹填料性能；

(3) Brunazzi 等(1995)[30]用于预测金属丝网填料性能。

Billet 和 Schultes 开发了对表面张力梯度影响的修正式。表面张力梯度会引起马拉格尼效应，从而降低填料的性能[31~33]。关联式中界面面积随着表面张力梯度增加成比例地减小。但是通过试验观察，HETPs 最多可以减少 20%~30%[34]。因此，应该考虑对马拉格尼效应校正的限制。原则上，相同的校正都可以添加到其他 MTC 模型中。

本章的第二部分将讲述这些关联式是如何用于工业设计。必须注意的是，这些已经公布的关联式还不能很好地预测高压力下填料效率的降低[35]，所以在压力高于 10barg 的情况下采用这些关联式时必须谨慎。填料效率降低的机制还不清楚：它可以是由于降低的表面张力与密度差的比值导致的液体返混、气相返混[36]，又或是两者的共同作用。此外，MTC 假定填料表面充分润湿，但实际情况并不总是如此。Glitsch 规则[14]可以用来确定 1.5 号阶梯环散堆填料在保证传质下的最小润湿率[0.3 US gal/(min·ft²)；当用于水系统时数值加倍]。规整填料[14]，是指当液膜最小厚度为 0.1mm(烃类体系)和 0.2mm(水体系)时的液体最小液体速率。有时可以选择高通量的填料以避免填料的不完全润湿。当填料表面不完全润湿时，界面面积可以假定是实际界面的液体速率与最小润湿速率的比值。然而，大多数公布的 MTC 关联式不考虑这方面的校正。

所以对于含有填料床层的大型工业精馏塔，合适的分布器设计是很有必要的。填料塔分离性能不佳往往是分布器设计或者安装不合理造成的。因此，按照行业标准，需要在安装前对所有液体分布器进行液体分布测试，以确保它们的合理操作。每个分布器还需要一个人孔用来方便日常检修及可能的调平清洁工序。对于多块理论塔板的填料层以及比表面积大于 150m²/m³ 的填料，采用高性能的液体分布器是非常必要的。常用的有槽盘式分布器(又用作收集器)，而对于大型填料塔更倾向于采用槽式液体分布器。这是因为槽式液体分布器增加分布槽以后更加容易直接支撑和调平(对于大型工业塔，必须将水平偏差控制在 5~10mm)。

这些分布器对温度偏差不敏感，并强制液体在填料床层之间实现高度混合；而且对于在含有多个平衡级的填料床层之间实现混合液体是很有必要的，例如在空气分离厂的纯氩塔中。对于高性能的液体分布器，整个操作范围内流量变化小于 5%。对于直径几米的填料塔，一个中央槽足以对液体实现预分配；但是，对于直径超过 5m 且液体负荷大的填料塔，需要多个槽对液体进行预分配。对于直径达 9m 的填料塔，通常需要有一个环形槽或两个相互连接的槽对液体进行预分配。对于流量非常大的液体，可能需要在槽内设置溢流槽，以便更有效地对液体进行预分配。液体通过浸入液位的管道输送到这些槽中。为了进一步抑制液体动量和固体沉降，管道放置在填充有填料的特殊分配盒中。槽和通道中液体通过溢流孔排出。

分布孔的数量和尺寸决定了填料上方分布器的实际结构。对于标准的比表面积为 $250m^2/m^3$ 规整填料，建议分布点密度 $\geq 80/m^2$；对于 $350m^2/m^3$ 规整填料，建议分布点密度 $\geq 120/m^2$；对于 $500m^2/m^3$ 规整填料，建议分布点密度 $\geq 160/m^2$；对于比表面积更大的规整填料，建议分布点密度 $\geq 200/m^2$。为了完全润湿填料，就会损失填料床层顶部的部分填料高度。对于规整填料，损失的填料高度可能仅限于一盘填料高度；但是对于散堆填料，损失高度是填料直径的数倍（10~20 倍）。为了不损失填料高度，供应商推荐散堆填料分布点密度要高于上述值。然而，这也可能导致较小分布孔的堵塞问题，这是一种固有的操作风险。

在通道的底部可以设置大直径的孔道（$\geq 10mm$），以防止分布器中固体的积聚。侧面设置孔可以降低通道内因低流量引起的液体梯度效应。液体可以通过小管道引到防溅板。当液体排放到防溅板时，分布密度会扩大至 2~3 倍，这对于孔径很小的低流量分布器是有利的。当孔直径小于 10mm 时，通常需要在液体进料管线和回流管线中设置尺寸比孔径小 2~3 倍的过滤器过滤固体颗粒，否则高性能分布器性能很快就会变差。每个槽的底部都需要一个排泄孔。必须注意对于分布孔直径（$\leq 4mm$）非常小的分布器，其排液孔直径一般大于分布孔的直径（以确保它们不会被堵塞）。

液体排出量与孔上方的液体高度的平方根成正比例，而液体高度与最小流量时的液位高度和整个操作范围的操作弹性成正比。实际上，操作弹性控制在 $\leq 3$ 就能保证分配槽能够通过典型的 0.61m 的人孔。因为液体的排出量与孔上方液位成正比，在槽和通道中液体流速有上限以防止液体梯度的形成。通常，设计时可以采用小于 0.3m/s 的流速值以便最大限度地利用分布器的液位高度。通常流速越大，需要分布器液体高度越高（对于相同的操作弹性）。

注意，在最小液体负荷时，由于液体高度对分布产生的影响最大，建议最小液位为 25mm。液体的排出量与孔流系数 $C_D$ 成比例[37]。孔流系数是液位高度、液体黏度、孔流系数的函数，其中，孔流系数取决于孔的尺寸和形状以及降液管材料的厚度。对于直径为 4mm 的孔，$C_D$ 值从液位高 30mm 时的 0.85 变化到液位高 250mm 时的 0.75 或者更大。孔径大、黏度大时，$C_D$ 值会降低 5%，所以该系数需要由塔内件供应商仔细评估。

#### 5.1.4.2 塔板

随着化工（石化）业的快速增长（1950~1970 年），关于精馏塔塔板效率的关联式也得到了迅速发展。在此期间，开发了许多新的工艺，通常我们使用精馏技术来分离产物。工厂的设计首先在小型实验室规模的精馏塔中测试，随后再放大到所需尺寸的精馏塔（见第 10章），这是一个非常耗时的过程。因此，这就需要开发新的方法来计算精馏塔塔板的效率。

O'Connell[38] 是最古老、现在仍然适用的方法之一。它将整个塔效率与相对挥发度($\alpha$)和液体黏度($\eta_L$)相关联。最初是以曲线的形式来表示的。后来提出了许多关联式来表示此相关性，其中的一个关联式如式(5.14)所示[3]：

$$E_{OC} = 50.3 \times (a. \eta_L)^{-0.226} \tag{5.14}$$

液体黏度以 cP 表示，全塔效率以百分数表示。这种关联式的优点是它的简单性，不包含任何设备设计参数。因此，不需要塔板结构来确定塔高，这有助于评估不同的工艺装置。

然而，O'Connell 自己注意到他的关联式是基于精馏塔数据，对于典型的吸收和汽提过程则不太适合。对于这些工况，他开发了一个单独的关联式，专门用于具有较大的蒸汽量和液体量的塔。需要强调在设计新系统或者不同的操作范围时，设计工程师必须在这些关联式中选择最合适的一个。这使得 O'Connell 设计方法用于工业设计过程比较复杂。

设备和工艺数据的缺乏会降低 O'Connell 方法的准确性。一般地，只有对于常规塔板结构，用这个关联式来估算全塔效率才是有效的，否则其偏差会高达 30%。如果塔板上液体流道较长，那么液体组分梯度会较高，这样的塔板的效率会比流道较短的塔板的效率高 10%~20%。正因如此这类塔板的效率有时会超过 100%。常见的情况是，工业塔板效率远大于 Oldershaw 实验室塔板的塔板效率，因此在开发新模型时，通过校正流道长度将"点"效率转换为"全塔"效率。一个例子是 Gautreaux 和 O'Connell[39] 关联式，Lockhart 和 Leggett[40] 用列表方法表示了流路长度(FPL)效应。他们的方法表示在式(5.15)中：

$$E_{OC} = [1+0.43 \times (1-e^{-0.65(FPL-0.9)})] \times 50.3 \times (a \times \eta_L)^{-0.226} \tag{5.15}$$

其中 FPL 以 m 为单位(注意，长的 FPL 增加了塔板上液体梯度，这导致降液管中更大的液柱高度，降低了塔板处理能力)。

虽然全塔效率模型仍然广泛使用，但是现在已经使用双膜理论开发出更详细的效率模型。相关的参考文献[13,14]对于这一主题进行了更深入的讨论。工业界通过美国化学工程师协会(AIChE)资助特拉华大学和密歇根大学的研究机构开发了可在整个操作条件范围内使用的通用方法，来计算精馏和吸收的塔板效率。这就是 AIChE 泡罩塔设计手册[41]。该模型包括塔板结构参数，例如堰高度和 FPL，它比 O'Connell 方法更准确：在塔板正常工作范围内其平均偏差为 10%。该方法具有轻微的负偏差(≤3%)，因此是保守的。

图 5.3 给出了塔板效率模型计算得到的一些典型结果，可以看到蒸汽流和液流模型的选择是正确预测塔板效率的关键。还要注意点效率以及液流模型取决于流道长度。(FPLS)因为并非所有关联式组合都是有意义的，所以使用时应检查关联式组合的有效性。因为开发该方法时仅仅对常用的工业塔板的性能进行了拟合，所以外推到低堰高或小开孔等特殊塔板时必须格外小心。

请注意，AIChE(1958)模型不能预测如图 5.3 中所示试验点，塔板效率在低蒸汽负荷(由于漏液或大量泄漏)下或接近液泛(由于液体夹带)时快速下降。因此已经开发了几种方法，用于校正这些因素对塔板效率的影响，但是在实际设计时，这些方法的实用价值非常有限。然而，一些液体走"短路"或旁路确实影响了塔板效率。这种旁路情况曾经发生在下列的工业塔板上：

(1) 开孔太少(例如在设计不良的塔板上或在改造期间塔板活动区域太少)。

(2) 液相负荷过高，使得塔板的上一层降液管底部与本层塔板降液管靠近，甚至重叠。

(3) 有单独的传质区和分离区，当一些液体被携带到分离区，就不能保证所有的液体都流过传质区，（例如 Shell ConSep 塔板）。

通常，除了最后一种情况由于液体短路必然造成效率损失外，其他情况下这些损失都是可避免的。

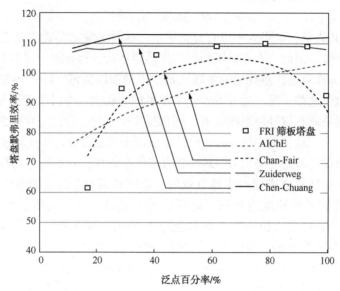

图 5.3　塔板效率模型计算得到的一些典型结果

来自 FRI 实测的筛板效率和传质系数模型预测的筛板效率（在 11.38bar 下操作的异丁烷/正丁烷的筛板塔板）：Chan 和 Fair 模型、AIChE 1958 模型、Zuiderweg 模型、Chen 和 Chuang 模型（棕线）。塔板开孔面积百分率为 14%[42]。

还必须特别注意塔板上流体的流动方向，也称为不同的"lewis"流动。如果设计塔板时，液体流动是平行的，并且在所有塔板上沿相同方向流动，气相也可以发生这种情况。例如，在环形流路的塔中就是这种情况。这种设计并没有在分离过程设计中得到大规模的应用。最后，当塔板上存在多个液相时，例如烃相和水相，塔板效率会比任何已知的方法预测的效率都低得多。对于这些类型的工况，实际操作经验非常重要。

在实践中，可以参考已有装置的塔板效率进行新装置的设计。如果新的塔板结构参数与已有装置的结构参数不同时，例如流道更长、堰高增加或者孔径变小，这个历史数据可能需要修正。在不同蒸汽负荷和液体负荷下操作，设计工程师通常根据 $\ln[S/(S-1)]$ 的比率，用校正填料 HETPs 的相同方式提高或者减小效率。对于没有试验数据且完全不同的系统，设计者经常会采用 O'Connell 关联式。在本章的第二部分，你将看到 MTCs 的使用和基于传质速率的模拟[43]，它们均是良好的选择。

## 5.2　工业精馏装置实例

在第二部分，我们将说明现有的工业（石油）化工过程中精馏塔设计的具体方面。如今有众多的化学品工业，从基本无机化学品如工业气体、元素、氯和碱、酸、氨和肥料，到从天然气和石油中提取的反学物质（例如芳烃），到从农业资源得到的有机物，到合成物、塑料和药物。其中，无机化学品和石油化学品是大批量生产的。以石油化学产品为例，其价值远超原油是以过程能源和资本投资为代价的（见图5.4）。生产化学品的边际趋向显著高于生产燃料的边际效应，它可以循环使用，这是由于燃料供应过量，还受环境法规的限制。

本节重点专注于普通塑料单体的生产，如聚乙烯（PE）、聚丙烯（PP）、聚苯乙烯（PS）、丙烯腈–丁二烯–苯乙烯（ABS）和聚对苯二甲酸乙二醇酯（PET）。精馏是单体生产过程中的关键方法，乙烯、丙烯、苯乙烯和乙二醇都是主要产自石油和天然气的大宗商品[43]。例如，ABS 中的丙烯腈是由一种丙烯和氨制备的合成单体；丁二烯是从蒸汽裂解的 $C_4$ 馏分中获得的石油烃；苯乙烯是由乙烯与苯反应得到的 EB 脱氢制成的。PET 是通过对苯二甲酸与乙二醇（EG）进行酯化反应或通过乙二醇与对苯二甲酸二甲酯（以甲醇为副产物）进行酯交换反应制得的。反应中的对苯二甲酸由对二甲苯制成，EG 由乙烯直接氧化制成。所有这些化学品要么直接从石油（如苯）中提炼出来，要么通过裂解天然气或石油馏分（如裂解液化石油气制乙烯）的方法来提炼。

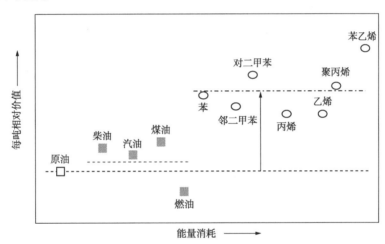

图 5.4　与原油有关的各种燃料和石化产品的附加值

这些工业化学过程说明了本章第一部分中讨论的许多产品分离的常规精馏阵容。大规模生产需要高通量塔板和填料内件来达到规模经济效益，设计时会遇到困难，如高纯度产品的巴式精馏段设计、液体夹带、发泡以及润湿和 Marangoni 效应导致的填料能力损失。本章讨论的所有塔都是使用 ChemSep 软件基于速率模型[44]进行模拟的。

### 5.2.1　乙烯和丙烯的生产

全球烯烃生产的很大一部分来源于石脑油、重柴油、天然气凝析油的蒸汽裂解产物，或从天然气中分离出来的乙烷。这些工厂被设计用来生产大量的乙烯、丙烯和丁二烯以及芳烃（参见图5.5）。这些工厂的精馏塔都非常的大，因为烷烃/烯烃混合物的相对挥发性低，需要较大的回流比。为了减少巨大的分离成本，最近设计的精馏塔一般在较低压力下操作，采用安装中间再沸器的热泵系统，从而降低塔壳厚度（降低成本）同时增加相对挥发度（降低回流比）。这些塔通常安装高通量塔板，例如来自 UOP 或壳牌的高通量塔板，其可提供 20%～30%的更高处理量并进一步降低成本。这种技术的专利商众多，包括 Technip/Shaw（以前是KTI 和 Stone&Webster 的前身），Linde，CB&I（以前的 Lummus）和 KBR（Kelogg，Brown，

&Root)。典型的现代裂解装置拥有 5~15 个裂解炉[43]，每年可以生产高达 $150×10^4 t$ 乙烯、$50×10^4 t$ 丙烯和$10×10^4 t$丁二烯(当使用天然气凝析油进料时)。

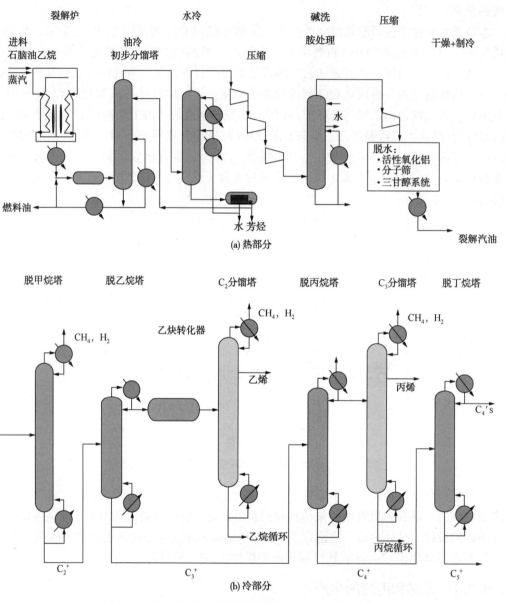

图 5.5　典型的石脑油蒸汽裂解装置的热部分和冷部分

　　裂解炉有一个高温部分，原料在高温炉内短时间发生蒸汽裂解。热的裂解气体被急冷，首先用油对其中的燃料油进行回收，然后使用水回收芳烃。轻的 $C_{2~4}$ 烯烃气体在碱洗塔中被压缩和洗涤，然后送到工厂的冷箱中。一系列精馏塔包括脱甲烷塔和脱乙烷塔用来处理气体，脱乙烷塔塔顶产物送至乙烯-乙烷(EE)分馏塔。乙烷被循环到炉中以提高乙烯产量。脱乙烷塔的底部物料被送到脱丙烷塔，脱丙烷塔顶馏出物被送到丙烯-丙烷分馏塔，底部物料送到脱丁烷塔。丙烷再被循环到裂解炉中以提高丙烯产量。

　　天然气和凝析油的裂解炉不产生燃料油或芳烃，并且有一个更简单的热部分。根据裂解原料组成，在对 $C_3$ 化合物非选择性处理的冷段之前采用预分馏步骤可能是有利的，比如 $C_2$ 和 $C_3$ 分馏塔。

对于含有大量高碳数烯烃的原料，Stone&Webster 公司开发出了另外一条工艺路线，其中大部分 $C_3$ 化合物烃首先通过高压脱丙烷塔与较轻的气体分离。然后将这些 $C_3$ 化合物送到脱丁烷塔，脱丁烷塔顶馏出物被送到丙烷-丙烯分馏塔。高压脱丙烷塔的塔顶馏出物送入预分馏塔，主要分离甲烷与一些 $C_2$ 化合物，底部是大量 $C_2$ 化合物和一些丙烯、丙烷。预分馏塔顶部产品被送去脱甲烷塔，回收乙烯和乙烷，并能非常迅速地脱除甲烷。底部物流被送到乙烷/乙烯分馏塔。含有一些 $C_3$ 的 $C_2$ 物流在脱乙烷塔中迅速分离成 $C_2$ 化合物（被送到乙烷/乙烯分馏塔）和 $C_3$ 化合物（被送到丙烷/丙烯分馏塔）。从这些工艺布局可以看出，特别类似于 Petlyuk 类型的塔（尽管在不同压力下进行分离操作，从能量使用的角度来看，可以利用热集成来获得比直接精馏更好的方案）。

### 5.2.1.1　高流动参数的高通量塔板

丙烷/丙烯分馏塔的塔板设计特点是其液体负荷非常大。由于分离是在高压下进行的（在环境条件下操作冷凝器），其气液密度比远大于常规精馏塔。此外，由于这些低碳数烷烃和烯烃的沸点非常接近，因此需要较大的回流比。这导致塔板水力学计算的参数、流量参数，相对较大。这样的塔板必须处理较低密度的大负荷液体。此外，高的蒸气/液体密度比会导致降液管中气液分离的驱动力较小。这可能造成降液管的入口处会被泡沫阻塞，因此必须适当地调整尺寸。

现在不少公司可以提供适合高流量参数的高通量（HC）截断塔板。1930 年标准石油公司申请了一种"悬挂式"降液管塔板的专利[45]；当时该设计提升塔板处理力的方面被忽视。壳牌和联碳公司（现在的 UOP 公司）在 20 世纪 60 年代和 70 年代开发了降液管塔板，在碳氢化合物革命的推动下，他们寻求了将精馏塔扩大到很大直径的方法。人们认识到，通过截断降液管，降液管下方的区域可以提供额外的有效鼓泡区域。这降低了有效的蒸汽负荷，并在同样塔体横截面积的基础上提供了更高的喷射负荷能力[46]。图 5.6 显示了来自 UOP 的多降液管（MD）塔板。与安装多个分段式堰的多降液管塔板相比，MD 塔板上的堰可以更长。较长的堰意味着较低的堰上液体高度，这会使湿板压降下降，从而提高塔板处理能力。此效果随直径增加更加明显。Zuiderweg[46] 声称 4m 直径塔板的增加处理能力为 35%。在低液体负荷下，这些悬挂的降液管可以配备密封盘；但是在高液体负荷下，由于压力损失只能使用液力密封的降液管。当这种降液管的底部开孔太大并且排液太快时，或当液面不稳定时，降液管将会无法液封，以至蒸气将从降液管上升。这会导致分离作用的损失。由于这些情况，截断降液管需要仔细的水力学设计。为了进一步阅读壳牌和 UOP 塔板技术，请参阅参考文献[48~60]。

截断降液管只是增加塔板处理能力的一种方式。以下方法可用于任何塔板来增加处理能力[45]：

（1）增加塔板间距：这增加了喷射液泛和雾沫夹带极限，增加程度通常为塔板间距的平方根（对于大于 1m 的板间距，该优势消失）。

（2）倾斜降液管：降低降液管底面积并扩大塔板面积，有效地增大了塔板起泡面积。

（3）扩大开孔面积：降低开孔蒸气速度，降低干板压降，有助于减少塔板间距限制。然而，这也降低了液体高度并且在开孔率高于一定限度时观察到塔板效率的损失。FRI 报告提出，塔板开孔面积从 8% 变为 14%，对于丁烷/正丁烷系统，其效率下降了 15%[42]。

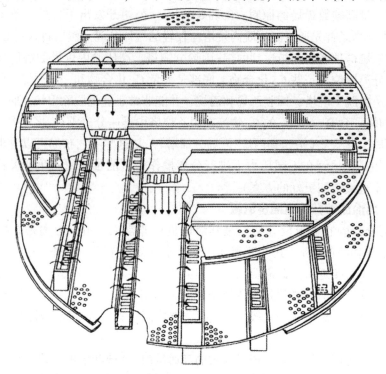

图 5.6　UOP 多降液管塔板（US6390454）

（4）延长堰长：这降低了堰上的液体高度（其通常由弗朗西斯堰关联式计算），因此降低了塔板上的液体高度以及湿板压降。通常，降液管做成后掠形或者弧形，当然也可以设计其他的形式。例如 Koch-Glitsch Superfrac[61]（最多可以应用八溢流）和苏尔寿 MVG Tray[62]。

（5）降低或移除堰：这进一步降低了塔板上的液体高度。然而，降低堰高会降低塔板的效率，并提高了由于塔板水平度不足而导致的液体分配不均匀的风险。在设计堰高小于 25mm 的塔板时，必须非常小心！通常，这只能在泡沫非常稳定和开孔较小时，例如在空气深冷分离中应用。

（6）使用特殊的降液管设备，例如促进泡沫破裂并增加降液管能力的防冲挡板。这样的降液管可以做得更小，这样可以提供更多的塔板鼓泡面积，从而增加喷射负荷。

（7）使用较小的开孔和特殊的鼓泡装置，如由 Nutter 发明[63,64] 的 MVG 固定阀。这些固定阀现在也可以从其他供应商处采购，其将蒸气引导为侧向而不是向上喷射，并且产生较低的液体夹带和泡沫膨胀。在低流量参数下，这些装置可以处理高达 15%~20% 的额外蒸气负荷；然而，在较高的流量参数下，优势缩小到 5% 或更少。使用非常小的孔需要薄的塔板。

（8）使用导向阀/槽来提高液体流速。这可以降低泡沫高度，并增加液体在塔板上的流动速度。

到 2000 年，所有这些方法都以不同的组合被所有的塔板供应商采用。例如，UOP 在 20 世纪 90 年代早期开发了具有导向槽和防冲挡板的增强型多降液管（ECMD）塔板。在需要许多理论塔板的应用中，例如对于乙烷/乙烯和丙烷/丙烯分馏塔以及空气的低温分离，最佳塔能力是在低板间距的时候。据报道，UOP 使用的塔板间距低至 10in（254mm）[45]。壳牌/苏尔寿开发的塔板已经调整到最小 12in（305mm）的间距[58,59]。无堰的空气分离塔板已经安装在塔板间距最小为有 6in（152mm）的塔中。请注意，这些是相对清洁的场合，塔板间距的缩小是可以接受的。

### 5.2.1.2　乙烯-乙烷分馏塔

乙烯-乙烷分馏塔是一个典型实例。塔的操作压力由冷凝器的温度决定，而冷凝器的温度又取决于制冷方式和工厂所选择的热集成方式，由于相对挥发度的降低，获得聚合级乙烯（99.95%）所需的理论塔板数随顶部压力/温度的增加而增加，从 4bar/-75℃时，大约 60 块理论塔板到 8bar/-57℃时的 75 块理论塔板，再到 20bar/-30℃时，可高达 120 块理论塔板。当然高的塔顶温度意味着更少的制冷需求，也更受欢迎。

乙烯-乙烷分馏塔是工业精馏塔的典型实例，其巴式精馏段用于获得 99.95% 以上的极高纯度产物，以脱除轻沸点化合物的存在（在这种情况下为甲烷）。巴氏精馏段从产品中汽提出轻组分，因为这些塔板上的汽提因子较高，其效率会降低。该产品在冷凝器下面哪块塔板上被抽出，取决于轻组分的数量和它们的浓度积聚情况。这些塔板必须适应较高的液体负荷，同时由于液体中较大的沸点差异同时也面临更高的发泡趋势。因此，为了最大限度地利用塔的直径，巴式精馏段的塔板的板间距通常大于主精馏部分塔板的板间距。

Shakur[54,54a] 描述了利用 UOP 的 ECMD 塔板改造乙烷/乙烯分馏塔的例子，其板间距在进料以上为 15in（381mm），在进料下方为 13.3in（338mm）（见图 5.7）。在改造之后进行了一次试运行，理论塔板数通过相平衡模拟匹配组成与回流量来确定。表 5.7 列出了其运行仿真数据；报道的回流量相当于 4.96 的回流比，在没有提及采用哪种热力学模型的情况下，反算的总塔板效率为 73%。

Urlic 等[55] 推荐使用二元交互作用参数（BIP）为 0.0152 的 SRK 状态方程。使用该值，UOP 评估的塔板效率可以重现（见图 5.7）。因为没有提供确定的进料浓度和进料位置，所以假设两种进料的浓度差异为 10mol%，并将它们在最佳进料塔板处进料。

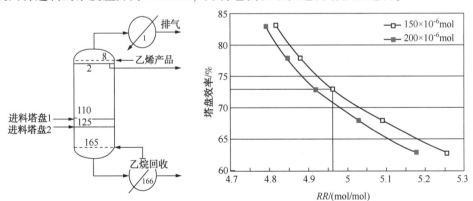

图 5.7　Shakur 等用平衡级模型模拟乙烯-乙烷分馏塔[54]，并且测量乙烯产物中的乙烷含量和摩尔回流比（RR）来确定塔板效率

当采用基于传质速率模型来模拟乙烷/乙烯分馏塔时，建议使用 AIChE 1958 的 MTC 模型。然而，该关联式需要的 FPL 参数在 ECMD 塔板上液体。考虑到环形液体在塔板上的流

动，FPL 的计算并不容易。通过平均代表塔板的 1/4 矩形单元格中的流量来近似计算(见图 5.8)。长度 L 是两个降液管之间的距离。假设降液管的液流分配均匀(但对于两个相邻塔板上的降液管，其重叠的部分被阻塞住了)。

表 5.7　Shakur 等的乙烯-乙烷分馏塔的工厂数据[54]、UOP 模拟、传质速率模型的塔模拟

| 1997 年 12 月 8 号的数据 | 设计值 | 现场数据 | 平衡级模型 | 传质速率模型 |
| --- | --- | --- | --- | --- |
| 进料 1 流量/(kg/h) | 37021 | 33820 | 33820 | 33821 |
| 进料 2 流量/(kg/h) | 112220 | 110055 | 115007 | 115000 |
| 侧线采出量/(kg/h) | 96044 | 90709 | 90485 | 90485 |
| 侧线乙烷含量/mol(ppm) | 261 | 150 | 150 | 137 |
| 塔底采出量/(kg/h) | 52932 | 60414 | 58006 | 58089 |
| 塔底乙烯含量/mol% | 0.25 | 0.25 | 0.25 | 0.24 |
| 外部回流量/(kg/h) | 434597 | 445233 | 445596 | 445575 |
| 回流温度/℃ | -35 | -31 | -30.7 | -32.3 |
| 回流压力/100kPa | 18.7 | | 19.36 | 19.36 |
| 塔底温度/℃ | -7.1 | -6.5 | -7.2 | -7.2 |
| 塔顶压力/100kPa | 19.6 | 19.6 | 19.6 | 19.6 |
| 冷凝器热负荷/(GJ/h) | 146.4 | | 143.4 | 149 |
| 再沸器热负荷/(GJ/h) | 94.3 | | 92.5 | 119 |
| 塔板效率/% | | | 73 | 73 |

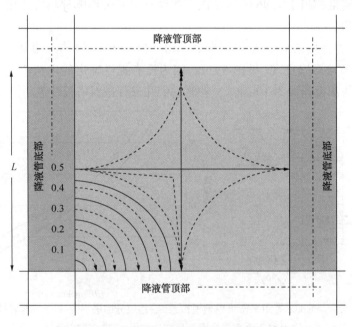

图 5.8　用于模拟多降液管塔板的单元格

注：虚线表示某些环形的平均流动路径。流出是从上方的塔板的垂直降液管流到下面塔板的水平降液管。当降液管重叠时，降液管的底部就会被堵塞，不会发生从一个降液管直接流入下一层塔板的降液管。

除了降液管中间的流动外，其他液流的流动路径均可以假定为环形，因此流路为环形和类似矩形的路径的平均数。平方单元格上的"平均"FPL 表示为 L 的分数，即 0.21L。当降液管下的塔板板也开孔时，总 FPL 需要增加降液管宽度的 1/4 长度。请注意，虽然液体的环形路径减少了有效的 FPL，但是它增强了塔板的处理能力。按照每个活动区域的有效 FPL 比例来缩放处理能力，这样可以增加 15%~20% 的处理能力。由于较小的流路，处理能力的增加是以塔板效率的损失为代价的。

MD 塔板上的降液管间距通常为 0.7~1m，这样可以得到足够长的 FPL 同时保持塔板效率并且不产生死区。对于这里讨论的乙烷/乙烯分馏塔，意味着每个塔板都有五个平行的降液管。根据 Glitsch 规定的降液管内流速，为了液体处理能力，降液管面积被设置为塔横截面积的 10%，然后确定 FPL 约为 200mm。使用开孔面积(10%)、堰高(50mm)和降液管深度(塔板间距的 85%)的典型值，可以根据 AIChE 的基于传质速率的模型进行计算(必须注意使用合适的液相和气相的流动模型)。因此，根据乙烷/乙烯分馏塔试运行的结果反推塔板效率为 73%，这与平衡级模型相匹配(见图 5.9)。进料以上塔板和进料以下塔板的效率大致相等。巴式精馏段较低的塔板效率是由于采用相同的堰高引起的。如果增加堰高，则塔板效率可以在全塔保持恒定。显然，传质速率的模拟工具可以根据轻组分的类型和浓度，详细计算实际所需的塔板数和所需的堰高。主精馏段(喷射液泛)的模拟计算的泛点率为 93%，巴式精馏段的模拟计算泛点率为 95%(降液管堵塞)。

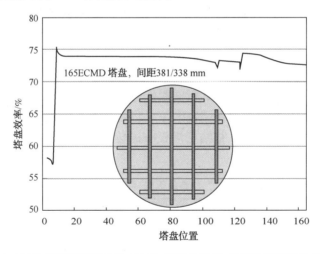

图 5.9 使用 AIChE1958MTC 模型对安装 UOP ECMD 塔板的乙烯/乙烷分馏塔进行核算，反推其塔板效率
深色矩形框表示放置在这些塔板上的降液管；浅色的矩形框表示上一层塔板上降液管的位置。

为了恰当地设计降液管，需要对液体密度进行正确的估计。使用标准的立方形状态方程会导致液体密度的高估，并导致降液管的设计太小。实际密度差约为 363kg/m³，这意味着降液管流速必须略微降低。如 5.1 节所述这限制了塔板、降液管的处理能力，主要是在巴氏精馏段。

### 5.2.1.3 丙烯-丙烷(PP)分馏塔

为了保证丙烯(聚合级产品纯度为 99.5%)的高回收率(>99%)，丙烷/丙烯分馏塔可能需要 150 多个理论塔板。在高压(20bar)下，运行会降低相对挥发度，所以比低压下运行需要(10bar)更多的理论塔板数和回流量。这将导致塔非常高，因此经常被分成两个塔。若建成单个塔，塔的高度可能超过100m，会是大宗化学品工厂中最高的设备之一。为了降低能量消耗，现代丙烷/丙烯分馏塔都在较低压力下操作，并采用热泵技术，其塔顶蒸气被压缩升压升温后去加热塔底再沸器，然后冷凝成液体。通常使用一个或多个侧线再沸器来进一步优化成本和能量使用。因为蒸气负荷较低，可以缩小侧线再沸器下面的塔直径以降低成本。

与乙烷/乙烯分馏塔一样，经济的方法是使用巴氏精馏段技术在上游除去比丙烯轻的组分，主要是乙烷，来得到所需的纯度。进料中沸点较高的其他组分，甲基乙炔(MA)、丙二烯(PD)、丁二烯、异丁烷($iC_4$)和正丁烷($nC_4$)，在塔底离开分馏塔。进料中这些成分的含量取决于原料组成和上游是否有 MA/PD 加氢反应器。当进料中含量较高时，MA 和 PD 会在丙烷/丙烯分馏塔的汽提段积累。当发生这种情况时，MA、PD 和丙烯之间的相互作用不能认为是理想的。虽然丙烷/丙烯接近理想，状态方程式的参数 BIP 较小，但精确的值对于模拟丙烷/丙烯分馏塔的性能是很重要的。该参数实际上是与温度有关系的，因此相对挥发度是塔中压力和塔板位置的函数。API 手册[65]提到了 SRK 状态方程的值为 0.0073；而在-40℃时报告的值较高，为 0.0144[66]。Mathias[97]回顾了文献报道的丙烷-丙烯相对挥发度与温度的关系。在环境温度下操作，SRK-BIP 大约在 0.008~0.010。

Summers 等[67,68]讨论了 1992 年的一个高压两塔 $C_3$ 分馏塔改造项目：已有两塔共使用 250 层分块四溢流塔板，改造后共用 325 层 ECMD 塔板并提供 40%的额外生产能力。由于需要更换塔板支撑环(因为 MD 托盘需要 360 度支撑环)，此改造持续了 32d。随后，UOP 和业主雪佛龙公司对塔的操作进行分析，结果使用 UOP 专有的 VLE 模型评估塔板效率为 74.2%，塔在设计点 93%负荷下运行。根据萨默斯提供的数据，可以看出，UOP 评估认为主塔部分的塔板在降液管液泛率为 92%下运行，而进料下方的塔板在最大液体负荷的 93%下运行。塔上部安装的 ECMD 塔板，其板间距低达 343mm；进料下方气液负荷较大，塔板间距为 381mm。为了在巴式精馏段保持高效率，将塔板堰高提高至 102mm，因此该部分的塔板间距最大，为 457mm。表 5.8 总结了塔板布局数据。文章中的图片表示塔板没有在降液管下方打孔(这缩短了 FPL)。

**表 5.8　Summers 等[30,31]总结的丙烯/丙烷分馏塔 ECMD 塔板布局**

| EDMD 塔板塔板段 | 脱轻段/精馏段/提馏段 | EDMD 塔板塔板段 | 脱轻段/精馏段/提馏段 |
|---|---|---|---|
| 塔板数 | 12/220/93 | 鼓泡面积百分比/% | 81 |
| 塔径/m | 5.5 | 降液管面积百分比/% | 19/17.7/19 |
| 板间距/mm | 457/343/381 | 开孔直径/mm | 4.763 |
| 降液管数目 | 6 | 堰高/mm | 102/51/64 |
| 出口堰长/m | 50.6 | 塔板厚度/mm | 2.667 |
| 降液管宽度/mm | 178/165/178 | 支撑圈宽度/mm | 89 |

热力学模型中没有给出试开车进料组成或其他细节。表 5.9 中列出的组分进料流速是根据质量平衡和报告的运行数据以及 UOP 设计案例规格的进料流速重建的。使用此进料，可以通过匹配 UOP 模拟结果得到 SRK 状态方程的 BIP 交互作用参数值：值为 0.0087(使用报告的总塔板效率为 74.2%)，UOP 模拟计算得到的塔顶和塔底规格都可以完全匹配(见表 5.10)。

表 5.9　丙烯-丙烷分馏操作进料(Summers et al. [67,68])

| 进料流速 | kmol/h | 进料流速 | kmol/h |
|---|---|---|---|
| 乙烷 | 0.28 | 丙二烯 | 1.04 |
| 丙烯 | 98.5、66 | 丁二烯 | 1.36 |
| 丙烷 | 1.63 | 异丁烷 | — |
| 丙炔 | 1.63 | 正丁烷 | 2.00 |

表 5.10　丙烯-丙烷分馏塔操作数据(Summers 等[67,68]),UOP 模拟数据,
利用 SRK 方程分别基于平衡模型和传质速率模型得到的模拟数据

| 项目 | 数据 | UOP 模拟 | 基于平衡模型的模拟 | 基于传质速率模型的模拟 |
|---|---|---|---|---|
| 进料量/(kg/h) | 54476.4 | 56608.3 | 56608.3 | 56608.3 |
| 进料压力/bar | 19.7 | — | 19.7 | 19.7 |
| 进料温度/℃ | 48.2 | — | 49.4 | 49.3 |
| 进料丙烯含量/% | — | 73.12 | 73.27 | 73.27 |
| 第 2 层塔板温度/℃ | 44.7 | — | 43.7 | — |
| 冷凝器压力/bar | — | — | 18.3 | 18.3 |
| 第 2 层塔板压力/bar | 18.3 | 18.3 | 18.3 | 18.3 |
| 第 164 层塔板压力/bar | 19.4 | — | — | — |
| 第 325 层塔板压力/bar | 20 | 20.1 | 20 | 20 |
| 排放温度/℃ | 40.4 | — | — | — |
| 排放量/(kg/h) | 362.9 | 362.9 | 361.1 | 361.1 |
| 回流温度/℃ | 42.9 | 42.9 | 42.8 | 42.8 |
| 回流量/(kg/h) | 683520.0 | 684285.1 | 684255.6 | 684255.6 |
| 回流比 | 16.56 | 16.58 | 16.58 | 16.58 |
| 冷凝器负荷/MW | — | 55.71 | 56.27 | 56.27 |
| 产品量/(kg/h) | 41277.6 | 41277.6 | 41278.5 | 41278.1 |
| 产品中丙烷含量/mol% | 0.396 | 0.415 | 0.415 | 0.397 |
| 产品中乙烷含量/ppm(mol) | 22 | 22 | 22 | 21 |
| 丙烯回收率/% | — | 99.06 | 99.09 | 99.11 |
| 再沸器负荷/MW | — | 51.35 | 51.87 | 51.87 |
| 塔釜流量/(kg/h) | 14968.8 | — | 14969.3 | 14969.7 |
| 塔釜产品中丙烯含量/mol% | 0.19 | 0.18 | 0.18 | 0.13 |
| 塔釜产品中正丁烷含量/mol% | 0.4 | — | 0.4 | 0.4 |
| 塔釜产品中异丁烷含量/mol% | 0.6 | — | 0.6 | 0.6 |
| 质量平衡闭合/% | 3.3 | — | — | — |
| 塔板效率(计算)/% | — | 74.2 | 74.2 | 76.2 |

注：本表数据为 1997 年 11 月 8 日数据。

对于给定的丙烷/丙烯分馏塔的塔板布局,使用 5.2.1.2 节所述的方法估算的 FPL 为 155mm。假设自由面积为 10%,建立一个基于传质速率模型的模拟流程。结果如图 5.10 所示,可以看出当堰高不同时,两塔中的所有塔板的塔板效率完全相同。反算的平均塔板效率比 UOP 的模拟结果高 2%。请注意,较高的塔板效率意味着丙烯产品中丙烷含量更靠近实际数据(见表 5.10)。可以通过使用不同的塔板结构来改善 MD 塔板的效率,比如每个塔板上的液体流向相同,就能获得路易斯案例 1,例如 UOP 并流多降液管(PFMD)塔板[69]。Zhu

等[70]通过使用流动导管(获得更均匀的液体停留时间)和塔板下方的防夹带装置,开发出高效率的多降液管塔板。

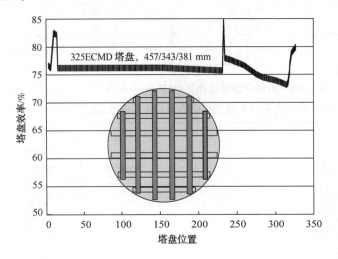

图 5.10　利用 AIChE1958MTC 模型反算的丙烯-丙烷分馏塔的塔板效率(UOP 的增强型多降液管塔板)
图中,深色表示本层塔板的降液管,浅色表示上层塔板的降液管。

## 5.2.2　环氧乙烷(EO)和乙二醇(MEG)生产

在 200~270℃的温度下,利用银基催化剂,空气或纯氧(通常纯度>99.9%)氧化乙烯来生产 EO。由于乙烯和 EO 都可以完全氧化成二氧化碳($CO_2$)和水,所以反应物用甲烷稀释,以限制乙烯的单次转化率。设置两台吸收塔除去反应产生的 EO 和 $CO_2$,反应物再次循环[71,72]使用。由于 EO 比乙烯氧化更快,因此需要用水将其完全吸收除去。EO 在汽提塔中被回收,在塔顶冷凝下来,随后进行汽提以除去轻质气体。当 $CO_2$ 浓度太高时,会降低催化剂对 EO 的选择性,所以必须除去 $CO_2$。通常使用二氯乙烯[73,74]缓和氧化反应。用空气代替氧气参加氧化反应需要更多的气体吹扫,并会多装载大约 1.5 倍的催化剂。工艺的经济性是由催化剂对 EO 选择性和催化剂成本决定的,所以优先使用纯氧。催化剂的选择性取决于所用的催化剂类型和缓和剂的类型,以及乙烯与氧的比率(通常为 3~4)。20 世纪 50 年代初催化剂的选择性为 65%,到目前已经增加到 85%~90%。催化剂寿命为 2~3 年,由于催化剂不断失活,乙烯的转化率每年下降约 3%~4%[73]。现在很多公司都有 EO 工艺许可,同时还销售催化剂。最大的三个许可方是陶氏化学、科学设计公司(SABIC 和南方世德的子公司)和壳牌公司。

全球环氧乙烷产量[75]的约 2/3 被转化为二醇(EGs),并且从 EO 工艺单元获得的热量可以用于 EG 工艺单元。大约 1/2 的乙二醇(MEG)被用来制备聚酯纤维(用于生产衣服),1/4 用于制备聚对苯二甲酸乙二酯(PET),10%用作防冻液。其他的 EO 衍生物是乙烯胺,乙二醇醚和聚氧乙烯醚。乙烯胺是 EO 与氨反应制备单乙醇胺、二乙醇胺和三乙醇胺(MEA、DEA 和 TEA),这些都是除去工业气体中 $CO_2$ 的优良吸收剂。

MEG 也可以与 EO 反应形成二甘醇和三甘醇(DEG 和 TEG)。因此,EO 的水合反应必须用过量的水(5 倍或更多),以避免更高级二醇的形成,这也有助于控制这种强放热反应的反应温度。水合反应可以在没有催化剂的情况下,在 170℃高温和 35bar 压力下进行,或者在较低的温度(100℃)下在离子交换催化剂作用下进行反应，该催化剂对 MEG 的选择性较高(约97%)，同时所需的水量较少。典型的 EO 转化率较高(>98%)。

2006~2010 年，全球 MEG 市场年均增长 6%~7%，市场对纤维级 MEG 的需求超过了更高级二醇的需求。因此壳牌和三菱化学[76,77]开发了仅仅生产 MEG 的工艺。EO 首先与 CO_2 反应生产碳酸乙烯酯(EC)。碳酸乙烯酯随后水解成 MEG 和 CO_2，CO_2 可以再循环利用。这种"Omega"工艺[78,79]对 MEG 具有 99.5% 的选择性。第一批工厂于 2008/2009 年建立，其产能从 400~750kt/a 不等。新工艺的特点是成本降低了 10%，而且产生的废水更少。然而，由于 DEG 和 TEG 是有价值的副产物(由于具有高沸点和吸湿性质，它们可以用于干燥天然气)因此对标准乙二醇的需求仍然存在。

标准乙二醇工艺的分离过程说明了化学工艺中各种精馏技术的使用，因此，选择它进行讨论。EO/EG 工厂有 20 多个精馏塔，但是这里只讨论典型工业级的 MEG 工厂中涉及乙二醇产品的四个精馏塔的细节(即每年产 500kt/MEG，泛点率控制在 75% 和产品收率可达91%)。这些塔见图 5.11。

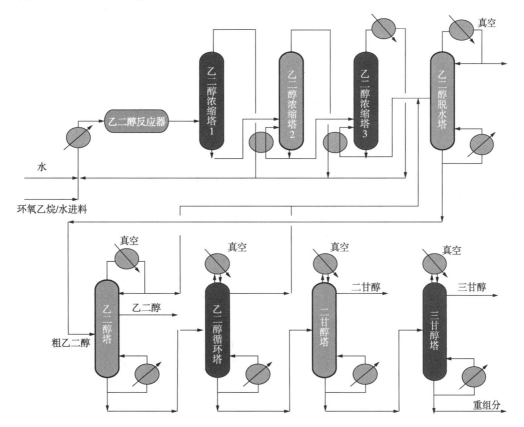

图 5.11　乙二醇的生产工艺流程图[80~82]

这些塔操作压力范围很广，从 20bar 至高真空(10mbar)。由于水/乙二醇混合物非常不理想，这对热力学和性质模型提出了严苛的要求(特别是表面张力需要适当地建模以确定 Marangoni 力对传质的影响)。可以采用过量 Gibbs 混合模型的状态方程，例如预测型 SRK 模型(PSRK)(见图 5.12)来进行计算。乙二醇本质上具有吸湿的特性，因此需要特别注意对微量水的去除。

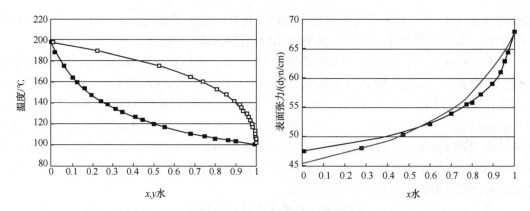

图 5.12　预测型 SRK 模型

左图：乙二醇-水的气液平衡数据[83]（1bar 压力下，利用 PSRK 方程）。

右图：50℃下用组分摩尔分数加权平均计算的乙二醇-水溶液表面张力

（带点曲线为 9 次方程，平滑曲线为 Winterfeld-Scriven-Davis 方程）

　　MEG/DEG/TEG 的比例可以通过控制反应器的条件、选择的水稀释度和冷凝液/蒸汽循环至反应器的 MEG 含量来确定。典型的 DEG/MEG 质量比为 1/10～1/12，TEG/MEG 质量比为 1/150～1/200。5.4% 的稀释因子用于 500kt/a MEG 工厂，其可以生产 41.8kt/a DEG，2.5kt/a TEG 和 160t/a 多的乙二醇。

　　EO 反应生成的多余水需要再次去除，可以通过三效或四效浓缩器精馏掉大部分水。第一效浓缩塔的再沸器使用 EO 反应器中产生的蒸汽作为热源；上一效浓缩器的塔顶水蒸气在下一效的再沸器中被冷凝。浓缩器的塔顶冷凝水被再循环利用。水最终在真空脱水塔中被去除（操作压力 200mbar）。然后，在相同压力下，在 MEG 提纯塔中将 MEG 与高级二醇分离，并在提纯塔中装备巴式精馏段，以获得所需的 99.9% 纯度的产品[85]。

　　为了在不同的处理能力下单独地控制 MEG 和 DEG 产品中的杂质，首先在脱水塔中生产粗乙二醇。将其在具巴氏精馏段的塔中精馏，通过调节塔顶采出速率控制水含量，并通过调节回流比控制 DEG 浓度。高级二醇中的 MEG 含量可以通过 MEG 再循环塔进行控制。该塔操作压力为 100mbar，以降低再沸器温度。两个塔的塔顶馏出物再循环到脱水塔。底部分离出 DEG 和 TEG 产品的纯度分别为 99.5% 和 99%。为了使用中压蒸汽运行再沸器，DEG 和 TEG 塔必须在高真空度下运行。由于物料黏度高，需使用降膜再沸器。将冷凝器和回流罐在塔顶部集成，以保证塔可以在最低的操作压力下操作。

　　EG 装置中的众多循环物流和真空操作意味着所有的塔的直径都在 2～5m（除了 TEG 塔）。因此，选用高通量的塔内件是非常有利的。在真空下操作还会导致一些塔入口速度非常高，可以使用专用的进口设备（例如壳牌 Schoopentoeters™）以保证蒸汽分配均匀，并控制夹带液体量。此外，真空塔需要高比表面积的填料，这就需要较高分配质量和较大分布孔密度的分布器。这就导致有些分布器的分布孔小至 3mm。为了防止这些小孔的堵塞，真空塔的所有进料和回流经过的管道都应安装过滤网孔径足够小的过滤器。

### 5.2.2.1　乙二醇浓缩塔

　　浓缩塔的冷凝器和再沸器进行热集成，以便更加经济地将反应器产物中大量的水蒸发出去。因此，这些塔会在不同的压力下进行操作。实际操作压力取决于所选的热集成类型[86]

和塔壳成本优化。每个浓缩塔蒸出的水量大致相同。浓缩塔需要以水蒸气的形式蒸发掉大约 3/4 的工艺物料。浓缩塔的设计由再沸器可提供的最大蒸发量和有效温度差确定。除了由于蒸气密度降低需要增加塔径外,各浓缩塔的设计相同。一般至少使用三效蒸发,但通常使用四效蒸发来浓缩。对于三效蒸发,第一浓缩塔操作压力可以为 14bar,第二浓缩塔压力为 9bar,第三浓缩塔压力为在 4bar。四效蒸发需要更高的起始蒸发压力。

因为填料在较高压力下分离效率较低,所以浓缩塔采用板式塔。进料下方安装一块塔板,进料上方安装 8~10 块塔板就足以保证塔顶物料中的 MEG 含量降低到小于 0.1%。由于塔顶馏出物需要循环到反应器,所以 MEG 浓度就必须保持很低,以防止 MEG 反应生成更高级的二醇。每股进料在较低的压力下都会闪蒸,但仍以液相为主。进料下方塔板上的液体负荷很大,而进料上方的塔板具有相当小的 L/V 比(因此流动参数比较低)。因此,进料上下的塔板以不同的方式操作:上部塔板具有低液体负荷在喷射状态下操作,而下部塔板具有更高的液体负荷并且在泡沫状态下操作。为了适应更高的液体负荷,需要增大堰长和降液管面积。因此,如图 5.13 中 500kt/a 的 MEG 工厂中,浓缩塔(操作压力为 9bar)的溢流程数由精馏段的单溢流变为汽提段的四溢流。

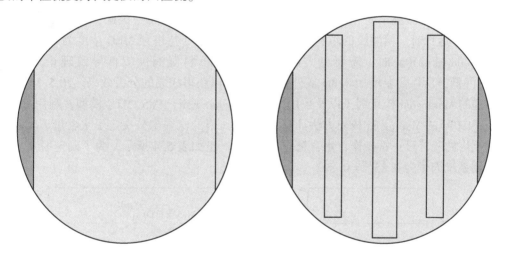

图 5.13　三效精馏中二效精馏塔(直径 3.5m,操作压力 9bar)
精馏段为单溢流塔板(左图)和提馏段段为四溢流塔板(右图);降液管面积比例分别为 3.3%(左图)、10%(右图);堰高和板间距分别为 50mm、610mm;活动面积比例分别为 11.7%(左图)、10.5%(右图)。

浓缩塔塔板使用 AIChE 模型计算出 Murphree 塔板效率为 73%~75%。因为此处使用的 FPL 较大,这个值可能高于测试[87]中观察到的效率。乙二醇浓缩塔中度发泡,系统因子取 0.85(见表 5.4)。由于塔径由进料下方的塔板确定,所以安截断降液管的大通量塔板与普通塔板相比,会减小一个降液管的面积,也就是大约 10% 塔的截面积(参见表 5.11)。由于第一浓缩塔在较高的压力下操作,减小塔径有助于降低成本。然而,浓缩塔釜必须为再沸器内液体提供足够的停留时间。因此,通常塔釜的直径比塔板的直径大。这降低了高通量塔内件的成本效益。还要注意,进料上方的塔板需要具有足够的堰上液体负荷,以保证在下限操作时堰上液层足够高,液体能够分配均匀。高通量塔板需要堰长与降管面积的比值,较大因此要对堰进行调整。

**表 5.11　在图 5.11 中 500kt/a 乙二醇装置中的精馏塔安装普通塔内件和高通量塔内件的参数以及节省花费情况**

| 塔 | 标准塔内件 | | 高通量塔内件 | | 节省花费/% |
|---|---|---|---|---|---|
| | 直径/m | 高度/m | 直径/m | 高度/m | |
| 二效浓缩器 | 3.9 | 8.4/1.2 | 3.6 | 6.3/1.2 | 5 |
| 脱水塔 | 4.4 | 4.8/3 | 4 | 4/3 | 13 |
| MEG 提纯塔 | 4.2 | 1/4/1.5 | 3.9 | 1/4/1.5 | 10 |
| 二甘醇(DEG)塔 | 2.4 | 1.5/1.5 | — | — | — |

### 5.2.2.2　乙二醇脱水塔

乙二醇脱水塔为规整填料塔，操作压力为中等负压(200mbar)。脱水塔精馏段的液体负荷很小，接近于填料的最小润湿速率。在正常流量，液膜厚度应足以保证填料充分润湿和传质速率。使用高通量 Mellapak Plus M252Y 填料的时候，其流量为最小润湿速率的125%。这意味着当乙二醇工段降低处理量运行时[例如，当工厂大量生产环氧乙烷(EO)时]，脱水塔精馏段可能在最小润湿速率以下操作。如图 5.14 所示，当精馏塔在低于正常负荷的80%运行时，填料会发生润湿不充分现象，从而导致填料的 HETP 增加。因此，在50%的负荷(相同的回流比)运行时，精馏段的填料高度设定为4m，以保持塔顶 MEG 浓度为0.1%。当使用常规 Mellapak 250Y 时，需要更大的塔径，并且填料湿润度较低导致理论等板高度(HETP)降低，所以需要增加0.8m 额外的填料高度以获得相同的分离效果。图 5.14 给出了质量传递的 Marangoni 校正因子以及采用 Bravo-Rocha-Fair(1985)MTC 模型，利用 Billet 和 Schultes(1999)的 Marangoni 校正方法计算的 HETP。塔的汽提部分决定了水含量。为了使乙二醇精制塔的脱轻段正常操作，水含量应小于1%。正如表 5.4 所示，为了确定脱水塔的直径，使用系统因子为 $0.85^{0.7}=0.89$。

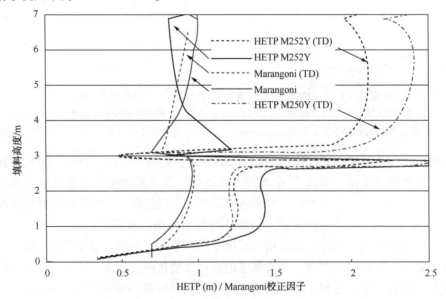

图 5.14　对于直径 3.4m，安装 M252Y 填料的乙二醇脱水塔

分别在正常负荷下(实线)和50%负荷下(点画线)，预测塔高与填料的 HETP 和 Marangoni 校正因子的关系。50%负荷下采用 M250Y 填料，塔径为 3.7m；塔径增大导致填料表面润湿不足，从而损失 HETP。

### 5.2.2.3　乙二醇(MEG)精制塔

图 5.15 给出了利用 MTC 模型计算的 MEG 精制塔的产品组成和 HETP(计算模型与脱水塔相同，详见表 5.11)，该塔安装 Mellapak Plus 252Y 填料。从图 5.15 可以看出，水在巴式精馏段和进料板(来自脱水塔)下方积聚。由于水-MEG 的非理想性相互作用，该段填料的 HETP 显著增加。尽管实际的 MEG 产物纯度达到为 99.9%[85]，但是精馏塔操作参数必须设定为更高值以确保满足产品的纯度要求。由于额外的设计安全要求，必须增加一些设计裕量。最终设计纯度可以达到 99.94%。

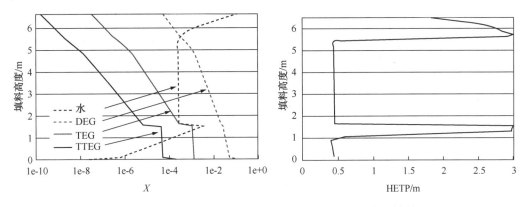

图 5.15　预测的乙二醇(MEG)精制塔中各位置处物料组成和填料 HETP
(填料为 M252Y，DEG 为二甘醇，TEG 为三甘醇，TTEG 为四甘醇。)

在塔的进料段和出料段之间，DEG 被除去的同时水含量保持恒定，填料的 HETP 保持在正常水平。在水和 DEG 的浓度大致相等的位置抽出产物。基于传质速率模型的计算结果表明，需要 4m 高的填料以获得所能允许的 0.05% 规格的 DEG。来自脱水塔的进料下方段，除去了积累的水。脱轻段也出现了轻微的马兰戈尼效应，但并不明显。

塔底部汽提段中的填料高度决定了 MEG 再循环的量。为了保持该循量小于工厂的总 MEG 产量的 25%，2m 高的填料就已足够。当然，实际设备的设计可以使用更大的设计裕度，即更高的填料高度。表 5.10 表明，与常规 M250Y 相比，使用高通量 M252Y 填料时，塔直径可以显著降低。确定塔直径时，系统因子的值为 1。注意，Strigle[18] 提出了在 70mbar 下使用 IMTP#40 散堆填料分离 MEG、DEG 和 TEG 时，全塔填料的 HETP 为 1m。图 5.15 显示，高通量规整填料具有更高的分离效率。

### 5.2.2.4　二甘醇塔

二甘醇(DEG)的纯度主要由进料中乙二醇(MEG)的含量决定，例如，通过控制 MEG 底部循环温度。一般将 DEG 纯度设定为 99.6%。设计 DEG 产品纯度为 99.7% 的精馏塔，其操作压力为 10mbar，包括冷凝器和再沸器至少 8 块理论塔板，进料从塔中间进入，具有相对独立的回流比。由于 DEG 和 TEG 分离是在高真空状态下进行，在这个压力下最经济的填料是丝网填料，如苏尔寿 BX。丝网填料比板波纹填料具有更高的效率，网片与水平成 60°，使得每块理论塔板的压降较低。丝网填料还具有低得多的最小润湿速率，从而增加了操作下限。然而，由于每立方米丝网填料耗费的金属要多 5 倍，因此它的价格也比较贵。丝网填料需要高分布点密度的分布器；在这种情况下，因为液体负荷很小，需要带挡板的分布器，否则分布孔直径将变得很小，很不切实际。

　　如图 5.16 的左边所示，BX 填料的 HETP 随压力的增加而增加，HETP 是气体流速的函数；丝网填料使用的 MTC 模型与板波纹填料不同。该填料的设计 HETP 为 0.25m，因为 BX 填料在该 HETP 会发生液泛。由于每层 BX 填料的高度为 17cm，因此此段填料需要 6 层。塔的理论塔板数很少，所以每个床层额外增加填料层高度。此外，因为在丝网填料上液体不容易扩散，所以通常还需增加 1~2 层额外的填料。当然，顶部填料层仅部分润湿，这必须在模拟精馏塔时考虑。因此，DEG 塔通常具有 2 个填料段，每段含 8 层或 9 层的填料，即每段填料高度为 1.53m。图 5.16 的右边给出了安装 BX 填料的 DEG 塔的模拟 HETP。$F$ 因子从塔底部的 2 变化到顶部的 3，并且该填料塔在正常负荷下压降为 11mbar。HETP 主要由 DEG 塔的汽提因子决定，汽提因子在塔精馏段中是恒定的，但在汽提段中增大了 5 倍。由进料夹点作图决定的最小回流比约为 0.4。通常，在设计 DEG 塔直径时使用 2 倍设计裕量，以便以后可能的扩产。

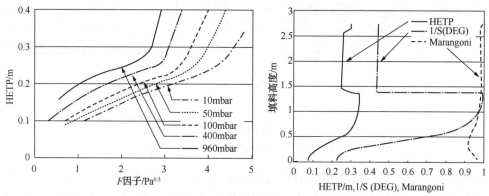

图 5.16　安装苏尔寿 BX 的氯苯/乙苯塔分离塔在不同压力下的等板高度（HETP）与 $F$ 因子曲线
关系[11]（左图）；基于速率的塔模型，利用 Brunazzi 1995 MTC 模型和 Marangoni 校正
计算的 DEG 塔中两段填料的 HETP（右图）

### 5.2.3　芳烃和苯乙烯的生产

　　芳烃是许多常见塑料的原料。过去数十年中，全球芳烃市场以每年约 3.5% 的速度增长[88]。芳烃的主要来源是石脑油裂解器的裂解气（72%）、炼油厂石脑油催化重整装置的重整油（24%）以及焦炉气（4%）。主要的专利商是 Uhde 和 UOP[89]。

　　现代石油产业控制汽油中最大苯含量为 1%；因此，大多数苯必须从汽油中除去。全球一半以上的苯与乙烯反应生成乙苯，乙苯并进一步裂解成苯乙烯，从而生产一次性用具、DVD 盒、食品容器、包装材料等。大约 1/5 的苯与丙烯反应生成异丙苯，进而生产丙酮和苯酚，并进一步生成双酚 A。双酚 A 可以作为聚酯纤维的前聚体或与光气反应生产聚碳酸酯（用于汽水瓶）。14% 的苯用来加氢生产环己烷，环己烷可以用于生产尼龙（制造织物和地毯）；7% 的苯用于制备硝基苯，并且 4% 的苯与正构烷烃烷基化以制备洗涤剂。

　　甲苯被广泛用作溶剂，也用于制造硝基甲苯，从而生产炸药和染料。甲苯也可与甲苯二异氰酸酯反应生成聚氨酯泡沫体。然而，自 1990 年以来，对甲苯的需求相比较于苯和二甲苯的需求降低了 1%。因此，市场驱动将甲苯通过脱烷基化和歧化反应转化为二甲苯和苯。这种方式生产的苯占全球苯需求量的 22%[88]。

邻二甲苯用于制备邻苯二甲酸酐，其用于生产烷基树脂和丙烯酸甲酯。对二甲苯用于制备对苯二甲酸，其用于生产聚对苯二甲酸乙二醇酯(PET)。目前市场对二甲苯的需求量很大，绝大多数间二甲苯和大部分邻二甲苯都通过异构化反应生产对二甲苯。对二甲苯占了全球二甲苯市场的90%以上的市场份额。

### 5.2.3.1　二甲苯的生产

全球大部分二甲苯产品来自加氢石脑油的连续催化重整装置。首先将脱丁烷重整产品分成轻馏分和重馏分，然后通过萃取(例如伍德公司 Morphylane™ 或 UOP 环丁砜法)将石蜡中的苯、甲苯和二甲苯从烷烃抽提出来，再通过精馏塔将这些芳烃分离开来。

因为市场对苯和对二甲苯的需求已经超过对甲苯的需求，所以许多芳烃生产厂将二甲苯生产最大化。图 5.17 给出了实现此工艺路线：通过歧化和烷基转移(例如使用 Tatoray 方法)将甲苯、EB 和三甲苯(TMB)转化为苯和二甲苯，然后选择性分离出来对二甲苯(例如使用 UOP Parex™ 连续吸附或用苏尔寿化学悬浮结晶[90])，最后把不希望得到的二甲苯异构化(例如用 UOP Isomar™)。苛刻的重整操作确保重整油中 $C_8$ 以上的组分绝大部分是芳烃，其经白土精制处理后可直接送入二甲苯分馏塔。

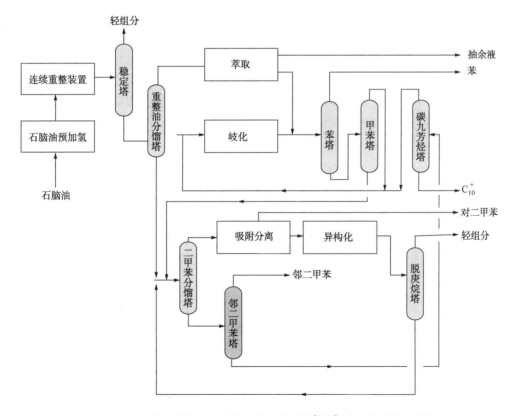

图 5.17　UOP 用于化二甲苯生产的最大化工艺路线[44,46](白土精制处理操作省略)

对二甲苯生产的发展有助于吸附和结晶技术的进步。例如，UOP 报告在过去二十年中其 Parex 吸附剂的处理能力增加 30% 以上[91]。如果轻石脑油廉价易得或当地对苯需求足够大，则也可通过脱烷基化（HDA）单元将甲苯和三甲苯选择性地转化为苯，从而使苯的产率最大化。为了高效地生产高纯度的对二甲苯（99.9%），必须向 Parex 装置提供低于三甲苯浓度的二甲苯物料，否则，这些 $C_9$ 芳烃将在解吸剂循环回路中累积。Parex 装置典型的单程转化率为 99.7%。二甲苯含量小于 1% 的萃余液被送至异构化反应器，其流出物被送至脱庚烷塔，其底部的二甲苯再循环回二甲苯分馏塔，如此则可有效地将所有间位二甲苯转化为邻位和对位二甲苯。将塔顶馏出物再循环至重整稳定塔以回收苯。

精馏是芳烃联合装置中主要的能量消耗操作，我们可以通过热量耦合来优化节能，这可以通过提高塔的操作压力来实现，用高压塔的塔顶蒸出物用作其他塔的再沸器热源。例如，在 Parex 装置中二甲苯分馏塔塔顶物料可以用作解吸回收塔的再沸器热源，而二甲苯分馏塔底部出料可以用作异构化脱庚烷塔的再沸器热源。

由于市场需求较低，只有大约一半的芳烃工厂同时生产对二甲苯和邻二甲苯。邻二甲苯在另一个高纯度邻二甲苯精馏塔中生产，其位于二甲苯分馏塔的下游。分馏塔切割点必须降低，从而保证目标量的邻二甲苯进入塔底 $C_9^+$ 流。如果工厂具有 Tatoray（或 HDA）转化单元，则邻二甲苯塔底的三甲苯被精馏并送去 Tatoray 单元；否则，它们可以与重组分一起混合到汽油池或燃料油池中。

因为物料有可能结垢，图 5.17 中的大部分精馏塔传统上均设计为板式塔。然而，可以通过适当处理和注入阻聚剂来防止结垢。当流动参数小于 0.1 时，可以使用高通量规整填料如苏尔寿 M252Y，Koch-Glitsch Flexipac 250Y 或 Montz B1-250MN 改造现有的板式塔。规整填料的压降低，就可以降低再沸器的温度，增加了再沸器中的温差驱动力，这也可以在芳烃联合装置中为各种热耦合技术提供额外的动力。

此处我们将讨论苏尔寿[92]所述的芳烃联合装置中的邻二甲苯塔的一个改造实例，其二甲苯的进料量为 17.3t/h，生产纯度为 98.5% 的邻二甲苯（异丙苯含量小于 0.3%），产量为 7.5t/h。报道的板式塔塔板的效率为 75%。没有给出精确的进料组成、塔板和状态或塔板的布局细节，仅提供近似的邻二甲苯和异丙基苯浓度以及质量平衡。因此如表 5.12 所示，使用典型的进料组成作为邻二甲苯塔的进料。为了讨论方便，假定塔板布局和进给位置经过优化（即在 67# 塔板上饱和液体进料）。根据报道中的蒸气密度，顶部压力定为 1.4bar。

表 5.12  下面给出了一台邻二甲苯塔的进料组成，这台直径 2m 的塔安装 80 层
双溢流浮阀塔板，板间距为 600mm，全塔压降 65kPa，此塔需要扩能改造

| 组 分 | 流量/（t/h） | 组 分 | 流量/（t/h） |
|---|---|---|---|
| 间二甲苯/对二甲苯 | 0.04 | 三甲苯 | 0.02 |
| 邻二甲苯 | 7.7 | 对/邻甲基乙苯 | 1 |
| 碳九烷烃 | 0.04 | 4-乙基邻二甲苯 | 1.5 |
| 异丙苯 | 0.15 | 对二乙苯 | 2.4 |
| 正丙苯 | 0.15 | 四甲苯 | 3.3 |
| 间乙基甲基苯 | 1 | 合计 | 17.3 |

报道表示，在 210℃ 时再沸器的负荷为 4.8MW。基于传质速率模型进行模拟，假设使用 2in Glitsch V1 标准浮阀，塔板鼓泡区域为 23.5%，降管面积为 9.1%，根据再沸器的热负荷，使用具有预测功能的 SRK 状态方程的 AIChE 模型(考虑各种组分的活度)可以计算出报道中的 75% 的塔板效率。该模拟表明塔精馏段的操作限制在 80% 的喷射泛点率。如图 5.18 所示，给出了麦开培-泰勒(McCabe-Thiele)图解法得到的曲线。

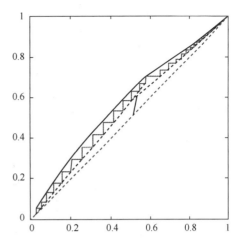

图 5.18　2m 直径的浮阀塔板的麦开培-泰勒图解法

关键组分是邻二甲苯和异丙苯。邻二甲苯和异丙苯的摩尔分数之和为 1。纵坐标使用 $y_1/(y_1+y_2)$，横坐标使用 $x_1/(x_1+x_2)$。

此塔使用六段、总高度为 36.7m 的板波纹填料 252Y 填料进行改造。假定这些填料段具有大致相等的高度，改造后，进料增加 33%(达到 23t/h)，并且可以得到 10t/h 邻二甲苯产品(纯度 98.5%)。塔底产物中邻二甲苯含量小于 1.5%。精馏塔的压降降低至 0.1bar。而达到相同的异丙苯含量(<0.3%)所需的再沸器负荷在 198℃ 下减小了 10%，仅为 5.7MW(每吨进料)。最重要的是，再沸器温度降低了 12℃，避免了安装新的换热器。苏尔寿研究结果显示：塔上部在 79% 的泛点率下操作而塔下部在 90% 泛点率下操作，每米填料的压降分别为 2.7mbar 和 5.4mbar。基于传质速率模型的模拟结果非常接近这些数字(使用第 5.1.3.2 节中讨论的 Wallis 关系式计算的泛点率分别为 79% 和 87%)。反算的 HETP 约为 460mm。注意，这比 Mellapak 250Y 的正常 HETP 高约 10%。最终的结论是，对于这种邻二甲苯塔，高通量的填料由于其压降较低比高通量塔板更适合用于旧塔改造。

### 5.2.3.2　乙苯和苯乙烯的生产

如图 5.19 所示的工艺流程，乙烯与苯反应获得乙苯，乙苯脱氢后可以得到苯乙烯。在这两条工艺中，反应物和产物的分离都是通过精馏实现的。由于苯乙烯会发生聚合并快速堵塞塔内件，加入适量合适的阻聚剂加入两种反应器流出物中是非常关键的。在这两种工艺中，首先将轻组分从反应液中分离出来。此外，两种反应产物中都有副产物重组分，可以利用具有反烷基化的催化剂将大部分 2-乙基苯和 3-乙基苯转化成乙苯，然而这会产生一些重的"沥青稀释油"。因为乙苯的脱氢也产生苯和甲苯，所以芳烃联合装置与 HDA 单元的整合很有优势。脱氢反应器中苯乙烯的收率已经从 20 世纪 40 年代后的 45% 提高到 2003 年的 60%。

反应获得的苯和苯乙烯的回收都是通过精馏工艺实现的。其中，最大的塔是将苯乙烯与其前体乙苯分离的真空精馏塔，典型的塔直径为 8~9m。该塔的能量消耗约占整个工艺能量消耗的 75%，因此现代化的工厂中此塔利用热泵系统来节约能量。苯乙烯与乙苯沸点差小，高品质的聚合级苯乙烯(乙苯含量为 100ppm)需要很多理论塔板数(100 多级)和高回流比

（6~8）。苯乙烯在高于100℃的温度下迅速聚合，故此塔必须在真空下操作。

早期的苯乙烯生产中，此分离工程必须在两个单独的塔中进行，每个塔安装70~75层泡罩塔板以保持塔底的温度足够低。塔底得到乙苯含量为2000ppm(%)的苯乙烯。塔顶真空必须控制低于85mbar，塔总压降控制为约500mbar。将塔顶馏出物(苯乙烯含量3.6%)再循环与乙苯一起进入反应器中。Linde[2]开发了低压降塔板，其压降比之前降低约一半，达到了230mbar，这是一个显著的改进。这允许精馏分离可以在单个精馏塔中进行，但是顶部真空必须为65mbar。苯乙烯损失量略有降低(浓度为3.0%)。

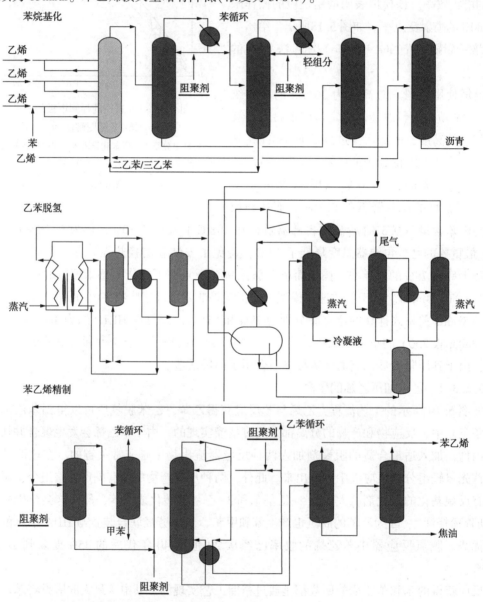

图 5.19　乙苯和苯乙烯的生产流程图[93]

重点是带有热泵的乙苯/苯乙烯分馏塔，这在文中已有详述。

在 20 世纪 70 年代，金属板波纹填料，如 M250Y，在精馏塔内可以应用时，精馏塔的性能出现阶跃变化。填料的低压降性能允许单塔的理论级超过 90 个，而压降只有仅仅 40mbar。结果，EB 的浓度降低了一个数量级，只有 150ppm（%），并且苯乙烯循环量减半（塔顶真空压力为 100mbar）。在处理量、纯度和产率方面的改进是很大的，这导致安装塔板的塔逐步被淘汰。在精制塔中最终得到苯乙烯产品，其将苯乙烯浓度从 99% 提高到 99.9%。由于苯乙烯聚合的可能性，这些塔的设计需要格外小心。因此，这些塔也必须在真空下操作，塔顶压力在 100~150mbar 范围内，通常塔径为 6~9m。塔底苯乙烯单体（SM）浓度取决于塔内件性能，但通常为 30%~50%。

高通量的规整填料允许苯乙烯工厂利用现有的精馏塔扩充产能（只要现有管道和辅助设备允许扩能）。新型填料的压降较低也降低了对塔顶真空的要求，以便保持底部温度不高于 100℃。

这里考虑将直径 6m、年处理量 20 万吨的乙苯/苯乙烯精馏塔改造为安装 Mellapak 250Y 的精馏塔。该塔的高度超过 60m，在回流比为 8.1、塔顶压力为 106mbar[94]、压降为 40mbar 的条件下操作，塔底温度为 88℃。进料组成为苯乙烯 60%、乙苯 35% 和焦油 5%（用二乙基苯来模拟）。该填料塔精馏段有两段填料，每段高 5.8m；提馏段共四段填料，每段高 7.4m。该精馏塔底生产苯乙烯（EB 含量为 150ppm），塔顶馏出物含 1.55%SM。然而，工厂现在要求苯乙烯产品中 EB 的含量低于 10ppm。

尽管可以采用增加回流比来达到规定的产品纯度，但这将严重影响工厂盈利能力，因此不是一个合适的方法。Jongmans[95] 推断未来对苯乙烯的纯度要求可能会更高，EB 含量可能低至 1ppm。这样在保持相同处理量的条件下，改进高通量填料以满足苯乙烯新的产品纯度要求并保持工厂盈利能力的研究变得十分有意义。由于改造将需要大量投资，因此在改造后处理量必然大幅增加。当然，将苯乙烯中的 EB 浓度降低一个数量级是一个显著的变化，并且将需要更多的理论级数。改造倾向于选择具有较低 HETP 的填料，即具有较高比表面积的填料。常规 M350Y 或 M500Y 具有较低的通量，但同时导致比 M250Y 填料更高的压降，最终导致过高的塔底压力和温度。如果要继续使用现有塔体，则只能考虑大通量填料。

如图 5.20 所示，M250Y 填料的 HETP（基于传质速率的模型计算）为 340~410mm，它是苯乙烯塔汽提因子的函数。最高的气相载荷发生在塔顶（C 因子为 0.071），其中最大可用通量（MUC）为 57%。

从图 5.20 可以看出，M602Y 将在这个 C 因子下接近于液泛。因此，具有更高通量、等效或更好的 HETP 的填料是 Mellpak Plus M252Y，M352Y 和 M452Y。表 5.13 列出了各填料的运行状况。图 5.21 给出了使用 Bravo-Rocha Fair（1985）MTC 模型，Wallis 通量方程和 Kooijman 压力模型（表 5.4 中的参数）计算的各种填料的 HETP。从图中可以看出，仅 M452Y 将明显增加塔板数，可以满足 EB 含量为 10ppm 的同时增加 36% 的处理量。总之，比表面积高于 250m²/m³ 的高通量填料代表苯乙烯生产的又一显著变化。

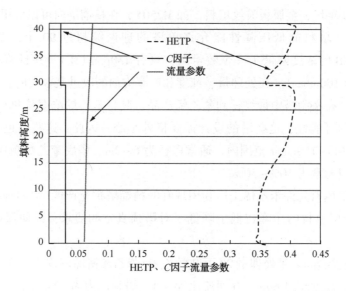

图 5.20　在塔顶压力为 106mbar、回流比为 8 的操作条件下，安装 41.2m 高 M250Y 填料的 EB/ST 塔(直径 6m)中，基于传质速率模型计算的等板高度(HETP)以及 C 因子和流量参数

**表 5.13　利用苏尔寿 Mellapak Plus 填料对 EB/ST 塔的改造**
**(塔直径 6m，填料高度 41.2m，塔顶压力 106mbar)**

| 填料类型 | M250Y | M250Y | M252Y(A) | M352Y(B) | M452Y(C₁) | M452Y(C₂) |
|---|---|---|---|---|---|---|
| 最大有效通量/MUC | 实际 | 0.567 | 0.645 | 0.655 | 0.862 | 0.693 |
| 处理量增加/% | | 0 | 40 | 29 | 58 | 36 |
| SM 处理量/(kt/a) | 198 | 198 | 277 | 256 | 312 | 269 |
| 回流比 | 8.1 | 8 | 8 | 8 | 8 | 7.25 |
| 塔顶 SM 含量/% | 1.55 | 1.55 | 1.92 | 1.37 | 0.62 | 1.59 |
| 塔底 EB 含量/ppm | 150 | 150 | 150 | 150 | 150 | 10 |
| 塔底压力/bar | 146 | 146 | 169 | 172 | 169 | 150 |
| 塔底温度/℃ | 88 | 85 | 89 | 90 | 89 | 86 |
| 平均 HETP/m | | 0.38 | 0.40 | 0.36 | 0.30 | 0.28 |
| 理论级数 | | 109 | 103 | 115 | 138 | 145 |

注：SM 指苯乙烯单体；EB 指乙苯；HETP 指等板高度。

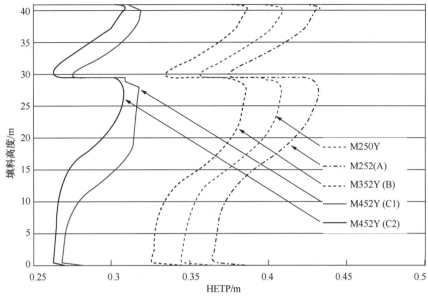

图 5.21　利用 Bravo-Rocha Fair(1985)方法建立传质速率模型计算的各种填料的 HETP
(回流比为 8，塔底 EB 的含量为 150mg/kg；除了 M452Y，塔底 EB 的含量为 10mg/kg)

## 5.3　结论

　　精馏仍然是大宗化学品生产中的关键分离技术。现代工厂需要具有高转化率、高选择性的催化剂以及最有效的分离工艺以增加竞争性。高通量、高效率精馏塔内件的使用已经成熟，并提供了最经济的解决方案：通过将不同类型和尺寸的塔内件组合在一起，获得具有最高处理能力的最紧凑设计。工艺工程师可以利用精细(基于传质速率模型)进行优化，以平衡所需精馏塔的操作弹性与资本/运营的支出。类似地，可以通过对工厂现有精馏塔的处理能力、理论塔板数、压降(操作温度)等条件进行改造，从而提高工厂的处理量。当然，这依赖于准确的过程系统因子、精确的水力学和传质模型的知识。尽管精馏已经是一种成熟的技术，但在过去数十年中随着高通量、高效率塔板和填料的不断发展，它大大提高了"旧"工厂的处理能力，并提供了"新"的产品且纯度更高。预计未来更多的技术创新，例如超重力塔板[96]，将进一步提高精馏塔的处理能力。

### 参 考 文 献

[1] J.M. Douglas, Conceptual Design of Chemical Processes, McGraw-Hill, 1988.
[2] C.J. King, Separation Processes, second ed., Mcgraw-Hill, 1980.
[3] J.D. Seader, E.J. Henley, Separation Process Principles, second ed., Willey, NY, 2006.
[4] T. Hobler, Mass Transfer and Absorbers, Pergamon Press, Oxford, 1966.
[5] T.K. Sherwood, R.L. Piford, Absorption and Extraction, second ed., McGraw-Hill, New York, 1952.
[6] E.Y. Kenig, L. Kucka, A. Gorak, Rigorous modeling of reactive absorption processes, Chem. Eng. Technol. 26 (2003) 631.
[7] A.J. Bruma, US Patent 2,295,256, 1942.
[8] J.G. Stichlmair, J.R. Fair, Distillation, Principles and Practices, Wiley, 1998.
[9] A.A. Shenvi, V.H. Shah, R. Agrawal, New multicomponent distillation configurations with simultaneous heat and mass integration, AIChE J. 59 (2013) 272.

[10] V.H. Shah, R. Agrawal, Are all thermal coupling links between multicomponent distillation columns useful from an energy perspective? Ind. Eng. Chem. Res. 50 (2011) 1770−1777.

[11] Sulzer brochure, Structured Packings. Accessed from: https://www.sulzer.com/en/-/media/Documents/ProductsAndServices/Separation_Technology/Structured_Packings/Brochures/Structured_Packings.pdf.

[12] M.J. Lockett, J.F. Billingham, "The Effect of Maldistribution on Separation in Packed Distillation Columns", Distillation & Absorption, Baden-Baden, Germany, 2002, 2.2-2.

[13] M.J. Lockett, Distillation Tray Fundamentals, Cambridge University Press, 1986.

[14] H.Z. Kister, Distillation Design, McGraw-Hill, 1992.

[15] D.R. Summers, Tray Capacity Limitations at Low Surface Tension, AIChE Spring Meeting, San Antonio (TX), paper 130c, May 1, 2013.

[16] G.B. Wallis, One-dimensional Two-phase Flow, McGraw-Hill, NY, 1969.

[17] H.A. Kooijman, K.R. Krishnamurthy, M.W. Biddulph, "A New Pressure Drop Model for Structured Packing", Distillation & Absorption, Baden-Baden, Germany, 2002. pp. 6−15.

[18] R.F. Strigle, Packed Tower Design and Applications, Random and Structured Packings, second ed., Gulf Publish. Company, Houston, 1994.

[19] M.R. Resertarits, J.L. Navarre, D.R. Monkelbaan, C.W.A. Hangx, R.M.A. Van den Akker, Trays inhibit foaming, Hydrocarbon Process. 71 (March 1992) 61−64.

[20] Defoamers, Kirk-Otmer Encyclopedia of Chemical Technology, John Wiley & Sons.

[21] A. Zhou, Z. Zhang, Fouling rate of calcium carbonate on the surface of sieve trays, Ind. Eng. Chem. Res. 49 (2010) 870−875.

[22] D. Grosserichter, J. Stichlmair, Fouling Resistance of Different Column Internals, AIChE Meeting paper 306c, San Francisco, November 2003.

[23] D. Grosserichter, J. Stichlmair, Kristallisationsfouling in Bodenkolonnen, Chem. Ing. Technik. 1−2 (2004) 106−110.

[24] P. Bender, A. Moll, Modification to structured packings to increase their capacity, Chem. Eng. Res. Des. 81 (2003) 58−67.

[25] Koch-Glitsch brochure, FLEXIPAC HC High Capacity Structured Packing. Accessed 2013 from: http://www.koch-glitsch.com/masstransfer/pages/FLEXIPAC_HC.aspx.

[26] A. Zakeri, A. Einbu, H.F. Svendsen, Experimental investigation of pressure drop in structured packings, Chem. Eng. Sci. 73 (2012) 285−298.

[27] Ž. Olujić, B. Kaibel, H. Jansen, T. Rietfort, E. Zich, Fractionation Research Inc. Test data and modeling of a high-performance structured packing, Ind. Eng. Chem. Res. 52 (2013) 4888−4894.

[28] R. Billet, M. Schultes, Prediction of mass transfer column with dumped and arranged packings, Trans. Inst. Chem. Eng. 77 (Part A) (1999) 498.

[29] J.A. Rocha, J.L. Bravo, J.R. Fair, Distillation columns containing structured packings: a comprehensive model for their performance. 2. Mass-transfer models, Ind. Eng. Chem. Res. 35 (1996) 1660.

[30] E. Brunazzi, G. Nardini, A. Paglianti, L. Potarca, Interfacial area of Mellapark packing: absorption of 1,1,1-Trichloro-ethane by Genesorb 300, Chem. Eng. Technol. 18 (1995) 248.

[31] M.M. Dribika, M.W. Biddulph, Surface tension effects on a large rectangular tray with small diameter holes, Ind. Eng. Chem. Res. 26 (1987) 1489−1494.

[32] P.L.T. Brian, J.E. Vivian, S.T. Mayr, Cellular convection in desorbing surface tension − lowering solutes from water, Ind. Eng. Chem. Fundam. 10 (1971) 75.

[33] L.-M. Yu, A.-W. Zeng, K.T. Yu, Effect of interfacial velocity fluctuations on the enhancement of the mass-transfer process in falling-film flow, Ind. Eng. Chem. Res. 45 (2006) 1201−1210.

[34] R.C. Francis, J.C. Berg, The effect of surfactant on a packed distillation column, Chem. Eng. Sci. 22 (1967) 685.

[35] C.W. Fitz Jr., A. Shariat, J.G. Kunesh, Performance of structured packing in a commercial scale column at pressures of 0.02 to 27.6 bar, Inst. Chem. Eng. Symp. Ser. 142 (1997) 829.

[36] J.L. Nooijen, K.A. Kusters, J.J.B. Pek, The performance of packing in high pressure distillation applications, Inst. Chem. Eng. Symp. Ser. 142 (1997) 885.

[37] M. Schultes, W. Grosshans, S. Müller, Modern Liquid Distributor and Redistributor Design by Raschig, AIChE Meeting, November 2003.

[38] H.E. O'Connell, Trans. AIChE 42 (1946) 741.

[39] M.F. Gautreaux, H.E. O'Connell, Effect of length of liquid path on plate efficiency, Chem. Eng. Prog. 51 (1955) 232.

[40] F.J. Lockhart, C.W. Leggett, Advances in petroleum chemistry and refining, in: K.A. Kobe, J.J. McKetta (Eds.), Interscience, vol. 1, 1958, pp. 323−326.

[41] AIChE Bubble Tray Design Manual: Prediction of Fractionation Efficiency, AIChE, New York, 1958.

[42] T. Yanagi, M. Sakata, Performance of a commercial scale 14% hole area sieve tray, Ind. Eng. Chem. Process Des. Dev. 21 (1982) 712−717.

[43] R. Taylor, R. Krishna, H. Kooijman, Real-world modeling of distillation, Chem. Eng. Prog. (July 2003) 28−39.

[44] ChemSep, http://www.chemsep.org.

[45] A.W. Sloley, Should you switch to high capacity trays, Chem. Eng. Prog. 95 (January 1999) 23−35.

[46] F.J. Zuiderweg, J.H. de Groot, B. Meeboer, D. van der Meer, Scaling up distillation plates, Inst. Chem. Eng. Symp. Ser. 32 (1969) 5.78.

[47] W. Bruckert, US Patent 3,410,540 Vapor−Liquid Contact System and Method, 1968.

[48] R.J. Miller, D.R. Monkelbaan, M.R. Resertarits, US Patent 5,209,875, 1991.

[49] N.F. Urbanski, Z. Xu, US Patent Application 6,390,454 B1, 2002.

[50] M.R. Resertarits, US Patent 5,098,615, 1992.

[51] M.S.M. Shakur, J. Agnello, K.J. Richardson, N.F. Urbanski, US Patent Application 6,783,120, 2004.

[52] B.H. Bosmans, US Patent Application 6,902,154, 2005.

[53] B.H. Bosmans, US Patent Application 6,494,440, 2002.

[54] M.S.M. Shakur, R.E. Tucker, K.J. Richardson, M.R. Sobczyk, R.D. Prickett, C. Polito, S.E. Harper, Increase C2 splitter capacity with ECMD trays and high flux tubing, Ethylene Producers Conference, March 18, 1999.

[54a] S.E. Harper, W. Malaty, Chevron Port Arthur Ethylene Expansion Meets Objectives, Oil & Gas Journal 97 (9) (1999) 49−51.

[55] L. Urlic, S. Bottini, E.A. Brignole, J.A. Romagnoli, Thermodynamic tuning in separation simulation and design, Comput. Chem. Eng. 15 (7) (1991) 471−479.

[56] S. Kurukchi, J. Gondolfe, A.J.D. Prestes, S. Peter, P. McGuire, C2 Splitter Retrofit and Performance, PTQ Spring, 2003, pp. 93−97.

[57] P. McGuire, UOP MD™ and ECMD™ Trays, 6th Olefin Plant Seminar, Sao Paulo, Brazil, October 1−3, 2003.

[58] D.R. Summers, R. Alario, J. Broz, High Performance Trays Increase Column Efficiency and Capacity, AIChE Meeting, April 2, 2003 paper 7fm.

[59] A. Bernard, W. de Villiers, D.R. Summers, Improve product ethylene separation, Hydrocarbon Process. (April 2009) 61−69.

[60] D.R. Summers, R. Alario, J. Broz, High performance trays increase column efficiency and capacity, AIChE Meeting, April 2, 2003 paper 7fm.

[61] Koch-Glitsch Superfrac, online material accessed 2013 from: http://www.koch-glitsch.com/masstransfer/pages/SUPERFRAC_multi-pass_DC.aspx.

[62] M. Wehrli, M. Fischer, M. Pilling, "The MVG Tray with Truncated Downcomers, Recent Progress", Distillation & Absorption, Baden-Baden, Germany, 2002, pp. 6−8.

[63] D.E. Nutter, The MVG tray at FRI, Trans. Inst. Chem. Eng. 77 (Part A) (September 1999) 493.

[64]  I.E. Nutter, US Patent 3,463,464, 1969.

[65]  Technical Data Book — Petroleum Refining, seventh ed., American Petroleum Institute, 1977.

[66]  H. Knapp, R. Döring, L. Öllrich, U. Plöcker, J.M. Prausnitz, DECHEMA Chem. Data Ser. VI (1982) 654,. Fit for Propylene-Propane data from M. Hirata, T. Hakuta, T. Onda, Int. Chem. Eng. 8 (1968) 175.

[67]  D.R. Summers, P.J. McGuire, M.R. Resetarits, C.E. Graves, S.E. Harpter, S.J. Angelino, Enhanced Capacity Multiple Downcomer (ECMD) Trays debottleneck C3 Splitter, Spring AIChE Meeting, March 22, 1995.

[68]  D.R. Summers, P.J. McGuire, M.R. Resetarits, C.E. Graves, S.E. Harpter, S.J. Angelino, High-capacity trays debottleneck Texas C3 splitter, Oil Gas J. (November 1995) 45.

[69]  Z. Xu, D.R. Monkelbaan, B.J. Nowak, R.J. Miller, US Patent Application 2007 0126134 A1.

[70]  L. Zhu, X. Yu, K. Yao, L. Wang, K. Wei, W. Wang, Promotions for further improvements in multiple downcomer tray performance, Ind. Eng. Chem. Res. 43 (2004) 6484—6489.

[71]  US Patent 3,745,092 Recovery and Purification of Ethylene Oxide by Distillation and Absorption, 1973.

[72]  US Patent Application US 7,598,406 B2 Production of Ethylene Oxide, 2009.

[73]  M.R. Rahimpour, M. Shayanmehr, M. Nazari, Modeling and simulation of an industrial ethylene oxide (EO) reactor using artificial neural networks (ANN), Ind. Eng. Chem. Res. 50 (2011) 6044—6052.

[74]  US Patent 4,012,425 Ethylene Oxide Process, 1977.

[75]  Ethylene Oxide/Ethylene Glycol, 2009. Nexant, Accessed 2013 from: http://www.chemsystems.com/about/cs/news/items/PERP%200809_8_EO_EG.cfm.

[76]  US Patent 5,763,691 Ethylene Glycol Process, 1998.

[77]  US Patent 6,080,897 Method for Producing Monoethylene Glycol, 2000.

[78]  Shell's Omega MEG Process Kicks off in South Korea, August 12, 2008, ICIS.com. Accessed from: http://www.icis.com/Articles/2008/08/18/9148176/shells-omega-meg-process-kicks-off-in-south-korea.html.

[79]  OMEGA Process, Wikipedia. Accessed from: http://en.wikipedia.org/wiki/OMEGA_process.

[80]  US Patent 4,822,926 Ethylene Oxide/Glycols Recovery Process, 1989.

[81]  K.P. Struijk, J.A. Talman, Gekatalyseerde omzetting van etheenoxide naar monoethyleenglycol, TU Delft, 1993. Appendix 13. Accessed from: http://repository.tudelft.nl/view/ir/uuid%3Ab936da1b-5c5d-4ac6-9233-fc412620e82c/.

[82]  L.Y. Garcia-Chavez, B. Schuur, A.B. De Haan, Conceptual process design and economic analysis of a process based on liquid—liquid extraction for the recovery of glycols from aqueous streams, Ind. Eng. Chem. Res. 52 (2013) 4902—4910.

[83]  N. Kamihama, H. Matsuda, K. Kurihara, K. Tochigi, S. Oba, Isobaric vapor—liquid equilibria for ethanol + water + ethylene glycol and its constituent three binary systems, J. Chem. Eng. Data 57 (2012) 339.

[84]  N.G. Tsierkezos, I.E. Molinou, Thermodynamic properties of water + ethylene glycol at 283.15, 293.15, 303.15, and 313.15 K, J. Chem. Eng. Data 43 (1998) 989.

[85]  MEG (Monoethylene glycol), Sabic. Accessed from: http://www.sabic.com/corporate/en/productsandservices/chemicals/meg.aspx.

[86]  US Patent 3,875,019 Recovery of Ethylene Glycol by Plural Stage Distillation Using Vapor Compression as an Energy Source, 1975.

[87]  J.A. Garcia, J.R. Fair, A fundamental model for the prediction of distillation sieve tray efficiency. 1. Database development, Ind. Eng. Chem. Res. 39 (2000) 1809.

[88]  Uhde brochure, Aromatics. Accessed 2013 from: http://www.thyssenkrupp-uhde.de/fileadmin/documents/brochures/uhde_brochures_pdf_en_16.pdf.

[89]  J.A. Johnson, Base aromatics production processes, in: R.A. Meyers (Ed.), Handbook of Petroleum Refining Processes, Part 2, McGraw-Hill, NY, 2004.

[90] Sulzer brochure, Suspension_Crystallization_Technology. Accessed from: http://www.sulzer.com/en/-/media/Documents/ProductsAndServices/Separation_Technology/Crystallization/Brochures/Suspension_Crystallization_Technology.pdf.

[91] P. Wantanachaisaeng, K. O'Neil, Capturing Opportunities for Para-xylene Production, UOP, 2009.

[92] L. Ghelfi, "Improve Refinery Profitability", Sulzer chemtech, EFCE WP Meeting Distillation & Absorption, September 16, 2004. Huelva, Spain.

[93] Sulzer brochure, Separation Technology for the Chemical Process Industry. Accessed from: http://www.sulzer.com/en/-/media/Documents/ProductsAndServices/Process_Technology/Processes_and_Applications/Brochures/Separation_Technology_for_the_Chemical_Process_Industry.pdf.

[94] L. Spiegel, Improving Styrene Separation Using Mellapak Plus, EFCE Working Party Meeting, Helsinki, Finland, June 5, 2003.

[95] M. Jongmans, E. Hermens, M. Raijmakers, J.I.W. Maassen, B. Schuur, A.B. de Haan, Conceptual process design of extractive distillation processes for ethylbenzene/styrene separation, Chem. Eng. Res. Des. 90 (2012) 2086−2100.

[96] P. Wilkinson, E. Vos, G. Konijn, H. Kooijman, G. Mosca, L. Tonon, Distillation trays that operate beyond the limits of gravity by using centrifugal separation, Inst. Chem. Eng. Symp. Ser. 152 (2006) 327−335.

[97] P.M. Mathias, Sensitivity of Process Design to Phase Equilibrium - A new Perturbation Method Based Upon the Margules Equation, J. Chem. Eng. Data 59 (4) (2014) 1006−1015.

# 第6章 空气精馏

安东·莫尔
德国普拉赫，林德工程部工程服务公司

## 6.1 前言

本章的主题是空气精馏。空气精馏就是以空气为原料、将其分离为空气的主要组分，如氮气、氧气、氩气以及空气中所包含的其他惰性气体等。这种分离是在低温条件下进行的最重要的精馏过程。

氧气、氮气和氩气在制造业中有广泛的应用例如、化学、冶金、电子、食品、健康保健、玻璃、造纸、强化采油等多个行业。液氮具有冷冻作用，其他惰性气体(如氦、氙、氖、氪)也都有很广阔的应用领域，例如灯具、激光、绝缘气体或者是等离子显示器的填充气体。

根据 2005～2010 年的预测[1]，由于生产成本不断降低及新应用的产生，全球范围内对惰性气体的需求量以每年 7.8% 的速度增长。

如图 6.1 所示，自 1903 年开始，每年从林德公司订购的氧气产量的增长情况。

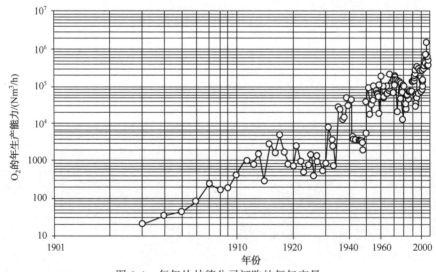

图 6.1　每年从林德公司订购的氧气产量

## 6.2 工艺

### 6.2.1 空气组分

空气是多种不同气体的混合物，其中氮气、氧气和惰性气体氩气占 99.962mol%(如图 6.2所示)。干燥洁净空气组分在全世界范围内都是一样的。水蒸气含量根据大气条件从

0.5mol%~3mol%之间变化。

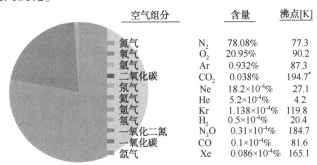

| 空气组分 | | 含量 | 沸点[K] |
|---|---|---|---|
| 氮气 | $N_2$ | 78.08% | 77.3 |
| 氧气 | $O_2$ | 20.95% | 90.2 |
| 氩气 | Ar | 0.932% | 87.3 |
| 二氧化碳 | $CO_2$ | 0.038% | 194.7* |
| 氖气 | Ne | $18.2 \times 10^{-4}\%$ | 27.1 |
| 氦气 | He | $5.2 \times 10^{-4}\%$ | 4.2 |
| 氪气 | Kr | $1.138 \times 10^{-4}\%$ | 119.8 |
| 氢气 | $H_2$ | $0.5 \times 10^{-4}\%$ | 20.4 |
| 一氧化二氮 | $N_2O$ | $0.31 \times 10^{-4}\%$ | 184.7 |
| 一氧化碳 | CO | $0.1 \times 10^{-4}\%$ | 81.6 |
| 氙气 | Xe | $0.086 \times 10^{-4}\%$ | 165.1 |

图 6.2　干燥空气在 1.013bar 下组成表和组分的沸点(*升华点)

二氧化碳浓度约为 380ppm，并以每年 1ppm 的速度在持续增长，这也取决于特定的季节和地区。碳氢化合物的含量并没有显示在空气组分表格中，主要是因为它们的比例取决于当地工业和公民的排放量。甲烷是迄今为止空气中含量最高的碳氢化合物，其浓度为 0.17 ~ 10ppm。一般来说，其他碳氢化合物（$C_2H_2$、$C_2H_4$、$C_2H_6$、$C_3H_6$、$C_3H_8$、$nC_4H_{10}$、油、丙酮和甲醇）的总和不超过 10ppm。碳氢化合物的沸点要高于氧气的沸点（$CH_4$：111.7K）。

除氦以外，所有的惰性气体(氩 Ar、氪 Kr、氙 Xe、氦 He 和氖 Ne)都可由空气精馏而产生。以商业规模来说，氦主要是源于天然气资源。世界上 90% 以上的氧气和氮气都是由空气低温精馏而生产的。可替代的生产方法是膜分离和变压吸附的方法，这些生产方法由于其成本低，所以对于量少和氮气和氧气纯度要求不高的情况是有优势的。

分离单元的生产成本主要由能耗决定。在上述的三种工艺中，低温空气精馏是能耗最低的一种。在现代空气分离装置中，实际能耗比生产纯氮(99.9999%，8bar)的最小理论能耗高 2~3 倍。生产 1Nm³ 的氮气，能耗为 0.15 ~ 0.25kW·h。生产 1Nm³ 氧气(99.5%，非承压的)，能耗大约是 0.35kW·h。

## 6.2.2　历史

空气精馏的基本要求是能在工业规模上使空气液化。在 1bar 压力下，温度低于 81.6K 时空气即可被液化。尽管之前一些科学家已经成功地液化了少量空气，但卡尔·冯林德在 1895 年，成功地运用焦耳-汤姆逊效应实现了空气的连续液化，从而为低温技术的运用打开了大门。

随着空气的膨胀，压力每降低 1bar，其温度降低 0.25K。因为这种制冷效应会随温度降低而增加，所以空气可以被之前膨胀的冷气体冷却而液化。在首次试验时，制冷循环在 22~ 65bar 压力区间进行操作，制冷循环中加入 400Nm³ 的空气，产生了大约 3Nm³/h 的液体，液体中氧含量大约是 70%，这是由于在部分空气被液化的情况下，氧的饱和蒸气压低于氮的饱和蒸气压。

在 1902 年，林德将液态空气引入精馏塔顶部，塔底的液氧用冷凝空气加热的再沸器煮沸，从而得到纯氧。第一个塔采用玻璃球作为填料。富氮尾气中仍然有 7% 的氧。

1908 年，林德开发了双塔工艺，以提高效率并得到纯氧和纯氮。低压塔和加压塔通过冷凝器和再沸器单元进行热耦合，这个单元被称为主冷凝器单元，目前仍是空气分离装置的关键部分。

### 6.2.3　一种含有气态产品的空气分离工艺

现在已优化开发了多种类型的空气分离工艺(ASU, Air Separation Unit)，以满足客户在资本和操作成本上的需求。其中一些比较重要的已经被介绍过了，例如，Schwenk 工艺[2]。本章仅描述了用于生产气态氧、氮和液氩的基本装置，来说明对精馏塔设计的特殊要求。

如图 6.3 所示，每个低温空气分离单元由一个常温部分和一个低温部分组成，其中后者被放置在名为"冷箱"的绝热容器中。常温部分包括空气过滤器、压缩部分、预冷部分、干燥部分和装有分子筛吸附剂的空气预净化部分。低温部分包括膨胀透平、主换热器、过冷冷却器和带有冷凝器的精馏塔。

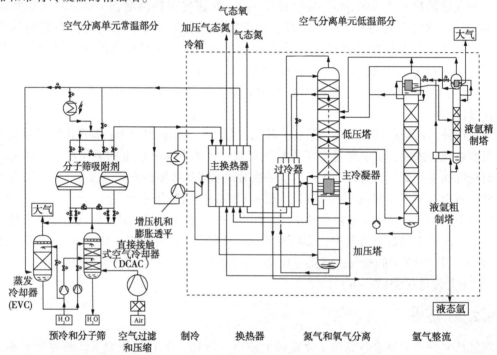

图 6.3　生产气态氮、氧和液态氩的空气分离单元的流程图

空气首先通过过滤器，然后由多级透平压缩机压缩至 5.5bar 左右，压缩机带有级间冷却。在直接接触空气冷却器(DCAC)中，自压缩机而来的 373K 的热空气被冷却水和冷冻工艺用水冷却至 283K，其中冷冻工艺用水是由蒸发冷却器(EVC)提供的。

空气直接冷却可以减少水分，还可以通过水洗的方式去除空气中可能存在的 $SO_2$、$NO_2$、$NH_3$、$Cl_2$ 和 HCl，剩余的水分和二氧化碳可以通过直接接触式空气冷却器(DCAC)下游的两个沸石分子筛吸附完全去除。这个步骤非常关键，因为这两种组分在低温下会凝结，产生的结晶会堵塞气体流通的自由区域。大部分烃类都被去除仅有少量残留，尤其是最危险的乙炔、二烯烃和 $C_4^+$ 烃类全部被去除。

气流经分子筛吸附之后被分成两股，在主换热器中，通过与低温产品的对流换热，大部分压缩空气降温至 98K，接近其露点温度，然后进入加压塔底部。第二部分，大约总空气量的10%，加压至约9bar，通过冷却水和主换热器进行部分冷却，然后通过透平膨胀机膨胀后进入到低压塔。透平中的冷量足以弥补主换热器中的热损失以及进入冷箱的热损失，并提供必要的冷量以生产液氩产品。

### 6.2.3.1 加压塔

在加压塔中精馏分离空气，塔顶得到更易挥发的富氮气体，塔底是含氧较多的富氧液体。塔顶的高纯氮蒸气冷凝放出的热量用作低压塔塔釜加热源，使低压塔釜液氧汽化。主冷凝器的工作原理将会在下面进一步介绍。

含有不凝组分氢气、氦气和氖气的少量气体被冷凝液体回流后排放到大气中（在图6.3中未标明），在加压塔冷凝器中约60%的总气量冷凝后回流。通常加压塔需要45块理论塔板，分离后空气进料中的氧含量在塔顶部减少至1ppm，加压塔顶的氮气可以作为产品从塔顶采出，塔顶的液态氮采出后过冷进入低压塔顶部，作为回流液。

从加压塔塔釜抽出的富氧液体经过过冷降温、节流减压后被送入低压塔中部。进入低压塔之前，富氧液体的显热用来加热液氩精制塔的塔釜液。在液氩粗制塔和精制塔顶部的主冷凝器中，一部分液体被汽化，剩余液体则为两塔提供必要的回流量。

### 6.2.3.2 低压塔

低压塔（LPC）在接近常压下操作，将空气中三种主要的大气组分分离成高纯度的氧气、氮气以及氧-氩混合物的侧线流股，侧线流股作为液氩粗制塔的进料。

在塔釜中，挥发性最低的氧被富集到99.5%以上，挥发性较低的烃类、惰性气体氪和氙也富集在塔釜中。对于规模较大的工厂，可以在此设立富集塔来生产氪和氙。

气态氧（GOX）产品在再沸器上方被快速抽出。为了避免危险的烃类物质在冷凝器中聚集，必须排出少量液体以保持其浓度远低于其溶解度和爆炸极限。在低压塔中，共有70~80块理论塔板，大约一半的理论塔板用来从氧气中分离出氩气。

氩气聚集在塔的中部，形成较大范围的集中区域，在这区域中将含有7%~12%氩气和低于100ppm氮的富氧气体抽出，作为氩气粗制塔的进料。该流股中的氮含量一定要低，因为氮在氩气粗制塔顶部的冷凝器中是不凝气。

最易挥发的氮气组分，富集在顶部。在低压塔的上部区域，顶部以下约8~20块理论塔板处将含有0.5%氧气的废气从侧线采出。由于上升气相的减少，在塔顶部所谓的气态氮产物（GAN）部分的汽提因子低于1。因此，气体中的氧含量进一步减少至低于1ppm，气态氮（GAN）产物从低压塔的顶部被采出。

气态产物和废气首先用于冷却从高压塔送至低压塔中的液态流股，然后在主换热器中加热至常温，进而冷却刚进入的空气进料。一部分废气用于再生两个分子筛吸附器中的第二个（第一个用于吸附），吸附器交替处于吸附或再生模式。在减压阶段压力达到常压之后是再生阶段，该阶段包括一个把废气加热至约473K的加热阶段和一个废气的冷却阶段，再之后是升压阶段。

其余的废气作为蒸发冷却器（EVC）的进料，其中干燥气体用水饱和，所需的蒸发热量由水提供，并将水冷却至约282K，冷却水被送至直接接触式空气冷却器（DCAC）的顶部。

### 6.2.3.3 液氩粗制塔和精制塔

在氩气粗制塔中，相对挥发度更高的氩从氧中几乎完全分离出来。在液氩粗制塔顶部氧含量低于1ppm。进料中小于100ppm的氮气在塔顶富集至约0.3%。

由于氧气和氩气之间的紧密平衡，只有3%~4%的进入粗氩冷凝器的气体可以作为粗氩产物采出，并作为精氩塔的进料，剩下的大约96%的气体被冷凝回流。通过泵将塔釜的液体输送到低压塔顶的氧气塔节。该塔的更多细节将在介绍规整填料用途部分详细讲解。在精氩塔中，氮气在提馏段提出，排放到大气中，同时，纯净的液氩在精氩塔塔釜中作为产物采出。

### 6.2.3.4 主冷凝器中加压塔和低压塔之间的热传递

上文已经介绍了空气分离装置的主要部分。我们回到工厂中的关键要素——连接加压塔和低压塔的冷凝—再沸装置。用加压塔顶氮气冷凝放出的热量，使低压塔液态氧蒸发。对于这些几乎纯的组分，温度仅取决于冷凝氮气和再沸氧气的压力。

氧气浴的压力和温度是由大气压力及气体从氧气浴到低压塔的压力损失与废气排放的压力损失之和决定的。

低压塔和加压塔的压力与主冷凝器的平均温差的关系如图6.4所示。左纵轴表示低压塔釜中的氧气浴的压力，右侧表示对应的温度。

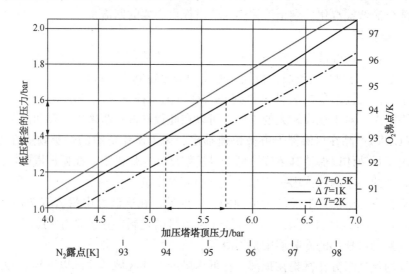

图6.4　根据加压塔和低压塔中的压力，主冷凝器中温差为0.5K、1K和2K。
加压塔的压降约为低压塔压降的3倍

主冷凝器典型的平均温差是1K，将该温差加上氧气浴的温度就是冷凝氮所需的温度。由此，加压塔顶部压力如$x$轴所示。该压力加上从压缩机到冷凝器的压降限定了主空气压缩机的必要压力$P_2$。

如果在低压塔（LPC）中使用规整填料代替塔板，那么低压塔（LPC）中的压降则至少减少0.2bar。在氧气浴中的压降变低，降低了泡点温度，同时也降低了冷凝氮所需的温度。如图6.4所示，加压塔中的压力从5.74bar降低到5.16bar。这个压降几乎是低压塔压降的三倍。

减少0.1bar的压力会减少空气压缩所消耗能量的1%，因为所需能量$E$与出口压力$P_2$和大气压力$P_1$之间的比率的对数成比例。

$$E \propto \ln\left(\frac{P_2}{P_1}\right) \tag{6.1}$$

将低压塔从板式塔改为填料塔，压缩机的能量消耗降低了 6%。

除 1K 的温差(蓝色实线)以外，温差为 0.5K 和 2K 的关系也在图 6.4 中标绘。这显示了主冷凝器中温差对于必要压力 $P_2$ 有很大的影响。

使用铝制钎焊板翅式换热器(BAHX)可以产生大约 1K 的平均温差。一般地，铝制钎焊板翅式换热器模块根据热虹吸原理设计为浴槽冷凝器。出于对碳氢化合物安全性的考虑沸腾氧侧的开口垂直翅片至少有 80% 的高度浸没于液态氧中。高度浸没可以在板翅式热交换器通道中将氧全部蒸发，从而避免固态或液态的碳氢化合物沉淀。

氧气浴的液体压头增加了沸液的压力，这是影响装置运行的重要因素。例如，1m 的液体浴高度将导致下侧压力增加 0.112bar。这就需要使用降流式沸腾换热器。液氧均匀地分配在通道的顶部并从降膜中蒸发出来。出于安全考虑，该换热器必须设计成使得所有物料从底部出来时呈气液的相混合物从而避免完全汽化，多余的液体再循环到顶部。为减少铝制钎焊板翅式换热器(BAHX)块体的高液体压头，也可以使用多个不同的短块。这在所谓的级联冷凝器中完成[6]。主冷凝器的不同配置如图 6.5 所示。

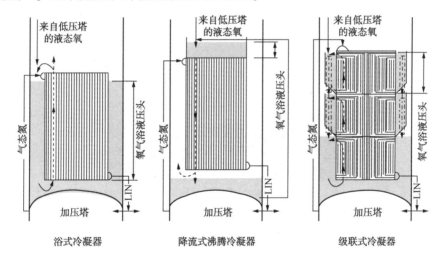

图 6.5　主冷凝器的不同配置，氧气浴的液体压头对蒸发氧气压力以及温度的影响

用于蒸发液体氧气的几个铝制钎焊铝板翅式换热器(BAHX)的通道，一方面，互相堆叠在彼此顶部，同时这些通道还可以冷凝氮气。另一方面，这些通道在整个高度上是不分开的。每个氧循环部分根据热虹吸原理工作，其中液体通过在块体底侧的侧向开口进入块体，并且两相混合物在顶侧溢出。这些开口通过侧袋相互连接，其中未蒸发的液体下降到底部开口处。多余的液体由溢流管引流到底部，溢流管的高度保证了块体被完全溢满。

这个原理重复多次，最后一个模块浸没在氧气浴的储槽中。

## 6.2.4　塔设计的约束条件

工厂设计的最优方案是运营支出和资本支出的总和达到最小值，运营支出取决于客户的能耗。

### 6.2.4.1　压降最小化
因为空气分离装置的生产成本主要取决于它的能耗，因此所有塔内件，至少低压侧的冷凝器，应该尽可能减小压降。

### 6.2.4.2 塔内件高度最小化

塔在 80~100K 的温度范围内操作，为了使低温损失降到最低，必须执行一些额外的工作，就是将所有的冷部件布置在"冷箱"内部。冷箱是一个由钢板构架并填充绝缘材料（如珍珠岩砂）所组成的容器。珍珠岩砂是具有低密度和极低热导率的自由流动的颗粒物。

在加压塔顶部布置低压塔，双塔高度决定了冷箱的必要高度。加压塔的一般高度为 9~18m，主冷凝器单元高度为 4~10m，低压塔高度为 20~40m。筛板塔高度较低而使用规整填料的话塔高增加。塔高必须尽可能小，因为每增加 1m 高度将会增加冷箱的额外成本。

如果可能，冷箱完全在车间组装并作为"成套装置"运输到项目现场。这节省了施工的时间和成本。这种可运输单元的可能尺寸（如 41m×4.2m×3.7m）取决于从制造车间到项目现场的运输路线，这种单元的重量也是一个需要考虑的问题。一套可现场安装的包括加压塔、主冷凝器、低压塔和装有可供工地安装的空气分离装置组件的冷箱如图 6.6 和图 6.7 所示。

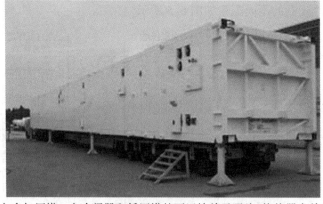

图 6.6　包含加压塔、主冷凝器和低压塔的可运输单元照片（换热器在单独箱子中）

图 6.7　安装可架起的空分单元的冷箱

通常，成套标准化的空分装置有小型的或者中型的，其生产能力可以从 $1000Nm^3/h$ 氧至 $2000Nm^3/h$ 不等。如果成套装置超过运输的限制，就将装置分块在车间制作，交付到厂后，在工厂将块装配在一起。架设完成后，将进行首次功能测试，冷箱用珍珠岩砂填充。

### 6.2.4.3　冷箱安装致使无法进入内部

填充完珍珠岩之后，冷箱内的所有单元寿命通常不超过 30 年，而通常一套空气分离装置的寿命也是 30 年。因此，通常不使用可拆的塔内件。

所有塔内件均在车间水平摆放的塔内安装(图 6.8)，不同部分和蝶形封头在安装完成之后焊接。这些塔通常不设置人孔。

图 6.8　在工厂安装塔内件进入卧式外壳部分

在车间安装塔内件有助于实现所需的高制造标准，内件的安装偏差比平时更严格。

因为珍珠岩砂必须得移除，且进入装置内部是非常困难的，所以塔的修理是非常浪费金钱和时间的。因此，只有被证明成熟的设计才能应用到塔上，空气分离装置一般不会通过改造来提高产量。

### 6.2.4.4　安全要求

塔内件必须在洁净的室内进行安装，所有零件必须无油无脂，因为氧气可以与烃类发生剧烈的反应，反应释放的热量可以点燃紧邻的金属。封塔后塔内件或连接管道中应没有液体残留，因为该装置最后蒸发的液滴可能含有最不易挥发的高浓度氧和烃组分。

## 6.3　塔内件

约束条件介绍完之后，下面是关于林德公司空气分离装置塔内件的介绍。友商的塔内件可能不同，因为它们针对同一问题提出了不同的工程解决方案。例如，一个友商用并流槽形筛板塔板[7]，另一个用 Kühni 槽形塔板[8]。

尽管与填料塔相比筛板塔的压降较高，但是这些筛板塔仍在使用，特别是在加压塔中或者当能耗不是主要设计因素时。筛板塔的优势在于它的高度相对较低。同时，塔板和塔内件需要的铝材仅为相同分离效果填料塔铝材用量的 15%左右。

### 6.3.1　筛板塔板

林德公司的筛板塔板从 110 年前空气分离装置最初建成时至今不断在发展。在最初的 10 年，使用的是透镜状川流式塔板。图 6.10 所示为一个塔径为 100mm 的该塔板。塔板间距为 12～24mm。直到 20 世纪 30 年代初，单溢流筛板塔板得到应用，然后是由 Hellmuth Hausen 发明的林德环流塔板。该环流塔具有一个降液管（见图 6.9）、两个降液管（见图 6.10）或三个降液管，塔板上的环状液体流具有相同的旋转流动方向。

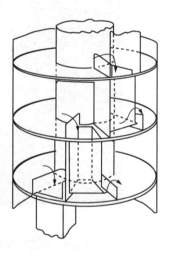

图 6.9　20 世纪 60 年代早期循环流动塔板的预组装图和塔板间流体流向说明图

这种在连续塔板上液体并流的设计，与 Lewis 的 Case Ⅱ 型塔板相比[9]，具有比常规错流塔板更高的塔板效率。记录的测量结果表明塔板段效率高达 120%。Lewis 的 Case Ⅱ 型塔板也能达到 Kühni 型槽形塔板和并流槽型塔板一样的液体流动条件。

因为环流塔板的建造成本非常高，所以它们在 1965 年被林德公司设计的单溢流、双溢流和四溢流错流筛板所代替。直到近期，一些友商仍然使用环流塔板或其等同结构，因为它们比错流塔板具有更高的板效率。

图 6.10　首个空气精馏塔的透镜状双溢流塔板　　图 6.11　直径为 4.9m 的四溢流筛板塔板的安装照片

设计的变化同时伴随着材料的变化。在铝材使用前，塔板是由黄铜制成的，壳体和管道也是由铜制成的，后来才开始采用便宜的铝材，再后由于实际生产需要低温，有可能使用奥氏体不锈钢。

时至今日，塔板的主要部分仍然保持不变。筛孔直径和筛板片厚度在 1mm 左右，因为在待精馏的液体中没有污染物质，没有腐蚀或聚合反应发生。筛板塔开孔率为 5%~17%。同样地，5~10mm 的小出口堰高和 60~300mm 的小塔板间距已经使用将近 100 年了。图 6.11 显示了直径为 4.9m 的四溢流筛板塔板的安装照片。

因为压降在空分装置中是一个关键参数，所以溢流堰高度应该尽可能低。由于液位较低，干板压降也要低，以防止塔板过度漏液。典型空气分离装置筛板塔板操作弹性为 60%~100%，压降大约为 3mbar。直径最大为 6m 的塔的小出口堰高度为 5~10mm，在安装塔板时必须保持精确的平整度和水平度。

因为筛板厚度只有 1mm，塔板的硬度非常弱，所以需要支撑螺栓结构才能达到所需的精确度及水平度。图 6.12 所示为塔板支撑安装的草图和三维图。

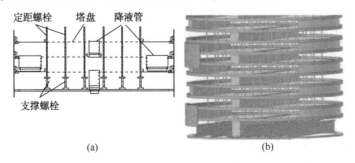

图 6.12　塔板支撑结构的草图(a)和三维视图(b)，底部有横梁，塔板之间有螺栓

H 形梁放置在底部塔板下方，用于固定支撑螺栓结构。所有的筛板塔板铆接相连，可以在固定的塔壁支撑环上滑动。这种滑动连接是必要的，因为在工厂冷却和升温期间，塔板和

塔壳之间有很大的温差。对于 100K 的温度变化，铝的收缩率为 2mm/m。

对于冷箱来说，这个也是设计时要考虑的因素。例如，温度降低 200K 的过程中，30m 长的塔或管道缩短 120mm。

### 6.3.1.1 常规塔板比较

空气分离装置筛板与常规筛板基本尺寸的比较见表 6.1。

表 6.1 空气分离装置筛板与常规筛板基本尺寸的比较

| 项　　目 | 空分装置筛板 | 常规筛板 |
| --- | --- | --- |
| 塔板紧固 | 固定 | 可拆 |
| 塔板支撑 | 螺栓支撑 | 自支撑 |
| 筛孔孔径 | 0.9~1.1mm | 5~19mm |
| 塔板厚度 | 1mm | 2~3mm |
| 出口堰高 | 5~10mm | 25~50mm |
| 塔板间距 | 60~250mm | 350~900mm |

### 6.3.1.2 公差

根据 Angermeier 在 Lockett 和 Augustyniak[10] 上引用的一篇文献调查，塔板的最大水平公差(从高点到低点)通常与塔直径 $D_c$ 成函数关系。公差下限为 $\Delta=1.5+0.007D_c(\mathrm{mm})$，公差的上限 $\Delta=4.8+0.012D_c(\mathrm{mm})$。根据林德公司的标准，塔径小于 3000mm 的允许公差(见图 6.13)是 $\Delta=0.001D_c(\mathrm{mm})$，对于更大直径则是 $\Delta=3(\mathrm{mm})$。

水平方向允许偏离的主要差异也反映了分离工艺和塔板设计的不同灵敏度。

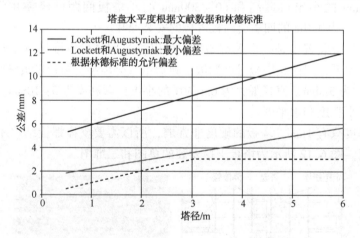

图 6.13　普通塔板允许偏差和林德标准中允许偏差的对比

### 6.3.1.3 水力学设计

对于空气分离装置筛板塔板来说，常规用于计算干板压降、湿板压降、降液管泛点率和喷射泛点率的公式是有效的[11]。气体通过小孔径筛孔时，气泡更小，因此可以形成更高的传质面积，与大孔相比，具有更大的气相通量。

在设计时，如何降低塔板压降是一个重要的前提条件。所需的干板压降取决于塔板的负荷范围及其清液层高度。为实现塔板满载效率，需要约 15mm 的最小清液层高度，因为堰上负荷和清液层高度与塔直径成正比，一旦液体流动达到一定长度就需要增加溢流程数，以使湿板压降最小化。

通过使用筛板塔板中的"导向"槽，也可以降低清液层高度。转移到液体中的气体动能减少了液体停留时间，因此降低了液体高度[12]。林德公司目前没有使用该方法。

### 6.3.1.3.1 高效传质区域

空气分离装置筛板塔板的板效率范围为 65% 至 90% 以上。当堰高高于 10mm 时，测试显示板效率没有明显的提升，而湿板压降明显升高。只有当清液层高度 $h_{cl}$ 在 15~20mm 范围内时可达到上述板效率范围。高效传质区域产生的原因可能是筛孔孔径较小。

在对成套装置进行塔设计时，在相同塔高下，采用塔板间距为 100~120mm 筛板塔的理论塔板数比采用 750Y 的填料塔高约 1.5 倍。如果假设塔板上的两相层占据了塔板间距的 70%（空隙率 $\varepsilon = 0.3$），则所得到的两相层的比表面积 $a$ 为 1600m²/m³（= 1.5×750/70%）。图 6.14 中显示了比表面积与气泡平均直径的函数。因此，计算可得该塔中气泡的平均直径 $d_S$ 为 2.6mm 左右[参见式(6.2)]。

$$d_S = 6 \cdot \frac{1-\varepsilon}{a} \tag{6.2}$$

根据 Stichlmair[13] 的研究，体系中稳定气泡直径约为 2.6mm[参见式(6.3)]，这与上述值保持了一致。

$$d_{bubble} = \sqrt{\frac{6 \cdot \sigma}{(\rho_L - \rho_V) \cdot g}} \tag{6.3}$$

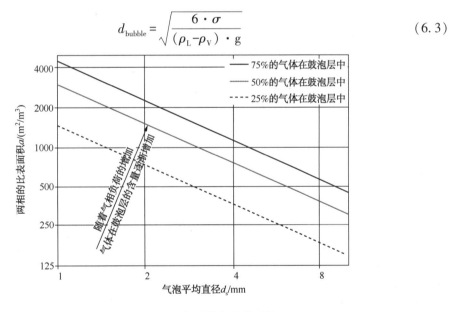

图 6.14　比表面积与平均直径的函数

Haselden 和 Thorogood[14] 研究了典型空分装置中具有 1mm 筛孔直径和 10% 开孔率的筛板上气泡形成。他们发现通过筛孔的气相速度约为 5m/s 时，可达到较高气泡形成率，为每秒 150~160 个。在筛板上方几毫米处观察到的气泡直径约为 1.8mm，并在所观察到的蜂窝状泡沫（参见下文中的"发泡系统"）中迅速增大至约 3.5mm，且在鼓泡分散体系中增长至约 5mm。气泡尺寸随着筛板上方的高度增加而增加。

在液位较低的前提下，能否用较大的筛孔来使得气泡平均直径变小，这点目前是有争议的。而小筛孔可以影响两相层这点是肯定的，可以从下述现象中得到验证。

### 6.3.1.3.2 高气相通量

在相同条件下，小筛孔的气相通量比大筛孔更高[15]。据报道，1mm 筛孔的气相通量较 5mm 筛孔大 13%。

为了证明这种效应，将具有 250mm 塔板间距($TS$)的空气分离装置中的加压塔的气相通量与具有 350mm 塔板间距的林德乙烯厂的 $C_2$ 分离塔的气相通量进行比较。$C_2$ 分离塔的筛孔直径 $d_h$ 为 5mm。

依据 Kirschbaum[16] 的研究，气相通量与塔板间距的平方根成正比。在相同条件下，350mm 的塔板间距与 250mm 的相比，气相负荷可提高 18%。因此，塔($TS=350mm$，$d_h=5mm$)与塔($TS=250$，$d_h=1mm$)的气相通量之比为 118%：113%。

两个系统的黏度和表面张力相当。基于鼓泡面积的 Souders-Brown 因子($y$ 轴)与流动参数的函数关系，如图 6.15 所示，图中我们也考虑到不同密度的影响。

这两种类型的塔在设计之初就充分考虑到了分散性的要求所以其气相负荷设有显著差异。

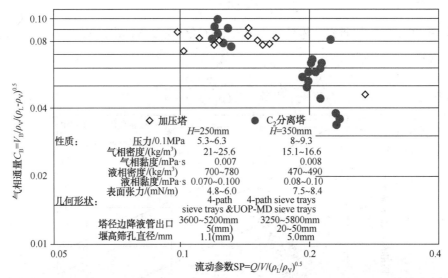

图 6.15　1.1mm 孔径的筛板塔板的气相通量与 5mm 孔径的 $C_2$ 分离塔的气相通量的比较

在高流量参数下，必需的塔板间距由液体荷载而不是气体荷载限定。

### 6.3.1.3.3 高降液管通量

在高液相负荷下，所需的塔板间距由降液管中的清液高度和液体中的气体夹带量所决定。降液管中的液层高度由塔板之间的压力差、从上层塔板流入降液管内的液体量以及流动阻力所决定，而流动阻力主要由出口底隙的流动限制引起。

前两个因素(塔板之间的压力差从上层塔板流入降液管的液体层)不能因降液管设计而优化。我们可以将出口底隙高度增加到下一层塔板的水平线以下来减小流动阻力，而使用圆形降液管下缘可进一步减小流动阻力。图 6.16 所示是环流塔板中，高液相载荷下采用圆形下缘的降液管的设计。这种特殊外形像喇叭状漏斗的降液管设计以前是用在直径大于 1.2m 的塔中。

受液盘的加深使得出口底隙加深，这种设计很少用在传统的错流塔板中，因为在塔板支撑环下面需要增加额外焊缝成本很高。而将加深的受液盘与平入口板做成整体结构这种设计经常使用，且获得了专利[17]，如图6.17所示。这种结构允许更高的液体荷载，并降低了所需的塔板间距。

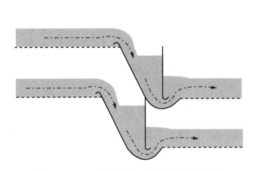

图 6.16　一种应用于环流塔的高液相载荷的先进降液管设计

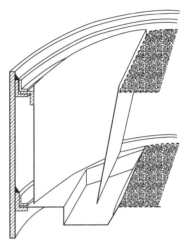

图 6.17　专利中加深的受液盘与入口板做成整体结构。这种解决方案不需要在塔壁处进行多余的焊接

### 6.3.1.4　筛板塔板的负荷范围

依据空气压缩机的负荷范围，典型空气分离装置筛板塔板的操作负荷范围是 70%~100%。如果使用两个压缩机，则大于 1:2 的负荷范围也是有可能的，但是，干板压降会升高。

一般来说，塔的效率会随着载荷的降低而稍微下降。如果负荷从最大负荷降低到 50% 左右，那么相应的效率会降低 15%~20%，所以在设计计算时需要考虑这种情况。效率降低的原因可能是较低的泡沫层和较高的泡沫密度而减少了传质面积。

当大直径塔负荷降低时，板效率比预期的下降更多。这是由于大塔很难保证水平度。在一些冷箱中也可以观察塔板倾斜对效率的影响，其主要是昼夜效应。因为太阳的照射，朝向太阳的一面箱体受热，后膨胀，从而使箱体以及连接它的塔体弯曲，因此造成塔板倾斜。因为低压塔顶区域液相负荷较低，这种影响对塔顶气态氮产物区域更加灵敏。

### 6.3.1.5　倾斜塔板的灵敏度

塔板倾斜的方向对空气分离效率具有决定性的作用。沿液体流动方向倾斜的塔板比垂直于液体流动方向的倾斜塔板的效率高[10]。因为流量与波峰高度 1.5 次幂成正比，垂直于液体流动方向的倾斜塔板会使向着更低侧的流量增大。这种倾斜的塔板会严重影响效率。

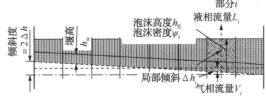

图 6.18　垂直于液体流动方向的倾斜塔板和被分成上下堆叠液层的平行塔轴部分

为了研究低压塔气态氮产物区段中倾斜塔板效率的灵敏度，该区段被分成多个平行于塔轴的部分，如图 6.18 所示。这是有效的近似法，因为气相和液相的横向混合是有限的，特别是在塔直径较大且板间距较小的前提下。我们可以计算每段塔板的液相量 $L_i$ 和气相量 $V_i$。局部 $L_i / V_i$ 与常规 $L/V$ 的偏差取决于局部倾斜度以及塔负荷。

假设在不同塔板之间没有气相和液相的混合，可以根据 $N_t$ 理论塔板上局部 $L_i / V_i$ 使用 Kremser 方程来计算较不易挥发组分 $y$ 的损耗：

$$N_t = \ln(y_{top}/y_{bottom})/\ln[\,k/(L/V)\,]$$

$y_{top,\,i} \times V_i / \sum (V_i)$ 的总和就是倾斜塔板能够达到的浓度 $y_{top,tilt}$。对常规 $L/V$ 要达到同样的浓度 $y_{top,tilt}$，所需的理论塔板 $N_{t,tilt}$。

$$N_{t,tilt} = \ln(y_{top,tilt}/y_{bottom})/\ln(kV/L)$$

该计算已经在上述气态氮产物部分进行，其中 $L/V$ 为 0.431，氮-氧组分平衡因子 $k$ 为 0.29。计算得该段需要 19 块理论塔板。

在实例中，可以根据清液层高度 $h_{cl}$ 和泡沫密度 $\psi$，用 Collwell 方程计算局部液体，用 Stichlmair 方程计算干板压降[13]，位置 $i$ 处的干板压降 $\Delta P_{dt,i}$ 加上 $i$ 处的湿板压降等于塔板的总压降。

### 6.3.1.5.1　负荷减少使液相分布不均

根据 Colwell 方程，液体流量 $L_i$ 与堰上的泡沫高度的 1.5 次方成正比。高侧和低侧之间的通量差异随着负荷的减小而增加，因为在倾斜度不变时泡沫高度 $h_f$ 逐渐下降。

上文提及倾斜度为 4.5mm 的氮气生产塔节分别在 60%、80% 和 100% 负荷下的气相，液相流量如图 6.19 所示。

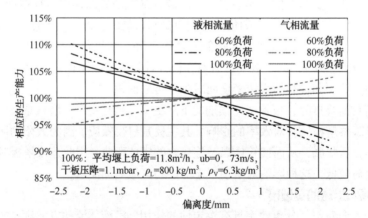

图 6.19　相对液相和气相负荷与垂直于液体流动方向倾斜 4.5mm 的塔板
位置的函数关系(随着负载的减小，分布不均匀性增加)

局部 $L_i / V_i$ 与 $L/V$ 的偏差对截面效率的影响与塔负荷有关，如图 6.19 中蓝色实线所示。根据该计算，在 100% 负荷下具有 4.5mm 倾斜度的塔板的相对效率约为水平塔板的 95%。在 60% 负载下，与水平塔板相比，效率约为 84%。

计算不考虑任何漏液，如果考虑漏液的影响，则倾斜的塔板效率更低。

#### 6.3.1.5.2　降低倾斜塔板灵敏度的措施

降低倾斜塔板效率灵敏度的常用措施是使用具有较高干板压降 $\Delta p_{dt}$ 的塔板[10]。由之前的计算可知，100%负荷下每层塔板的干板压降高于 1mbar。图 6.20 中短虚线表示计算所得的相应效率，低负荷下效率下降比较缓慢。

采用较高的干板压降不能改变主液相的分布不均。但可以通过使用齿形堰以减小堰长来增加堰上负荷来完成。在给定的倾斜度下，齿形堰的波峰高度较高，因此减小了相对液体通量的差异。通过将具有 50% 有效堰长的齿形堰出口堰高减小到 0mm，可以保持其湿板压降。

将所得的相对效率绘制成红色虚线，由图 6.20 可知，该措施使 60% 操作负荷下的相对液体通量的偏差减小到与正常堰的 100% 操作负荷下相当的水平，使用具有较低堰高的齿形堰使倾斜塔板的灵敏度最大程度地降低。

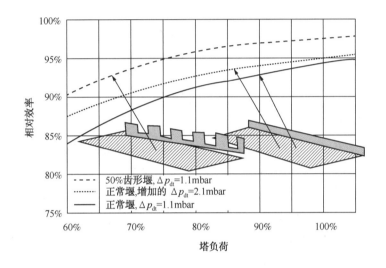

图 6.20　对于垂直于液体流动方向倾斜 4.5mm 的塔板，气态氮产物段的
相对效率与塔操作负荷的关系

气态氮产物段的相对效率作为塔操作负荷的函数。实线表示常规塔板堰上负荷 11.8m²/h 具有
1.1mbar 干板压降的相对效率。短虚线表示常规塔板具有 2.1mbar 干塔压降的相对效率；长虚线表示使
用齿形堰塔板具有 1.1mbar 干板压降的相对效率。

#### 6.3.1.6　发泡系统

根据 Zuiderweg 和 Harmens[19] 的研究，氮气和氧气系统以及氮气和氩气系统的低温精馏代表"正"系统。正系统被定义为表面张力随着沸点增加而增加的系统。在正系统中，上下两块塔板之间液相表面张力梯度较大，容易形成气泡，因为在气泡形成过程中，塔板上较重的组分优先冷凝，形成与主体液体相比更高的表面张力的薄膜。较高的表面张力"引起不均衡的力，这导致在界面处的浓缩，将新生的液体吸入膜中，然后膜的厚度将增加，从而阻止液相聚集使气泡保持稳定"[20]。

G. Linde[21]、R. Brown[20]、Haselden 和 Thorogood 等人对氮气-氩气-氧化混合物的研究表明气泡的形成与液相组成有关（所谓的 Marangoni 效应），且气泡高度对传质有一定影响低压塔氧气浓度约 40% 区域，上下两块塔板间液相表面张力差值最大（见图 6.21）。为了避免负荷瓶颈，塔板设计必须考虑这种现象，特别是在富氧液体的进料处。

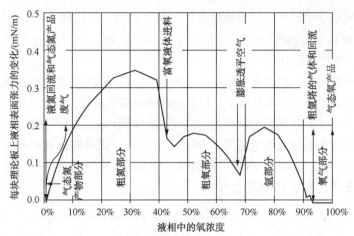

图 6.21　低压塔的典型表面张力梯度作为液氧浓度的函数(富氧液体进料的位置可以显著地影响梯度)

如图 6.22 和图 6.23 所示的是直径 200mm 正在精馏液态空气的筛板塔。此塔板间距是 120mm。图片所示是在塔板上(右侧)泡沫的产生以及泡沫流入降液管(上方)。

## 6.3.2　规整填料

在 20 世纪 80 年代末，在冷凝器低压侧，规整填料开始取代板式塔，因为它在减小空气压缩机的能量消耗方面具有很大的优势。换装为规整填料后，每块理论塔板的压降从约 4mbar 显著下降到 0.5mbar。

图 6.22　泡沫液体流入具有 200mm 直径和 120mm 塔板间距的空气精馏试验塔的降液管中

图 6.23　在具有 200mm 直径和 120mm 塔板间距的空气精馏测试塔的塔板上形成泡沫

规整填料同样也可用于精馏生产纯氩[5]。氩气冷凝器由加压塔塔釜的富氧液体(该液体在 1.5bar 的压力下，泡点温度约为 86.5K，泡点温度与釜液中的氧含量有关)冷却，当压力为 1.2bar 时，纯氩的露点温度仅仅比冷凝器低 2K，当进料压力为 1.5bar 时，从进料口到氩粗制塔顶冷凝器的压降不得超过 300mbar,否则氩气很难冷凝。如果使用规整填料,很容易达到所需目标(即整体压降<300mbar),如使用板式塔,则不可能达到。因为 200 块塔板的板式塔压降为 800mbar,远大于限定的 300mbar 的压降。在氩粗制塔中将氧含量至 1ppm 以下,需要约 200 块理论塔板。但是对于塔板是不可能的,因为塔板需要约 800mbar 的压降。

在使用填料之前,用板式塔精馏仅能将粗氩纯化至含有 1% 的氧气和 0.3% 的氮气杂质。然后 1% 的氧气再与氢催化燃烧变成水,水由吸附剂除去。除去氧气之后,气体被再次冷却,氮气在氩精制塔中从氩气中精馏出来。

由于高度限制,应用于空气分离装置的填料类型比常规应用于非低温的填料类型具有较高的比表面积。约 80% 的空气分离装置使用的填料是 750Y 型。500Y、500X、350Y 和 350X 也都有应用。由于运输限制导致塔直径也受到限制时,较低比表面积的填料类型(如 250Y 和 250X)也可以使用。在填料单元的应用中,为了满足对塔高的限制要求,也可以使用密集型的填料 1200Y。图 6.24 所示为填料片的简图。

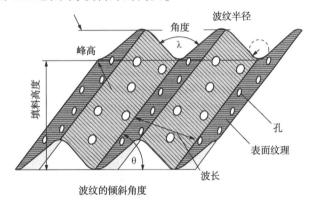

图 6.24 填料片的简图

图 6.25 中,照片所示是苏尔寿公司的 M750Y(上)与林德公司的 A750Y(下)这两种填料的比较。林德公司的填料的特征是具有较大的波纹半径,当波峰高度相同时,其表面积更大。

一般填料的材质为铝材,其板厚度为 0.1~0.15mm。当铝制填料应用于低压塔塔底时,由于该处氧浓度较高压力较大,所以使用较薄的铝制填料有可燃的风险。因此,填料的厚度需要增加至 0.2mm。在含氧气的塔段,也可以使用无可燃风险的铜制填料。

有些一线公司会生产它们自己的规整填料和塔内件。林德公司自 20 世纪 90 年代开

图 6.25 苏尔寿公司的 M750Y(上)和林德公司的 A750Y(下)的照片

始就已经制造出自己的规整填料和所需要的塔内件。一些填料塔常用的塔内件所需的高度并不能反映其高度对于冷箱成本的影响。

### 6.3.3 粗氩塔中使用规整填料的示例

困难最初出现在粗氩塔中规整填料的使用上。在粗氩塔中使用规整填料比在空气分离装置其他塔中更具有挑战性。如图 6.26 所示，非常纯的二元混合物氧气–氩气的精馏可以在麦开培–推尔图中最好地呈现。在这个图中，偏离平衡阶段的气相（$y$ 轴）和液相（$x$ 轴）的易挥发组分氩气（加上极少量的氮气）。这些点形成操作线 $L/V$。黑实线表示平衡曲线。在两线之间，理论塔板被绘制成阶梯状。

在氩气含量最低处，具有约 90% 氧气，10% 氩气和 10~100ppm 氮气进入粗氩塔。在该塔的顶部，粗氩气含有小于 1ppm 的氧气和约 0.3% 氮气。装有 200 块塔板的粗氩塔可用装有 5~8 个床层的 750Y 填料替代，也有使用 10 个或更多的床层进行这种分离[24]。

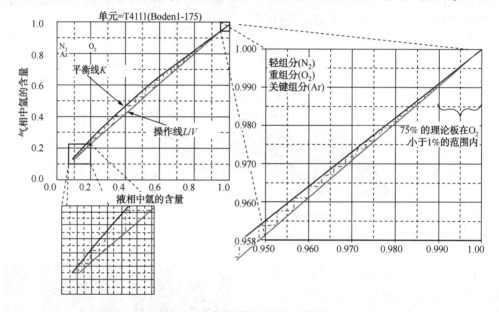

图 6.26　粗氩塔的麦开培–推尔图

因为每一个附加的再分配单元会增加塔高，所以希望在不影响填料塔效率的条件下将填料床层的用量最小化。填料床层所需的数量取决于塔直径、填料类型以及分离要求。

#### 6.3.3.1 分布不均的高灵敏度

如麦开培–推尔图中所示（见图 6.26），对于上部大约 175 块理论塔板，由于平衡线 $k$ 和操作线 $L/V$ 形成直线，因此汽提因子 $S=k \times V/L$ 是常数。

Kremser 方程可以用来解释该系统对分布不均的灵敏性。具有 30 块理论塔板的填料床层从中间分开。其中一半比平均流量减少 3%，而另一半则是比平均流量多 3% 的液体。而上升的蒸气在填料之间被平均分配，$L/V$ 平均值为 0.96。在氩中氧组分平衡因子 $k$ 约为 0.905，床层底部的蒸气浓度为 $y_{bottom}=1000ppmO_2$。根据 Kremser 方程，两组气体 $O_2$ 的含量分别为 425ppm 和 70ppm（见表 6.2），将其混合后 $O_2$ 浓度为 247ppm。效率计算的说明简图如图 6.27 所示。

表 6.2　液体分布不均的影响

| 项　　目 | 无分布不均 | 液体分布不均 | |
|---|---|---|---|
| | 0% | -3% | 3% |
| 液相($L$) | 96% | 46.56% | 49.44% |
| 气相($V$) | 100% | 50% | 50% |
| $L/V$ | 0.9600 | 0.9312 | 0.9888 |
| $y_{top}=\left[K/(L/V)\right]^{Nt}\times y_{bittom}$ | 170.34 | 424.78 | 70.18 |

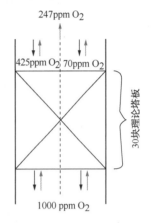

图 6.27　效率计算说明图

如果没有发生分布不均，$O_2$ 从 1000ppm 降低到 247ppm
只需要 23.6 块理论塔板，因此填料床层相对效率为 78.9%
（=23.6/30）。3% 的分布不均会造成 21% 的效率损失。随着
液体分布不均的增加，效率迅速降低。给定 $k$ 值为 0.905，
$L/V$ 为 0.96，在图 6.28 中绘制成黑色实线，$x$ 轴为液体分布
不均匀性。

分离效率还取决于填料床层的理论板塔数。随着每个
床层理论塔板数的增加，在分布不均的条件下效率逐渐降
低。图 6.28 中显示（虚线）的是两个半床层在相等条件下对
于液体分布不均度为 1%、3% 和 5% 的表征，这些线的 $x$ 轴
绘制在图的顶部。

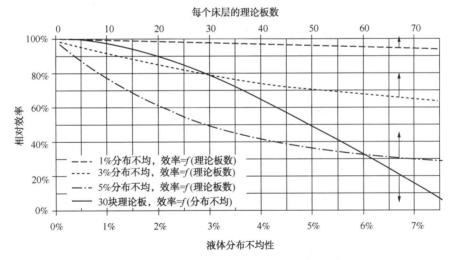

图 6.28　具有 30 个理论塔板的粗氩塔中塔板的相对效率为半床层中液体分布不均的函数
（底部 $x$ 轴）和 3% 分布不均为理论塔板的函数

1988 年设计的第一个填料粗氩塔已经证明分布不均对于该系统确实非常敏感。直径为
1125mm 的粗氩塔装有商业用的填料和塔内件，该塔的内件通过设备人孔在现场安装，通常
在分布器入口处不使用过滤箱。虽然已经使用洗涤程序去除了填料中的油和油脂，但是铝屑
依然附着在填料上，在开车期间，铝屑从填料和收集器上冲洗到下面的液体分布器中，而在
冷凝器下面的塔顶分布器是干净的。

颗粒堵塞了分布器的一部分 3mm 的分布孔，这些阻塞的孔主要是位于通道末端，参见图 6.29 中的照片。这些堵塞的孔的效果可以通过不同床层的效率观察到。图中的下部红线表示在塔进料处及每个填料床层上方影响测量的氧浓度。因为汽提因子对于所有上部床层是恒定的，所以根据 Kremser 方程，曲线的梯度与床层效率 $Nt/h_{bed}(\text{m}) = \ln(y_{top}/y_{bottom})/\ln(S/h_{bed})$ 成正比，堵塞的孔越多，床层的效率就越差，从顶部数第二个床层之后只能实现 50% 的效率。图中的蓝线表示在安装过滤器和清洁干净的分布器孔之后测量的氧浓度，曲线斜率中的一些较小的差异可归因于不同床层中填料段的安装质量的差异。

### 6.3.3.2　使用粗氩塔作为测试设备

因为在粗氩塔的上段填料床层中的汽提因子是相同的，在相同条件(塔径、负荷和回流比)下，这些塔板用于测定不同类型填料和改进的床层(床层高度、分段填料)效率是非常理想的。

测试床层 A 和床层 B 的相对效率与浓度比 $y_{bottom\,A}/y_{top\,A}$ 与 $y_{bottom\,B}/y_{top\,B}$ 成正比，两个这样的测试在章节 6.3.3.3.3 "填料床层的不均匀性"中被阐述。这个测试程序唯一的缺点是提出问题之后获得试验结果所需的时间要大约 12 个月或者更长时间。

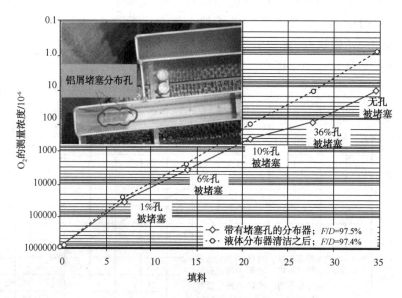

图 6.29　在第一个粗氩塔中，五个中的四个带有部分阻塞孔的液体分布器(实线)
和在清洁液体分布器之后(虚线)氧浓度分配图

### 6.3.3.3　填料床层分布不均的原因

下面章节讨论什么导致分布不均以及如何减少。

### 6.3.3.3.1　液体分布器的质量

分布不均的主要原因是分布孔堵塞导致的液体分布差。孔的不均匀布置或分布器的水平度不足是仅次于分布孔堵塞的另一个主要原因。为了分布液体，使用具有矩形管的专利分布器[25]，液体通过具有集成过滤装置的中心罐流进分布器，在该中心罐中，收集的液体完全混合。

主管道与矩形管道形成的预分配系统确保每个管道具有适当的液相量。主管道在顶侧封闭，以减少分布器的液体存量。持液量通常与通道分布器中负荷的平方成正比，如上述第一个填料式粗氩塔例中所示。在管式分布器中，持液量会小很多，且液位仅在主管道和混合罐中变化。

分布器的分布点密度取决于填料密度，对于 750Y 填料来说，分布器的分布点密度可以增加到大约 250 个/m²，见图 6.30。

每一个液体分布器在塔壳中安装之前都要用水在车间里进行测试。正常分布器在满负荷下，其标准偏差的偏离区间为 0.5%~1%，在 50%负荷下偏差区间为 1%~2%。并且测量的采样点占所有分布点的 1%~3%。管式分布器的照片如图 6.31 所示。

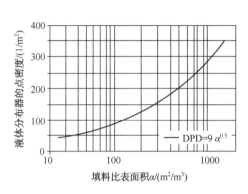 

图 6.30　液体分布器的分布点密度作为
填料比表面积的函数

图 6.31　直径为 5800mm 的管式分布器照片

#### 6.3.3.3.2　液体收集器，气液两相进料

为了使收集液体所需的高度最小化，可以将填料床层支撑件集成到收集器中，还要求在床层底部有一个高质量的气体分布器，并且中间收集槽连接到床层的支撑梁上。所有部件均由挤压铝型材制成，见图 6.32 和图 6.33。

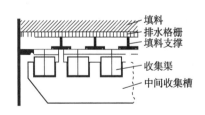 

图 6.32　床层支撑及液体收集器的主要图

图 6.33　带有中间收集槽的液体收集器底部视图
（通过槽的中心孔可以看到液体分布器、
填料、排水格栅和支撑梁）

液相或两相进料进入中间收集槽中，对于大塔来说，可以使用 H 形槽收集器取代单槽型收集器。

### 6.3.3.3.3　填料床层的不均匀性

引起分布不均的一个重要因素是填料和填料床层本身。众所周知，液体分布不均的程度随着填料床层高度增加而增加，在填料中间液体的均匀性被中断。

在填料床层朝向塔壁的外周长区域，与之相邻的填料层是沿着水平方向旋转90°，因为填料的下侧和上侧不是完全均匀的，所以层与层之间可能存在间隙。

在大直径塔中，由于制造和安装的原因，段数较长的填料被分为几块，所产生的间隙处是不均匀分布的区域，间隙的尺寸和数量必须最小化。间隙的填充减少了分布不均，提高了效率，这在直径为3300mm的粗氩塔中测试过。据报道，在现场安装填料的过程中，填料拼接的地方存在大约20mm的大间隙。可以用直径10mm的散堆填料填充空隙。

氧浓度分布的测量证明了填充床层的间隙可大大改善其性能。在另一个直径为1120mm的塔中进行测试，用一个有间隙的分段填料床层和一个没有间隙的单层填料床层进行比较，得出未填充间隙导致严重的分配不均的结论。

图6.34中的图片显示了20世纪90年代中期具有填充间隙的分块填料层。通过精确制造填料块并仔细安装填料块，可以将间隙尺寸减小到可接受或不必填充的程度，如图6.35所示。由这种方式生产和安装组成的填料塔的效率与由塔板制成的板式塔的效率相同。

直径较大的塔通过使用，可以避免间隙的负面影响。一些竞争对手将塔板用到超过4m直径的塔中[26]。为了处理这种重量约为100kg巨大的塔板，需要特殊的箍环，在车间内安装入垂直的塔壳中。

图6.34　在分块填料的连接处具有填充间隙
的车间安装照片(20世纪90年代中期)

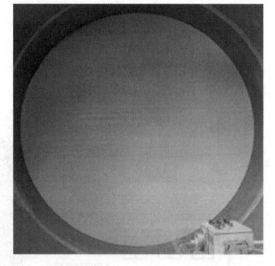

图6.35　紧密仔细安装分块填料以减少
间隙的截面照片(2002年)

### 6.3.3.3.4　勒夏特列原理

因为勒夏特列原理的最小阻力应用，不均匀性导致分布不均。在由不均匀性产生不均匀的液体分配区域中，产生特定压降变化。分布得越不均匀，在精馏应用中产生的压降越低。

除了填料本身(波纹和角度，表面纹理和穿孔)和填料床层几何尺寸以外，被精馏的物性以及塔负荷也会导致分布不均的情况[27]。为了说明这一点，将区域 A 的填料元件等分成区域 A₁ 和 A₂进行了一些计算。区域 A 的气相负荷 $V$ 和液相负荷 $L$ 表示塔的平均负荷。使用林德内部模型 Pack9 来进行压降计算，但使用其他计算工具也得到相似的结果。

如果区域 A₁ 的平均喷淋率 $L/A$ 中 $L$ 增加了 $m\%$，区域 A₂ 中 $L$ 减少了 $m\%$，而 $V/A$ 在 A₁ 中 $V$ 减少了 $n\%$，在 A₂ 中 $V$ 增加了 $n\%$，最后达到两个区域中的压降相同。在图 6.36 中，相对压降(计算的压力损失)，即分布不均的压力除以分布均匀的压降，显示为液体分布不均匀的函数。压降曲线的斜率随着 $m$ 的增加而减小，当分布不均与 $m$ 无关时，随着附加液体分布不均的增大，压降进一步增加。

设计两个不同负荷的粗氩塔(50%和75%的液泛负荷)，与加压塔、低压塔塔顶气态氮产物部分、低压塔塔底 $O_2$ 产物部分进行对比。如图 6.36 所示，粗氩塔比其他塔更不易形成分布不均，但效率对分布不均的灵敏度要高得多。

图 6.37 显示了分布不均的液体添加到区域 A₁ 的情况。A₁ 从占区域面积 A 的 75%下降到 50%、25%直到 10%。A₁ 侧液体分布不均，增加了喷淋率。相对应的压降 $\Delta p/\Delta p_{m=0}$ 显示为液体分布不均 $m$ 的函数。由此产生的气体分布不均 $n$(负轴)在图中另一侧体现。

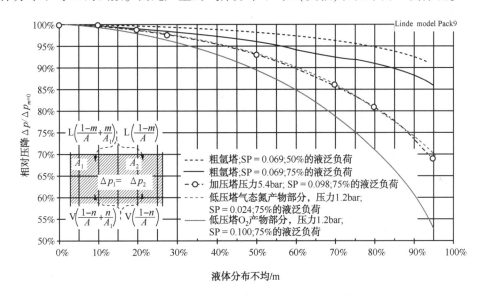

图 6.36　相对压降增益作为空气分离装置塔中不同部分的液体分配不均的函数

较高的喷淋速率集中在较小的区域中，所得到的压降越小。对 $L/V=0.97$ 及 75%液泛负荷的粗氩体系进行计算。当 $m=90\%$、$n=-9.2\%$、$A_1/A_2=10\%/90\%$ 时，气体流量减少到 $16.7\%[=(1-n)/A+n/A_1]$，液体流量增加到 $910\%[=(1-m)/A+m/A_1]$(见图 6.37)。

因此，在填料横截面上，均匀的液相和气相分布是不稳定的平衡。一旦在填料床层内产生分布不均，所需的压降就会降低。纠正不均分布需要能量，因此，分布不均一直存在。

### 6.3.3.4　分布模型和径向混合的重要性

最初在粗氩塔使用规整填料时，相同 750Y 填料的效率在不同的塔之间有区别，这取决于塔直径、床层高度、填料层的分段和床层与床层之间小范围的变化。等板高度(HETP)的范围是 140~350mm。

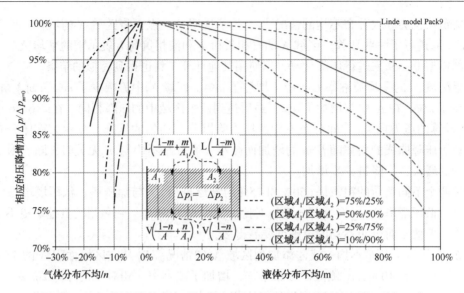

图 6.37　用于粗氩塔的分配不均的液体相对压降添加到区域 $A_1$ 和区域 $A_2$ 中

为了解释这些现象，开发了一个二维的分布不均模型（见图 6.38）。根据 Zuiderweg[28] 的提议，填料床层被分成小的单元，单元尺寸代表基本的 HETP，这时不考虑分布不均对填料效率的影响。每个单元与相邻的单元相互作用，使得离开每个单元的气相和液相达到平衡。

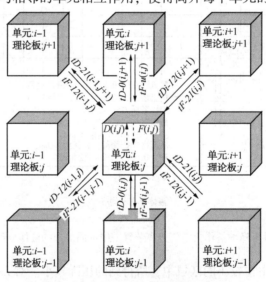

图 6.38　分配不均模型的简图

基于直径为 265mm 的测试塔中测量结果，假设该系统的基本 HETP 为 120mm。由液相和气相的分离因子模拟与相邻单元的相互作用，这些分离因子限定了流向相邻顶部、底部单元左侧和右侧的气相和液相部分。在床层上的分布不均是由在塔壁处和分段间隙处的单元的调整因子而形成。

利用这种简单的模型，可以进行高精度效率测量，可以通过其基本 HETP 来表征每种填料气相和液相的分离因子。这些分离因子用于相的径向混合的度量。

这个模型的一个重要结论是，在较小的塔中的测量 HETP 效果较好。在床层内，填料充分混合各相似补偿分布不均的能力没有被测量。填料 A 和填料 B 在单床层小塔中有相同的性能。

此外，该模型表明了气相和液相混合的重要性。通过改善填料的表面纹理，可以在液体表面产生小的蒸气涡流来增强液体以及蒸气的混合程度。该模型总结了 25 年来填料开发的结果。

目前设计和安装应用的填料床层很少发生分布不均。填料结构本身通过良好的相混合而容许一定量的分布不均。图 6.39 中所示的填料 C 具有低 HETP 值也可以通过大幅降低床层的高度来降低对分布不均的敏感性，但床层分段需要增加再分布器，这会增加塔的高度。

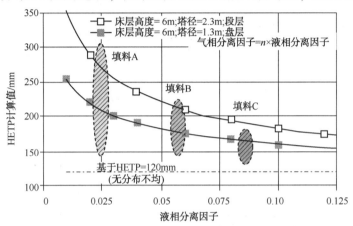

图 6.39　在二维分配不均模型中，一个理论塔板的当量高度作为填料床层的液相分离因子的函数
阴影区域显示了三代 A750Y 填料 HETP 的范围。填料因填料安装、分段和填料的表面纹理的不同而不同

## 6.4　结论

追溯到 110 多年前，空气精馏的技术一直在不断发展和进步，有了很大的改进，这体现在空气精馏塔中的筛板塔板和规整填料的应用上。本章描述了塔板和填料在持续改进过程中的一些主要应用。

### 参 考 文 献

[1] H.-W. Häring, Industrial Gases Processing, Wiley-VCH Verlag GmbH & Co. KGaA, Weinheim, 2008.

[2] D. Schwenk, Industrial gases processing, in: H.-W. Häring (Ed.), Industrial Gases Processing, WILEY-VCH Verlag GmbH, Weinheim, 2008, p. 9 ff.

[3] H. Hausen, H. Linde, Tieftemperaturtechnik, Springer Verlag, Berlin, Heidelberg, New York, Tokyo, 1985.

[4] C. v. Linde, Verfahren und Vorrichtung zur Herstellung von reinem Sauerstoff und reinem Stickstoff durch Rektifikation athmospärischer Luft. DE 203814 DE, November 5, 1908.

[5] W. Rohde, H. Corduan, Argon Purification. EP 377117 B2, US 5019145 EP, US, 1988.

[6] K.H. Schweigert, et al., US 6748763 B2; EP 1287302 B1 US, EP, 2004.

[7] M.J. Lockett, J.D. Augustyniak, Parallel-flow slotted sieve tray efficiency, Gas Sep. Purif. 6 (4) (1992) 215, p. 215 ff.

[8] Jean Aucher, DE950190 Germany, 1954.

[9] W.K. Lewis, Rectification of binary mixtures, Ind. Eng. Chem. 28 (1936) 399 (vol. 1).

[10]  M.J. Lockett, J.D. Augustyniak, On tilted trays, Trans. IChemE 69 (Part A) (March 1991) 99−107.

[11]  M.J. Lockett, Distillation Tray Fundamentals. s.l, Cambridge University Press, 1986.

[12]  D.W. Weiler, M.J. Lockett, The design and performance of parallel flow slotted sieve trays, Symp. Ser. 94 (1985) 141−155.

[13]  J. Stichlmair, Grundlagen der Dimansionierung des Gas/Flüssigkeit- Kontaktapparats Bodenkolonne, Verlag Chemie, Weinheim, New York, 1978.

[14]  G.G. Haselden, R.M. Thorogood, Point efficiency in the distillation of the oxygen−nitrogen−argon system, Trans. Inst. Chem. Eng. 42 (1964) T81−T100.

[15]  H. Kreis, M. Raab, Industrial application of sieve trays with hole diameters from 1 to 25 mm with and without downcomers, 3. Int. Symp. Ser. 56 (1979) 63−83.

[16]  E. Kirschbaum, Destillier- und Rektifiziertechnik, Springer-Verlag, Berlin, 1960.

[17]  S. Hieringer, A. Moll, US 7552915 B2; EP 1704906 B1 US, EP, 2006.

[18]  C.J. Colwell, Clear liquid height and froth density on sieve trays, Ind. Eng. Chem. Process Des. Dev. 20 (1981) 298−307.

[19]  F.J. Zuiderweg, A. Harmens, Chem. Eng. Sci. 9 (1958) 59.

[20]  B.R. Brown, Factors Affecting the Plate Efficiency of a Sieve Plate Distillation Column for the Separation of Liquid Oxygen/Nitrogen Mixtures. University of London: (Thesis), 1961.

[21]  G. Linde, Chem. Ing. Tech. 27 (1955) 661.

[22]  EIGA/CGA, G-4.8. Safe Use of Aluminum Structured Packing for Oxygen Distillation, 1993.

[23]  B.R. Dunbobbin, B.L. Werley, J.G. Hansel, Structured packings for use in oxygen service: flammability considerations, Plant/Oper. Prog. 10 (1) (1991) 45−51.

[24]  M.J. Lockett, J.F. Billingham, The effect of maldistribution on separation on packed distillation columns, Trans. IChemE 81 (Part A) (2003) 131 ff.

[25]  H. Kreis, A. Moll, K.H. Stiegler, US 5501079; EP 607887 B2 US, EP, 1994.

[26]  J.-Y. Lehman, DE 43 06 235 B4 Germany, 1993.

[27]  M. Duss, A new method to predict the susceptibility to form maldistribution in packed columns base on pressure drop correlations, Symp. Ser. 152 (2006) 418 ff.

[28]  F.J. Zuiderweg, P.J. Hoek, L. Lahm, The effect of liquid distribution and redistribution on the separating efficiency of packed columns, I. Chem. E. Symp. Ser. 104 (1987) A217−A231.

# 第7章 特种化学品精馏

Gerit Niggemann, Armin Rix, Ralf Meier
德国赢创工业集团

## 7.1 前言

由于特种化学品的市场和应用较为特殊，使得其研发与生产也很有专业性。在最终产品中，即使其组成比例微不足道，也会对产品性能和功能有着重要的影响。这些化学品的生产量既有每年几百吨的精细化学品，如药物中间体，也有高达约 10 万吨/年大批量的特种化学品，如单体、共聚单体和聚合物。产品的规格通常需要相当高的纯度，并严格控制杂质和副产物含量低到百万分之一甚至十亿分之一。对于产品其他的性质，如黏度、色度和气味（不容许的气味）都有严格的限定。

大多数的特种化学品是一些多官能团的分子，而其蒸汽压低，热稳定性不好。要使它们具有高的反应活性就要求在反应设备中具有温和的操作条件，并且在储存运输中可能需要添加一些稳定剂。它们往往是通过复杂的多步反应合成而来，因此，产物的回收是除了纯度外的另一个重要目标。因为特种化学品的物理性质与所测试混合物的性质有很大不同，因此根据测试混合物性质来预测分离效率不是非常准确，不能直接应用于特种化学品的分离。

特种化学品通常不作为进一步生产的简单原料来销售，而是为客户的特定应用而定制的解决方案。产品的生命周期可能很短，并且上市时间可能是产品开发的决定因素，因此即使没有准确或者初步相平衡和物理性质数据，分离过程也必须提前设计完毕。这样分离过程的设计只能是基于实验室或中试装置试验数据，或已开车的类似工艺装置的经验，甚至是一般的经验。塔内件的选择不能只考虑水力学条件，通常还需要与中试工厂现有的设备紧密匹配，并保证现有的设备能够重复使用以节省投资和时间。其他影响塔内件选择和设计的重要因素有防起泡、防结垢并易于清洗。

为了能够快速应对市场需求的变化，通常特殊化学品生产工艺具有很高的灵活性装置的弹性高，即高的上下限比率和快速的产品转换。连续生产的工序因其较短的停留时间和较高的产品回收率而受青睐。

## 7.2 低液相负荷精馏

许多特种化学品及其中间体是具有高分子量、低蒸汽压和高反应活性的复杂分子。在精馏中为了在具有中等相对挥发性的系统中得到严格的产品规格，需要许多分离级数。为了避免热降解，塔通常在最低可行压力下操作，并且规定总压降以限制塔底压力。在一些情况下，塔径和塔内件的设计都主要为了满足压降要求，而不仅仅是确保塔的操作离液泛有足够安全的距离。

为了满足真空精馏的低压降要求，应该选用规整填料。在高真空操作中，液体负荷可能很低，甚至低到足以接近填料的最低润湿要求极限，引起分离效率的严重降低。而在强结垢或盐的水溶液体系中，通常不鼓励使用填料，而优选塔板。在低液相负荷操作的板式塔中，操作在喷射状态极有可能发生干吹现象，这会极大地降低塔板效率。

### 7.2.1 填料塔中的最小液相负荷

为了说明在高真空操作中低液相负荷的水力学特点，举一个简单的例子：在一个塔的精馏段，将未反应的原料与高分子量、低蒸汽压和高反应活性的特殊单体分离，需要 30 块理论塔板。为了降低结垢风险，塔顶在 1000Pa 的绝压下操作。允许的压降为全塔 1000Pa 或每块理论塔板为 33Pa，这样仅使用规整填料是可行的。液体量和蒸汽量分别为 1000kg/h 和 3000kg/h。蒸汽和液体的密度在塔顶分别为 0.05kg/m³ 和 760kg/m³，在塔底分别为 0.1kg/m³ 和 780kg/m³，液体黏度 $\eta$ 和表面张力 $\sigma$ 在整个塔中分别恒定为 0.65cP 和 30mN/m，使用 Sulcol 软件计算[1] 对不同填料进行了水力学。设计为简单起见，使用根据标准测试系统测得的等板高度板（HETP）值，并且选择塔径以满足压降要求。结果总结如表 7.1 所示。

**表 7.1 全塔压降为 1000Pa 的水力学计算结果**

| 填料类型 | HETP/m | 直径/m | 填料体积/ m³ | 液相负荷/ [m³/(m²·h)] | F 因子/ Pa^{0.5} | 液泛率/ % |
|---|---|---|---|---|---|---|
| 250. Y | 0.40 | 1.540 | 22.7 | 0.71 | 2.00 | 37 |
| 350. Y | 0.28 | 1.575 | 16.8 | 0.68 | 1.91 | 41 |
| 500. Y | 0.25 | 1.745 | 18.1 | 0.55 | 1.56 | 42 |
| 750. Y | 0.20 | 1.975 | 18.5 | 0.43 | 1.22 | 40 |
| BX | 0.20 | 1.420 | 9.7 | 0.83 | 2.35 | 38 |
| BX plus | 0.20 | 1.285 | 7.8 | 0.99 | 2.87 | 52 |

对于所有金属板波纹填料，满足压降标准的泛点率大约为 40%。塔直径增大，填料的比表面积也会增加，相应的 HETP 值也降低了，填料床层高度会随着降低。金属板波纹填料体积约为 20m³。在 F 因子大约为 2.0Pa^{0.5} 时，常规填料和高通量填料之间几乎没有区别；对于丝网填料，塔径和床层高度都会降低。除了节省填料的体积，丝网填料在所有填料中具有最高的液体负荷和 F 因子，并且具有最好的有机物润湿性。因此，丝网填料经常是高真空专业化工应用中的首选填料。然而，许多设计师不使用丝网填料，因为它容易结垢。因此，比表面积为 350m²/m³ 的 350Y 填料被经常使用，当其液相负荷为 100% 时，喷淋密度为 0.68m³/(m²·h)；当液相负荷为 50% 时，喷淋密度为 0.34m³/(m²·h)。在低的液体负荷下，塔内件的设计应该确保填料能够充分润湿并产生足够的有效传质面积。注意，压降关联式在低液泛率下表现出相当大的误差。此外，必须考虑塔内件的压降。

施密特[2] 研究了填料塔中的最小液体负荷。在金属和陶瓷的拉西环、鲍尔环的试验中，确定了最低润湿液体速率。施密特将他的试验结果定义为：

$$u_{L,min} = 7.7 \cdot 10^{-6} \cdot \frac{C_a^{2/9}}{\sqrt{1 - \dfrac{F}{F_{max}}}} \cdot \sqrt{\frac{g}{a_P}}, \quad C_a = \frac{\rho_L \cdot \sigma^3}{\eta_L \cdot g} \tag{7.1}$$

此式平均误差为 22%。

式中　$u_{L,min}$——液体速度的单位，m/s；

　　　$C_a$——毛细准数或降膜数；

$F$ 和 $F_{max}$——设计 $F$ 因子和液泛时 $F$ 因子；

　　　$a_p$——填料的比表面积，$m^2/m^3$；

　　　g——重力加速度。

所有物理性质都是以国际单位制计算。如果考虑液固接触角 $\theta$ 的影响，则相关方程为：

$$u_{L,min} = 1.25 \cdot 10^{-4} \cdot \frac{C_a^{2/9} \cdot (1-\cos\theta)^{2/3}}{\sqrt{1-\dfrac{F}{F_{max}}}} \cdot \sqrt{\frac{g}{a_p}} \qquad (7.2)$$

其相对误差降低到 8%。

对于 10.3° 的接触角，式(7.2)变成了式(7.1)；当接触角为 0° 时，意味着会完全润湿，最小液体负荷变为零。式(7.2)具有实际和理论上的意义，因为它对低润湿性给出了系统的估算方法。

其他研究人员已经指出了液体接触角在规整填料的湿润中的重要性。在 Shi 和 Mersmann 的有效面积模型[3]中，接触角用于模拟沿着填料向下流的流动的数量和宽度。他们还给出了基于表面张力估测液体在不同材料上的接触角的图表。他们指出，接触角小于 25° 的估测是不准确的，建议使用的最小接触角为 25°。图 7.1 显示了对于不同填料尺寸使用 25° 的接触角从式(7.2)获得的结果。填料比表面积越高，最小液体负荷越低。在降膜蒸发器完全润湿的模型[4]中，这正好相反。然而，在精馏中，我们最感兴趣的是扩展有效面积，而不是在完全润湿上。式(7.1)（参见 $\theta=10.3°$ 的曲线）预测最小液体速率约为 $1 m^3/(m^2·h)$。此外，填料的计算结果显示为图 7.1 中的数据点。所有液体负荷小于式(7.1)预测的结果。根据施密特的模型，表 7.1 所列金属板波纹填料不是所有都能充分润湿而导致效率降低。然而，实践经验表明，对于有机物系在喷淋密度小于 $0.2 m^3/(m^2·h)$，以及水溶液喷淋密度小于 $1 m^3/(m^2·h)$ 的塔中，金属板波纹填料运行良好。在这些应用中，必须特别注意液体分布器的设计及其与其他内件如床层限位器、液体收集器、支撑填料和管口进料的相互关系。

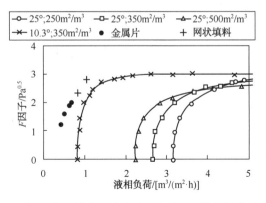

图 7.1　填料塔的最小液体负荷是比表面积和接触角的函数

式(7.1)和式(7.2)都易于评估，并且它们非常适于确定液体负荷范围。在负荷范围内填料可能由于润湿不足，分离效率受到影响，这时需要特别注意塔内件的设计。然而，该模型从未用于对规整填料或现代散堆填料进行测试或再评估，并且它也不适用于丝网填料。对于接触角在 60° 左右的水溶液，该模型预测的最小喷淋密度为 15m³/(m²·h)。然而，根据实践经验，设计得当的塔在相当低的液体负荷下也能运行。

Hartley 和 Murgatroyd[5] 首次发现了润湿接触角的重要性。如 Simon 和 Hsu[6] 所示，完全润湿的最小流量表现滞后：初始达到完全润湿所需的流量高于防止原本润湿良好而转变为润湿不好所需的流量。研究者通过为其指定不同的接触角来解释这种滞后增加和减少流量的原因。根据实际工业经验让塔内液体的流速达到计算值以确保初始润湿。精馏操作中测量接触角有几个难点。首先相比于在平板上测量，规整填料的高度纹理化的表面减小了接触角[7]。试验[8] 和计算流体动力学(CFD)模拟[9] 表明，填料的微结构可以降低有效接触角。其次，考虑气液平衡(VLE)条件下测量的接触角小于在大气条件下获得的接触角，并且取决于表面结构和混合物的组成[10]。最近对向下倾斜的带纹理片和光滑板的液体流动的详细研究已经表明，表面纹理不仅改善液体扩散，而且改善液侧传质[11]。

此处列举一个充分显示润湿对于分离重要性的例子。安装金属填料的塔分离水溶液系统，当液体负荷小于 3m³/(m²·h) 时，分离效率随时间延长而变差。扫描测试后，没有明确的证据显示塔内液体有严重的分布不良、结垢或机械部件的损坏。对工艺流体的仔细检查显示液相含有微量的具有极低溶解度疏水组分。于是怀疑这个组分部分覆盖了填料表面，增加了接触角并造成填料没有充分润湿。当时没有开塔，而用通入蒸气来带走这一组分的办法解决了问题。

塑料填料是另一个众所周知的应用，其表面性质随时间的变化可能引起分离效率相当大的变化。开车后，填料表面可能需要几周的操作才能达到其最终表面活性表面润湿性。用热的苛性碱处理塑料填料可增加其表面能，并显著改善润湿性，提高液体润湿性和分离效率[12]。

在一些精馏塔中液体黏度相当高，较高的液体黏度将大大降低填料的分离效率[13]。

### 7.2.2 液体分布器的设计

在液体分布器中，槽的底部或侧壁中的分布孔均匀地分布在塔的横截面上。重力驱动从分布孔流出的液体遵循 Torricelli 方程：

$$u_L = N_{drip} \frac{\pi}{4} D_0^2 \cdot C_0 \sqrt{2gh} \tag{7.3}$$

式中　$u_L$——液体负荷，m/s；

　　$N_{drip}$——每平方米分布孔数；

　　$D_0$——孔径，mm；

　　$C_0$——孔流系数；

　　$h$——液体在分布孔上的高度，mm。

低液体负荷导致非常小的溢流高度、孔直径及喷淋点密度。分布器设计的理论由 Schultes 等人给出[14]。标准分布器设计用于 2~80m³/(m²·h) 的液体负荷。分布器槽中的液体流速应限制为小于 0.5m/s，分布孔液体溢流高度应高于 30mm(在最低限)，以及分布器槽中液体流速应小于 0.3m/s，以避免产生液体梯度。

图 7.2 显示了在孔流系数为 0.7 时，由式(7.3)计算的孔直径和喷淋点密度是液体负荷的函数。选用的溢流高度为 75mm，这是通过调节分布器槽的水平度以保证塔截面上液体良好分配的最小值(允许一定量的调节)，以确保槽的横截面上的分布质量。选择 2.5mm 的最小孔径是为了让分布器有一定的抗堵塞能力。

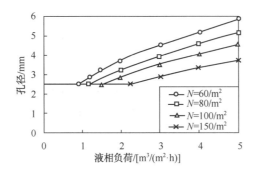

图 7.2 对于恒定的溢流高度(75mm)，根据式(7.3)计算不同的喷淋点密度时的分布孔径

由图 7.2 可知，必须对上述的低液体负荷工况做出应对。第一个选择是降低分布点的密度和使用分布点倍增装置，即将单个分布孔液体均匀地分成数股流体。这样可以使用更大的分布孔或者更大的溢流高度，设计也更有弹性。市场上有几种专有设备可用。例如，图 7.3 显示的商品，Montz 制造的"S"形分布器的照片。在图 7.3(a)中，可以看到在高的液体负荷下，分布器臂和分布点倍增器可以起作用。在图 7.3(b)中可以看到分流原理：从主管孔流出的液体流到底部密封的分配管，分配管中有几个侧孔；在每个孔中，导线利用毛细管效应从管内抽取液体。用这种方式，液体流被分成滴。其他公司均有类似的设备，在这里就不再赘述。

第二个选择是使用线分布器[15]。此时，分布孔位于槽的侧壁并且紧靠挡板。在挡板上，各个孔的液体以抛物线的形式射流扩散。当分布孔间距适当时，抛物线连接并形成连续的液膜，排放到填料上。使用线分布器，每单位面积的分布孔数可以减少一半。分布点数量由每米塔直径的分布线数代替，并且正确确定分布器与填料的角度[15]。线分布器分布的另一个优点是，流线型的挡板压降低和液体夹带量少。

(a)导线利用毛细管效应从主分布孔　　　(b)液体平均分成7份

图 7.3 Montz 制造的"S"形分布器

第三个选择是放宽上面提到的一些设计规则。除了使用分布点倍增器或液体线分布器之外，最小溢流高度可以减小到非常小的值。为了确保足够的分布质量，供应商需要使用最高的质量标准制造分布器。这主要涉及孔径、位置和其他形式的分布孔。该设计必须允许通过分布器槽之间或分配箱中的连通道进行横向混合。在低溢流高度时，分布器各个槽在塔内水平度良好。必须由经验丰富的团队完成安装，在安装过程中要严格地控制质量。当溢流高度仅为25mm时，需要使得分布孔流量偏差小于5%。很明显，即使几个分布器具有相同的设计，也都要单独进行水试。

不论何种类型与负荷的分布器，均需要在塔截面上分配均匀。Moore 和 Rukovena[16] 提供了一个简单的几何模型来对分配质量进行评估。每个圆的面积与通过其对应分布点的液体流量成比例。重叠区域和圆未覆盖的区域表示此区域分配质量不高。应该避免存在大面积无法润湿的区域（例如盘式分布器大型升气管下面的区域）。根据这种模型计算，三角形的分布点排布最好，分布均匀度最大为95%，其次是四方形，分布均匀度最大为90%（见图7.4）。

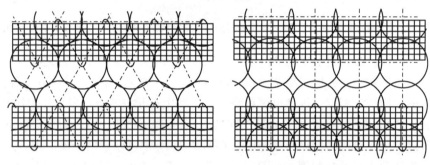

图 7.4　带有导液管的分配槽的三角形（左）分布点排布和四角形（右）分布点排布

除了简单的和令人信服的几何论证之外，Moore/Rukovena 方法的优点主要在于发现无喷淋注或过度喷淋的区域。FRI[17] 进行的液体分配不均匀分析研究试验清楚地表明，轻微的不均匀分布，以及液体分布器的尺度偏差可以由填料的自分布性质来纠正。然而，严重的初始分布不均不能通过填料的径向扩散效应来纠正，从而导致分离效率的损失。Billingham[18] 等建立了区域不均匀分布的模型并对其影响做了研究，他定义了一个合适的单元格大小，可以作为一个衡量轻微不均匀分布和严重不均匀分布的办法。对于规整填料，单元格尺寸等于 HETP 值。在这些分析的基础上，三角形分布点排布与四方方形分布点排布是否真正存在分配质量差异是值得怀疑的。

在现代计算机辅助设计系统中，可自动生成分布点排布。出于机械制造的考虑，分配槽必须终止于距离塔壁的某处。因为在此处，自动生成的设计结果很可能产生无分配区。Nutter 和 Hale[19] 创造了一个简单的解决方法。图 7.5 显示了一个盘式分布器的草图。为了排布分布点必须减小支撑环的宽度以避免遮挡。塔横截面被分成三个面积相等的同心区域，计算出每个区域的实际点数。在大型塔中，计数可以限制为 60°的扇形。在许多情况下，在塔壁附近的外部区域中的分布点的数量将低于其内部两个区域（见云线的区域）。在这里，额外的分布点很容易由人为干预定义。只要升气管不干涉分布时，就能保持图案的完整性。当喷淋点密度为 100 点/m²，喷淋点间距为 100mm 时，升气管要相当细，比如小于 80mm。大的升气管应避免覆盖一排或多排分布点。

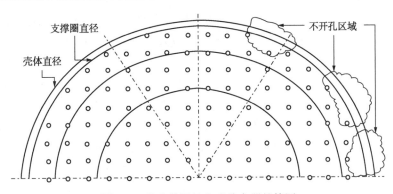

图 7.5  带支撑圈的盘式分布器的简图

润湿不足的区域用云线标示出来。由于升气管较细,没有画出来,所以本图展示出完整的分布点布置模式。

不起分离作用的内件,例如分布器、升气管塔板和 V 形收集器可以显著地增加填料塔的总压降。在塔内部,蒸汽流经历收缩和膨胀阻力损失。收缩和扩张的阻力系数由下式给出:

$$\xi_{dry} = 2.5 \cdot (1-v) \tag{7.4}$$

式中,$v$ 是为蒸汽自由流通面积的分数,通常为收缩区域中的蒸汽速度。虽然供货商直接设计了升气管塔板的自由区域,但是 V 形收集器的几何形状不是固定的。图 7.6 给出了倾斜度为 60° 和 80° 的 V 形[20]收集器的试验数据。显然,两相流动对压降影响明显,湿板压降几乎高出 50%。压降最小化的关键变量是内件流通截面积。此外,可以将升气帽和液体收集器的形式设计为流线型的。

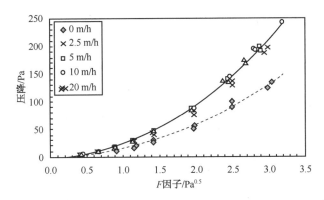

图 7.6  叶片式收集器;点状线表示干板压降,实线表示湿板压降[20]

## 7.2.3  喷射状态操作

在低液量和高气相负荷下,规整或散堆填料从水力学角度来看是优选的解决方案。其他考虑因素,例如结垢、润湿不足或在水溶液体系中形成第二液相等可能更有利于塔板的应用。还有一点也非常重要,塔板具有最低的成本。通常在低压塔的精馏段采用低液体负荷的塔板,例如乙醇厂的甲醇水分离段、吸收和萃取精馏塔的反洗段、反应塔中,以及低回流比下分离高沸点混合物的情况等。

低液体负荷下,在相当低的 $F$ 因子下可产生较高的雾沫夹带。虽然仍然能够顺利操作,但是效率可能降低到不再能够满足分离任务。塔板不能保持连续的液体层和液滴,并且塔板上看起来液体已经被"吹干"，当操作转变成喷雾状态时，蒸汽变成连续相，而液体分散在蒸汽中，蒸汽可以直接进入降液管中，这可能造成降液管液封的损坏。这种状态通常被称为"液泛"[21]。

为了克服喷射状态中的效率损失，早在 1950 年，Kirschbaum[22] 研究了带防夹带装置的泡罩塔板。他观察到在中等气体负荷下，泡罩塔板上形成了细小喷雾，并研究了升气管下方的防冲板和固定在塔板中间的散堆填料对于夹带的影响。防冲板抬高了效率曲线，而随着气体负荷的增加，效率也在持续下降。然而，散堆填料可以很好地去除夹带现象，塔处理量增加，并且在整个范围内塔的效率始终较高。从那时起，许多以喷射方式操作的塔板已经成功地用去除夹带装置的规整填料进行了改进。Yang 等人提出了甲醇-水分离的系统研究[23]，直接将一层规整填料固定在浮阀塔板下，塔板有效处理量可以增加约 10%。由于塔在全回流下运行，塔板可能不在喷射状态下操作。

在低液体负荷下，分布不均更加严重，并且塔板效率可能受损更多。因此，规定最小堰上液层高度为 5mm，通常这一规定[24] 对应于最小堰上液体负荷约 2m³/m/h。然而，这与另一个经验法相冲突，这个经验法要求堰的长度至少为塔径的 55% 以防止由于堰的收缩过大引起液体流路的不均。

设计低液体负荷的塔板的最安全方法是避免在喷射状态下操作。洛克特[25] 提出在筛板塔板上应用的喷射状态方程：

$$\frac{h_{cl}}{d_h} = 2.78 \cdot \sqrt{\frac{\rho_V}{\rho_L}} \cdot u_h \tag{7.5}$$

式中    $h_{cl}$——塔板上的清液层高度；

$d_h$——孔直径；

$u_h$——孔流速。

根据 Summers 和 Sloley[21] 研究，在低液相负荷下，浮阀塔板产生的夹带比筛板塔板少，因为浮阀塔板上蒸汽在水平方向进入。为了匹配工业数据，并满足浮阀塔板的情况，Summers 和 Sloley 改进了这一方程，定义了喷射因子：

$$\text{Spray Factor} = K \cdot \sqrt{\frac{\rho_L}{\rho_V}} \cdot \frac{h_{cl}}{d_h \cdot u_h} \tag{7.6}$$

与 Lockett 的模型一致，最小喷射因子为 2.78，其中筛板的常数 $K$ 为 1.0，固阀和浮阀的 $K$ 值为 2.5。为了将塔板操作从喷射状态移动到泡沫状态，可以通过增加开孔面积或增加堰高来减小孔速。这些措施将增加塔板的漏液，而漏液在低液体负荷下已经存在。另一个选择是减小孔径。然而，增加喷射因子的最有效途径是使用篱形堰减少堰长。Summers 和 Sloley[21] 提供了一些根本性的改造案例，其中一个做法是将塔中原始堰长度减少 90%。

在作者经历的一个例子中，吸收塔的反冲洗部分已经运行了 20 多年。为了解决极低的液体流量，原来的设计是采用 V 形堰。在停车期间，对塔体进行了大量的焊接工作。开车时，夹带导致溶剂进入气流，造成废水问题。仔细检查发现焊后塔壳倾斜，塔板水平度很差。为了解决这个问题，V 形堰被 97% 的篱形堰替代，同时设计了入口堰以确保液封。篱形堰的高度约为塔板间距的一半，以除去液滴。改造后，该塔再次达到了其原有的效率。为了避免液体流程的大量缩短，始终保留了塔壁和第一个篱形堰之间的间隙。

除了漏液外，低液负荷下塔板的性能可能受到泄漏的影响。在安装过程中，应仔细检查塔板。在实践中，有时候遇到因为塔直径、椭圆度和塔板限制作用的叠加，造成液体从塔板的间隙泄漏出来。

## 7.3　反应精馏

对于特殊化学品，许多工艺涉及多步合成，其中高回收率和最小化循环物流是特别重要的。此外，还有许多快速的平衡控制反应体系，如适用于反应精馏的醚化、酯化或缩合。因此，反应精馏在特殊化学品中是非常重要的。这里概述了特殊化学品的一些实用方面和应用。详情请参见第八章[26]。

### 7.3.1　综述

反应精馏是近年来最受关注的过程强化领域。反应精馏的基本思想很简单：通过将反应和分离结合在一个单一的容器或单元中操作，可以大量节省投资。在单一容器(单元)中的反应转化率和平均选择性可能高于常规反应器，反应热可用于分离阶段，以降低能量需求。人们期望有一种经过验证的方法来满足所有或大部分目标，在大多数化工工艺中，反应精馏便被视为标准设计。实际上，在同一设计中实现这一要求几乎是不可能的，反应精馏远远不像加工工业的标准。然而，即使只有一两个优点，如转化率或选择性能够满足较高的要求，反应精馏便可以通过减少再循环或副产物来改善工艺的经济性能。

然而，这种过程强化的缺点是显而易见的：其自由度低于传统的反应/分离系统，其灵活性较低难以抵消过程设计中的错误或气液平衡和动力学数据的不准确。应对的措施是，必须确定系统压力，以确保反应速度足够快，可以在塔内形成足够多的反应量，而这压力不一定是最经济的分离压力；回流比通常由反应决定，而不是由分离要求所决定的，并且需要给系统补充能量。在常规反应器中，均相和多相催化与反应精馏显示出根本的差异。

### 7.3.2　非均相催化

在非均相催化反应精馏中，将催化剂设计安装在固定的塔内件上，从而可使液体自由进入催化剂内。典型的硬件在第 8 章[26]中有所描述，有关其他信息，请参阅 Krishna 的研究[27]。虽然新颖的想法，例如将催化剂固定在精馏塔或降液管中已获得专利，并在文献中已有报道，但在工业实践中仅被证明是填料，例如苏尔寿公司的 Katapak[28]和 Koch-Glitsch公司的[29]的 KataMax。这些填料是市售的，并且可以购买以填充用户提供的专有催化剂。它们由不同几何形状的丝网片封装组成，通过焊接将催化剂封装。催化剂层的典型厚度为 3～15mm。由于毛细作用力，液相优先流过催化剂床，同时传质发生在组片的表面。图 7.7 显示了世界规模工厂提供的一套

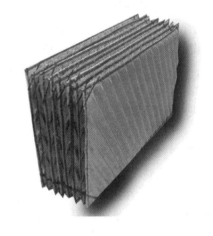

图 7.7　KataMax 催化填料，催化剂用波纹金属丝网填料封装

KataMax 填料。

目前，没有一种建模技术可以直接利用动力学数据和气液平衡数据进行设计，因此必须进行试验。然而，由于催化填料的实验室版本和工业版本的基本设计参数，例如蒸汽的自由面积、催化剂持液量和比表面积不同，因此放大效应非常明显。在必须保证转化率或选择性的应用中，中试工厂试验也许是确保成功的必要条件[30]。商业填料中的催化剂持液量为25%～40%，因此水力学处理能力低于精馏。规整填料 Katapak SP 的流动状态和水力学的考察由 Behrens[31]、莫里茨和哈斯[32] 提供。

在常规精馏中，主要是要满足关键组分的产品规格，而浓度分布的预测误差通常不大。通常塔板数的设计裕量将有助于抵消不准确之处。然而，在非均相催化的反应精馏中，塔内催化剂的位置是固定的，并且需要优良的气液平衡数据来可靠地计算所有反应对象的浓度分布，特别是对于中间再沸器，需要提供正确的动力学模型。催化剂的量是固定的，对于进一步的设计来说充满了挑战。在常规固定床反应器中，通过调节温度来补偿催化剂失活。在非均相反应精馏中，必须增加塔压力以达到相同的效果。内件、再沸腾和冷凝系统的设计范围必须广泛，以适应进料组成、进料流量（调节比）和催化剂活性的预期变化，同时保持分离性能。

催化精馏的塔内件是非常昂贵的。一方面，原材料本身比较昂贵，例如不锈钢丝网和催化剂是很贵的。另一方面，有大量的工作要手工完成，如焊接催化剂组件上的密封件，将限定量的催化剂填充到每个组件中，等等。更换废催化剂时，填料通常必须完全替换。除此之外其他高成本，如因为制造能力有限替换填料的制造和运输可以需要几个月。因此，必须小心操作上游装置，防止催化剂中毒，同时控制反应区中的温度使催化剂具有最大寿命，一般其寿命应该满足两个生产周期的要求。

此外，必须严格地控制所有阶段的产品质量，物料采购、填料制造、安装和操作。催化剂可能在制造期间或运输期间因环境影响或误操作而损坏或失活。所有密封焊接必须足够紧密，以防止催化剂从填料中泄漏从填充区移动到分离区引起逆反应或形成副产物。在许多应用中，离子交换树脂被用作催化剂。树脂在水饱和时运输而在操作期间收缩，这又将改变其水力学参数。正如一位研究员形象地说："那种填料是变化的。"

设计新的非均相催化反应精馏工艺是一项具有挑战性的任务。为了获得足够质量的基本数据，需要仔细建模，需要大量的实验室或中试工厂的试验工作，这均需要相当长的时间和足够的经济能力。因此，大多数过程由专利商开发和销售，并将成本分摊在几个客户头上，这样成本降低不少。

主要应用的合成燃料醚有甲基叔丁基醚（MTBE）、乙基叔丁基醚和叔戊基甲基醚[33]。大多数可行的制备 MTBE 方法由异丁烯与甲醇在固定床反应器系统中选择性反应，以形成MTBE，并从脱丁烷塔的馏出物中萃取共沸的甲醇。再生的洗涤水再循环至萃取塔，甲醇再循环至反应段。在这些过程中异丁烯转化率可能达到约 95%。这能够显著地提高异丁烯的转化率，并达到足够低的异丁烯浓度，并能够从抽余液中生产高纯度的 1-丁烯。Hüls 工艺结合过量的甲醇进入到第二反应阶段，随后进行二次精馏。

然而，在反应精馏中，将催化填料置于脱丁烷塔精馏段以增加转化率。高沸点的 MTBE 通过精馏从反应区除去，而 $C_4$ 和过量的甲醇以共沸物的形式被带到催化区，通过这个过程实现高转化率[34]。重要的工艺专利商是 UOP 和 CDTECH（CBI 卢姆斯化学研究许可证）。

其他的非均相催化反应精馏方法包括高纯异丁烯选择性加氢、加氢脱硫、烷基化和异丙苯[35]以及甲基、乙基和乙酸丁酯的合成和乳酸甲酯的水解[36]。

### 7.3.3　均相催化

在均相反应精馏中，必须通过单独的分离步骤从产物中除去催化剂，而且催化剂(通常为酸或碱)经常不能回收利用。然而，该过程拥有几个关键的优点。最重要的是，可以通过调节反应区中的催化剂浓度和流量进而调节反应转化率或生产率。更高浓度的催化剂提高生产能力，尽管选择性降低，如果减少产量，催化剂浓度和转化率随之降低选择性随之增加。由于这种高灵敏性，气液平衡和动力学数据的设计质量不需要像在非均相催化中那么高。

此外，许多供应商在市场上提供可修改的内件，均可以使用。

(1) 对于非常快速的反应，规整填料内的停留时间可能是足够的，所以，应该密切注意供货商提供液体收集器中的停留时间[37]。这些内件的持液量可能是相当于几米高的填料。即使没有分离作用，反应也能继续。

(2) 在大多数系统中，反应较慢，塔板是优选的内件。筛板和浮阀塔板的活动区域上的滞留量是相似的，然而，浮阀塔板较高的干板压降导致其降管中有较高持液量。

(3) 泡罩塔板经常用作反应塔板。它们可以在制造和安装的时候液封紧密，因此是低液量系统的理想候选内件，并能满足下限负荷要求。

(4) 对于需要非常高的停留时间的工况，建议采用具有较高堰的筛板或泡罩塔板甚至未开孔的升气管塔板来满足停留时间的要求[38]。

反应塔板的最重要的设计参数是停留时间(持液量)、停留时间分配和分离效率。这些参数必须仔细优化，以确保在不同负荷下的稳定运行。设计涉及许多专有技术，并针对具体工艺要求进行了优化。关于反应塔板的公开文献相当稀少。

当需要大的停留时间时，直接的解决方法是设计具有较高出口堰的塔板。然而，设计出来的高出口堰的塔板是有缺陷的。第二章中给出的塔板设计的相关性开发和验证，提出了典型精馏塔板的堰高(低于75mm)。因此，提高塔板堰高需要谨慎处理。强烈建议使用类似工业规模装置塔板的操作数据进行试验验证。

首先，估算巨大型堰的反应精馏塔的停留时间是一项挑战性任务。可以从用估算板上液体高度的模型计算获得，然而，这些模型主要考虑湿板压降，用在此处要特别谨慎。虽然需要保持一定的持液量以在精馏塔板上实现足够的分离效率，但持液量的确切数值对塔板的性能没有什么影响。当 $F$ 因子足够大时，筛板塔板持液量才与堰高[25]显示出相关性。

然而，在反应精馏塔板上，持液量是关键变量，已经有堰高达500mm以上的报道[39]。目前还没有模型可以用来推断如此高的板上液层高度。由 Krishna 等人报道[40]筛板塔板的堰高度达到100mm。塔板持液量随着液体负荷和堰高的增加而增加，而较大的气体负荷增加塔板充气系数，并减少持液量。在非常高的气体负荷下，持液量甚至与堰的高度无关。当 $F$ 因子处于中间量时，持液量可以用发泡区域面积乘以堰高的一半粗略估计。此外，在设计用于高气体负荷的泡罩塔板上，泡罩可占据高达40%的鼓泡区域。泡罩内部主要是气体，使得持液量进一步减少。当评估现有的反应塔板时，最好利用压降数据计算持液量。在反应塔的降液管中可能积聚大量的液体。由于降液管中的反应热而引发的蒸发目前还没有公开的文献报道。

为了分离反应产物，需要反应精馏塔拥有足够的分离效率。Murphree 塔板效率随着堰高的增加而增加，但增加很小，当堰高高于 50mm 后不再增加。另外，在安装高出口堰的塔板上，液体返混将更严重。因此，不应期望塔板效率高于点效率。Fisher 和 Rochelle[41] 在论文中研究了反应对塔板效率的影响。反应可能主导塔板上轴向的浓度分布，从而使 Murphree 效率同塔板效率不在一个数量级上。为了克服这些缺点，作者建议使用基于传质速率的模型。大多数商业化的传质速率模型，不评估塔板上的液体浓度分布。

Haug[39] 研究了具有 300~900mm 堰高的筛盘的稳定性。在低负荷下，观察到气体分布不均匀，优先充气的区域在塔板上旋转移动。在更高气体负荷下，当所有筛孔都活动时，达到了稳定状态，漏液大大减少。当最小开孔 $F$ 因子为 $14Pa^{0.5}$ 或干板压降约 2mbar 时也可以达到稳定状态，此状态与堰高或孔尺寸无关。推荐开孔 $F$ 因子的安全裕量为最小开孔 $F$ 因子的 2 倍。反应塔具有相当大的重量。因为塔板的挠度或塔板的水平度可能影响气体分配。机械稳定性很重要，利用 CFD（计算流体力学）技术研究堰高达 100mm 的塔板，发现塔板上的三维流动模式与 Haug[40] 的描述非常类似。开孔的 $F$ 因子不能完全达到 Haug 给出的稳定性标准。该技术没有关于停留时间的信息。该模拟显示了虽然与主流方向垂直和平行方向上存在再循环，但大部分液体进料沿着塔板轴线直接流到降液管。在没有导向元件的反应塔板上，停留时间分布相当宽广。Haug[39] 的另一报告指出，在低气体负荷下，挡板甚至可能使气体分配变差，其中气体可能在挡板的一侧短路，同时液体在另一侧漏液。

可以通过在不同的塔板上进行反应和精馏来避免反应塔设计中与堰高的相关问题。可以在升气管塔板上提供用于反应的停留时间，其中气体绕过液体并且液体持液量不会由于起泡作用而减弱。为了实现分离，常规筛板或浮阀塔板交替布置。在实际应用中，可以通过优化反应和精馏塔板的数量和堰高来实现反应和分离的要求。Dorhofer[38] 对这种方法有着详细的研究，他使用五种不同的塔板合成乙酸甲酯。只安装反应塔板的塔与保证停留时间的塔相比，单位持液量的转化率高，但是全塔总转化率较低。堰高加倍可将反应精馏塔转化率提高约 10%。对于慢反应，可通过降低催化剂的流速来进行研究。在这种情况下，塔内采用反应和分离交替的模式显示出最高的转化率。

为了成功地将高停留时间塔板作为反应塔内件，需要解决一些关键设计问题：在低液体流速下，必须防止塔板漏液；应选择气体挡板的合理布局以防止上述塔板中的蒸汽分配不均或过早液泛；在选择大气体量时应考虑塔板上的液体梯度。由于升气管塔板对液体流动阻力较小，因此可以预见停留时间分配很宽裕。此外，目前没有文献信息显示由于反应放热引起的鼓泡效应。

侧反应器的概念与反应精馏密切相关。从塔中取出侧线物料，加入常规反应器，并且大部分物料返回到侧线之下的塔板[42]。为了增加转化率，反应器可以在不同塔温下运行。除了一个反应器，一个或两个热交换器和两个抽气泵，侧反应器还需要大量的投资和空间。此外，侧反应器适用于不超过一个反应平衡级。如果超过一个反应平衡级，使用侧反应器来实现所需的转化率，其经济可行性将有问题。

反应精馏塔的设计比常规精馏塔要复杂得多。最重要的设计目标是确保充分转化所需的停留时间，而不是设计塔径接近的安全泛点率以减少投资。

## 7.4　结垢

结垢是工业中生产特种化学品的主要问题。表面沉积物的形成和积累（见图 7.8）形成了结垢，这是分离塔故障的主要因素[43]。沉积物减少了蒸气和液体流动的自由截面积，这增加了气体速度和压降，同时丧失通量和相应的分离效率。如果继续沉积，塔最终会发生液泛。再沸器和冷凝器中的结垢可能迫使塔压力发生变化，从而不能继续操作。为了应对结垢问题而增加塔的尺寸，这将导致投资成本的增加。

图 7.8　在液体分布器（左）和人孔处（右）的严重结垢

人们仍然很少了解结垢的机制。污垢是黏附和去除力相作用的结果，并且几乎在数量上不能预测或计算，尽管已经广泛研究了热交换器中的结垢[44]，但是关于气液分离系统的信息很少。

表面的结垢是基于化学、物理或生物机制的。根据 Epstein[45] 研究，结垢机理分为以下几类：

（1）悬浮固体颗粒的沉积造成的结垢：例如盐、金属氧化物、催化剂颗粒、焦炭粉或变性蛋白。这些悬浮固体可能沉积在表面上。发生在过渡处和拐角处的沉积结垢能强烈影响液体流动方向和速度。

（2）结晶结垢：当工艺条件变得过饱和，可溶物质开始在液体中结晶。过饱和是由蒸发溶剂、冷却至低于或加热至高于溶解度的极限，或是 pH 变化导致的，结晶通常在成核点（活性点）形成，例如划痕或现有的核[46]。

（3）反应结垢：在液相或气液界面中发生化学反应或腐蚀引起固体的沉积，如微溶的产品沉积在表面（例如单体的聚合）[47]。

在化学工厂中，几种结垢现象可以同时或连续发生。它们可能相互影响，所以不能单独考虑。例如，当发生腐蚀时，增加的表面粗糙度可促进其他结垢机制，而不稳定的腐蚀层可能导致颗粒结垢。

结垢对经济影响肯定是不可忽视的。结垢增加压降，降低通量，并导致装置频繁开停车、清洗。附加成本包括处置结垢废物和更换堵塞的内件。

许多在化工和石油化工行业中使用的塔容易出现结垢[48]。特殊化学品的例子包括生产丙烯腈的塔[49]，啤酒厂的乙醇塔[50]，二烯烃和特殊化学品单体的分离，以及生物基原料的下游加工工艺。

防止气液分离塔结垢的方法有很多。可以通过在固体进入塔之前过滤来减少颗粒污垢[51]。如果固体不能分离，则设计的内件必须为可以处理结垢的物料。如果固体在塔中产生，为了减少结垢，可改变操作条件(压力、温度、pH)和应用稳定剂以抑制聚合，并恰当地设计塔内件。

如果已经确定了相应的结垢机制，传质设备可以设计成容许一定程度的结垢。在任何情况下，对于内件的结垢，在设计时需要考虑进行适当的清洁。

### 7.4.1 概论

结垢是化学系统、建筑材料、操作条件(包括压力、温度以及蒸汽和液体负荷)，以及内件的特定几何形状的相互作用的结果。如果化学系统容易出现污垢，通过设计加以避免是不可行的。任何降低结垢的策略，必须考虑以下方面：

(1)避免停滞区和积液区，增加局部的停留时间可能导致固体的沉淀和聚合物[52]积累。塔板上典型的停滞区位于塔板的角落、降液管或通道内。

(2)塔内部和降液管中的返混和再循环导致停留时间延长并有助于副产物的形成。特别地，具有较高分子量的副产物的沉淀可能造成结垢。

(3)尖锐的过渡区棱角和拐角处是聚合物和固体可以沉积的区域，沉积不断增多，形成结垢。减少边缘和拐角数量的设计(宏观设计)和表面处理光滑(微观设计)能够增加抗堵性[46]。急剧的流量变化可能导致表面无法润湿，甚至表面出现干点，这有助于聚合反应的发生。

(4)可以通过仔细控制操作条件来降低结垢生成速率，较低的压力和温度通常有利于减少聚合结垢，但会促进结晶结垢。

(5)可以使用添加剂抑制某些结垢的生成。

塔内件的选择应该在抗堵性和效率之间进行权衡。抗堵的内件，如格栅填料或穿流塔板经常显示低的分离效率。在塔板的选择中，压降通常不是主要考虑的问题。然而，在许多温度敏感的系统中，压降是关键的因素，并且规整填料不能作为替代品。选择操作条件来避免结垢。必须避免在冷管道或热交换器表面上不期望发生的冷凝。

一个实际的例子显示，控制操作条件和工艺设计对结垢具有显著的影响。在板式塔中，化合物的聚合能够引起压降的显著增加从而迫使装置定期停车清理。聚合物分析显示，沉积物是中等沸点组分的聚合物。过程模拟显示，因为塔有太多的分离级，中间沸点化合物就会在中间累积从而引起结垢。减少塔板数量和调节回流比有助于促使中等沸点物质进入塔顶产品，从而顺利解决了结垢问题。

### 7.4.2 防结垢添加剂

聚合结垢主要遵循自由基机理。聚合结垢时，单体和自由基引发剂必须同时存在，因此，防结垢添加剂旨在除去自由基这一引发剂。添加剂可以分成抗氧化剂和自由基捕捉剂[53,54]。

因此，想要成功地应用添加剂解决结垢问题，必须回答以下问题：

（1）聚合物沉积在哪里？

（2）聚合物的化学成分是什么？

（3）哪些工艺条件有助于聚合反应？

（4）催化活性点位在哪里？

（5）单体在哪里形成，以及它们的浓度在下游工艺是如何发展变化的？

（6）聚合反应可能在何处开始或在何处开始起作用？

仔细分析这些过程和涉及的化合物，选择合适的添加剂，就可以解决这些问题。防结垢添加剂的选择需要专业的化学知识以及关于反应过程的知识，包括流体动力学、操作经验和反应动力学。选择的结垢添加剂取决于要抑制的反应种类，但是解决问题会涵盖更多的知识。一旦选择了合适的添加剂，在实验室中测试其性能是很有益处的。这些测试可以提供其对下一阶段操作影响有价值的信息。在该过程中，必须确定最有效的添加位置。应注意到大多数添加剂是高沸点物质，并且将与底部产物一起离开塔。增加添加剂的浓度将进一步提高反应成本。通常，在工艺流程中 5~500ppm（质量浓度）是成本与性能的最佳比例。

经典的防结垢剂包括氢醌的衍生物，用于丙烯酸或（甲基）丙烯酸单体生产[53,55]。然而，氢醌是致癌和有毒的，需要复杂的程序以确保安全操作，并且需要处理过程中的流体中含有氧气才能有效[56]。氢醌单甲基醚也需要氧气用于稳定，但氧气的关键性要小得多，因此也应用于储存丙烯酸[55]。对苯二酚用于乙酸乙烯酯的生产过程[56]。吩噻嗪基添加剂在丙烯酸或甲基丙烯酸单体生产中作为抗聚合剂使用[54,55]。近来，一个新的抗聚合物和抗氧化剂的添加剂家族乙酸盐[57]已成功应用于各种工艺，包括乙烯、丁二烯、苯乙烯等单体生产和制备丙烯腈、甲基、丙烯酸酯（见图 7.9）。在某些情况下，这些添加剂也能够去除预先存在的不溶性沉积物。

(a)         (b)

图 7.9 在 8 个月（a）和 15 个月（b）没有加入添加剂的塔板

在室温下，大多数添加剂是固体，需要溶解并注入工艺物料中。这需要采用可靠、安全的应用技术。

### 7.4.3 塔板

在去污抗堵方面，塔板有着明显的优势，更容易清理。例如，可通过液流来清洗污垢。因此，每当工艺条件容许其有较高的压降时优选塔板。可以得出一般的设计原则：

（1）取消入口堰防止固体的积聚。

（2）使用斜降液管降低停留时间并避免停滞区。

（3）在降液管出口处安装推液阀和鼓泡促进器，可以快速充气成活塞流并减少停滞区[48]。

（4）固阀的侧向蒸气释放可产生吹扫效应。

（5）阶梯式倾斜的出口堰能够使得固体颗粒物从活动区流出。倾斜的出口堰不易结垢，相比台阶堰具有更高的适应性。

（6）建议对表面进行电抛光，因为光滑的表面更不容易积聚沉积物。

为了满足以上要求，需仔细考察各种塔板类型。筛板塔板表现出有限的抗堵性[58]。由于气体速度高而液体流量低，污垢经常从开孔的下边缘结合，容易导致高沸点化合物的积聚和形成。漏液会导致液泛[59]，所以大孔径是非常有益的[58]。筛板塔板在结晶结垢试验研究中抗堵性能并不比其他的塔板和填料高[46]。

在穿流塔板上，液体和蒸汽以逆流及交替方式通过相同的孔，这就利用了上文提到的自清洁效果。没有降液管和堰，并且有着强烈的漏液，这就减少了干点和沉积物的形成。甚至可以冲洗塔板下侧的沉积物。然而，一旦发生结垢，它将明显地减小孔尺寸并导致塔板上的液体积聚。严重时可能导致，塔板高达50%的有效面积被堵塞。穿流塔板的效率低，因为只有少量持液量并基本上完全返混。塔板板、塔板支撑圈和挡板在最低效率处显示最高的抗结垢性。

阀孔塔板上有固阀和浮阀之分。如果它们在操作时部分开启，浮阀可以有自清洁效果[46]。在实践中，将固阀塔板改造为筛板塔板和浮阀阀塔[49,50]是十分有效的，并且适用范围较广。浮阀在结垢过程中的机制不是很清楚，可以在文献中找到相矛盾的建议[60,52]。

### 7.4.4 填料和液体分布器

在急冷塔和石油化工装置中，大尺寸散堆填料或格栅填料的技术已经成熟。在特殊化学品中，压降的限制是采用抗堵填料的关键。尽管其有着明显的缺点和矛盾的应用记录[61]（因为每个理论级相对低的压降及相同理论级下低的塔釜温度），规整填料也要优于散堆填料。

分布器的设计必须具有抗堵性。可通过避免低液体流速和高停留时间来防止沉降。因此，设计较大的孔和较低的点密度、底孔和分布槽中的高横向速度是有利的。底孔相对于侧孔更能允许小颗粒通过，故不推荐使用盘式分布器，而V形槽分布器已成功地应用于严重的易堵物系[52]。在所有的设计中，越简单越好，设计规则是："如果它不在塔内，它不会促进结垢堵塞"。

除了延误生产和增加清洗成本，如果规整填料中沉积的污垢自燃或容易被点燃，则会引起火灾事件。一旦沉积的结垢层在检修期间被点燃，其可以点燃规整金属填料（因规整填料其本身是可以燃烧的）。规整填料的可燃性是由于其高的比表面积、薄的材料且不散热[62]。填料中的结垢层可能不会引起注意，因为规整填料很难检查和清洁。到目前为止已报道了至少56次规整填料火灾事件。它们主要发生在停车检修时，塔内件暴露在大气中，然后在塔内动火作业[63]。美国精馏协会(FRI)提供了一个非常好的填料发生火灾总结报告[62]。

## 7.5　水溶液物系

### 7.5.1　水溶液物系：性能与效率

在特种化学品生产装置中，水是无处不在的。在石油化学和绿色化学中，水是痕量存在的并且它经常是酯化、缩合和氧化反应中的副产物。水有非常特殊的性能，包括高的蒸发焓和热容。它具有稳定性、无毒、不易燃，并对许多的官能团分子表现出良好的溶解性。这些性质使水在许多反应中成为优异的溶剂，并在急冷塔中作为优良的冷却介质。在现代环氧丙烷生产工艺[64]中，过氧化氢用作氧化剂，水是副产物，其可被精馏分离。

水–有机混合物的热力学性质不是很理想。活度系数通常足够大以至形成互不相溶的两个液相。如果形成非均相的共沸物，水可以在带有水包的冷凝液罐中被除去，或者在中间倾析器中被除去。表面张力与浓度的高度相关性造成的马拉戈尼不稳定性，可能导致膜破裂并发泡[65]。例如，图 7.10 显示了在 298~323K，水–醇混合物的表面张力是水浓度的函数[66]。可以注意到，在 298K 时，水浓度高于 70mol% 情况下，浓度为 200ppm 的表面活性剂对表面张力具有强烈影响。其他物理性质类似的非理想混合物，均具有类似的情况。

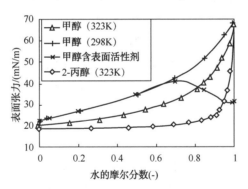

图 7.10　水溶液的表面张力：甲醇和表面活性剂(甲醇在 298K 和 323K 下，2-丙醇在 323K 下)

水溶液的分离效率已经成为许多项目的研究主题[23,68~73]。不同的水含量在标准测试系统中测量的效率也不同，它取决于水的浓度。在填料塔中，效率用 HETP 表示。从双膜理论，得出结论：

$$HETP = (h_{VTU} + \lambda h_{LTU}) \frac{\ln(\lambda)}{\lambda - 1} \tag{7.7}$$

式中，$\lambda$ 是平衡线 $m$ 和操作线 $L/V$ 的斜率的比率，并且 $h_{VTU}$ 和 $h_{LTU}$ 是蒸汽和液体传质单元的高度，由相应的表面速度(m/s)，有效面积(m²/m³)传递系数定义。

$$\lambda = \frac{m}{L/V}; \quad H_V = \frac{u_V}{k_V a_e} \quad H_L = \frac{u_L}{k_L a_e} \tag{7.8}$$

图 7.11 显示了非理想气液平衡数据对 HETP 的影响。在图 7.11(a)中，比较了 1bar 下

（105Pa）的甲醇-水混合物平衡线的斜率与相对挥发度 $a=1.1$ 理想溶液平衡线的斜率。在低蒸汽浓度为 0 和 1 的极限情况下，斜率的值为 $a$ 和 $1/a$。对于理想的混合物，斜率从 1.1 变化到 0.91，而在水中从 7.6 变化到 0.77。假设两个系统中 $h_{\mathrm{VTU}}$ 和 $h_{\mathrm{LTU}}$ 为恒定值，计算 $h_{\mathrm{VTU}}=250\mathrm{mm}$，$h_{\mathrm{LTU}}=80\mathrm{mm}$。如图 7.11（b）所示，理想系统的 HETP 是恒定的，而在水溶液系统中，则从 260mm 变化到 440mm。

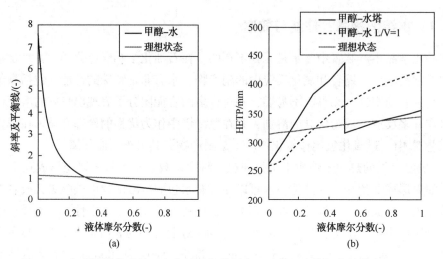

图 7.11　来自同样传质单元高度的平衡线斜率以及等理论塔板当量高度（HETP）
在这两种情况下都假定无回流。此外，用精馏塔中典型的操作线 $L/V$ 的值
（汽提段中为 1.8，精馏段为 0.56）评价乙醇-水的工况

目前还没有被广泛接受的预测填料效率的模型[24]。在上述所示的例子中，HETP 曲线之间的唯一区别是甲醇-水非理想气液平衡和回流比。在现实中，传质系数和有效面积受填料类型、操作变量和混合物性质（例如密度、扩散率、黏度和表面张力）的影响。如图 7.10 所示，水溶液体系中的所有性质都是混合物组成的非线性函数。预测混合体系规律的困难进一步增加了 HETP 模型的误差。这些不确定性也影响了传递模型的预测能力。预测塔板效率也遇到类似的问题。然而，气相和液相在进入每个理论级之前充分混合，在泡沫中产生了有效的相间区域，因此分布不均和润湿性并不是主要问题。因此，处理水溶液系统时，即使是每个理论级的压降可以比填料高一个数量级，塔板通常是优选的。然而，最近一种新型丝网和金属填料混合内件，包括定制的分布器，已经应用于低液体负荷的水溶液物系[74]。

### 7.5.2　急冷塔

特殊化学品的许多反应在高温下进行（例如氧化反应）。如果产物的活性非常强，则需要快速冷却、冷凝/吸收以及在惰性溶剂中稀释。图 7.12 所示的是急冷塔的典型实例。热气从塔的底部进料并与循环泵水流过的填料床层接触。在填料床层中，通过与冷却液的紧密接触，热气被冷却，液体被蒸发而达到饱和温度。在许多案例中，增压设备循环输送不用冷却介质，如空气、水或冷冻盐水以改善分离效果和同时能耗增加成本。在上段床层，在较低的液体负荷下经常设置额外的吸收段。含有反应产物的底部物料需要下游装置进一步处理。

液体负荷通常相当高，为 $20\sim80\mathrm{m}^3/(\mathrm{m}^2\cdot\mathrm{h})$。在以前的设计中，设置了防结垢塔板如折流板塔板。这些装置可以用散堆填料或规整填料来改造，以便减少压降或增加处理量[75~79]。

在实例中，将高温氮气在 493K 下送入急冷塔，通过在外部热交换器中的泵循环水冷却至 291K(见图 7.12)。基于平衡级模型的模拟结果表明，其中气体温度在第一阶段达到平衡。另外，基于热传递动力学模型，得到模型塔中的实际气体温度分布，并给出所需填料的实际高度。基于速率的模型中的 $F$ 因子与气体温度紧密相关，并且随着水蒸发而减小。在平衡级模型中，最大 $F$ 因子仅在进入最低塔板的蒸汽流中得到。如果建立喷雾模型，将产生的蒸汽流完全降温。因此，对于给定填料，基于传质速率模型计算的液泛因子高出约 10%。然而，因为没有预测水溶液系统中的传热系数和有效面积，所以必须小心处理基于传质速率模型。

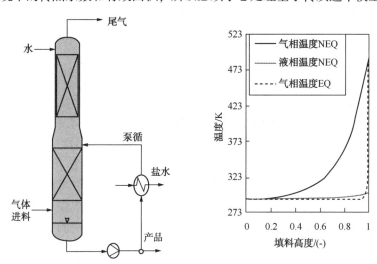

图 7.12　典型的急冷塔流程图(左)以及基于平衡级模型和传质速率模型得到的气液温度(右)

### 7.5.3　塔中的发泡现象

如果分馏塔中物料发泡，塔的处理量和效率将会大大降低。泡沫在表面张力正系统中稳定，在正系统中表面张力随着液体沿塔向下流动而增加[68]。一些研究者已经基于这一观察定义了发泡指数，所有这些指标包括沿着塔轴线的表面张力梯度 $d\sigma/dx$[80]。然而，表面张力梯度的预测并不简单：图 7.11 显示，即使浓度较小的未知表面活性组分也可能改变其因子。系统中形成的第二个液相将具有非常高的发泡趋势(Ross 型发泡)。一旦第二液相形成，它将起到消泡剂[81]的作用。发泡经常发生在个别体系中，而在其他体系中没有观察到。另外，由 Kister[60]给出的结论，使用高沸点溶剂的吸收塔和萃取精馏塔发泡的可能最高。

一旦出现泡沫，其在塔中形成第三相，对流动具有相当大的阻碍性。它的存在减少了蒸气流的流通面积，增加了压降和返混，同时降低效率。

在低剪切应力下，泡沫像固体一样富有弹性易变形。一旦达到相应应力，鼓泡和泡沫像一个密度非常低的液体流动。泡沫中的液体和气泡合并会随着膜破裂而增加[82]。在不同的吸收和精馏中存在这些现象。由于惰性气体在液体膜中的溶解度有限，导致吸收较慢并且在吸收过程中经常起泡。在特殊化学品精馏中，发泡问题主要产生于原料中小颗粒和表面活性剂，其浓度可以随着催化剂失活而改变，或者是中沸点物质在塔中积累。通常增加蒸汽负荷来达到消泡效果。可以根据压降的突然变化和大幅波动及突然降低的分离效率来确定发泡情况。

最重要的对策是在早期工艺设计时确定发泡趋势。许多测试方法现在都可以使用的，例如比克曼测试，液体用氮气充气，泡沫层的高度与气体流量相关。测试程序比较简单，但在工业中的应用有限[83]。首先，在液体中氮气系统同气液精馏系统是不同的。其次，在工艺设备中泡沫消去比预期的慢，且可获得恒定的新鲜液体作为回流。这些情况引起了新的测试方法的发展，填料可以在恒定的液体流量下，而蒸汽可以通过加热液体或使用惰性气体来供应[83,84]。

发泡是不可预测的。它可能是由少量的表面活性剂引起，其可以存在于一种装置中，而不存在于另一种装置中[85]。此外，它可以起源于塔内部的不同位置，例如，在再沸器回路、填料的分布器或在塔板上。强烈建议检查试验工厂数据。然而，这些数据通常只有有限的用途，因为液体和气体负荷通常不能达到工业数值。

一旦潜在的发泡问题被确定，唯一已知的设计因素是系统因子的应用，适用于某些确定的工业系统。对于许多可接受的值，请参见 Lockett[80] 的著作。他对降低喷射液泛和降液管液泛进行了研究，但没有给出塔内发泡的后果，如压降变化。通常在烃体系中的降液管速率方程中给出相当小的降液管尺寸。如果怀疑进料中含有表面活性组分，设计时需要特别留意。超大型降液管将只会略微增加总成本，但可以在防止起泡方面提供一定的安全性。

对于哪些内件适合处理发泡没有一定的说法。一些专家喜欢散堆填料。然而，规整填料可以给出处理能力和效率之间的最佳权衡。一些专家推荐无孔规整填料。在塔板上，较大的活动区域、较大的开孔和较低的孔气体速度对抑制起泡可能是有利的[86]。

消泡剂将能够解决大多数发泡问题。但是除了增加成本，消泡剂还污染塔釜产物，并且可能需要额外的工艺步骤以除去它们。必须通过实验室测试仔细选择消泡剂。

作者经历的一个实际例子中，当小流量的液体在分离有机混合物的塔板上进料时发生罗斯型发泡。虽然总体质量平衡预测是完全互溶的，但是通过单个喷嘴进料导致液体附近的局部浓度范围存在液−液相分离。通过将进料与内部回流适当混合可以解决该问题，然后将其送入塔板。

### 7.5.4　三相系统

只要水溶解在有机液相中，那么对于精馏几乎没有影响[87]。在特殊化学品中，许多组分容易与水形成共沸物。烃类如己烷或甲苯经常用作夹带剂，从水溶液中除去水。在某些情况下，利用这种方法可以从塔中取出共沸物冷却，在倾析器中分离，除去水相，然后再循环有机相。此外，水蒸气在高真空塔中可以降低温度敏感组分沸点[87]。相关文献[81]和试验中[88]发现了接近液−液相分离的混合物的发泡趋势。

在塔板上，强力的气液两相运动形成了两液相之间的相互作用，塔板设计可以遵循通常的方法[89]。在另一项研究中，由于液−液流体传质阻力，传质速率有所降低[90]。

如果非均相含水物料落入真空塔的底部，可能发生猛烈的蒸发。书本中[87]已经叙述过这种情况导致的强烈压降变化和过早液泛。在实践中，就有塔板由此被损坏的案例。

在填料塔中，情况要复杂得多。参见 Chen 等人的概述[92]，可以看出较大的进步。与气−液两相操作相比，第二液相的存在可以增加或减少质量传递效率或使其保持恒定。两个液相的单独有效面积可以增加或减少，这主要取决于填料上的流动特性。例如，一个液相可能覆盖另一个液相并且阻止其与气相接触。Hoffmann 等[93]通过计算流体动力学（CFD）模拟斜板上的三相流动进行详细研究，Chen 等[92]得出有效面积的传质系数和相关性结论。

在一个工业案例研究中，Harrison[94]报道了一个安装散堆填料的塔。两相模型可以很好地描述压降，HETP 超出预期约 40%。如果一个相优先润湿填料，非润湿相的停留时间可能由于相对较低的持液量而减少。因为有一个明显的问题是，均匀分布两个液相，可以避免再分布和更高的填料床层。如果不能避免再分布，就不鼓励使用底孔，因为它们不会让重相提供均匀分布所需要的液位。供货商会设计特殊的用于两相的溢流槽和低分布点的分布器。

Meier 等人提出了另一个工业案例[95]。根据参数建立模型比较困难，建议根据基于传质速率模型进行中试工厂试验，反过来可以用于调整模型。为了更广泛地应用于工业，在实验室和工业规模装置中使用相同的填料具有很大优越性。使用改进的 Stichlmair 方法[96]计算压降，并考虑更高的持液量，包括每个液相单独情况，其得到的结果同工业规模装置的测量值一致（见图 7.13）。

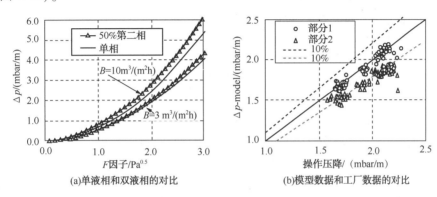

(a)单液相和双液相的对比          (b)模型数据和工厂数据的对比

图 7.13 利用修正的 Stichmair 方法[95]计算丝网填料（500m²/m³）的压降

调查分布器的设计。液相在分布器槽可能不会完全分层，多相可能以乳化层存在。因此，三级分布的设计被用于轻重相的分布，重相和轻相分别通过下孔和上孔分布，而多相层可以通过中间孔分布。图 7.14（a）的照片显示四级分布器。

图 7.14（b）给出了专门用于两液相的分布器。混合相液体通过低停留时间的分布盒分布到分布槽中。在各个分布槽中，分布器停留时间很长，足以从多相中将重相和轻相分开。重相通过相界面之下的液下堰流到槽的一侧并通过自身设计的孔流到填料中。轻相停留在槽的另一侧并流过专用孔。孔的高度和尺寸可以根据所需的流速和停留时间设计。

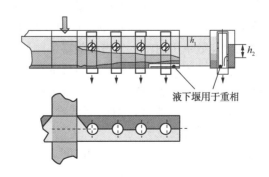

(a)四级分布管的图片，两排孔          (b)用于特定相分离和单独分布的分布器[97]
用于轻相分布

图 7.14 三相传质塔的分布器

## 7.6　结论：建模、模拟和放大

许多特种化学品是相当复杂的分子并且具有相对短的生命周期。上市时间通常是最重要的因素，而工艺开发一般基于最少的信息和数据。可变成本通常由原材料决定，总体产量对工艺经济影响巨大。

塔的配置（理论塔板数、进料位置和回流比）可以利用平衡模型的模拟确定。气液平衡数据可根据文献和数据库估算，或通过试验收集以确保足够的精度。设计的下一步骤涉及外形尺寸（直径和高度）。一些因素如允许压力、液泛因子、负荷范围和效率等均需要考虑。利用类似工业分离项目数据估计效率是有价值的。对于 HETP 或塔板效率公开发表的不同模型信息，以及基于传质速率的模型都可以用来评估平衡级模型的结果。这需要有关传递性质和传质面积的额外信息。

如前所述，精馏的水力学计算和效率估算为塔的设计提供了良好的基础。然而，前文已经表明，在许多特殊化学品工艺设计中，这些建立的模型都不在可用的参数范围之内。典型的例子是低的液相负荷和易堵（或发泡）物系，随着时间延长，其效率和通量可能改变，而对于反应精馏，预测浓度分布和持液量至关重要。此外，产品规格通常包括非常高的纯度，达到低至百万分之几或十亿分之几的水平，次要规格如黏度、颜色（数量）、香味或（无）气味也很重要。尽管商业的模拟工具有高准确性，但一些不确定性仍然存在于理论设计中，实验室试验对结果具有决定性的作用。而且，试验非常耗时且成本高。因此，很少考虑实验室设备的改进，应使用最佳模型仔细设计试验方法和步骤。试验数据应该用于验证和持续改进模型。模型和试验的数据可相互作用以加速工程设计。

在实验室试验中，应使用标准化硬件。塔直径应尽可能小以减少所需的进料量。另外，直径应为 50mm 或更大，以限制壁流效应[98~100]。当液相流动时，热量的损失导致冷凝负荷和回流比的增加，而效率也会受壁流影响。真空密封够降低低沸物到真空系统的损失，并且避免侵入系统中的氧气促进物料聚合或产物降解。

塔内件应该保证在负荷下的恒定分离效率。在真空操作条件下，使用 Rombopak 填料（薄片填料）能够提供优异的结果，这非常类似于板波纹填料[98~100]。从多家供货商那里都可以获得比表面积达 $1000m^2/m^3$ 的丝网填料作为替代品。丝网填料提供了更多的理论级，可以降低塔高。然而，其效率更依赖于液体和蒸汽负荷。所有实验室填料都具有精密的结构，需要仔细操作和安装，以避免损坏。泡罩塔板提供较大操作弹性，可在极低的液体负荷下运行。这些内件的分离效率用 HETP 或塔板效率的测试系统校准。

为了开展试验，使用的硬件需要满足特殊的分离需求。使用最佳模型和气液平衡数据可以确定实验室硬件的配置。进料状态应该尽可能接近实际情况，因为合成进料混合物有可能具有不同微量组分。此外，通常在精馏测试阶段难以提供足够的给料量，在早期的开发阶段，经常没有纯物质适合测量蒸气压。

试验塔到达稳定状态通常需要很长的时间。是否到达稳态条件需要仔细评估，因为多组分混合物中的高浓度中间沸点物质可在塔内积聚。在作者的经验中，虽然温度曲线是恒定的，但是一个迷你装置（直径 50mm；高 10m 的规整填料塔）在操作 4 天后没有达到稳态条件。中间沸点组分的浓度在进料中是百万分之几，而在塔中积累到超过 10% 的质量浓度，因此稳定的操作是非常重要的。

实验室装置的另一个重要结果是实际分离效率，其可能与测试系统中得到的分离效率有很大的差异。实际的 HETP 或塔板效率可以通过模拟试验工况和拟合理论级来估算。因为专业化学品通常对产品纯度要求非常高，效率数据不能用于产品纯度的估算，但可以沿着塔的温度和组成分布进行采样和拟合。通过该过程验证的模拟模型可以进一步优化工艺和塔的设计。有关更多细节，参见相关文献[101]《精馏：设备与工艺》。

特殊化学品精馏包括所有操作范围，从高真空到高压，液体负荷从极低到相当高。市场对产品纯度的需求和数量动态变化非常快，这促使现有工厂的频繁改造。特殊化学品精馏几乎可以使用市场上可用的所有内件，从丝网填料到高通量塔板。然而，在许多情况下，标准解决方案不能满足严格的要求，所以有必要进行定制设计。总而言之，特殊化学品是一个令人兴奋的领域，为精馏设计师提供了广泛的创新性和挑战性。

## 参 考 文 献

[1] Sulcol 3.0, http://www.sulzer.com/de/Resources/Online-Tools/Sulcol.

[2] R. Schmidt, The lower capacity limit of packed columns, IChemE Symp. Ser. 56 2 (1979) 3.1/1−3.1/14.

[3] M.G. Shi, A. Mersmann, Effective interfacial area in packed columns, Ger. Chem. Eng. 8 (1985) 87−96.

[4] K.R. Morison, Q.A.G. Worth, N.P. O'Dea, Minimum wetting and distribution rates in falling film evaporators, Trans. IChemE Part C Food Bioproducts Process. 84 (2006) 302−310.

[5] D.E. Hartley, W. Murgatroyd, Criteria for the break-up of thin liquid layers lowing isothermally over solid surfaces, Int. J. Heat Mass Transfer 7 (1964) 1003−1015.

[6] F.F. Simon, Y.Y. Hsu, Effect of Contact Angle Hysteresis on Moving Liquid Film Integrity, NASA TM X-68071, 1972, www.nasa.gov.

[7] J. Bico, U. Thiele, D. Quéré, Wetting of textured surfaces, Colloids Surf. A Physico-chem. Eng. Asp. 206 (2002) 41−46.

[8] E.M.A. Nicolaiewsky, F.W. Tavares, K. Rajagopal, J.R. Fair, Liquid film flow and area generation in structured packed columns, Powder Technol. 104 (1999) 84−94.

[9] P. Valluri, O.K. Matar, G.F. Hewitt, M.A. Mendes, Thin film flow over packings at moderate Reynolds numbers, Chem. Eng. Sci. 60 (2005) 1965−1975.

[10] X.C. Zhou, X.G. Yuan, L.T. Fan, A.W. Zeng, K.T. Yu, M. Klabassi, et al., Experimental study on contact angle of ethanol and n-propanol aqueous solutions on metal surfaces, in: A.B. de Haan, H. Kooijman, A. Gorak (Eds.), Distillation and Absorption, 2010, pp. 359−364.

[11] M. Kohrt, I. Ausner, G. Wozny, J.-U. Repke, Texture influence on liquid-side mass-transfer, Chem. Eng. Res. Des. 89 (2011) 1405−1413.

[12] K.J. Hüttinger, H. Rudi, Hydrophilic PVDF random packing, Chem. Ing. Tech. 55 (11) (1983) 867−869 (in German).

[13] S. Böcker, G. Ronge, Distillation of viscous systems, Chem. Eng. Technol. 28 (2005) 25−28.

[14] M. Schultes, W. Grosshans, S. Müller, M. Rink, All the mod cons Part 1, Hydrocarbon Eng. (January 2009).

[15]  L. Spiegel, A new method to assess liquid distributor quality, Chem. Eng. Process. 45 (2006) 1011−1017.

[16]  F. Moore, F. Rukovena, Liquid and Gas Distribution in Packed Towers, CPP Edition, Europe, August 1987, 11−15.

[17]  J.G. Kunesh, L.L. Lahm, T. Yanagi, Controlled maldistribution studies on random packing at a commercial scale, IChemE Symp. Ser. 104 (1987) A233−244.

[18]  J.F. Billingham, D.P. Bonaquist, M.J. Lockett, Characterization of the performance of packed column liquid distributors, IChemE Symp. Ser. 104 (1997) 841−851.

[19]  D.E. Nutter, A. Hale, Liquid distribution for optimum packing performance, Chem. Eng. Prog. (January 1990) 30−35.

[20]  A. Rix, Z. Olujic, Pressure drop of internals for packed columns, Chem. Eng. Process. 47 (2008) 1520−1529.

[21]  D.R. Summers, A.W. Sloley, Tray Design at Low Liquid Load Conditions, AIChE Spring Meeting, Orlando, 2006.

[22]  E. Kirschbaum, Destillier- und Rektifiziertechnik, second ed., Springer Verlag, Berlin, 1950.

[23]  N.S. Yang, K.T. Chuang, A. Afacan, M.R. Resetarits, M.J. Binkley, Improving the efficiency and capacity of methanol-water distillation trays, Ind. Eng. Chem. Res. 42 (2003) 6601−6606.

[24]  J.G. Stichlmair, J.R. Fair, Distillation. Principles and Practice, Wiley-VCH, New York, 1998.

[25]  M.J. Lockett, The froth to spray transition on sieve trays, Trans. IChemE 59 (1981) 26−34.

[26]  T. Keller, Reactive Distillation, in: Górak (Ed.), Distillation: Equipment and Processes, (Chapter 8), Elsevier, Amsterdam, 2014, pp. 305−355.

[27]  R. Krishna, Hardware selection and design aspects for reactive distillation columns, in: K. Sundmacher, A. Kienle (Eds.), Reactive Distillation, 2003, pp. 169−189.

[28]  P. Moritz, Scale-up der Reaktivdestillation mit Sulzer Katapak-S, Shaker-Verlag, Aachen, 2002 (in German).

[29]  J.L. deGarmo, V.N. Parulekar, V. Pinjala, Consider reactive distillation, Chem. Eng. Prog. 88 (3) (1992) 43−50.

[30]  T. Frey, F. Nierlich, T. Pöpken, D. Reusch, J. Stichlmair, Application of reactive distillation and strategies in process design, in: K. Sundmacher, A. Kienle (Eds.), Reactive Distillation, 2003, pp. 49−61.

[31]  M. Behrens, Z. Olujic, P.J. Jansens, Combining reaction with distillation hydrodynamic and mass transfer characteristics of modular structured packings, Chem. Eng. Res. Des. 84 (2006) 381−389.

[32]  P. Moritz, H. Hasse, Fluid dynamics in reactive distillation packing Katapak®-s, Chem. Eng. Sci. 54 (1999) 1367−1374.

[33]  Z. Olujic, Personal communication, 2002.

[34]  M. Winterberg, E. Schulte-Körne, U. Peters, F. Nierlich, Methyl tert-butyl-ether, in: Ullmann's Encyclopedia of Industrial Chemistry, 2012.

[35]  G.R. Gildert, K. Rock, T. McGuirk, Advances in Process Technology through Catalytic Distillation, http://www.cdtech.com/updates/publications.

[36]  C. von Scala, L. Götze, P. Moritz, Acetate technology using reactive distillation, Sulzer Tech. Rev. 3 (2001) 12−15.

[37]  T. Keller, A. Górak, Modelling of homogeneously catalysed reactive distillation processes in packed columns: experimental model validation, Comp. Chem. Eng. 48 (2013) 74−88.

[38]  T. Dörhöfer, Gestaltung und Effektivität von Bodenkolonnen für die Reaktivdestillation, Verlag Dr. Hut, München, 2006 (in German).

[39]  H.F. Haug, Stability of sieve trays with high overflow weirs, Chem. Eng. Sci. 31 (1976) 295−307.

[40]  R. Krishna, J.M. van Baten, J. Ellenberger, A.P. Higler, R. Taylor, Chem. Eng. Res. Des. 77 (1999) 639−646.

[40] R. Krishna, J.M. van Baten, J. Ellenberger, A.P. Higler, R. Taylor, Chem. Eng. Res. Des. 77 (1999) 639−646.

[41] K.S. Fisher, G.T. Rochelle, Effect of mixing on efficiencies for reactive tray contactors, AIChE J. 48 (2002) 2537−2544.

[42] R. Baur, R. Krishna, Distillation column with reactive pump arounds: an alternative to reactive distillation, Chem. Eng. Process. 43 (2004) 435−445.

[43] H. Kister, What Caused Tower Malfunctions in the Last 50 Years? Distillation & Absorption, Baden-Baden, 2002.

[44] L.F. Bott, Fouling of Heat Exchangers, Elsevier, Dordrecht, 1995.

[45] N. Epstein, Thinking about heat transfer fouling: a 55 matrix, Heat Transfer Eng. 4 (1983) 43.

[46] D. Großerichter, Fouling in Boden- und Packungskolonnen für Gas-Flüssig-Systeme, (dissertation), Shaker-verlag, Aachen, 2004.

[47] A.P. Watkinson, D.I. Wilson, Chemical reaction fouling: a review, Exp. Therm. Fluid Sci. 14 (1997) 361−374.

[48] G. Mosca, E. Tacchini, J. Chandrakant, De-bottlenecking an ACN Heads & Dry Column with VG AF (V-grid Anti Fouling) Trays, AIChE Annual Meeting, San Francisco, 2006.

[49] G. Mosca, E. Tacchini, Keep the trays clean−a step ahead in distillation technology, Sulzer Tech. Rev. 3+4 (2005) 22−25.

[50] D. Summers, Experiences in Severe Fouling Service, AIChE Spring Meeting, New Orleans, 2008.

[51] A.W. Sloley, G.R. Martin, Subdue solids in towers, Chem. Eng. Progr 91 (1995) 64−73.

[52] K. Kolmetz, A.W. Sloley, T.M. Zygula, W.K. Ng, P.W. Faesseler, Design guidelines for distillation columns in fouling service, in: The 16th Ethylene Producers Conference, New Orleans, 2004.

[53] W. Kurze, F. Raschig, Antioxidantien, in: Ullmann's Encyclopedia of Technica Chemistry, vol. 8, VCH, Weinheim, 1975, pp. 19−45.

[54] U. Hörlein, Phenothiazin, in: Ullmann's Encyclopedia of Technica Chemistry, vol. 8, VCH, Weinheim, 1975, pp. 259−268.

[55] H. Becker, Polymerisationsinhibierung von (meth-)acrylaten−stabilisator- und sauerstoffverbrauch, (Dissertation), 2003.

[56] D.A. Foster, A.R. Syrinek, J.P. Street, F. Hisbergues, Tackling fouling in vinyl monomer manufacture, Pet. Technol. Q. (Summer 2003).

[57] SiYProTM−performance additives, simplify your process with our antifoulants for monomer production, brochure, http://www.siypro.com/sites/dc/Downloadcenter/Evonik/Product/SiYPro/081201_SiYPro_DINA4_H2_E_final.pdf.

[58] H.Z. Kister, Distillation Design, McGraw-Hill, New York, 1992.

[59] G.X. Chen, A. Afacan, K.T. Chuang, Fouling of sieve trays, Chem. Eng. Comm. 131 (1995) 97−114.

[60] H.Z. Kister, Distillation Operation, McGraw Hill, New York, 1990.

[61] R. Hauser, J. Richardson, Prevent plugging in stripping columns, Hydrocarbon Process. (September 2000) 95−98.

[62] Design Practices Committee, Fractionation Research Inc, Causes and prevention of packing fires, Chem. Eng. (July 2007) 34−42.

[63] M.K. O'Connor Process Safety Center, Best Practice in Prevention and Suppression of Metal Packing Fires, August 2003. http://kolmetz.com/pdf/articles/MetalFires.pdf.

[64] Propylene oxide: the Evonik-Uhde HPPO technology, ThyssenKrupp Uhde Technical bulletin, http://www.thyssenkrupp-uhde.de/en/publications/brochures.html.

[65] S.J. Proctor, M.W. Biddulph, K.R. Krishnamurthy, Effects of Marangoni surface tension forces on modern distillation packings, AIChE J. 44 (1998) 831−835.

[66] G. Vázqez, E. Alvarez, J.M. Navaza, Surface tension of alcohol + water from 20 °C to 50 °C, J. Chem. Eng. Data 40 (1995) 611−614.

[67] G.X. Chen, T.J. Cai, K.T. Chuang, A. Afacan, Foaming effect on random packing performance, Chem. Eng. Res. Des. 85 (A2) (2007) 278−282.

[68] F.J. Zuiderweg, A. Harmens, The influence of surface phenomena on the performance of distillation columns, Chem. Eng. Sci. 9 (1958) 89–103.

[69] M.J. Lockett, I.S. Ahmed, Tray and point efficiencies from a 0.6 meter diameter distillation column, Chem. Eng. Res. Des. 61 (1983) 110–118.

[70] T.D. Koshy, F. Rukovena, Reflux and surface tension effects on distillation, Hydrocarbon Process. (May 1986) 64–66.

[71] S.R. Syeda, A. Afacan, K.T. Chuang, Effect of surface tension gradient on froth stabilization and tray efficiency, Chem. Eng. Res. Des. 82 (A6) (2004) 762–769.

[72] M. Caraucán, A. Pfenning, Efficiency in the distillation of aqueous systems, in: International Conference on Distillation and Absorption, Baden-Baden, 2002.

[73] M.W. Biddulph, M.A. Kalbasi, Distillation efficiencies for methanol/1-propanol/water, Ind. Eng. Chem. Res. 27 (1988) 2127–2135.

[74] J. Rauber, A new system solution for challenging separation processes, Sulzer Tech. Rev. 1 (2012) 19.

[75] L. Spiegel, P. Bomio, R. Hunkeler, Direct heat and mass transfer in structured packings, Chem. Eng. Process. 35 (1996) 479–485.

[76] J.G. Kunesh, Direct-contact heat transfer from a liquid spray into a condensing vapor, Ind. Eng. Chem. Res. 32 (1993) 2387–2389.

[77] J.F. Mackowiak, A. Górak, E.Y. Kenig, Modelling of combined direct-contact condensation and reactive absorption in packed columns, Chem. Eng. J. 146 (2009) 362–369.

[78] R.F. Strigle, T. Nakano, Increasing efficiency in direct contact heat transfer, Plant/Operations Prog. 6 (4) (October 1987) 208–210.

[79] T.J. Cai, J.G. Kunesh, Heat Transfer Performance of Large Structured Packing, AIChE Spring Meeting, Houston, 1999.

[80] M.J. Lockett, Distillation Tray Fundamentals, Cambridge University Press, Cambridge, 1986.

[81] S. Ross, G. Nishioka, Foaminess of binary and ternary solutions, J. Phys. Chem. 79 (1975) 1561–1565.

[82] D. Weaire, S. Hutzler, The Physics of Foam, Clarendon Press, London, 1999.

[83] G. Senger, G. Wozny, Impact of Foam to Column Operation, Technical Transactions, Cracow University of Technology Publishing House, 2012.

[84] G. Senger, Systematische Untersuchung von Schaum in Packungskolonnen, VDI-Fortschritt-Berichte, Düsseldorf, 2012.

[85] R. Thiele, O. Brettschneider, J.-U. Repke, H. Thielert, G. Wozny, Experimental investigations of foaming in a packed tower for sour water stripping, Ind. Eng. Chem. Res. 42 (2003) 1426–1432.

[86] M.R. Resetarits, J.L. Navarre, D.R. Monkelbaan, G.W.A. Hangx, R.M.A. van den Akker, Trays inhibit foaming, Hydrocarbon Process. (March 1992).

[87] J.L. Bravo, A.F. Seibert, J.R. Fair, The effects of free water on the performance of packed towers in vacuum service, Ind. Eng. Chem. Res. 40 (2001) 6181–6184.

[88] B. Davies, Z. Ali, K.E. Porter, Distillation of systems containing two liquid phases, AIChE J. 33 (1) (1987) 161–163.

[89] C.C. Herron, B.K. Kruelskie, J.R. Fair, Hydrodynamics and mass transfer on three-phase distillation trays, AIChE J. 34 (8) (1988) 1267–1274.

[90] H.R. Mortaheb, H. Kosuge, K. Asano, Hydrodynamics and mass transfer in heterogenous distillation with sieve tray column, Chem. Eng. J. 88 (2002) 59–69.

[91] K. Hallenberger, M. Vetter, Plate damage as a result of delayed boiling, in: International Conference on Distillation and Absorption, Baden-Baden, 2002.

[92] L. Chen, J.-U. Repke, G. Wozny, S. Wang, Exploring the essence of three phase distillation: substantial mass transfer computation, Ind. Eng. Chem. Res. 49 (2010) 822–837.

[93] A. Hoffmann, I. Ausner, J.-U. Repke, G. Wozny, Detailed investigation of multiphase (gas-liquid and gas-liquid-liquid) flow behaviour on inclined plates, Chem. Eng. Res. Des. 84 (A2) (2006) 147–154.

[94] M.E. Harrison, Consider three-phase distillation in packed columns, Chem. Eng. Prog. 86 (11) (1990) 80–85.

[95] R. Meier, J. Leistner, A. Kobus, Three-phase distillation in packed columns: guidelines for devolpement, design and scale-up, in: International Conference on Distillation and Absorption, London, IChemE Symposium Series, 152, 2006, pp. 267−273.

[96] M. Siegert, Dreiphasenrektifikation in Packungskolonnen, in: Fortschritt Bericht VDI, Reihe, 3, VDI-Verlag, Düsseldorf, 1999, 586.

[97] WO 2007/033960 A1.

[98] L. Deibele, R. Goedecke, H. Schoenmakers, Investigations into the scale-up of laboratory distillation columns, IChemE Symp. Ser. 142 (1997) 1021−1030.

[99] R. Meier, G. Ruffert, J. Spriewald, F. Heimann, A. Kobus, R. Proplesch, et al., Scale-up von Destillationskolonnen: Kolonnendurchmesser 50 mm−eine unüberwindbare Grenze, Fachausschuss Thermische Zerlegung von Gas- und Fluessigkeitsgemischen, Weimar, April 2003.

[100] R. Goedecke, A. Alig, Comparative Investigations on the Direct Sale up of Packed Columns from Labatory Scale, AIChE Spring Meeting, Atlanta, 1994.

[101] H. Schoenmakers, L. Spiegel, Laboratory Distillation and Scale-up, in: Górak, et al. (Eds.), Distillation: Equipment and Processes, (Chapter 10), Elsevier, Amsterdam, 2014, pp. 319−339.

# 第8章 精馏技术在生物工程中的应用

Philip Lutze

德国多特蒙德工业大学，生物化学和化学工程系，流体分离实验室

## 8.1 前言

一些严峻的全球性挑战，例如物质资源(尤其是能源和水资源)的普遍短缺、日益增长的粮食需求、环境污染以及老龄化社会的到来，都促使人们对生物技术产生了与日俱增的兴趣。生物技术是一门跨领域的研究学科，包含生物学(微生物学、分子生物学、遗传学、生物信息学)、化学(生物化学、传统化学)以及工程(工程工艺、设备制造)。生物技术涉及生物催化(酶在细胞内部或外部促进的反应)和生物催化反应途径的进程，以及使用生物基原料进行生物基过程的开发和生物产品的设计[1]。生物技术随着基于非生物催化加工技术的深入，它专注于使用生物基原料的生物基过程的开发。这两种技术在本章中统称为生物工程。生物技术通常应用于主要工业部门，如医疗护理、作物生产和农业；同样也应用在以作物/植物作为生物基原料生产大宗和特种化学品(如生物可降解聚合物、生物燃料和废物/环境处理)的工业生产过程中。因此，生物技术可以分为几个不同的应用领域(见表8.1)。

表 8.1 生物技术应用领域分类[1]

| 类 别 | 应用领域 | 类 别 | 应用领域 |
|---|---|---|---|
| 蓝色技术 | 海洋和水生应用 | 红色生物技术 | 医疗和制药过程 |
| 绿色生物技术 | 农业(植物和森林)过程 | 白色(工业)生物技术 | 化学、食品和纺织加工 |
| 灰色生物技术 | 废物处理 | | |

生物技术使得利用生物基、可再生原料取代石油或天然气进行生产成为可能[1]。除了保护生态的优势，运用生物技术还可以生产新产品[2]——产品性质特殊或只借助传统化工工艺无法制备。这是因为生物技术所用的催化剂酶具有高的选择性。酶能够使用宽范围的底物分子，甚至是复杂的分子，仍然能够以高选择性产生所需的产物[1,2]。特别是在对映体和区域选择性催化中，可以应用酶选择性地仅与一种对映异构体反应。抗体便是这些特定产品中的一个实例[2]。生物技术工程的一些优势列于表8.2中。

表 8.2 生物技术工程的优势

| 红色生物技术 | 白色生物技术 | |
|---|---|---|
| | 生物基原材料 | 生物催化剂(如生物体、酶、细胞) |
| 生物基原材料 | 可再生原料 | 高度选择性(也对于手性化合物) |

续表

| 红色生物技术 | 白色生物技术 | |
|---|---|---|
| | 生物基原材料 | 生物催化剂(如生物体、酶、细胞) |
| | 无毒/无害组分 | 高效 |
| | 本地生产原材料(农业部分加强) | 低浪费 |
| 新的(可调节的)产品 | 废物利用 | 条件温和<br>低能耗<br>新产品<br>新的反应途径 |

生物工程可以分为三个阶段(见图 8.1)：上游、转化和下游[2]。在上游阶段，底物处理后进入可用于下一步转化步骤的状态。在转化阶段，通过使用生物催化(生物技术过程)或化学催化(生物基过程)将底物转化为产物。在生物催化剂内，酶都可以从溶液、非均相活化的载体和细胞等底物中识别出来。在一些情况下，生物转化也可能与化学转化结合。在随后的下游阶段中，剩余的底物和催化剂(酶、细胞)与产物要进行分离，达到产物的最终形态和浓度，从分离任务的角度来看，提纯操作与常规处理没有什么区别。

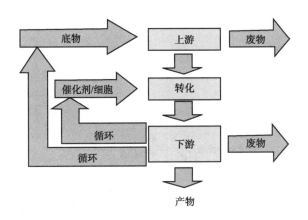

图 8.1　生物工程处理过程

虽然生物工程的核心是下游加工产品的研发或反应步骤的加速和强化，但更关键的还是开发有效且经济的工艺。[1,2]。在生物工程的下游加工中，精馏是重要的操作单元。不过，精馏不像在化学过程中那样占据主导作用[2]，这是因为生物产品(例如抗体、维生素)对精馏所需的高温敏感，会生成高黏度组分的分子。

在本章中，重点介绍了生物工程中精馏系统的应用技术和应用领域的特性、挑战和瓶颈。精馏系统的主要应用领域是生物基工艺以及白色和红色生物技术，这将是下一节的主要焦点。与红色生物技术相比，精馏系统的挑战是生物基工艺和白色生物技术之间有很大差异；因此，在接下来的 8.2 节和 8.3 节中，将分别介绍精馏系统在这两个领域中的应用。基于这些，在最后一节(8.6 节)给出结论之前，详细讨论了精馏技术的应用，包括耦合和高级精馏系统(8.4 节)以及白色和红色生物技术中反应精馏(8.5 节)的应用。

## 8.2 白色生物技术和生物基过程

受石油资源储量下降、开采困难程度增加及政治因素造成的高成本和供应短缺等因素影响，生物基化学品越来越受到重视。在沙特阿拉伯，页岩石油的开采生产成本已经从每桶的 4~5 美元增加到 70 美元。大约石油所含能量的 5% 用来开采新的石油，远远高于最初的 1%[3]。

因此，使用生物质作为原料生产燃料和化学品变得更具吸引力，除了费用的优势，它还能孵化出一个本地化工原料生产商。当然，农业和食品加工残余物等均可用于制造化学物质（见图 8.2）。基于石油化工产品向生物基化工产品的转变，可再生资源便可加工成更具附加值的化工产品，研发这样的新技术或工艺过程也更具可行性[5]。白色生物仅研究微生物体系，而生物基工艺与之不同，它生产大宗化学品如精细或散装药品、溶剂、聚合物、聚合物中间体。生物催化采用酶作为催化剂引发或促进化学反应。这些反应通常在温和条件和稀溶液中发生[1]。这些酶可以独立存在或通过不生长的细胞运输。独立存在的酶可以通过溶液提供均匀催化，或固定催化（如树脂）。发酵过程是将可再生资源如糖（葡萄糖或果糖）、植物材料（纤维）、植物或动物产生的油脂通过活体微生物（如细菌、真菌、细胞培养物等）转化为有价值的产物。

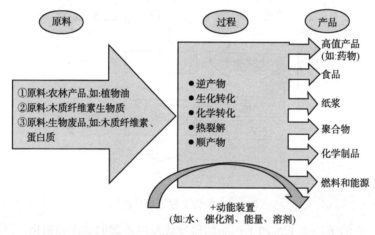

图 8.2　生物炼制概念：通过集成过程从多源原料获得多元产品

生物炼制系统侧重于利用生物原料制成多种产品的过程实现废物最少化和经济、资源节约化（见图 8.2）。生物炼制是给丰富的生物原料和工业产品中间体、制药和食品行业、燃料等化工产品提供必要的工艺技术。一篇优秀的综述总结了如何把不同的生物基原料通过多种方法炼制出产品的工艺。另外，这些原材料包括农产品如各种不同植物的种子、整个植物（木质材料）以及生物废物（如食用油）。

2004 年美国能源部发表了一份关于生物基产品未来研究需求的报告[7]。该报告列了一份平台化学产品表，它罗列了一系列可以通过生物精炼方法生产的分子结构[7]。生物基平台化学品可以像传统化工一样用来合成一些基本基团。Bozell 和 Petersen[8] 将采用附加标准筛选的平台化学品列表进行了修订和延伸，并将两个课题组这些年的研究进展加入列表。原始标准基于已知加工过程、经济、工业可行性、市场大小及分子结构等因素[7]制定的。后续又更新了以下9条标准：

(1) 文献中关注的化合物；

(2) 适用于多种产品；

(3) 具有直接替代化工产品的潜力；

(4) 适用于大批量产品；

(5) 有作为平台化合物进行弹性生产的能力；

(6) 放大能力；

(7) 已经商业化的生物基化合物；

(8) 在生物精炼中作为基本构件使用；

(9) 从再生资源中形成的商业化产品。

例如，根据上面第二条标准，生物乙醇作为生物生产中获得的产品，已添加到该列表中（经济方面已经对比了多重潜在的替代路线）。这些生物基平台化学品全部列于表8.3中。

因生物乙醇用可再生的农作物或其残留物等作为首选原材料，所以该技术在温室气体扩散和全球气候变化方面具有长远的意义，同时，该技术还可以支持当地提供这些原材料的农业部门的发展[1,2]。认为传统石油产品路线比生物技术工程更快捷和经济的传统思想已经淘汰了。文献中已经有很多关于生物技术工程优于传统路线的实例的报道，这些优势体现在反应速度、转化率、促进产品纯净度的选择性、总的能量输入和废弃物等方面都有体现[1]。

**表8.3 生物基平台化学品[7,8]**

| Werpy 和 Petersen(能源部门)，2004[7] | Bozell 和 Petersen，2010[8] |
| --- | --- |
|  | 呋喃[例如：呋喃甲醛、羟甲基糠醛(HMF)、 2,5-呋喃二甲酸(FDCA)] |
| 2,5-呋喃二甲酸 |  |
| 3-羟基丙酸 | 羟基丙酸/醛基碳氢化合物(例如：异戊二烯) |
| 天冬氨酸 | 乙醇 |
| 亚甲基丁二酸 | 乳酸 |
| 乙酰丙酸 |  |
| 3-羟基丁内酯 |  |
| 甘油及其衍生物 |  |
| 葡糖二酸 |  |
| 谷氨酸 | 琥珀酸 |
| 琥珀酸、反丁烯二酸、马来酸 |  |
| 山梨醇 |  |
| 木糖醇/阿拉伯糖醇 | 木糖醇 |

## 8.2.1 白色生物技术过程和生物基过程的特点

尽管白色生物技术和生物基过程与化学过程在条件和工艺特点方面千差万别，但是一些基本的概述可以归结如下：

(1) 稀释系统：通常来说，生物技术转化过程利用酶或微生物在较低浓度的培养液中进行并生成产物，这是为了解决溶液的高黏度和组分在溶剂中的低溶解度问题(通常，以水为溶剂)。

（2）转化步骤后的低浓度产物：绝大多数生物转化过程受底物或产物的抑制作用，产物浓度低。

（3）条件温和：大部分微生物或生物催化对温度反应灵敏，这就导致较低的能量输入，但同时也限制了操作窗口。

（4）从生物基原料中带入大量杂质：生物基原料都不像化学原料那样纯净，除非在上游工序增加广泛适用（但昂贵）的处理过程。

（5）敏感的生物催化剂/微生物：生物催化剂非常敏感，开车时的高浓度、氧气/培养液的过多或过少及反应器中过大的剪切力都会对催化剂造成不可逆转的损伤。

（6）间歇过程：生物催化转化尤其是发酵过程通常都是在工业规模级间歇或半间歇过程中进行的。

### 8.2.2　精馏系统在白色生物技术和生物基过程中的挑战

基于以上特点，在下游处理过程中尤其是精馏系统，存在以下挑战：

（1）稀释系统：采用精馏的方法从反应母液中提纯产品需处理大量的溶液。采用精馏系统可能需要消耗很多能量。

（2）转化步骤后的低浓度产物：从反应母液中提纯净化产品需要多个分离步骤。采用精馏系统同样可能需要消耗很多能量。

（3）条件温和：温和的反应条件限制了操作窗口，从而限制了精馏与生物催化反应步骤的一体化。

（4）从生物基原料中带出的大量杂质：大量的杂质可能导致需要一系列的分离单元用来精确纯化产品，除去产物中会限制其继续反应的大量杂质。例如，在某一个产品连续的化学反应过程中，化学催化剂（其选择性或许不如生物催化剂）在以醇为原料（来自上一步的发酵过程）进行的酯化反应中会催化产生一系列其他酯类产物。产生的化合物可能会导致催化剂失活或生成其他共沸物，这将增加下游过程的难度。

（5）敏感的生物催化剂：生物催化剂对剪切力、温度和系统中组分的浓度都非常敏感。这可能限制了精馏与反应步骤的整合，或者直接影响反应步骤与精馏一体化的可能。

（6）间歇过程：整合间歇操作与连续生产仍是一个非常大的挑战，如间歇的发酵过程与其下游的连续操作就是复杂的调度问题。大批量间歇精馏系统需要增加对大容量储罐和配套泵的投资。间歇与连续操作系统之间的复杂的热集成问题仍未解决。

此外，大的生物基成分（例如葡萄糖）的高黏度可能限制了精馏系统的适用性，至少限制了精馏的操作窗口。另一个问题是大（生物）分子的热力学研究工作还在进行中，这也限制了用于生物基过程的精馏系统的预测性设计。

### 8.2.3　精馏系统在白色生物技术和生物基过程中的应用

目前，精馏系统在白色生物技术和生物基过程中主要应用于以下几方面：

（1）产品纯化：类似于化学过程，例如乙醇和水的分离（见 8.4 节）。

（2）溶剂或底物的回收，例如葡萄糖回收（见 8.4 节和 8.5 节）。

（3）在反应精馏塔中与反应相结合，用于产物的纯化并在生物基过程系统（见 8.5.1 节）或生物技术系统（见 8.5.2 节）中驱动反应的进行。

## 8.3  红色生物技术

红色生物技术旨在开发应用于医学或与医疗行业相关的产品[2]。因此，红色生物技术通常也被定义为医学生物技术。其重点研究开发生物或生物基产品（例如抗体）相关的生产相关技术以及用微生物、动物或植物开发或遗传改良以生产的医药产品[2]。与白色生物技术相比，红色生物技术在过程驱动中更利于产品驱动。

红色生物技术的典型过程有六个主要任务，从原材料的制备（预处理）开始，到目标产物的纯化（见表8.4[2]）结束。在每个任务中，产物的浓度或品质在不断地改善。在表8.4中，以抗生素的生产为例说明了在整个过程中产物的浓度和品质变化情况。这些任务在间歇生产、半间歇生产或连续操作中依次使用或者在一个过程中集成了不同的操作模式[2]。在第一个过程中，准备原材料以适应反应条件，准备过程包括如研磨和溶解固体原料等加工步骤。在第二个过程中，进行实际反应，通常是形成产物的发酵步骤。而后，在第三个过程中，将不溶性物质去除。越过溶解度边界而形成的不溶性副产物，或者原料中存在的固体物质，或者微生物本身，都可能导致反应中存在不溶性物质。这里，通常使用物理分离，例如过滤和离心。在分离、纯化和洗涤的过程中，将产物移出并纯化成其所需的状态和浓度。在第四个过程中，产物与其他组分存在具有显著的分离性质如沸点、溶解度等差异进行分离。在第五个过程中，通过与剩余组分分离来纯化产物。在最后一个过程中，产物进入其最终状态，通常是固体或结晶形式，以及必要的浓度。

表 8.4  以抗生素的生产为例展示红色生物技术的一般过程[2]

| 步　　骤 | 产 物 特 性 | |
|---|---|---|
| | 浓度/(g/L) | 质量分数/% |
| 1. 预处理 | — | — |
| 2. 得到母液 | 0.1~5 | 0.1~1.0 |
| 3. 去除不溶物 | 1.0~5 | 0.2~2.0 |
| 4. 离析 | 5~50 | 1~10 |
| 5. 纯化 | 50~200 | 50~80 |
| 6. 抛光 | 50~2002 | 90~100 |

### 8.3.1  在红色生物技术中运用生物分离的特点

与白色生物技术过程相比，红色生物技术过程的条件和过程特性具有一些相似之处，但也具有很大的差异。红色生物技术下游加工的一些一般特征如下：

（1）高度纯化的（"清洁的"）产品：红色生物技术产品的应用是医疗领域，产品的质量是主要驱动力，包括跟踪杂质。

（2）大分子和类似分子：转化后，产生的产物通常会是些大分子，它们潜在地导致了产物在溶剂中的低溶解度和流体的高黏度。另外，大分子的较高沸点和熔点以及类似的副产物（例如在手性组分中）使下游处理复杂化。

（3）温度敏感产品：大多数产品对温度敏感，可能导致产品降解。

（4）灵活和产品多样的单元操作采用间歇过程：生物催化转化，特别是发酵仍然在工业规模上以间歇或半间歇方法进行。

（5）稀释系统：通常，生物技术转化过程要借助独立存在的酶或微生物，有底物的浓度相对较低产物易制备的条件下进行，以便在高黏度和低溶解度的溶剂（通常将水用作溶剂）中处理这些组分。

（6）转化步骤后低浓度产物：底物或产物会抑制大多数生物技术转化过程，导致产物的浓度低。

（7）条件温和：大多数微生物或生物催化剂对温度敏感，这导致即使较低的能量输入，也会限制操作窗口。

（8）敏感性：生物催化剂对系统中的剪切力、温度和当前组分的浓度很敏感。这可能限制了操作中反应步骤的整合或反应与精馏过程的整合。

### 8.3.2　在红色生物技术中运用精馏系统的问题和挑战

基于红色生物技术加工的特点，确定了以下精馏系统的下游加工过程的关键问题和挑战：

（1）必要的高纯度的（"清洁的"）产品：精馏系统无法达到必需的纯度。所需的固体或晶状产物结晶通常是最后的提纯步骤。此外，由于产品价值高，因此纯度和收率比生产能力更重要。

（2）大分子和相似分子：最后通过相对挥发度来分离的步骤（例如纯化）中，残余组分的性质相似，且产物的沸点高，限制了精馏的使用。

（3）温度敏感产品：温度敏感性限制了可能存在局部热点的精馏塔的应用。因此，可能需要使用更复杂和更昂贵的精馏系统，例如降膜蒸发器，或者在真空条件下操作。

（4）灵活的多产品单元采用间歇处理方式：由于复杂的调度问题，间歇与连续生产的集成仍然是一个挑战。

（5）稀释系统：与使用精馏系统相关的能量需求相当高，同时也可能需要建立塔的顶部和底部之间较大的温度差异，加大了生产热敏性产品的难度。

（6）转化步骤后的低浓度产物：从反应母液中提纯净化产品需要多个分离步骤，采用精馏系统可能需要消耗很多能量。

（7）条件温和：温和的操作条件限制了反应步骤与精馏操作的整合。

（8）敏感的生物催化剂：这可能限制了反应步骤与精馏操作窗口的整合。

与白色生物技术类似，红色生物技术的巨大挑战是大型生物分子的热力学研究仍在进行，这限制了用于生物基过程的精馏系统的预测设计。

### 8.3.3　在红色生物技术中运用精馏系统的实例

目前，精馏系统在红色生物技术中主要用于溶剂或底物回收（例如葡萄糖循环，参见8.4 节和 8.5 节）。由于待分离组分的高沸点和其结构近似，精馏系统在红色生物技术中仅有限地应用于产物的纯化（参见第 7 章）。其中精馏用于产物纯化的一个实例是 $3-\omega$ 脂肪酸的纯化（参见 8.4.1 节）。

## 8.4 常规、耦合和高级的非反应精馏方法

在本节中，给出了一些常规或先进(非反应)精馏处理实例，以举例说明其在生物基以及白色和红色生物技术过程中的应用。

### 8.4.1 常规精馏

在生物工程中常规精馏的主要应用是产物的纯化和溶剂或底物的回收(参见 8.2 节和 8.3 节)。通过生物乙醇的生产和羧酸合成酯这两个实施例，从而对这两个方面进行更详细的解释。

从糖生产生物乙醇的发酵液除了水和乙醇外，还有二氧化碳、固体颗粒、醛、醚和其他醇("杂醇油")[9]。在常规方法流程[9]中，将发酵液引入啤酒汽提塔——精馏和汽提操作的结合。所有高沸物和固体颗粒组成了底部产物，可直接用于动物食品的生产。气体(如二氧化碳)以及低沸点组分从顶部离开啤酒汽提塔。塔的几个侧线产物大多是乙醇/水的二元混合物及其他含有醇组分的物流。乙醇和水的混合物在一个精馏塔内只能提纯至共沸浓度。因此，已经研究了不同的技术[9~11]，包括非均相恒沸精馏和萃取精馏、变压精馏、精馏-吸附、单独膜分离或膜分离与精馏的结合等用于共沸物的分离(见 8.4.2 节)。

在萃取精馏过程[9]中，侧线产物乙醇/水与某种溶剂混合，然后在精馏塔中分离(见图 8.3)。在该塔的底部，获得纯化的乙醇，而在塔顶，将溶剂、乙醇和水的混合物进料至一个倾析器，在其中发生两相的分离。一相主要由溶剂组成并且循环回到塔中，而另一相主要由乙醇和水组成并进料到第二个精馏塔。在第二个精馏塔中，从塔底部获得水，同时将塔顶的共沸组成再循环回到第一个塔中。然而，这种技术是费用高，能耗大的[10]。Huang 等[11]提供了另一种用于生产生物乙醇的方法，以及精馏系统的细节资料。第 8.4.2 节解释了采用膜与精馏相结合分离生物乙醇的方法。

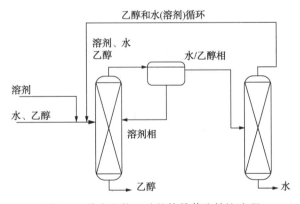

图 8.3 分离生物乙醇的简易萃取精馏流程

常规精馏用于生物工程的另一个实例是从发酵液中生产羧酸酯(见图 8.4)[12]。在发酵过程中，琥珀酸二铵由糖形成，糖是后续酯化反应的必要生产原料。在该方法中，通过真空精馏将发酵液中的琥珀酸二胺浓缩至 20%~60%(质量分数)。该料送入到生成酯化物的反应精馏(参见 8.5.1 节)中，与乙醇反应可生产琥珀酸二乙酯。塔顶的两股物流，一股不可冷

230 精馏：操作与应用

凝，另一股可冷凝。在随后塔顶可冷凝物流的分离中，将产物乙酸乙酯与水分离，乙醇回反应精馏塔中循环使用。此外，使用常规精馏从反应精馏塔的底部物流中提纯得到琥珀酸二乙酯。

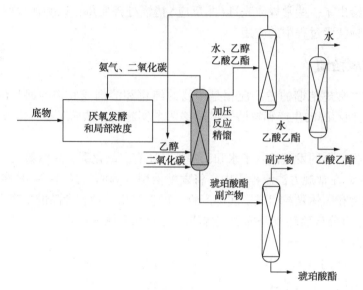

图 8.4　从发酵液中生产羧酸酯的流程

尽管在红色生物技术中精馏主要用于溶剂回收[2]，但是仍有一些采用精馏进行提纯的实例。一个例子是 $\omega$-3 脂肪酸的生产[13,14]。因为 $\omega$-3 乙酯用作活性药物成分（API），所以必须将它们富集到高浓度（>90%），并且必须确保产物不会被意外的化合物污染。API 是二十碳五烯酸（EPA）和经过脂肪酸化学改性的二十二碳六烯酸（DHA）乙酯合成的高纯度药物。该技术从生物技术改性植物油或海洋油开始，产物通过化学或化学酶酯化过程形成[13~14]。纯化过程分为几个步骤，包括真空（分子）精馏、尿素络合反应、层析等，以产生最终产物[13]。第一步的精馏过程在产物形成后直接进行。在真空下，将混合物在多效蒸发器中精馏以达到约 50%~70% 的 $\omega$-3 脂肪酸浓度，再通过层析步骤实现进一步纯化。

### 8.4.2　耦合和高级精馏

耦合分离是针对同一分离任务的两个不同单元操作的外部集成[15]。这使得每个操作单元在其操作窗口中的性能都优于其他操作单元。此外，协同作用的进行使得单个操作单元的热力学边界（如共沸）被另一个基于不同分离原理的操作单元所跨越。此外，也可以实现成本节约[15]。耦合精馏是精馏与一个其他操作单元的耦联。关于耦合过程的更多细节可以在耦合精馏一节中找到。在生物工程中，关于耦合精馏的研究主要集中在醇-水混合物的分离，其中进料和产物浓度处于某一压力下形成共沸物的不同侧。一个例子是生物乙醇的生产，精馏与蒸汽渗透、渗透蒸发、吸附过程耦合（见图 8.5），与常规的非均相恒沸精馏过程（见图 8.3）相比，耦合分离在降低能耗和节省总投资方面显示出巨大的优势[10]。包含渗透蒸发和精馏的耦合工艺于 1988 年在法国 Bethenille 首次工业应用，建造了一个有 2100m² 膜面积的装置[16]。Dijkstra 等[17]提出了将精馏、渗透蒸发/蒸汽渗透和吸附耦合的工艺用于乙醇脱水。精馏用于将水和乙醇分离至共沸浓度，然后通过使用膜操作将共沸浓度提纯至99%。这使得系统操作更经济，因为与单一独立膜单元/级联相比，耦合过程仅需要相对小的膜面积。可以使用吸附将混合物脱水至其最终产品规格。

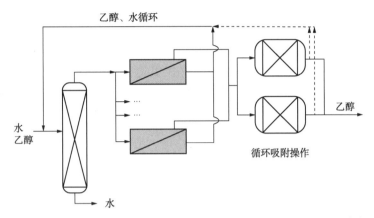

图 8.5　结合精馏、蒸发渗透和变压吸附集成过程的乙醇脱水流程[10]

除了耦合精馏过程，在生物处理中也研究了高级精馏系统的应用。包括以下方面：

（1）膜精馏：膜精馏过程的优点是具有大并确定的界面面积，且分离条件温和。膜精馏通常用于生产果汁或从生物原料中生产药品。另一个例子是分批发酵与膜精馏的整合，用于原位产物去除。Udriot 等[18]研究了在含有葡萄糖的培养基上分批厌氧培养克鲁维酵母杆菌，在该过程中发酵产生的乙醇抑制了其产生和进一步的产物形成。通过膜精馏原位除去乙醇使得乙醇生产率增加 87%[18]。该技术的详细信息在第九章中给出。

（2）热集成精馏塔：热集成精馏要求提供或移除精馏段和提馏段各自所需的冷热量集中在同一操作单元中进行。它潜在地提供能源，因此节省了操作费用和建设成本。例如，该技术可以用于由果糖制备羟基-甲基-糠醛（HMF）（在本节中讨论）或生产生物柴油（在第 8.5.3 节中讨论）。

（3）隔壁塔：在隔壁塔内，可以通过垂直分区，在不发生相变的条件下实现多产品分离。这不仅节省了建设成本，还节省了操作费用。涉及生物技术加工部分的一个例子是生物柴油的生产（见第 8.5.3 节）。

下面以在其他地方讨论过的采用热集成精馏塔从果糖生产 HMF 的应用为例说明[19]。HMF 可以从果糖通过由以下四个反应组成的方案产生[20]。通过式（8.1）果糖在主反应中转化为 HMF 和水：

$$C_6H_{12}O_6 \Longleftrightarrow C_6H_6O_3 + 3H_2O \tag{8.1}$$

HMF 在水中按照副反应式（8.2）降解为乙酰丙酸和甲酸：

$$C_6H_6O_3 + 2H_2O \Longleftrightarrow C_5H_8O_3 + CH_2O_2 \tag{8.2}$$

此外，其他两个副反应也会发生，分别通过式（8.3）和式（8.4）形成果糖和 HMF 的降解产物腐黑物。腐黑物是未确定的不溶性聚合物[21]。

$$C_6H_{12}O_6 \Longleftrightarrow [C_6H_6O_3]_{Humins.\,1} + 3H_2O \tag{8.3}$$

$$C_6H_6O_3 \Longleftrightarrow [C_6H_6O_3]_{Humins.\,2} \tag{8.4}$$

　　在学术界和工业中讨论了不同的工艺路线，目的是增加转化率、选择性和时空产率，包括使用不同的催化剂、不同的溶剂(水、二甲基亚砜、离子液体)或溶剂混合物(例如水-丙酮)，以及用于反应的不同技术及随后的产物回收[19,22]。Boisen 等撰写了一篇非常优秀的综述[22]。从环境角度来说，水应该是理想的溶剂。迄今为止还没有商业方法，但是文献报道的最大装置是 Rapp[21] 的水基工艺路线。其中，果糖(25%的果糖)溶解在水中，随之进料到反应器中，在 413K 的温度下使用草酸作为催化剂反应 2h。主要产物的选择性为 55%，果糖的转化率为 60%。通过副反应方程式(8.3)和式(8.4)产生的腐黑物是不溶于水的，因此可以较易地使用过滤器分离。所有酸通过加入碱(氢氧化钠)中和。在需要加入水的层析柱中除去盐，然后除去果糖。随后，水被蒸发，HMF 结晶析出。流程图如图 8.6 所示。

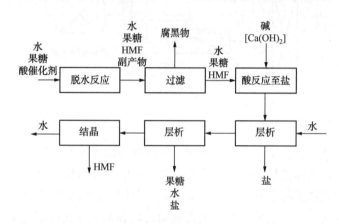

图 8.6　通过水基工艺路线从果糖中获得羟甲基糠醛(HMF)的简化生产流程

　　Lutze 等为水基工艺路线的 HMF 工艺使用了系统合成/设计方法来寻求更好和更强化的(生物)化学过程工艺流程[19,23~24]。他们的方法是基于合成/设计的分解方法[25]，并将问题分为六个步骤进行解决。应用其理论方法，生成了 35 种基于合成过程空间搜索技术，共有 $1.2×10^6$ 种不同的工艺，其中可行的只有 $1.1×10^5$ 种。在后续筛选中，使用了一组基于性能的评估标准，有效地将选项数量减少至只有 12 种有前景的候选过程。在最终优化中，最佳方案是微通道反应萃取器，其中产物 HMF 与溶剂一起离开，而所有副产物和反应介质(水)保留在反应相中。理想溶剂通过计算机辅助分子设计方法进行理论设计的，根据溶解性能和沸点温度进行筛选，以便随后通过其相对挥发度的差异容易地将 HMF/溶剂彼此分离。高沸点溶剂与作为轻组分的 HMF 的分离在热集成精馏塔中进行。溶剂回反应中再循环使用。采用这种工艺方案，与 Rapp[21] 的基本方案设计相比，运行成本可以降低到后者的 1/6.5。成本主要仍是底物果糖消耗的，其次是在 453K 的温度下反应的操作成本。关键点之一是通过使用计算机辅助分子设计工具确定具有更高的溶解能力和期望沸点的潜在新溶剂(参见图 8.7)。与 HMF 相比，最佳选择是使用高沸点溶剂，因为具有较小流量的低沸点组分(这里是 HMF)可以在热集成精馏塔中有效地蒸发。

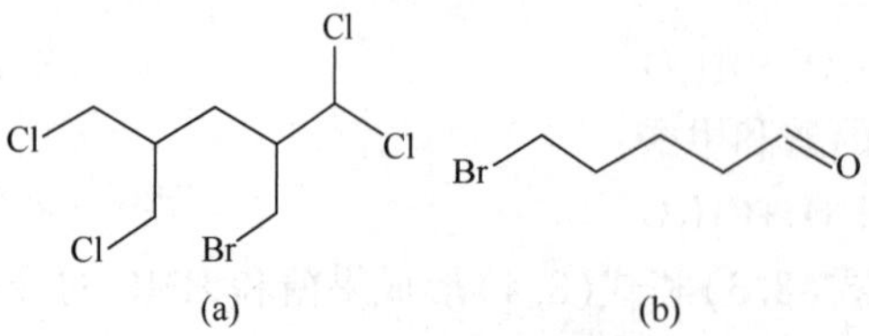

图 8.7　高沸点溶剂 $C_7H_{11}BrCl_4$(a)和低沸点溶剂(b)的潜在候选物

## 8.5　常规、耦合和高级的反应精馏工艺

反应和精馏在一个操作单元内同时发生，其概念已经在生物工程的几个过程中研究应用。反应精馏的概念是整合反应-分离概念的最重要的应用之一，因为它可以增加经济性并提高产物产量，能够生产简单装置无法生产的产品[15,23]。目前，在生物基化学经济发展的框架中，关于反应精馏的研究主要集中在两个方面：

（1）反应精馏概念应用于平台化学品的深加工和发酵液的纯化（第 8.5.1 节）。

（2）在反应精馏塔的反应段中使用酶作为生物催化剂（第 8.5.2 节）。

在生物工程中，已报道的如下因素是使用化学催化剂研究反应精馏的主要推动力[15]：

（1）提高转化率：通过从反应段中除去产物，受化学平衡约束的反应向产物侧移动。改进后的反应物转化率可以实现近似 100%。

（2）克服或规避共沸物：对于倾向于形成共沸物的化学系统，反应精馏可以通过"反应掉"参与组分来规避共沸混合物的产生。

（3）减少副产物的形成：连续反应中，通过从液相反应中移走产物，从而保持低产物浓度。

（4）直接热集成和避免热点：在放热反应中，反应热可直接用于蒸发组分，减少所需的总热量，避免热点的产生。

（5）节约资本：移除组分可带来高转化率并规避共沸物，这就可以简化或去掉分离系统。

（6）减少催化剂量：对比相同反应的转化率，降低了催化剂的需求。

此外，在反应精馏中，以酶为催化剂的研究已报道了另外的点推动因素：

（1）改进的选择性：通过使用选择高性催化剂来避免副产物的形成，这不仅提高了对目标产物的转化率并使产生的废物量最小化，而且避免了副产物的形成，这些副产物可能不是理想的反应产物，会形成不利于下游处理的不混溶物质或共沸物。

（2）新产物形成：使用酶作为高选择性组分，能够在简单的和更经济有效的装置中分离异构体以及手性分子。

### 8.5.1　使用化学催化剂的反应精馏

目前在使用反应精馏生产生物化合物和生物聚合物的投资通过两个大型项目来举例说明，一个受到美国赞助，另一个在欧盟。2003～2006 年，美国能源部赞助了一个项目（编号DE-FG36-04GO14249），该项目研究了由不同生物有机酸（乳酸、柠檬酸、琥珀酸和丙酸）生产酯类的反应精馏方法。有机酸，由玉米或其他可再生的生物质等碳水化合制成，是化学品以及生物燃料的重要组成部分。[7~8] 欧盟赞助了一个名为 EuroBioref 的项目，该项目的一部分就是研究丙烯酸丁酯的生产。在该工艺的最后环节，由可再生资源生产的丁醇和丙烯酸在反应精馏塔中反应生成丙烯酸丁酯[26]。在本章中，讨论了用于生产生物基平台化学品（见表 8.3）或由这些组分生产产品的反应精馏实例。

#### 8.5.1.1　丁二酸、反丁烯二酸和羟基丁二酸

丁二酸、反丁烯二酸和羟基丁二酸是通过相似的生化途径生产的碳四二羧酸[7]。这些

酸可用作生产大型日用化学品如 1,4-丁二醇、四氢呋喃、羟基丁酮丙酮[7]和琥珀酸酯[27,28]的结构单元。文献已经报道了反应精馏用于丁二酸生成丁二酸二乙酯，丁二酸来自生物技术的废料和乙酸混合后进料，生成了乙酸乙酯和丁二酸二乙酯。在这两个例子中，固定在 Katapak-SP11™反应床层中的离子交换树脂 Amberlyst 70 已经用于中试规模的反应精馏塔的试验研究中。试验中已经实现了两种酸的 100%转化，同时丁二酸二乙酯的纯度已达到 98%。

从发酵液直接生产羧酸酯的通用方法已获得专利[12]，特别是丁二酸及其酯的生产。用于发酵的底物是各种可发酵糖或其他可发酵的废物。该方法的特征是将底物的发酵直接整合到丁二酸盐或二烷基丁二酸盐中，并且酯化成丁二酸酯或丁二酸二铵。除了发酵罐之外，关键的工艺步骤是在反应精馏塔中进行丁二酸盐的酯化反应，该反应使用二氧化碳作为催化剂，且在醇(例如乙醇和甲醇)的存在下进行。非均相催化剂与发酵液中的杂质不相容，而均相催化剂则必须回收循环使用。在塔底获得重组分酯类，而低沸点的酯以及水和醇从塔顶离开。在减压精馏中将挥发性组分如乙酸乙酯作为副产物的醇/水混合物中分离物。气态氨和二氧化碳再循环回发酵罐，因为在厌氧发酵中需要二氧化碳，而氨气($NH_3$)用作中和剂。在随后的步骤中，所获得的酯可以通过常规精馏纯化，并通过后续的反应生产 1,3-丁二醇、四氢呋喃、$\gamma$-丁内酯或马来酸二烷基酯。

Liu 等开发了一种从发酵液中提纯 2,3-丁二醇的方法[29]。在萃取反应后，在反应精馏塔中进行 1-2-丙基-1,3-二氧戊环的水解，以纯化 2,3-丁二醇。在他们的理论研究方法中，塔底获得了浓度为 15mol%的 2,3-丁二醇，产率为 98.1%。

### 8.5.1.2　2,5-呋喃二羧酸

2,5-呋喃二羧酸(FDCA)属于呋喃类化合物，生物学上通过葡萄糖的氧化脱水形成。它被认为是对苯二甲酸的替代品，对苯二甲酸是生产聚酯如聚对苯二甲酸乙二醇酯和聚对苯二甲酸丁二醇酯的反应物[7]。使用非均相催化反应精馏移除副产物水以移动平衡将 FDCA 转化为酯的方法已获得专利[30]。另一种六碳酸是柠檬酸。研究人员已经研究了从柠檬酸生产柠檬酸三乙酯的反应精馏方法[31]。在中试的反应精馏试验(乙醇过量)中，已经验证了该方法的技术可行性。随后的理论研究表明需要 60 个阶段来获得约 98.5%的产物(柠檬酸三乙酯)产率。

### 8.5.1.3　3-羟基丙酸

3-羟基丙酸(3-HPA)是一种三碳酸结构单元，可用于合成 1,3-丙二醇、丙烯酸或丙烯酰胺[7]。Kuppinger 等研究了从 3-HPA 生产丙烯酸的反应精馏方法[32]，通过连续除去水来移动平衡。在此过程中，他们建议在二氧化碳的参与下进行 3-HPA 的脱水，这避免了不想要的脱羧反应。

### 8.5.1.4　1,3-丙二醇

1,3-丙二醇是 3-HPA 的发酵合成的副产物[33]。为了将其从发酵液中分离，首先进行反应萃取以形成 1,3-丙二醇的缩醛。在随后的步骤中，这些缩醛在反应精馏塔中水解，并在塔底部与 2,3-丁二醇、甘油和甘油缩醛的混合物中获得 1,3-丙二醇[33]。Adams 等[34]研究了在溶剂异丁醛中进行 1,3-丙二醇脱水反应的半连续生产方法。他们建议使用一个多功能催化塔，在一台设备中交替进行反应萃取和反应精馏。将 1,3-丙二醇发酵液加入反应萃取塔中，其与溶剂异丁醛反应形成 2-异丙基-1,3-二氧己环，该物质在有机相中积累。之后，在反应精馏塔操作中，将有机组分加入塔中，通过逆反应生成 1,3-丙二醇并在塔底积聚。

在他们的理论研究中，产物浓度达到了 98mol%。

### 8.5.1.5 乳酸

乳酸，也称为 2-羟基丙酸，是聚合物的潜在结构单元，并且在结构上与 3-HPA 类似。此外，文献中报道了其与 3-HPA 类似的发酵性能和产率[7]。由于沸点接近，很难从发酵液中回收非挥发性乳酸。因此，可先进行酯化反应生成更容易分离的酯，然后通过反向水解回收酸。Asthana 等[35]开发了一种使用非均相催化反应精馏塔利用乳酸和乙醇合成乳酸乙酯的方法。他们进行了中试试验，证明使用反应精馏技术进行乳酸乙酯合成的技术可行性。Gao 等[36]在玻璃塔中进行试验研究，并建议将酯化反应器和反应精馏塔相组合，结果证明，与使用简单酯化反应器相比，乳酸乙酯的产率提高了 82%。Lunelli 等[37]从理论上研究了乳酸乙酯工艺链，包括发酵罐和之后的下游步骤。该方法被用于原料的完全转化(所有未转化的原料被回收并再循环回来)，并且实现 99mol%的乳酸乙酯的产物浓度。除乙醇外，研究人员还研究了其他醇如正丁醇[38]和甲醇[39,40]的酯化过程。Kumar 等[38]研究了乳酸与正丁醇生成乳酸丁酯和水的酯化反应。在间歇和连续反应精馏塔中进行的试验研究，分别获得了92%和 99.5%的乳酸转化率。该技术可用于乳酸的酯化，或结合随后的水解过程，从水溶液中回收乳酸。Barve 等[41]在中试的反应精馏塔中验证了水解乳酸乙酯回收乳酸的可行性。他们验证了不用催化剂仅通过后续的三个反应精馏塔，可以获得流量为 3.86kg/h 且纯度为99.85%的乳酸。最后，从乳酸生产丙烯酸和丙烯酸酯的反应精馏方法获得了专利[42]。

### 8.5.1.6 乙酰丙酸

乙酰丙酸被广泛使用于一些有价值的化合物中，例如：潜在的燃料甲基四氢呋喃、除草剂 δ-氨基乙酰丙酸或丙烯酸[7]。研究人员已经研究了几种反应精馏方法。例如，研究了用于乙酰丙酸或戊酸与醇一起酯化的反应精馏塔，通过利用不相混溶区域分离馏出物，使用倾析器除去水并将有机组分循环回塔中[43]。

### 8.5.1.7 甘油

生物基甘油作为生物柴油生产的副产物已经大量生产[7]。甘油是生产三乙酸酯、甘油酯、1,3-丙二醇、甘油碳酸酯或丙二醇的潜在结构单元[7]。文献中有许多关于甘油与反应精馏技术结合使用的研究报道，本部分总结了一些最近的研究。Siricharnsakunchai 等[44]研究了甘油(从生物柴油生产得到)和乙酸生成三乙酸甘油酯的酯化反应的机理。他们研究和评估了不同的工艺配置和混合甘油进料中甲醇浓度的影响。Hasabnis 等[45]通过理论和进行试验研究了相同的反应。他们进行了稳态试验以对模型进行验证，并将验证过的模型用于反应精馏装置的设计，以生产高纯度的三乙酸甘油酯。Luo 等[46]研究了从甘油经两步连续的反应合成二氯丙醇的方法。基于中试试验，作者验证了使用反应精馏的可行性，并理论上实现了高于 98mol%的甘油转化率和约 93mol%的二氯丙醇产物收率。Chiu 等[47]试验研究了在间歇和半间歇实验室规模的反应精馏装置中使用亚铬酸铜催化剂和甘油合成丙二醇的反应。他们实现了甘油高于 92%的转化率和约 90%的选择性，并提议使用半分批操作以增加反应中催化剂负载量与甘油比率。对于丙烯酸和丁醇非均相催化合成丙烯酸正丁酯，文献中报道了间接使用甘油进行反应精馏的试验和理论研究[26]。生物基生产丙烯酸的一种方法是通过甘油的双重脱水和氧化[48]。Niesbach 等[49]研究了丙烯酸丁酯的生产，并分析了杂质在生物基进料中的影响。他们验证了反应精馏塔系统(见图 8.8)取代由反应器和几个精馏步骤组成的常规方法的可能性。

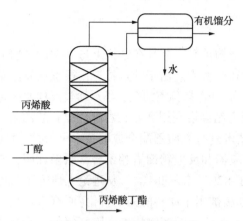

图 8.8  生产丙烯酸丁酯的
顶部带倾析器的反应精馏[49]

#### 8.5.1.8  生物柴油

生物柴油是一种替代柴油的燃料。它是无毒、可生物降解的，并且具有低的排放曲线，这使其成为传统燃料的有吸引力的替代品。生物柴油主要由不同植物油的单烷基酯组成，最近从用过的食用油或动物脂肪与醇(主要是甲醇或乙醇)进行酯交换得来[50]。该反应是受平衡限制的，并且已经使用不同的化学催化剂以及生物催化剂对其进行了研究。反应中的平衡以及系统中存在的共沸使得人们进行了反应精馏的研究。到目前为止，在生物柴油的生产中只有化学催化剂的研究用于反应精馏中。Kiss等[51]开发了一种通过脂肪酸和甲醇合成脂肪酸甲酯(FAME)来生产生物柴油的方法。他们试验研究了十二烷酸(月桂酸)与甲醇、丙醇和2-乙基己醇的反应，并确定了这些反应的动力学数据。他们得出的结论是，反应精馏可以实现显著的改进，例如将生产力提高6~10倍。然而，为了经济地运用反应精馏，相比于常规的反应器——精馏装置，需要减少醇的进塔量。Mueanmas等[52]进行的理论研究表明，由于化学计量进料比降低，开发棕榈油的反应精馏用于生物柴油的生产在经济上更有前途。He等[53]以菜籽油作为起始原料，并在实验室规模的连续反应精馏塔中进行试验。他们验证了在该反应中运用反应精馏技术的可行性，且与常规方法相比可以显著地减少醇的使用量。Da Silva等[54]进行了用大豆油和乙醇合成生物柴油的试验。他们研究了不同的催化剂浓度和摩尔进料比，并获得了98%的反应物转化率。Noshadi等[55]研究了使用杂多酸从废食用油生产FAME的反应精馏工艺。他们改变了总进料流量、进料温度、再沸器热负荷以及甲醇与油的摩尔进料比，并且通过使用大量的甲醇获得了约94%的FAME收率。所有这些研究表明，过量的醇和能耗成本是在反应精馏塔中进行生物柴油经济生产的关键参数。因此，用于反应精馏工艺的高级精馏系统也已经在研究中。这些在8.5.3节中详细讨论。

### 8.5.2  使用生物催化内件的生物催化反应精馏

酶能够促使大量的底物分子，甚至是复杂的分子，依旧能够以高选择性生产预期产物[1,2]。特别是在对映体和区域选择性催化中，酶可以用来选择性地使一种对映异构体发生反应，这会节约纯化步骤的成本。因此，研究者对在反应精馏中使用酶以利用两种技术的协同作用的兴趣越来越浓厚。通常，酶可以均匀地分布在精馏塔内(意指在溶液中)，也可以通过粘合在塔内件的表面或装填在填料结构(如苏尔寿公司的Katapak或其他)中而得到固定[56]。然而，由于酶对较高温度敏感，因此将酶催化用于反应精馏受到了限制。

生物催化反应精馏塔的第一个试验研究发表于2003年，该研究使用脂肪酶作为催化剂合成丁酸丁酯[57]。为了避免酶的热变性，精馏塔在15000Pa的真空下操作。酶被固定在倒置的梨球茎上。Heils等[58]进行了将酶催化剂整合到反应精馏塔中，用于丁酸乙酯和正丁醇的酯交换反应的研究。在试验中将南极假丝酵母脂肪酶B被固定在新开发的硅胶基质中，将其作为稳定涂层涂覆到商业颗粒填料上。新开发的涂层具有大的比表面积，与颗粒相比具有更高的产率和良好的热稳定性。在试验研究中，间歇反应精馏塔在约 10000Pa 的条件下操作，从中测试酶的稳定性以及催化剂的淋溶性能。每个批次反应精馏运行持续约 6~8h。该酶在试验中显示出高稳定性。然而，在使用同样填料的四次连续运行中，在涂覆的填料上浸出的酶总共损失了约 30%。然而，在第四次运行后，催化剂浸出仅导致不到 2% 的损失。相关研究已经实现了 98% 的丁醇的转化，这超过了平衡转化率。

### 8.5.3　高级反应精馏系统

类似于非反应精馏系统(参见第 8.4.2 节)，高级反应精馏系统已经用于反应精馏的研究中。例如，许多研究人员已经研究了使用热耦合反应精馏系统或隔壁塔来生产生物柴油[59~61]。运用反应精馏生产生物柴油已在第 8.5.1 节中详述。为代替传统的反应精馏塔，Gomez-Castro 等[59]从理论上研究了使用热偶反应精馏塔和反应热耦合直接序列(RTCDS)在超临界甲醇中生产生物柴油的过程，其中甲醇在超临界条件下($T=623K$，$p=20~50MPa$)作为一种催化剂(见图 8.9)回避了副产物的形成和回收使用昂贵催化剂的问题。热偶反应精馏塔[见图 8.9(a)]由侧分离塔和主反应精馏塔组成，侧分离塔从主反应精馏塔的中间和顶部与主反应精馏塔偶联。脂肪酸(这里是油酸)从塔顶进料，而甲醇进料到反应精馏塔的再沸器中。反应段位于与侧分离塔耦合段以及甲醇侧线抽出口之下[见图 8.9(a)]。在塔底获得产物(油酸甲酯)与甲醇的混合物，并泵送至另一个精馏塔以进一步纯化。在 RTCDS 装置[见图 8.9(b)]中，反应精馏塔看起来是相同的。然而，甲醇侧线现在进入到侧精馏塔中以获得甲醇，其可以再循环回到塔中。通过模拟研究发现，与传统的生物柴油生产工艺相比，使用常规反应精馏塔节能约 18.2%，使用热偶反应精馏塔节能约 30%，使用 RTCDS 节能约 45%。此外，与传统的生物柴油生产工艺相比，使用常规反应精馏塔可降低总成本约 12%，使用热偶反应精馏塔可降低总成本约 14%，使用 RTCDS 可降低总成本约 17%[59]。

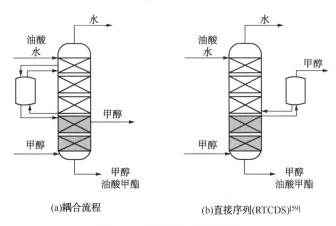

(a)耦合流程　　　　　　　(b)直接序列(RTCDS)[59]

图 8.9　热耦合反应精馏系统

Nguyen 等[60]进行了类似的研究，该研究使用固体催化剂从月桂酸生产十二烷酸甲酯(生物柴油)。他们还确认 RTCDS 装置具有最大程度降低能耗的潜能。他们理论上确定了约 21% 的节能量。

Kiss 等[61]建议使用反应隔壁塔生产脂肪酸甲酯(FAME)(见图 8.10)。他们提出该隔壁

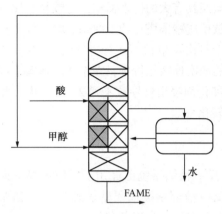

图 8.10　用于脂肪酸甲酯
生产的反应间壁精馏塔[61]

塔的理论是，大多数生物柴油工艺使用固体酸/碱催化剂，这需要计量反应物的化学计量比使脂肪酸原料完全转化成两种高纯度产物(副产物水和 FAME)。然而，这种化学计量比在操作期间难以保持，从而造成产物的不纯以及反应物的再循环，这增加了额外的成本。因此，他们提出的新的反应隔壁塔概念，仅使用15%过量的甲醇便可实现脂肪酸原料的完全转化。塔底采出纯 FAME，水从侧线采出，而过量的甲醇从塔顶采出并回收循环使用。他们经过优化后的最终工艺方案可节能约25%。由于仅需要一个塔，这是一种更简单的工艺流程，可以更灵活地控制脂肪酸的浓度和种类，同时避免催化剂的损失和中和反应的发生。

## 8.6　讨论和展望

由于在生物工程中出现了特殊挑战，如处理低产物浓度的稀释系统，灵活多变或含有各种杂质的原料，敏感的生物催化剂，以及间歇和连续过程的整合，都限制了精馏系统的运用。尽管有这些挑战，精馏系统在生物基过程及白色生物技术中有了一定的应用，主要用于产物的纯化以及溶剂或底物回收。此外，精馏与反应相结合，用于产物的纯化以及在非生物技术催化或生物技术催化的反应精馏塔中促使反应的进行已见报道。在红色生物技术中，精馏仅仅用于溶剂或底物回收，并且仅非常有限地用于目标产物的纯化。

强化精馏系统如反应精馏、热偶反应精馏和反应隔壁塔的应用对于实现过程的经济性、节能和更灵性显示出极大的优势。特别是在当处理生物基原料时，反应隔壁塔具有很大的优势。此外，耦合流程在经济生物工程的实施中发挥着重要作用。与膜系统的偶联似乎特别有发展前途，因为水通常用作生物技术转化步骤的溶剂或产生在随后的反应(例如酯化)中，且之后必须将其与产物分离(水通常会与产物形成共沸物，这可以通过使用膜克服)。当继续开发从单一产品系列到多个产品系列的生物精炼概念时，可进一步应用高级或强化的精馏系统[1,5,6]。此外，将生物基原料整合到现有的常规设备中将进一步推动强化系统或耦合工艺的发展。然而，将精馏系统运用到生物技术工程中仍面临操作条件等带来的挑战，如处理固体系统(如酶、细胞)和高黏度系统。这需要新的精馏系统的开发，如 Higee 精馏，它可填补特定情况下的空缺[15]。

另一个有趣的概念是将酶催化剂整合到反应精馏中，因为它可以利用酶促反应的高选择性生产潜在的新产品。此外，反应可以作为附加的分离步骤用于反应精馏中，通过选择性地反应掉对映异构体/同分异构体或其他沸点接近的混合物中的一种组分而使其得到分离，因此该方法能够生产全新的产品。然而，将反应与精馏操作相匹配是主要的挑战。控制和规避酶的浸出，开发稳定(特别是对温度)的酶以及足够的反应速率将是其实施的关键问题。这里，除了催化剂的代谢和蛋白质工程外，新的能量形式也可能是有益的。例如，利用超声通过某些因素促进酶促反应已被报道。

最后，用于描述含有生物组分系统的热力学数据和模型的发展[62]以及合成/设计工具的开发对于支持这些系统的快速实现是至关重要的。合成/设计工具的开发应该追踪生物基杂质，并考虑对精馏操作安全可靠的设计以及强化过程系统。此外，设计和优化间歇和连续操作之间的能量集成的工具也是必不可少的。

## 致谢

作者感谢 Dipl. Ing. Alexander Niesbach 和 Dipl. Ing. Sebastian Heitmann 的大力支持。

### 参 考 文 献

[1]　W. Soetaert, E.J. Vandamme, Industrial Biotechnology-Sustainable Growth and Economic Sucess, first ed., Wiley-VCH Verlag GmbH & Co., Weinheim, 2010.

[2]　P.A. Belter, E.L. Cussler, W.-S. Hu, Bioseparations: Downstream Processing for Biotechnology, first ed., Wiley, 1988.

[3]　M. Kircher, Biofuels Bioprod. Biorefin. 6 (2012) 240.

[4]　International Energy Agency (IEA), Key World Energy Statistics, 2011.

[5]　B. Kamm, Angew. Chem. 119 (2007) 5146.

[6]　B. Kamm, M. Kamm, Chem. Biochem. Eng. Q. 18 (1) (2004) 1.

[7]　US Department of Energy, in: T. Werpy, G. Petersen (Eds.), Report: Top Value Chemicals from Biomass, 2004.

[8]　J.J. Bozell, G.R. Petersen, Green Chem. 12 (2010) 539.

[9]　N. Kosaric, Z. Duvnjak, A. Farkas, H. Sahm, S. Bringer-Meyer, O. Goebel, et al., Ethanol, in: Ullmann's Encyclopedia of Industrial Chemistry, Wiley-VCH Verlag, 2002.

[10]　T. Roth, P. Kreis, A. Gorak, Chem. Eng. Res. Des. (2013), http://dx.doi.org/10.1016/j.cherd.2013.01.016.

[11]　H.-J. Huang, S. Ramaswamy, U.W. Tschirner, B.V. Ramarao, Separation and purification processes for lignocellulose-to-bioalcohol production, in: K. Waldron (Ed.), Bioalcohol Production: Biochemical Conversion of Lignocellulosic Biomass, Woodhead Publishing Ltd, 2010, pp. 246–277.

[12]　D.D. Dunuwila, Patent CA2657666A1, 2009.

[13]　H. Breivik, G.G. Haraldsson, B. Kristinsson, J. Am. Oil Chem. Soc. 74 (11) (1997) 1425.

[14]　A. Halldorsson, C.D. Magnusson, G.G. Haraldsson, Tetrahedron 59 (2003) 9104.

[15]　P. Lutze, A. Gorak, Chem. Eng. Res. Des. (2013) (accepted).

[16]　T. Melin, R. Rautenbach, Membranverfahren, third ed., Springer-Verlag, Berlin, 2007.

[17]　M. Dijkstra, T. Brinkmann, K. Ebert, K. Ohlrogge, Patent DE10333049B3, 2004.

[18]　H. Udriot, S. Ampuero, I.W. Marison, W. von Stockar, Biotechnol. Lett. 11 (7) (1989) 509.

[19]　P. Lutze, An Innovative Synthesis Methodology for Process Intensification, J&R Frydenberg A/S, 2012, ISBN 978-87-92481-67-2.

[20]　B.F.M. Kuster, H.M.G. Temmink, Carbohydr. Res. 54 (1977) 185.

[21]　K.M. Rapp, Patent US4740650, 1988.

[22] A. Boisen, T.B. Christensen, W. Fu, Y.Y. Gorbanev, T.S. Hansen, J.S. Jensen, et al., Chem. Eng. Res. Des. 87 (2009) 1318.

[23] P. Lutze, R. Gani, J.M. Woodley, Chem. Eng. Process 49 (2010) 547.

[24] P. Lutze, A. Roman-Martinez, J.M. Woodley, R. Gani, Comput. Chem. Eng. 36 (2012) 189.

[25] A.T. Karunanithi, L.E.K. Achenie, R. Gani, Ind. Eng. Chem. Res. 44 (2005) 4785.

[26] A. Niesbach, J. Daniels, B. Schröter, P. Lutze, A. Gorak, Chem. Eng. Sci. 88 (2013) 95·

[27] A. Orjuela, A. Kolah, X. Hong, C.T. Lira, D.J. Miller, Sep. Purif. Technol. 88 (2012) 151.

[28] A. Orjuela, A. Kolah, C.T. Lira, D.J. Miller, Ind. Eng. Chem. Res. 50 (2011) 9209.

[29] J. Liu, J. Zhu, Y. Wu, Y. Li, Chem. Reac. Eng. Technol. 51 (2012).

[30] O. Franke, O. Richter, Patent EP2481733 A1, 2012.

[31] A.K. Kolah, N.S. Asthana, D.T. Vu, C.T. Lira, D.J. Miller, Ind. Eng. Chem. Res. 47 (2008) 1017.

[32] F.F. Kuppinger, A. Hengstermann, G. Stochniol, G. Bub, J. Mosler, A. Sabbagh, Patent US 20110105791, 2011.

[33] J. Hao, F. Xu, H. Liu, D. Liu, Chem. Technol. Biotechnol. 81 (1) (2006) 102.

[34] T.A. Adams II, W.D. Seider, Chem. Eng. Res. Des. 87 (3) (2009) 245.

[35] N. Asthana, A. Kolah, D.T. Vu, C.T. Lira, D.J. Miller, Org. Proc. Res. Dev. 9 (2005) 599.

[36] J. Gao, X.M. Zhao, L.Y. Zhou, Z.H. Huang, Trans. IChemE part A, Chem. Eng. Res. Des. 85 (2007) 525.

[37] B.H. Lunelli, E.R. Morais, M.R.W. Maciel, R. Filho, Chem. Eng. Trans. 24 (2011) 823.

[38] R. Kumar, S.M. Mahajani, Ind. Eng. Chem. Res. 46 (21) (2007) 6873.

[39] R. Kumar, H. Nanavati, S.B. Noronja, S.M. Mahajani, J. Chem. Technol. Biotechnol. 81 (11) (2006) 1767.

[40] M. Liu, S.-T. Jian, L.-J. Pan, S.-Z. Luo, Chem. Eng. Res. Des. 89 (11) (2011) 2199.

[41] P.P. Barve, I. Rahman, B.D. Kulkarni, Org. Process Res. Dev. 13 (3) (2009) 573.

[42] C. Ozmeral, J.P. Glas, R. Dasari, S. Tanielyan, R. Bhagat, M.R. Kasireddy, Patent WO2012033845, 2012.

[43] H. Dirkzwager, L. Petrus, P. Poveda-Martinez, Patent WO2007099071, 2007.

[44] P. Siricharnsakunchai, L. Simasatikul, A. Soottitantawat, A. Arpornwichanop, Comput. Aided Chem. Eng. PSE 2010 (2012) 170.

[45] A. Hasabnis, S. Mahajani, Ind. Eng. Chem. Res. 49 (2010) 9058.

[46] Z.-H. Luo, X.-Z. You, J. Zhong, Ind. Eng. Chem. Res. 48 (24) (2009) 10779.

[47] C.-W. Chiu, M.A. Dasari, G.J. Suppes, W.R. Sutterlin, AIChE J. 52 (10) (2006) 3543.

[48] J. Deleplanque, J.-L. Dubois, J.-F. Devaux, W. Ueda, Catal. Today 157 (1−4) (2010) 351.

[49] A. Niesbach, R. Fuhrmeister, T. Keller, P. Lutze, A. Górak, Ind. Eng. Chem. Res. 51 (2012) 16444.

[50] G. Knothe, Top. Catal. 53 (2010) 714.

[51] A.A. Kiss, A.C. Dimian, G. Rothenberg, Energy Fuels 22 (2008) 598.

[52] C. Mueanmas, K. Prasertsit, C. Tongurai, Int. J. Chem. React. Eng. 8 (2010) A141.

[53] B.B. He, A.P. Singh, J.C. Thompson, Trans. ASABE 49 (1) (2006) 107.

[54] Nde L. da Silva, C.M. Santander, C.B. Batistella, R.M. Filho, M.R. Maciel, Appl. Biochem. Biotechnol. 16 (2010) 245.

[55] I. Noshadi, N.A.S. Amin, R.S. Parnas, Fuel 94 (2012) 156.

[56] A. Górak, L.U. Kreul, Patent DE 19701045 A1, 1998.

[57]　A.L. Paiva, F.X. Malcata, Biotechnol. Tech. 8 (1994) 629.

[58]　R. Heils, A. Sont, P. Bubenheim, A. Liese, I. Smirnova, Ind. Eng. Chem. Res. 51 (2012) 11482.

[59]　F.I. Gomez-Castro, V. Rico-Ramirez, J.G. Segovia-Hernandez, S. Hernandez-Castro, Chem. Eng. Res. Des. 89 (2011) 480.

[60]　N. Nguyen, Y. Demirel, Energy 36 (2011) 4838.

[61]　A.A. Kiss, J.G. Segovia-Hernandez, C.S. Bildea, E.Y. Mair-Galindo, S. Hernandez, Fuel 95 (2012) 352.

[62]　C. Held, Measuring and modeling thermodynamic properties of biological solutions (Ph.D Thesis), Dr. Hut, 2012, ISBN: 3843903700.

# 第9章 特殊精馏应用

Eva Sørensen[1], Koon Fung Lam[1], Daniel Sudhoff[2]
伦敦大学学院(UCL)化学工程[1]
德国多特蒙德大学,生化与化学工程系[2]

## 9.1 短程精馏

短程精馏是汽化的化合物从蒸发器表面转移到冷凝器表面仅仅需要通过很短的距离(仅几厘米)的一种精馏技术。该技术通常减压操作,最低压力可达 0.001mbar。从而本质上避免了从蒸发器到冷凝的压力梯度,并且气相分子可以不与其他分子碰撞而在蒸发器和冷凝器之间移动。因此,短程精馏通常被称为分子精馏,这两个术语在文献中都有用到,但在本章内容中仅使用短程精馏描述。该方法是建立在高真空下蒸发的分子自由转移而实现的。随着压力降低,加热温度可以明显低于标准压力下的沸点温度。此外,馏出物在被冷凝之前仅需移动很短距离,因此物料在高温中停留时间非常短。所以,该技术通常用于在高温下不稳定化合物、在较高压力下精馏会分解或变质的化合物以及用于生物材料或提纯非常少量的化合物间的分离。由于短程精馏不含类似在萃取精馏中使用的萃取剂,因此产品不会被污染,也不需要进一步提纯。

基于短程精馏的适用性和优越性,在化妆品、食品、药品和石油化学品等工业中高附加值物质的回收、提纯和浓缩等方面,其应用逐渐增加。应用的实例有脂溶性维生素分离[1],葡萄籽油脱酸[2],从植物油中分离游离脂肪酸[3],从转化米糠蜡中提取的二十八醇物质的提纯[4],从柠檬草油中浓缩柠檬醛[5],从橙皮油中脱除邻苯二甲酸酯[6]。另外,短程精馏也被用于蜡类、脂肪和天然油脂的分离[7],以及用于鱼油、石油残留物、溶剂脱除方面的分离。

### 9.1.1 分离原理

在短程精馏中,分离过程是基于从进料液膜的自由面蒸发分子的转移,而不是如常规精馏中利用物质挥发性的差异实现分离的,因此可以分离具有相似沸点的组分。短程精馏包括两种主要形式:降膜和离心。在分离原理上这两种类型是相似的,都是使用真空原理促使蒸汽分子从蒸发器转移到冷凝器。此外,两种类型都以液体薄膜的形式引入液体进料,其促进传质和传热效果。降膜形式是使用重力作用使液体以薄膜形式分布在垂直蒸发器表面,通常还有刮膜装置辅助(见图 9.1)。刮膜装置将液体均匀地混合并分布在蒸发器的整个表面[8]。离心形式使用由转子产生的离心力以促进薄膜的形成。在降膜和离心两种情况下,产生两股产品物流:精馏物流,富含从蒸发器蒸发至冷凝器的分子;剩余物流,富含不被蒸发的高沸点分子。

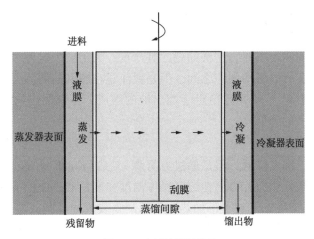

图 9.1　短程精馏原理

## 9.1.2　降膜短程精馏

在降膜形式的装置中短程精馏由两根垂直管组成,一根管套在另一根内部,一根管面用作蒸发器,另一根管面用作冷凝器。进料可以在进蒸发器之前被预加热,所以,蒸发器可以是加热和不加热两种类型。对于加热的蒸发器,精馏速率更快,但是在较高的温度下,与不加热的蒸发器相比,加热的蒸发器分离因子在某些情况下会降低[9]。

原料从套管装置顶部进入蒸发器,通常外管用作蒸发器,内管用作冷凝器,但特殊情况也可以是内管用作蒸发器,外管用作冷凝器。在前一种情况下,加热介质设置在外管的外部,在某些情况下为了获得等量的平衡传热阻力,使用蒸汽作为热源获得高传热系数。在后一种情况下,外管还需要一个冷却套管。

在这两种情况下,待蒸发流体在重力作用下作为连续相向下流动,从而沿管壁形成薄液膜,向下流动(或下降)。液膜在其向下流动时部分蒸发,并且在高真空下气相分子得到自由程并且通过精馏间隙扩散。为了保证有效分离,精馏间隙应小于易挥发组分的平均自由程,大于不易挥发组分的平均自由程。一旦气相分子到达冷凝器就会被冷凝为液体。冷凝液主要为易挥发组分,因此称为馏出物,被收集在冷凝器管的底部。同时,不易挥发的残留物在蒸发器管的底部收集。

### 9.1.2.1　降膜设计和操作

许多研究已经表征并得出短程精馏工艺的关键参数。单元设计,特别是蒸发器管和冷凝器管之间的距离(精馏间隙)对分离效率有着明显的影响。操作条件,例如压力、进料温度和冷凝器温度也对工艺性能具有重要影响。

#### 9.1.2.1.1　结构

工业降膜短程精馏装置的设计是外管作为蒸发器,通常由蒸汽或导热油加热,内管作冷凝器插入外管中,冷却介质从内管流过。但是 Lutisan 和 Cvengros[10]研究得出,在相同管径的情况下,内管作为蒸发器,外管作为冷凝器会得到更高的分离效率。这是由于外管作为蒸发器时,蒸发器凹面中蒸汽分子可能绕过冷凝器表面而撞到对面蒸发器的表面,这种现象可以通过采用较大直径的内管来避免。

#### 9.1.2.1.2 精馏间隙

要避免液体从蒸发器溅射或者自然移动到冷凝器，否则会导致分离效率下降[11]，当蒸发器和冷凝器之间的间隙很小时，这种问题尤其严重。为了减少这种情况的发生，可以将雾沫分离器滤网填充在套管的精馏间隙之间，但是要注意在滤网的两侧会发生再次蒸发。滤网的使用减少了飞溅的影响[11]，并且稳定了馏出液的组成，尽管馏出物浓度提高了，但是精馏速率将会有一定程度的降低。

#### 9.1.2.1.3 操作条件

当操作压力低时，沸点降低，但是通过克努森-兰缪（Knudsen-Langmuir）方程能够得出每种化合物存在最佳操作压力，得出在给定操作温度和蒸发器表面积下的最大蒸发速率。

Kawala 和 Stephan[9] 考查了在不带加热、不带刮膜装置的降膜式蒸发器中蒸发邻苯二甲酸二正丁酯和癸二酸二正丁酯的二元混合物。他们得出，增加进料入口温度提高了温度和浓度梯度，并在低进料速率下可获得最大的梯度值。如果蒸发器被加热，精馏速率将更快，因为升高温度增加了分子的运动速度，使得分子更容易移动到冷凝器，而不积累在精馏间隙中，然而，在高温下分离效率会降低。作者提出在绝热条件下设计分子蒸发器的一般规则如下：如果分离效率比精馏速率更重要，则直径小、高度大；如果精馏速率比分离效率更重要，则直径大、高度小。Cvengros 等[12] 研究了稳态条件下在蒸发器长度方向上的膜表面温度效应，发现进料口的温度对分离效率有相当大的影响。因此，他们提议进料应该被预热，以避免需要从蒸发器获得热量。

Hu 等人[13] 考察了冷凝器温度的影响，而且证实冷凝器温度越低，分离效果越好。此外，他们发现当冷凝器面积与蒸发器面积的比率高时可获得更高的蒸发效率。

### 9.1.2.2 降膜特征

研究表明，在短程精馏工艺中，实际分离不仅取决于组分的相对挥发度，还取决于液相中输送阻力及其物质间固有的蒸发界面力，这是因为在低压和低温下，分子间的动力学约束力变得重要。分析装置的性能，必须考虑在蒸发器上液膜中的传质传热，以及在冷凝器上凝液膜中的传质传热，因为传质传热必须在两个管之间气相内传递，即在精馏间隙中传递[14]。

#### 9.1.2.2.1 蒸发器特征

Bose 和 Palmer[1] 研究局部真空中二元混合物分离，发现分离因子仅在低温和相应低精馏速率下接近热力学和动力学极限。在较高温度下，分离因子会急剧下降至接近理论最大值的一半。随温度升高，在决定分离因子急剧下降方面，传质阻力比传热阻力表现得更加明显。然而，由于通过蒸汽压力对温度关联得出的传质和传热之间存在耦合，因此界面散热有助于补偿表面损耗的影响。如果忽略界面散热，分离因子可能被低估25%或更多。

#### 9.1.2.2.2 气相特征

Burrows[15] 介绍了在精馏间隙中分子之间可能碰撞的碰撞因子的概念，他研究了短程精馏中的平均自由程。分子之间的碰撞可导致分子弹回到蒸发器，或改变其路径，使其不能到达冷凝器。Burrows 也表明曲面设置减少了碰撞的影响，从而获得更高的分离效率。因此，气相可以通过在克努森-兰缪蒸发方程中引入碰撞因子来建模[9]。

Lutisan 和 Cvengros[10] 也研究了气相中的平均自由程。他们指出，除了碰撞以外，还有其他影响精馏速率的因素，使气体方程的动力学理论不成立。例如，冷凝器表面分子的二次蒸发，也可能对该过程分离效率有影响，虽然 Badin 和 Cvengros[16] 说明这种效应的影响是有限的。Hu 等[13] 在他们的理论研究中考虑了气相中的分子旋转的影响，他们认为通过短程精馏分离的大多数化合物是多原子和有针对性的，因此，分子结构对短程精馏有影响。此外，当短程精馏装置中存在惰性气体时，惰性气体会在冷凝器表面附近积聚，这可能引起精馏间隙中的温度和分子密度变大，因此，组分冷却会变得更加困难。

#### 9.1.2.2.3　冷凝器特性

Badin 和 Cvengros[16] 发现，如果在冷凝器的温度条件下气相不能达到完全冷凝，则短程精馏过程可能受到严重干扰。作者得出结论，可以通过降低精馏速率、设置侧面冷却水或相对于化合物沸点来降低冷凝器的温度，以实现更有效的冷凝。此外，根据他们的经验得出在蒸发器和冷凝器之间需要有 60~80℃ 的温度梯度才能发生完全冷凝。

### 9.1.3　刮膜降膜短程精馏

刮膜降膜短程精馏模型在设计上类似于刮膜蒸发器，但是短程精馏模型在中心处设置有蒸汽冷凝器，而蒸发器模型没有。标准降膜模型中，在液膜中存在轴向和径向的温度、浓度梯度，这种情况会引起分离效率降低。径向梯度是由于在蒸发器表面增加了热源，在液体-蒸气界面处发生了气相的蒸发，以及在界面表面处液体速度不同于在蒸发器表面处的液体速度三个方面而导致的。因此，引入刮膜系统是为了降低梯度并提高分离效率。在刮膜短程精馏单元中，液膜通过刮叶片的作用连续混合并均匀地分布在蒸发器的整个表面，从而也确保在蒸发器下部的足够区域液体是安全的。另外，根据叶片的设计，刮膜短程精馏可以处理具有相当高黏度的液体。所以，刮膜片设计就像常规精馏塔供应商的塔板和填料结构一样，被刮膜片设备供应商大量研究。

由于膜厚度取决于密度、黏度和流速，Godau[17] 开发了用于计算蒸发器膜厚度的近似的解决方案，但是他没有考虑刮膜叶片作用的影响。McKelvey 和 Sharps[18] 研究了对特定参数上刮膜而产生的弓形波的速度分布和结构。Komori 等[19,20] 从理论上和试验上做了更进一步的研究，使用具有限制叶片的刮膜装置详细地验证了弓形波的流动结构和混合机理，仔细研究了膜和弓形波区域之间的混合程度。

Lutisan 等[21] 发现，刮膜短程精馏装置的流动状态位于层流和湍流状态之间。在层流情况下，速度分布对于温度和浓度呈半抛物线曲线。在湍流情况下，流动的垂直方向上达到理想的混合状态，而没有温度和浓度梯度曲线关系。在相同蒸发器表面温度下，在湍流状态下的蒸发速率比在层流状态下的蒸发速率高得多，这意味着较小的热分解速率和较低的停留时间，在此情况下流动状态对分离效率影响有限。

应该适当地考虑流动状态来准确地预测装置运行状况。早期模型假定流动状态是层流[1,9,22]。Nguyen 等[23] 在 Erdweg[24] 的研究基础上考察了具有湍流效果的刮膜短程精馏装置，建立了受热面、初始浓度、总通量和内部的浓度变化之间的关系。Wang 和 Xu[25] 通过计算流体动力学(CFD)来研究液体流速和刮膜器速度对膜厚度和液体流域的影响。

### 9.1.4　离心短程精馏

在离心短路精馏单元中，液体进料在进入系统或装置前被加热至所需温度。进料被泵送到蒸发器的顶部和中心，即系统的离心部分。通过离心力，液体沿着蒸发器的表面均匀地扩散成薄膜，该薄膜厚度为 0.1~1mm，膜厚度取决于黏度、转子转速和液体流速。液体进入单元内被加热，加热的热量来自蒸汽或热油通过筒壁换热。分子从液体薄膜蒸发向带有循环冷介质的冷凝器行进，冷凝器靠近蒸发器表面放置，蒸发的分子被冷却凝结为液相。收集冷凝液为馏出物，去除收集的残留液。

离心单元中的分子蒸发与在降膜单元中蒸发和穿过精馏间隙的分子传输类似，但是离心单元在转子速度中具有附加的自由度，这也对分离有影响，然而很少有作者在离心操作中考虑。

Kaplon 等[22]提出了一种数学模型来模拟在高真空下旋转盘蒸发液膜上的温度分布。当液体在高真空环境下从旋转盘的表面蒸发时，他们得出流动路径上温度下降，并且发现盘中心的温度梯度会改变蒸发速率。

Ishikawa 等[26]研究了具有回流的离心短程精馏，发现通过加入回流操作（馏出冷凝液体返回装置），可以提高分离效率。随着回流比的增加，馏出速率下降，然而效率提高。Chen 等[27]使用 CFD 模型模拟离心短路径精馏考虑了气液两相，以及两相之间的传质。他们发现界面传递机理比兰缪蒸发理论更准确地描述了在离心短路径蒸发器界面处的传质。

### 9.1.5　短程精馏降膜和离心的对比

Batistella 等[28]比较了降膜短路径单元和离心短路径单元的性能，以从植物油中回收维生素 E[29]为题材，降膜单元使用 Kawala 和 Stephan[9]的理论模拟模型，离心短路径单元使用 Bhandarkar 和 Ferron 的理论模拟模型。他们发现选择哪一种操作单元取决于分离物系，对于热接触长时间变质的产品可以采用离心短路径精馏，因为离心停留时间比降膜单元停留时间短得多。另一方面，高温下的热敏物质应该采用降膜单元处理，因为该装置与离心单元分离得到相同的浓度，但相对温度较低。

Batistella 等[30]从回流和利用一系列操作单元分离精细化学品方面比较了离心和降膜单元的性能。部分操作单元是为了提高分离能力，还有一部分操作单元可能也需要少量回流。得出结论是回流可提高离心单元的效率，但是回流对于降膜单元设计并不方便。

### 9.1.6　反应短程精馏

短程精馏也可适用于反应器和短程分离器相组合的反应分离装置中。在反应装置中，反应发生在蒸发器的表面，并且可能是一种或多种产物，也可能是被部分蒸发的一些反应物。一旦产物被蒸发后，将通过分子自由程的方式在正常短程精馏中进行分离。这种组合装置对于平衡限制的反应类型特别有效，因为反应产物连续地从反应物中被分离出，从而提高了产品收率。另外，通过抑制不利连续副反应，能够提高反应选择性[31]，并且因为产品在热源中具有非常短的停留时间从而避免了产品的热分解变质。

在降膜[32~33]和离心[5,34]短程精馏装置中应考虑反应短路径操作。Winter 等[33]研究开发了用于裂化重油的反应短程精馏装置并对其操作进行了研究。Biller[32]开发了用于热不稳定反应物和产物的工业反应短程单元的数学模型，同时对其操作条件进行了灵敏度分析研究，并且还考虑了装置过程控制。Tovar 等[5]考察了在离心短程精馏单元中的操作，在不向装置系统中添加任何其他组分以保证对系统不会造成热冲击的情况下，提高柠檬草精油中的柠檬醛浓度，并达到在馏出物中提取高纯品质精油的目的。最后 Tovar 等[34]又研究了高沸点石油馏分分离。

### 9.1.7　总结和展望

在工业中短程精馏是用于生物材料的分离、不稳定化合物的分离以及分离公认的少量产物的方法。该精馏设计本身比较简单，但是在建立单元高度时必须非常小心，但更重要的是蒸发器和冷凝器的直径，以确保优化精馏间隙的条件，以保证最大的分离效率，另外还需要注意仔细选择操作压力、蒸发器和冷凝器温度以及用于离心操作的转子速度，以确保原料稳定，而且保证在分离效率和分离速率方面都是最优的。

要深入理解短程精馏的特性，更多的研究工作需要开展，特别是在液膜电阻、刮膜以及气相流动行为等方面。短程精馏在离心和反应装置中的操作几乎不被考虑，因此短程精馏在离心和反应装置中并没有得到很好的理解，需要进一步地考察。

## 9.2　超重力精馏

精馏是一种高能耗的操作过程，多年来已经在此基础上提出并实现了多种强化节能模型或过程替代精馏过程。其中许多过程是基于外界和替代能量形式的应用或基于设备结构参数的操控而提出的[35]。超重力精馏装置是使用高重力场而不是正常重力场进行的精馏过程，由高离心力提供的附加能量实现强制传质和提高效率。另外，超重力精馏装置是纵向几何形状到径向几何形状的变换过程，是紧凑且强化的装置。对于某些应用，高重力场具有超过单重力场操作的优点，这种应用高重力的技术通常被称为"超重力"技术[36]，并且由旋转填料床组成。

旋转填料床的主要应用是作为反应器生产纳米颗粒或聚合物[37]，用于吸收和汽提过程[38]以及液体脱气[39]。最突出的工业应用是在次氯酸反应生产的汽提过程[40]。

离心分离在许多液-液萃取中已经工业化应用超过三十年，例如青霉素的萃取回收，肥皂制备方法中的苛性碱溶液和油的分离，铀的萃取以及其他许多方面。蒸气-液体分离，即精馏应用旋转填料床是一种新的尝试[41,42]，并且在工业中尚不明确。据中国报道，折流式旋转床被应用于几百个精馏过程[43]，但是旋转填料床在精馏中进行应用只有很少的工业研究，发表的相关报道也极少[44,45]，而且，关于这些研究的细节报道或者是折流式旋转床应用的详细信息的报道也几乎没有。

### 9.2.1　分离原理

在高重力环境而不是常规重力环境中进行精馏的想法首先由 Ramshaw 和 Mallinson 在1981 年提出[46]。在他们的专利中应用了具有较大表面积旋转填料，以保证使液体与液体或蒸汽的第二不混溶流体的接触区域。高重力场由圆柱形填料的旋转产生，这些装置通常称为旋转填充床(RPBs)。填料结构可以是规整的或是散堆的、环形的，也可以是等效的塔板[47]。

旋转填料床设备的基本原理如图 9.2 所示，圆柱形填料安装到轴上并作为转子。对于精

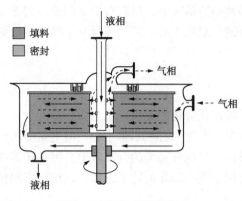

图 9.2 超重力精馏原理

馏要求的逆流操作，液体通过喷嘴被引入转子的中心部，进入旋转填料床层。液体在离心力作用下被加速向外移动，并且被收集在壳体处。蒸汽或通常较轻的流体通过壳体侧面被引入，由于外部施加的动力而朝向转子的中心流动并且在中心被抽出。为了避免液体和蒸汽出现旁路绕行，必须对旋转和非旋转部件之间进行密封[47]。

用于精馏的旋转填料床的特征可以通过类似于图 9.3 中给出的精馏塔来说明。精馏塔的液体和蒸汽流动总体取向是垂直的。相比之下，旋转填料床中的物流通常是水平的。将填料段放入塔中，其垂直高度代表分离效率，其径向直径代表处理能力。而超重力精馏转子在旋转填料床中的径向长度表示分离效率，而填料段的垂直高度代表处理能力。

虽然精馏塔可以轻松进料，但在旋转填料床中，液体进料是相当复杂的。在仅由一个转子构成的单元中，进料管必须沿着转子的径向定位，因此，很难实现原料在转子填料的横截面上的良好分布。另一种可能性是将两个连续的转子接到同一个轴上，来自上转子的液体在外壳处被收集并且重新分配到下转子的孔眼中，而蒸汽必须从下转子的孔眼到上转子的外周与液体逆流。液体进料可以容易地进到下转子的孔中，由此形成在上部的精馏段和在下部转子中的汽提段(见图 9.3)。

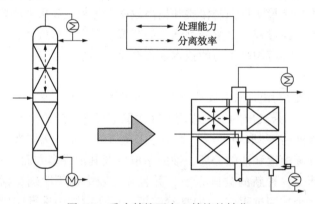

图 9.3 重力精馏至离心精馏的转化

关于旋转填料床的设计除了几何形状的是影响因素之外，在操作方面旋转速度具有额外的自由度，该操作参数较灵活，可设置为 2500r/min，产生超过重力的离心力达三级大小[43,47]。应当注意，离心加速度 $a$ 不仅是旋转速度的函数，还是半径的函数。在高转速和大半径下，要非常快速地达到高的离心因子，才能确保充分混合和增强传质的效果。然而，在填料中离心加速度的径向范围包括了从中心处的低离心加速度到转子的外边缘处的高离心加速度的不均匀的离心场。然而，液体和蒸汽负荷在中心处较大，在填料中的离中心较远处比较小。负荷和离心力之间的这种反向的特征使半径方向上产品分离效率会发生变化。

旋转填料床中传质的基本原理并没有充分地被认识和理解，只进行了少量研究。旋转填料床内的流体状态在旋转填料中很难观察。Burns 和 Ramshaw 在规整填料内观察到三种不同类型的流体状态[48]。在离心力比较低时，发现有严重的液体分布不均的细流，而随着旋转速度的增加、离心力的增大，逐渐观察到了液滴的流动，并且观察到薄膜流动。

除了旋转填料床的基本设计之外，文献中提出了其他设计，包括将再沸器和冷凝器集成到壳体[49]中，转子的不同转向[50,51]以及其他填料类型[43]。

## 9.2.2　转子设计

几种不同类型的填料、内件和转子设计已经得到应用。总之，都是在施加离心力场的基础上进行的应用，因此主要流动方向都是径向的。

对于精馏的所有转子设计，液体的流动方向是径向向外，而蒸汽流动是径向向内流动[47]。径向逆流流动如图 9.4(a)所示。应用于混合或反应的旋转填料床也以并流方式进行，见图 9.4(c)[52]。而为了保证吸收，也使用交叉混流的转子，见图 9.4(b)[53]。

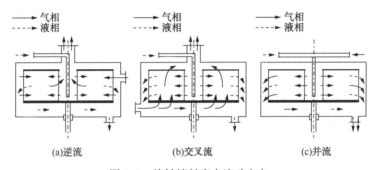

图 9.4　旋转填料床中流动方向

在逆流设计中，有两种不同的学说。第一种是可应用与填料塔相似的圆柱形规整填料。如图 9.5 所示，这种填料可以是整体的[见图 9.5(a)][45]或散堆拼装的[见图 9.5(b)][54]。第一种是简单、常见的构造，它与用作转子的实心圆柱体共同组成，通常填料用金属丝网，玻璃球或金属泡沫[47]，随着直径增大。后者由多个同心环填料组成，主要是金属泡沫填料[54]、填料环交替地附接到转子并且可以沿相同或相反的方向旋转，这样可以在气相中产生更好的湍流效果[55]。

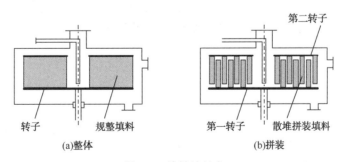

图 9.5　旋转填料床

逆流流动的第二种学说是具有穿孔同心环的转子[43]，与筛板塔相似。这种学说使用了交叉混流方向[56]，液相径向向外通过穿孔环，而蒸汽[见图 9.6(a)]向上穿过底盘流动，这种所谓的同心环旋转床(CRRB)主要用于汽提过程[56]。对于精馏，使用第二种模型，即所谓的旋转折流床(RZB)[见图 9.6(b)][57]，因为液体遵循折流流动模式，其流动方向不是真正的逆流。旋转折流床具有交替的固定环和旋转环，液体被径向向外加速，直到它被旋转环阻止，这些环的端部做穿孔以实现环端部液体的喷射或滴落流动。环阻止液体并确保液体[57]向下流动到下一个旋转环。在常规的设计中，只有具有整装或散堆拼装填料的逆流旋转填料床和旋转折流床用于精馏过程[47,57]。

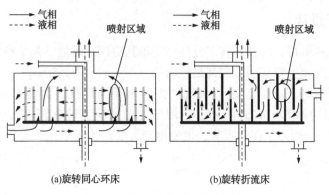

图 9.6　逆流流动的旋转填料床

### 9.2.3　总结和展望

超重力精馏特殊的几何设计和旋转速度形式的自由度还没有在工业得到应用。然而，旋转填料床用于精馏方面存在潜在的应用领域。总体来说，设备尺寸的减小和与塔体的垂直方向的独立性特点为旋转填料床用于精馏提供了新的机会。潜在的应用领域是通过将超重力精馏与工厂已设计的装置集成在一起，而对现有工厂进行改造。

此外，超重力施加到液体上的较强的力不仅可以用于增加处理能力，而且可以应用具有表面积 $3000m^2/m^3$ 以上新型填料材料[47]，适用于处理需要短停留时间的热敏介质，也适用于反应性介质[40]，以及处理高黏度的混合物介质[58]。旋转速度也可以作为增加的自由度被应用，因为它对旋转填料床的分离效率有强烈的影响[59]。在特定转速的动态操作模式下，理论级数的分离效率可达到最大值。在特殊模式中，可以改变旋转速度以快速地响应进料组成或产物纯度的变化。最后，海上装置应用精馏也许将变得可行[39]，因为当有外界振动时，超重力装置比普通装置更容易操作。

## 9.3　微精馏

微化处理技术被认为是有望加强化学工艺过程的一种方法。根据定义，这种技术包括至少一个小于 1mm 尺寸的化学处理设备，如反应器、分离器和混合器的设计及制造。精馏是基于组分之间的挥发性差异分离混合物的常用方法。该方法涉及气相和液相之间的传质分离，因此，精馏过程可以通过微化处理技术来增强。Lam 等[60]对微观分离做了大量综述性报道。当工艺流体流过亚毫米级的通道时，由于表面积与体积比的显著增加，加热和冷却变得更加有效。尺寸以及液体流经深度的减小，减少了气-液相和液-液相系统的两相之间的传质距离，导致传质效果显著提高。

### 9.3.1　分离原则

常规精馏塔通过在塔底部加热再沸器中的液体产生气相来操作。蒸汽向上流动并在位于塔顶部的冷凝器中冷凝，形成液体产物(馏出物)。一部分液体作为产物被采出，一部分作为液体回流返回到塔内。塔内的液体由于重力向下流动，直到其到达再沸器。然而，在微观流体环境中，常规精馏的操作原理是不适用的，因为重力的影响程度不明显，而表面张力和黏度占主导地位。这种现象用无量纲符号($Bo$)描述，其是相对于重力衡量表面张力的重要性的量度。当特征长度小时，$Bo$ 值变小，意味着液体的表面张力影响超过重力。在这种条件下，微通道内的液体在流动方向受到干扰，并且通过常规精馏小型化不能实现稳定的气液相界面。

### 9.3.2　微精馏的设计

目前，主要采用分散相或连续相两种模型方法来解释稳定气-液界面的原理现象。在分散相微接触模型中，通过合并气流和液流的扰动来诱导气泡。气泡被液体团分割开，而且液膜也将气泡与通道壁分离[如图 9.7(a)所示]，传质发生在气泡的表面，然后进行气-液分离。在连续相微模型中，气相和液相形成两股流，它们分别在微接触模型的液体和气体区域进料[见图 9.7(b)]，这两股流在采用不同方式建立的稳定气-液界面上接触以进行传质。

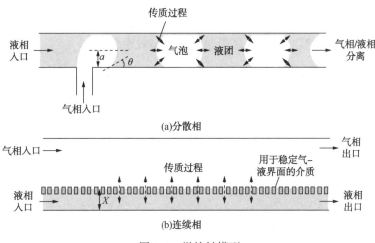

图 9.7　微接触模型

#### 9.3.2.1　分散相

用氮气作为载气的分散相微精馏系统，其通过形成的气泡或液团来产生气-液边界，已经被 Hartman 等[61]证实。他们设计的系统由两个单独的单元组成：用于气-液接触的硅基微芯片，以及后续的气-液分离器。使用具有微通道的常规半导体处理技术制造硅芯片，微通道具有气液入口蛇形结构，用于将混合物和载气混合在一起。通过控制气体和液体之间的流速比，实现了液体和气体的分散和分段流动(见图 9.8)。当硅芯片被加热时，液体蒸发直到载气被蒸汽饱和。通过调节流体流速和蛇形微通道的长度来确定传质的停留时间。微通道的出口连接到气液分离器，用于将含有较高易挥发性组分饱和的载气泡从含有较少的易挥发性组分的剩余液体中分离。试验结果表明，该设计能够分离甲醇/甲苯和二氯甲烷/甲苯的等摩尔混合物。最佳分离性能相当于一个理论平衡级。相同研究还证实了将这种微精馏系统与化学合成用微反应器连接的可能性[62]。

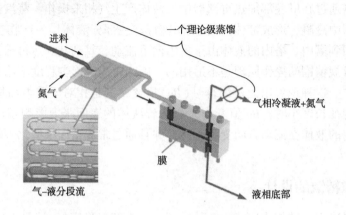

图 9.8　Hartman[61]等人开发的微精馏系统示意图
(参考文献经皇家化学学会许可)

Boyd 等人提出了另一种产生分散的气-液接触的方法[63]。在他们的概念设计中，制造具有一层金纳米颗粒的微通道。通过将激光束引导并聚焦到金纳米颗粒上，在局部区域中释放热量，使液体混合物被蒸发。蒸汽形成气泡，并且在没有激光曝光的区域发生冷凝(见图 9.9)。该方法被称为气泡辅助的相传质(BAIM)方法，其允许在不需要高温、真空或主动冷却的情况下进行分离，然而，标定结果显示其分离效率受限。

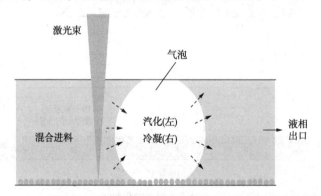

图 9.9　Boyd 等人提出的基于气泡辅助相传质方法的微精馏概念设计[63]

### 9.3.2.2　连续相

研究人员已经采用几种方法来建立具有微量连续蒸汽和液体流动的稳定的气-液相界面，特别是降膜、载气、真空、毛细管作用和离心力，这些方法介绍如下。

#### 9.3.2.2.1　降膜

虽然重力在微精馏装置中对于液体流动的表面张力来说不显著，但是仍然可以在重力作用下进行微精馏操作。例如，Ziogas 等[64]设计了类似于常规精馏塔的垂直操作的板式微精馏装置(见图 9.10)。进料和回流的液体在重力作用下沿着板壁连续向下流动。壁和板结构促进液体的润湿性，从而形成薄的液膜，因此该结构也被称为降膜微型器。通过控制加热筒的温度和冷凝器的回流量来形成温度梯度。随着发泡液体层和蒸汽域之间的距离减小，装置

中的热传质交换显著增强。该装置用于分离甲苯/邻二
甲苯体系、异辛烷/正辛烷体系和邻二甲苯/对二甲苯体系
的混合物。相关研究显示，微精馏等板高度很低，一个
理论塔板(HETP)值相当于 1.08cm，证明了通过微精馏
可实现过程强化。然而，值得注意的是，在重力不再能
够驱动液体流的尺寸下，微精馏将达到极限。

### 9.3.2.2.2　载气

Wootton 和 de Mello[65] 利用微精馏芯片在氮气作为载
气的辅助下，证明了在微流体系统内的挥发性液体的连
续提纯。芯片由三个区域组成：蒸发、冷凝和载气-液体
分离。液体混合物进料在蒸发区域中部分蒸发，不易挥
发的组分保留在液相中，而载气被易挥发的组分饱和。
通过毛细作用将液体导向指定的出口，而由载气引导的

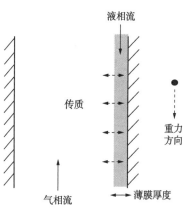

图 9.10　Ziogas 等人使用的
微精馏器的工作原理[64]

气流通过长的冷凝微通道。冷凝的液体和载气最终由载气-液体分离区域在毛细作用下分
离，如图 9.11 所示。乙腈/二甲基甲酰胺和二甲基甲酰胺/甲苯的等摩尔混合物的分离相当
于 0.72 个理论塔板，虽然成功地实现了分离，但该系统的主要缺点是没有回流返到再沸器，
将分离性能限制在不到一个理论塔板。

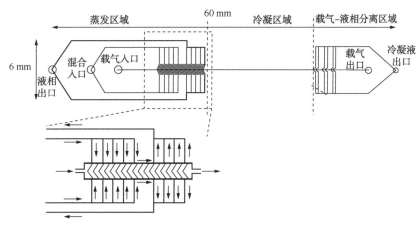

图 9.11　由 Wootton 和 de Mello 开发的连续微精馏系统[65]
(参考文献经皇家化学学会许可)

另一种方法是在微通道中通入气体进行膜精馏(参见第 9.4 节)。Adiche 和
Sundmacher[66] 组装了一个微分离器，它由两个被微孔聚合疏油膜隔开的腔室组成。其工作
原理如图 9.12 所示。将液体混合物进料到一个腔室中，而载气(氮气)以逆流模式流过另一
个腔室。由于小孔径引起的毛细管作用，在膜的孔道处形成稳定的液-气界面，其数量级为
0.22~0.45μm。毛细管作用可以通过杨-拉普拉斯(Young-Laplace)方程计算。由于孔的小
尺寸在气相和液相中引起大的压力差，所以两相之间的界面是稳定的。在该过程中，由于易
挥发组分比不易挥发组分有更快的蒸发速率，从而实现了分离表征。该装置用于分离甲醇/
水混合物，并且最高分离因子约为 5{分离因子的定义为 $[x_p/(1-x_p)][(1-x_f)/x_f]$，其中 $x_p$
和 $x_f$ 分别是渗透物和进料中挥发性较低组分的组成}，这取决于载气和进料的流速、进料的

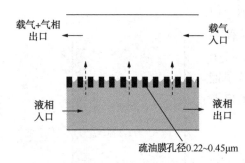

图 9.12　由 Adichie 和 Sundmacher 开发的
微型加气体精馏系统的工作原理[66]

组成和所使用的膜的类型。通气体膜精馏的小型化可能导致分离装置内的温度和浓度的降低，然而，仍然需要外部冷凝作用以从载气中将易挥发的组分冷凝收集。

依据类似的原理，Ju 等[67]设计了一批小型精馏塔，通过检测二氧化硫用于分离二氧化硫和水形成的亚硫酸溶液。该系统包括加热的入口储存器、冷却的蛇形通道和冷却的收集室。氮气载气通过微芯片，导致蒸汽和气态二氧化硫在冷却的蛇形通道中流动。蒸汽在冷却的蛇形通道中冷凝，而二氧化硫由载气驱动到填充有去离子水的收集室中被吸收。大约 20min 内，95%的二氧化硫从样品中被除去。使用载气进行连续微精馏的主要缺点是没有回流循环回到微通道，因此限制了分离性能，另外，在精馏过程之后需要额外的气液分离器。

### 9.3.2.2.3　真空

为了替代通过载气施加正压来引起气体流动，Zhang 等[68,69]利用真空来驱动微量精馏系统内的气体流动。将微孔 PTFE 膜(0.1~0.2μm 孔)多层构造夹在液体和气体室之间。在操作中，通过泵驱动液体流，并且将气体室连接到真空泵。当液体蒸发时，气体流由真空驱动并冷凝后排出。由于膜的孔径小，压降保持较大才能沿着膜维持稳定的气-液相界面。使用甲醇/水混合物测试该装置的分离性能，通过调节冷却水的流量控制温度梯度来优化其效率，实现了装置最大理论塔板为 1.8。由于没有向气体流中加入额外的组分(载气)，因此真空驱动的微精馏系统不需要额外的分离步骤。

### 9.3.2.2.4　毛细作用

可以通过多孔介质促进微精馏装置内的液体在毛细管作用下流动，Seok 和 Hwang[70]首先设计了一种管状微精馏系统，称之为零重力微精馏，用玻璃纤维芯材料作为多孔介质。图 9.13 说明了其工作原理。在操作过程中，沿着装置设定温度梯度，将原料用泵输入系统中，从而润湿玻璃纤维芯。在加热区域，玻璃纤维芯中的液体蒸发并产生较高的蒸气压，蒸汽朝着发生冷凝的冷却区域流动，因此，装置沿着流动方向保持压力梯度，并且蒸汽连续流动。另外，当由于蒸发以及底部产物排出时液体体积减小时，液体进料和来自冷却区域的部分冷凝液会朝加热区域移动以补充液体体积，形成在精馏装置中的回流。

由于多孔介质引起较强的毛细管作用，即使该装置有倾斜或甚至垂直操作，也可防止液体穿透蒸汽通道，基于气-液平衡的分离原理，会在液-气界面处发生质量传递。Seok 和 Hwang[70]发现，他们的设备能够分离甲醇/水混合物，测得的 HETP 值为 5~7cm。Tonkovich 等人[71]根据类似原理设计了可扩展的微通道精馏单元，采用编织的不锈钢丝网作为液体流动的芯材料。据报道该装置在己烷/环己烷分离测定的 HETP 值为 0.83cm，该系统用于集成精馏—加氢—硫化—蒸汽重整过程的一部分，用于为燃料电池提供动力，可以将 JP-8 燃料中的硫含量从 1300μg/g 减少到 329μg/g[72]。

同样，Sundberg 等[73]采用平面微精馏装置，该装置使用金属泡沫作为对流芯，用于分离正己烷/环己烷混合物。将金属泡沫(厚度为 0.5~3.0mm)放置在装置室内的底部，形成

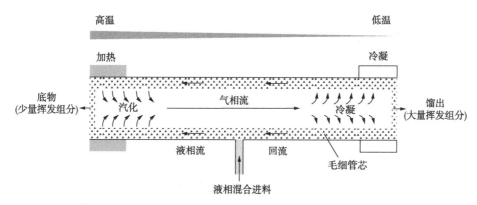

图 9.13　Seok 和 Hwang 设计的零重力微精馏装置的工作原理[70]

1.5~2mm 的气室厚度。在全回流条件下，测量的最小 HETP 值为 1.3cm。作者特别指出，操作的主要困难是较大的热损失和缺乏脱气；上述精馏装置进一步配套一个外部平通道再沸器、一个预热器和一个热交换器，以便独立控制输入到装置的热量和回流[74]。

　　虽然前面介绍的微精馏设计是有效的，但是毛细管芯在组件中被做成塔体，设计尺寸仅限制在毫米级，因为将芯体材料放置在亚微米通道内是技术上的难点。为了实现真正的微精馏系统，必须在微通道内制造芯或液体导管，并且必须允许气液接触。图 9.14 显示了通过毛细管作用引导液体流动的两种不同的微精馏设计。Hibara 等[75] 在系统冷凝区设计了一种由微纳米结构组成的微精馏装置[见图 9.14(a)]，在其设计中，当饱和蒸汽与微纳米结构接触时形成液体冷凝物，为了防止液体的回流，将液体微通道制造得比蒸汽通道更浅。试验证明了使用芯片分离 9% 乙醇/水混合物，据报道分离后底部剩余料由 8.6% 乙醇组成，而馏出物含有 19% 乙醇，但是由于缺乏回流，分离性能是有限的。

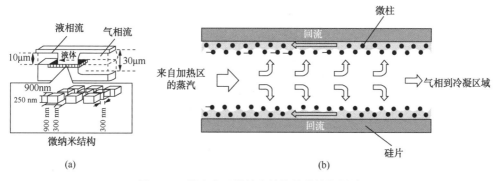

图 9.14　具有内置微纳米结构的微精馏设计

　　根据 Seok 和 Hwang[70] 应用的热管机理，Lam 等[76] 制造了多级微精馏芯片，并且尺寸进一步减小到亚毫米级。该芯片替代外购材料芯片，液体运动的毛细作用是通过沿着微通道壁形成的微柱阵列所引起的[见图 9.14(b)]。来自冷却区域的液体进料和冷凝物在微柱的区域内流动，而来自加热区域的蒸汽在微通道的中心逆流流动，精馏芯片用于分离各种二元溶液，包括丙酮/水和甲醇/甲苯混合物系，实现高达四个理论级。在相同作者报道的更详细的研究资料中，Lam 等[77] 发现使用同样的芯片用于分离丙酮/乙醇混合物，在全回流条件下相当于至少 5.4 个平衡级。分离性能受操作条件，包括加热和冷却的温度、流速和进料浓度、底部和馏出物的流速的影响较大。当加热温度过高时，太多的液体被蒸发，微通道不能容纳过量的冷凝物，导致溢流。为了更好地理解微精馏芯片的实际工作原理和操作方式，Forster等人[78]使用与Lam[76,77]等人相同芯片的拉曼光谱进行原位研究，用于分离甲苯/苯甲醛混合物。通过沿着微通道测量组分的浓度分布，发现分离发生在通道的有限局部范围内，其长度范围受加热和冷却温度的影响，这一现象表明芯片可以进一步优化。分离性能受加热和冷却温度的影响，主要是由于温度分布对分离产生的各种影响，即不仅受气液平衡影响，而且还受表面张力和毛细管力影响，从而导致微精馏液体流动不同于常规精馏（常规精馏中液体流动受重力控制）。

### 9.3.2.2.5 离心力

保持气相和液相之间的连续接触的另一种方式是使用离心力和压力梯度。MacInnes等[79]开发了一种旋转螺旋通道微精馏系统，其中液体沿着螺旋通道壁的一侧流动（如图9.15所示），这是由于在垂直于通道旋转产生离心加速度的作用，用于抵抗液相的毛细管作用。根据施加的离心力大小，液膜厚度可以控制在低至50mm。由于气相密度低于该气体的液相密度，作用在气相上的效应就更明显。科里奥利力（Coriolis forces）对于内部混合也很重要，当温度梯度施加到旋转螺旋通道微精馏系统时，沿壁液相的挥发性组分优先蒸发，同时剩余的液体向外流到出口。由通过控制冷凝和沸腾的温度而产生的压力差，使得气相逆流到螺旋系统的中心。该装置用于分离等摩尔的2,2-二甲基丁烷和2-甲基-2-丁烯混合物，在转速5000r/min下运行，实现了6.6个理论级（HETP值为0.53cm）。该装置的主要缺点是热控制及其旋转组件要求的复杂性。

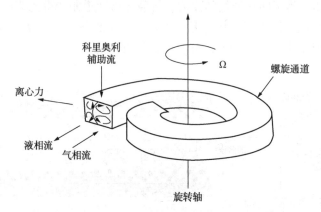

图9.15 由MacInnes等人开发的旋转螺旋通道微精馏系统[79]

## 9.3.3 总结和展望

20世纪以来，石油化工行业一直是开发高效分离方法的主要推动行业，高效分离方法的复杂性和规模日益增大。然而，在未来，高效分离需求逐渐将由制药、微电子、水、能源和生命科学行业推动。微精馏分离由于其规模小型化、加强传质和传量、高灵活性、易于控制和更安全的操作，因此微精馏能很好地满足这些行业需要，其小而灵活的生产规模、可强化使用操作点的特性具有独特优势。

在微型分离上也存在各种困难，特别是在优化性能的关键的流体动力学方面，因此需要更多的研究，还需要更好地理解小型化条件的气-液平衡以及表面张力对它的影响。最后，已经提出的基于各种接触原理下不同微精馏装置，每个装置都具有其各自的特性，而且还需要对这些装置进行更深的表征和理解。随着我们对微精馏分离的理解和经验的逐渐加深，它们将开始与其他操作单元进行集成，以实现化学品的复杂分离或多步合成。

## 9.4　膜精馏

膜精馏是液相和气相通过多孔膜分离的一种精馏过程。多孔膜的孔隙不被液相润湿，它是一种热驱动分离过程，其中蒸汽分子通过微孔非润湿的疏水膜被转移或精馏。驱动力是由膜孔的两侧之间的温度差引起的蒸汽压差（其他膜分离过程中，驱动力是通过膜厚度的化学势差引起），通常为 5~20K 的范围。因此，在膜精馏中同时会发生质量和热量传递。

膜精馏在比普通精馏更低的温度下操作，并且在比其他基于膜的方法更低的流体静压力下操作，这使得膜精馏操作更有利，特别是因为它还具有低要求的膜机械性质和高排斥性因子。

尽管工业上尚未采用该技术，但该方法在各个领域中具有潜在的应用价值，如海水淡化、废水处理、重金属脱除和食品工业。迄今为止，主要关注的是海水淡化。目前的大多数膜精馏应用仍然在实验室或小规模试验工厂阶段，可再生能源（例如废热、太阳能或地热能）使用的可能性使得膜精馏可能与其他工艺结合，使得其在工业规模上更有潜力。

虽然在工业应用上较差，但膜精馏在学术界已经引起了相当大的兴趣。该技术至少有一本教科书[80]、一个虚拟特刊杂志[81]和几篇专门关于这个课题的综述文章[82~83]报道，因此，本节仅提供该技术主要原理的概述。

### 9.4.1　分离原理

在膜精馏中，只有蒸汽分子穿过膜输送，由于水是强极性的，而膜具有疏水性，因为高的表面张力，膜不会被液体润湿。液体进料保持与膜的一侧直接接触，但不穿透干孔，这通过施加低于膜穿透压力的压力来实现（如果压力高于穿透压力，则膜将被润湿）。因此，在每个孔的入口处形成气液界面，如图 9.16 所示。

膜精馏中的质量传递由三种基本机理控制：克努森扩散、泊肃叶（Poiseuille）流动（黏性流动）和分子扩散[82]。克努森数定义为运输分子的平均自由程与膜孔径的比值，表明膜孔内哪种机理是活跃的。该机理是不同类型的阻力传递产生的，如由动力传递到支撑膜（黏性）、分子与其他分子碰撞（分子电阻）或膜本身抗性（克努森抗性）。因为表面电阻与孔面积相比较小，边界层中的电阻通常可忽略不计，另外，热边界层已被发现是传质的限制步骤[83]。

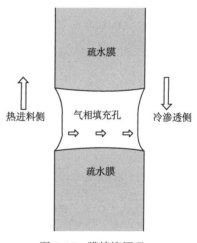

图 9.16　膜精馏原理

#### 9.4.1.1　膜材料

对于所有膜工艺，分离效率和生产速率取决于膜材料和膜性质，目前在膜精馏中使用的膜是疏水的，并且通常由合成材料制成，例如 PTFE、PVDF 或 PP。典型的孔径为 0.1 ~ 0.5mm。较大的孔径会导致通过膜通量大，但是可能会增加膜润湿。最佳孔径取决于进料类型[84]。用于蒸发的表面积随着膜孔隙率的增加而增加，从而促进更高的通量。由于通过膜的传导的热损失。较高的孔隙率会减少渗透通量与膜厚度成反比，因此膜趋于非常薄，为 $10^{-6}$ m 数量级。然而，热损失也与膜厚度成反比，因此必须找到最佳厚度[84]。

#### 9.4.1.2 膜组件

膜精馏中使用的膜可以配置成不同的膜组件：板框架形式、中空纤维式、管状螺旋形缠绕式。具有平板膜的板和框架构造已经在实验室广泛使用，因为它们易于清洁和更换。中空纤维模块也已被使用[83,85]。膜组件的选择主要取决于操作条件和成本。膜性能的重要表现是能有效地控制温度和浓度效应。

### 9.4.2 膜精馏配置

在膜精馏中有四种基本的工艺配置：直接接触膜精馏、吹气膜精馏、真空膜精馏和空隙膜精馏[80]。相应的示意图如图 9.17 所示。最广泛研究的构型是直接接触膜精馏，因为它简单、易于应用，并且在环境条件下可以液相进料。最近研究人员又尝试了两种新的膜精馏配置，它们是真空多效膜精馏(V-MEMD)和渗透间隙膜精馏[81]。

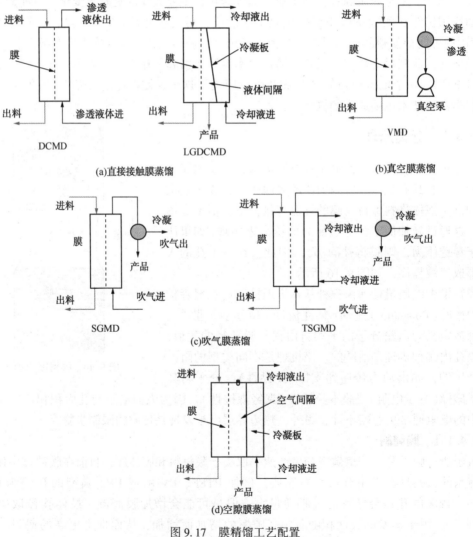

图 9.17 膜精馏工艺配置

#### 9.4.2.1 直接接触膜精馏

直接接触膜精馏(DCMD)构造简单,是最常见的配置[见图9.17(a)]。在该构造中,在低于其标准沸点温度下,保持在大气压下的热进料溶液与热膜表面直接接触,通过使用循环泵或使用磁力搅拌器搅拌,使进料切向循环到膜表面[80]。膜的渗透物侧保持在低温度下并以相同的方式循环,并且该温度差引起穿过膜的蒸汽压差,蒸汽压差导致分子从热进料侧蒸发并使蒸汽移动通过膜孔。当分子离开膜孔进入渗透物时,它们由于渗透蒸发侧的较低温度和压力而冷凝。穿过膜压力必须保持低于穿透压力以防止液体进入孔隙。具有液体间隙的DCMD是DCMD的变体,其中滞留的冷液体保持与膜的渗透侧直接接触。DCMD的主要缺点是传导过程损失热量[82]。

DCMD具有与常规精馏的相似的蒸发和冷凝。蒸发和冷凝分别发生在进料侧和渗透侧的膜孔隙表面的气液界面处。此外,这两种方法都需要供应蒸发潜热以供给含水进料产生质量和热量传递。

#### 9.4.2.2 空隙膜精馏

空隙精馏(AGMD)是直接接触膜精馏的演变,其装置中膜和冷凝表面之间设置停滞空气间隙[见图9.17(d)]。因此,蒸汽分子在冷凝之前先移动通过膜和空气间隙。空气间隙有助于减少由于传导引起的热损失,然而,由于产生额外的阻力,造成了渗透通量降低。

AGMD被认为是最灵活的配置,显示了膜精馏未来的巨大潜力。它也更适应于地热资源的淡化,比DCMD具有更低的能量需求[80]。

#### 9.4.2.3 真空膜精馏

真空膜精馏(VMD)是通过使用真空泵在膜组件的渗透侧施加低压或真空[见图9.17(b)]。该施加的压力低于进料溶液中分离的挥发性物料分子的饱和压力。在实验室,在远低于室温下,使用液氮填充冷凝器,挥发性分子在膜组件外发生冷凝。

VMD装置优点多,因为采用真空后,穿透膜时的热传导损失非常低;同时还具有降低传质阻力的优点,因为真空在液-气界面处有利于扩散,然而,存在增加孔润湿的缺点。VMD有时与全蒸发混淆,全蒸发使用致密和选择性的膜,其改变气-液平衡,而VMD使用多孔和疏水膜,尽管这些膜具有比用于精馏的其他膜更小的孔径。

#### 9.4.2.4 吹气膜精馏

顾名思义,吹气膜精馏(SGMD)使用冷惰性气体吹扫携带蒸汽分子膜的渗透侧[见图9.17(c)],与AGMD类似,存在气体阻挡层,但吹气膜精馏的气体不是空气。该构造中的阻挡层不像AGMD中那样是稳定的,这提高了传质效率。冷凝是在膜组件外通过使用外部冷凝器而发生的。这种装置的主要缺点是少量渗透物扩散到大量吹扫气体中,因此想要冷凝需要较大面积的冷凝器[82]。

在SGMD中,气体温度、传质速率和传热速率在惰性吹扫气体沿着膜组件循环的过程中发生变化。通过在膜的渗透侧使用冷表面,可以使气体中的温度变化最小化。这种添加是AGMD和SGMD之间的交叉,称为恒温吹气膜精馏(TSGMD)。

### 9.4.3 总结和展望

膜精馏是在某些应用,特别是用于海水淡化有前途的分离方法。尽管它是热驱动过程,但是所需的热量可以从常规的能量源获得,比常规精馏中通常需要的能量源更低,换句话说，可以应用废能、地热能或太阳能，使得膜精馏与其他工艺过程配合，使其在工业规模上更有潜力。

## 9.5　微波辅助精馏

强化精馏过程的另一种可能性是将微波形式的替代能量添加到液体和蒸汽之间的相变。由此产生的能量水平的局部增加可以正面地影响相间浓度[86]。浓度的变化可使组分的分离增强，可以避开共沸组成，或者对具有非常接近的沸点差混合物的分离降低理论级[87]。尽管还没有报道将微波场成功安装到精馏或反应精馏塔中，但是有报道显示其是充满应用潜力的。微波对液体影响的基础研究表明，由于过热效应，纯组分的沸点温度显著上升[86]，并且在叠加微波场时对蒸汽和液体组成产生激烈的扰动[88]。微波辅助精馏挥发性组分的一些应用已经成功应用，例如色谱级草药的精油提取的应用，但产量和应用极少[89,90]。

微波场对反应精馏的应用以提高反应速率已被提出用于合成丙酸正丙酯中[91]。微波对反应速率的影响很小，在精馏过程中，局部过热液体会对分离产生积极的影响，而且，微波用于提高反应速率的广泛研究，表明将微波用于反应性和非反应性精馏是可行的[87]。

## 9.6　结论

本章展示了一些在传统精馏塔之外存在的一系列广泛而精彩的特殊精馏应用。短程精馏在工业中用于热敏材料是已经趋于成熟的，尽管在公开的文献中关于这个装置精确设计以及针对最佳设计和操作的建议几乎没有。据报道，HiGee 精馏在中国得到了广泛和成功的应用，但其他地方没有报道。考虑到 HiGee 单元的紧凑性以及灵活性操作，已经提出了几种适用的范围，并且可能在不太远的将来出现。在微型分离上，特别是仅仅依靠毛细管力的水平设备分离，可能远远超出传统精馏塔范畴，但是它是可行的。而且这些微型装置是高效的，并且可以将当前广泛研究的微型反应器作为完全微型设备植入其中，从而转变为现实的分离能力。膜精馏也被证明是未来的一种有效分离方法，特别是用于海水淡化，可以满足人类对清洁饮用水的不断增长的需求。

**参　考　文　献**

[1] A. Bose, H.J. Palmer, Influence of heat and mass transfer resistances on the separation efficiency of molecular distillations, Ind. Eng. Chem. Res. Fund. 23 (4) (1984) 459–465.

[2] M. Martinello, G. Hecker, M.D. Carmen Pramparo, Grape seed oil deacidification by molecular distillation: analysis of operative variables influence using the response surface methodology, J. Food Eng. 81 (1) (2007) 60–64.

[3] P.F. Martins, C.B. Batistella, R. Maciel-Filho, M.R. Wolf-Maciel, Comparison of two different strategies for tocopherols enrichment using a molecular distillation process, Ind. Eng. Chem. Res. 45 (2) (2006) 753–758.

[4] F. Chen, Z. Wang, G. Zhao, X. Liao, T. Cai, L. Guo, X. Hu, Purification process of octacosanol extracts from rice bran wax by molecular distillation, J. Food Eng. 79 (1) (2007) 63−68.

[5] L.P. Tovar, G.M.F. Pinto, M.R. Wolf-Maciel, C.B. Batistella, R. Maciel-Filho, Short-path-distillation process of lemongrass essential oil: physicochemical characterization and assessment quality of the distillate and the residue products, Ind. Eng. Chem. Res. 50 (13) (2011) 8185−8194.

[6] Y. Xiong, Z. Zhao, L. Zhu, Y. Chen, H. Ji, D. Yang, Removal of three kinds of phthalates from sweet orange oil by molecular distillation, LWT − Food Sci. Technol. 53 (2) (2013) 487−491.

[7] L. Zuniga Liñan, N.M.N. Lima, F. Manenti, M.R. Wolf Maciel, R.M. Filho, L.C. Medina, Experimental campaign, modeling, and sensitivity analysis for the molecular distillation of petroleum residues 673.15K$^{+}$, Chem. Eng. Res. Des. 90 (2) (2012) 243−258.

[8] J. Cvengroš, S. Pollák, M. Micov, J. Lutišan, Film wiping in the molecular evaporator, Chem. Eng. J. 81 (1−3) (2001) 9−14.

[9] Z. Kawala, K. Stephan, Evaporation rate and separation factor of molecular distillation in a falling film apparatus, Chem. Eng. Technol. 12 (6) (1989) 406−413.

[10] J. Lutišan, J. Cvengroš, Mean free path of molecules on molecular distillation, Chem. Eng. J. Biochem. Eng. J. 56 (2) (1995) 39−50.

[11] J. Lutišan, M. Micov, J. Cvengroš, The influence of entrainment separation on the process of molecular distillation, Sep. Sci. Technol. 33 (1) (1998) 83−96.

[12] J. Cvengroš, J. Lutišan, M. Micov, Feed temperature influence on the efficiency of a molecular evaporator, Chem. Eng. J. 78 (1) (2000) 61−67.

[13] H. Hu, J. Huang, S. Wu, P. Yu, Simulation of vapor flow in short path distillation, Comput. Chem. Eng. 49 (2013) 127−135.

[14] M. Micov, J. Lutišan, J. Cvengroš, Balance equations for molecular distillation, Sep. Sci. Technol. 32 (18) (1997) 3051−3066.

[15] G. Burrows, Some aspect of molecular distillation, Trans. Inst. Chem. Eng. 32 (1) (1954) 23−34.

[16] V. Badin, J. Cvengroš, Model of temperature profiles during condensation in a film in a molecular evaporator, Chem. Eng. J. Biochem. Eng. J. 49 (3) (1992) 177−180.

[17] H.J. Godau, Flow processes in thin film evaporators, Int. Chem. Eng. 15 (3) (1975) 445−449.

[18] J.M. McKelvey, G.V. Sharpe, Fluid transport in thin film polymer processors, Polym. Eng. Sci. 19 (1) (1979) 652−659.

[19] S. Komori, K. Takata, Y. Murakami, Flow and mixing characteristics in an agitated thin film evaporator with vertically aligned blades, J. Chem. Eng. Jpn. 21 (1) (1988) 639−644.

[20] S. Komori, K. Takata, Y. Murakami, Mean free path of molecules on molecular distillation, J. Chem. Eng. Jpn. 22 (4) (1989) 346−351.

[21] J. Lutišan, J. Cvengroš, M. Micov, Heat and mass transfer in the evaporating film of a molecular evaporator, Chem. Eng. J. 85 (2−3) (2002) 225−234.

[22] J. Kaplon, Z. Kawala, A. Skoczylas, Evaporation rate of a liquid from the surface of a rotating disc in high vacuum, Chem. Eng. Sci. 41 (3) (1986) 519−522.

[23] A.-D. Nguyen, F. Le Goffic, Limits of wiped film short path distiller, Chem. Eng. Sci. 52 (16) (1997) 2661−2666.

[24] k.J. Erdweg, Molecular and short path distillation, Chem. Ind. 9 (1) (1983) 342–345.

[25] Y.-F. Wang, S.-L. Xu, Simulation of computational fluid dynamics for molecular distillation process, Huaxue Gongcheng/Chem. Eng. (China) 38 (1) (2010) 30–33.

[26] H. Ishikawa, M. Inuzuka, H. Mori, S. Hiraoka, I. Yamada, Distillation and Absorption Conference, Institution of Chemcial Engineers Symposium Series, 128, 1992.

[27] L.-J. Chen, H.-B. Dong, Q. Li, C.-C. Niu, A.-W. Zeng, Hydrodynamic and transport processes during centrifugal short path distillation, Chem. Eng. Technol. 36 (5) (2013) 851–862.

[28] C.B. Batistella, E.B. Moraes, R. Maciel Filho, M.R. Wolf Maciel, Molecular distillation rigorous modeling and simulation for recovering vitamin e from vegetal oils, Appl. Biochem. Biotechnol. Part A Enzym. Eng. Biotechnol. 98–100 (2002) 1187–1206.

[29] M. Bhandarkar, J.R. Ferron, Transport processes in thin liquid films during high vacuum distillation, Ind. Eng. Chem. Res. 27 (6) (1988) 1016–1024.

[30] C.B. Batistella, E.B. Moraes, M.R. WolfMaciel, Comparing centrifugal and falling film molecular stills using reflux and cascade for fine chemical separations, Comp. Chem. Eng. 23 (Suppl. 1) (1999) S767–S770.

[31] C. Noeres, E.Y. Kenig, A. Gorak, Modelling of reactive separation processes: reactive absorption and reactive distillation, Chem. Eng. Process. 42 (3) (2003) 157–178.

[32] N. Biller, Modelling and control of reactive short path distillation (Ph.D. thesis), UCL, UK, 2003.

[33] A. Winter, C.B. Batistella, M.R. Wolf Maciel, R. Maciel Filho, L.C. Medina, Development of intensified hybrid equipment: reactive molecular distiller, Chem. Eng. Trans. 17 (2009) 1633–1638.

[34] L.P. Tovar, A. Winter, M.R. Wolf-Maciel, R. Maciel-Filho, C.B. Batistella, L.C. Medina, Centrifugal reactive-molecular distillation from high-boiling-point petroleum fractions. 2. Recent experiments in pilot-scale for upgrading of a heavy feedstock, Ind. Eng. Chem. Res. 52 (2013) 7768–7783.

[35] A. Gorak, A. Stankiewicz, Intensified reaction and separation systems, Annu. Rev. Chem. Biomol. Eng. 2 (2011) 431–451.

[36] R. Fowler, HiGee – a status report, Chem. Eng. (London) 456 (1989) 35–37.

[37] H. Zhao, L. Shao, J. Chen, High-gravity process intensification technology and application, Chem. Eng. J. 156 (3) (2010) 588–593.

[38] S.P. Singh, J.H. Wilson, R.M. Counce, J.F. Villiersfisher, H.L. Jennings, A.J. Lucero, G.D. Reed, R.A. Ashworth, M.G. Elliott, Removal of volatile organic-compounds from groundwater using a rotary air stripper, Ind. Eng. Chem. Res. 31 (2) (1992) 574–580.

[39] C. Ramshaw, Degassing of Liquids, US 4715869, USA, 1987.

[40] G.J. Quarderer, D.L. Trent, E.J. Steward, D. Tirtowidjojo, A.J. Mehta, C.A Tirtowidjojo, Method for Synthesis of Hypohalous Acid, US 6048513, USA, 2000.

[41] T. Kelleher, J.R. Fair, Distillation studies in a high-gravity contactor, Ind. Eng. Chem. Res. 35 (12) (1996) 4646–4655.

[42] C.C. Lin, T.J. Ho, W.T. Liu, Distillation in a rotating packed bed, J. Chem. Eng. Jpn. 35 (12) (2002) 1298–1304.

[43] G.Q. Wang, Z.C. Xu, J.B. Ji, Progress on HiGee distillation – introduction to a new device and its industrial applications, Chem. Eng. Res. Des. 89 (2011) 1434–1442.

[44] C. Ramshaw, 'HIGEE' distillation – an example of process intensification, Chem. Eng. (London) 389 (1983) 13–14·

[45] H. Short, New mass-transfer find is a matter of gravity, Chem. Eng. (London) 90 (4) (1983) 23–29.

[46] C. Ramshaw, R.H. Mallinson, Mass Transfer Process, US 4283255, USA, 1981.

[47] D.P. Rao, A. Bhowal, P.S. Goswami, Process intensification in rotating packed beds (HIGEE): an appraisal, Ind. Eng. Chem. Res. 43 (4) (2004) 1150–1162.

[48] J.R. Burns, C. Ramshaw, Process intensification: visual study of liquid maldistribution in rotating packed beds, Chem. Eng. Sci. 51 (8) (1996) 1347–1352.

[49] L. Agarwal, V. Pavani, D.P. Rao, N. Kaistha, Process intensification in HiGee absorption and distillation: design procedure and applications, Ind. Eng. Chem. Res. 49 (20) (2010) 10046–10058.

[50] A. Chandra, P.S. Goswami, D.P. Rao, Characteristics of flow in a rotating packed bed (HIGEE) with split packing, Ind. Eng. Chem. Res. 44 (11) (2005) 4051–4060.

[51] G.W. Chu, X. Gao, Y. Luo, H.K. Zou, L. Shao, J. Chen, Distillation studies in a two-stage counter-current rotating packed bed, Sep. Purif. Technol. 102 (2013) 62–66.

[52] Y.G. Jin, S.Y. Li, P. Li, P. Tian, Y.N. Zhang, X. Li, Numerical simulation and experiment on pressure drop of a co-current rotating packed bed, J. China Coal Soc. (China) 35 (8) (2008) 1369–1373.

[53] F. Guo, C. Zheng, K. Guo, Y.D. Feng, N.C. Gardner, Hydrodynamics and mass transfer in crossflow rotating packed bed, Chem. Eng. Sci. 52 (21–22) (1997) 3853–3859.

[54] A. Mondal, A. Pramanik, A. Bhowal, S. Datta, Distillation studies in rotating packed bed with split packing, Chem. Eng. Res. Des. 90 (4) (2011) 453–457.

[55] M.K. Shivhare, D.P. Rao, N. Kaistha, Mass transfer studies on split-packing and single-block packing rotating packed beds, Chem. Eng. Process. Proc. Int. 71 (2013) 115–124.

[56] G.Q. Wang, Y.Q. Jiao, Z.C. Xu, J.B. Ji, Hydrodynamic Performance of Crossflow Concentric-Ring Rotating Bed, AIChE Annual Meeting Conference Proceedings, Philadelphia, USA, 2008a.

[57] G.Q. Wang, O.G. Xu, Z.C. Xu, J.B. Ji, New HIGEE-rotating zigzag bed and its mass transfer performance, Ind. Eng. Chem. Res. 47 (22) (2008b) 8840–8846.

[58] Y.S. Chen, C.C. Lin, H.S. Liu, Mass transfer in a rotating packed bed with viscous Newtonian and non-Newtonian fluids, Ind. Eng. Chem. Res. 44 (4) (2005) 1043–1051.

[59] Y. Luo, G.W. Chu, H.K. Zou, Y. Xiang, L. Shao, J. Chen, Characteristics of a two-stage counter-current rotating packed bed for continuous distillation, Chem. Eng. Process. 52 (2012) 55–62.

[60] K.F. Lam, E. Sorensen, A. Gavriilidis, Review on gas-liquid separations in microchannel devices, Chem. Eng. Res. Des. 91 (10) (2013) 1941–1953.

[61] R.L. Hartman, H.R. Sahoo, B.C. Yen, K.F. Jensen, Distillation in microchemical systems using capillary forces and segmented flow, Lab Chip 9 (2009) 1843–1849.

[62] R.L. Hartman, J.R. Naber, S.L. Buchwald, K.F. Jensen, Multistep microchemical synthesis enabled by microfluidic distillation, Angew. Chem. Int. Ed. 49 (2010) 899–903.

[63] D.A. Boyd, J.R. Adleman, D.G. Goodwin, D. Psaltis, Chemical separations by bubble-assisted interphase mass-transfer, Anal. Chem. 80 (2008) 2452–2456.

[64] A. Ziogas, V. Cominos, G. Kolb, H.-J. Kost, B. Werner, V. Hessel, Development of a microrectification apparatus for analytical and preparative applications, Chem. Eng. Technol. 35 (2012) 58–71.

[65] R.C.R. Wootton, A.J. deMello, Continuous laminar evaporation: micron-scale distillation, Chem. Commun. (2004) 266–267.

[66] C. Adiche, K. Sundmacher, Experimental investigation on a membrane distillation based micro-separator, Chem. Eng. Process. 49 (2010) 425–434.

[67] W.-J. Ju, L.-M. Fu, R.-J. Yang, C.–L. Lee, Distillation and detection of SO$_2$ using a microfluidic chip, Lab Chip 12 (2012) 622–626.

[68] Y. Zhang, S. Kato, T. Anazawa, Vacuum membrane distillation on a microfluidic chip, Chem. Commun. (2009) 2750–2752.

[69] Y. Zhang, S. Kato, T. Anazawa, Vacuum membrane distillation by microchip with temperature gradient, Lab Chip 10 (2010) 899–908.

[70] D.R. Seok, S.-T. Hwang, Zero-gravity distillation utilizing the heat pipe principle (micro-distillation), AIChE J. 31 (1985) 2059–2065.

[71] A.L. Tonkovich, K. Jarosch, R. Arora, L. Silva, S. Perry, J. McDaniel, F. Daly, B. Litt, Methanol production FPSO plant concept using multiple microchannel unit operations, Chem. Eng. J. 135 (2008) S2–S8.

[72] X. Huang, D.A. King, F. Zhang, V.S. Stenkamp, W.E. TeGrotenhuis, B.Q. Roberts, D.K. King, Hydrodesulfurization of JP-8 fuel and its microchannel distillate using steam reformate, Catal. Today 136 (2008) 291–300.

[73] A. Sundberg, P. Uusi-Kyyny, V. Alopaeus, Novel micro-distillation column for process development, Chem. Eng. Res. Des. 87 (2009) 705–710.

[74] A. Sundberg, P. Uusi-Kyyny, K. Jakobsson, V. Alopaeus, Control of reflux and reboil flowrates for milli and micro distillation, Chem. Eng. Res. Des. 91 (2013) 753–760.

[75] A. Hibara, K. Toshin, T. Tsukahara, K. Mawatari, T. Kitamori, Microfluidic distillation utilizing micro–nano combined structure, Chem. Lett. 37 (2008) 1064–1065.

[76] K.F. Lam, E. Cao, E. Sorensen, A. Gavriilidis, Development of multistage distillation in a microfluidic chip, Lab Chip 11 (2011a) 1311–1317.

[77] K.F. Lam, E. Sorensen, A. Gavriilidis, Towards an understanding of the effects of operating conditions on separation by microfluidic distillation, Chem. Eng. Sci. 66 (2011b) 2098–2106.

[78] M. Foerster, K.F. Lam, E. Sorensen, A. Gavriilidis, In situ monitoring of microfluidic distillation, Chem. Eng. J. 227 (2013) 13–21.

[79] J.M. MacInnes, J. Ortiz-Osorio, P.J. Jordan, G.H. Priestman, R.W.K. Allen, Experimental demonstration of rotating spiral microchannel distillation, Chem. Eng. J. 159 (2010) 159–169.

[80] M. Khayet, T. Matsuura, Membrane Distillation Principles and Applications, Elsevier, 2011.

[81] E. Drioli, F. Macedonio, A. Aamer, Membrane distillation: basic aspects and applications, J. Membr. Sci. (2014). Virtual Special Issue, http://www.journals.elsevier.com/journal-of-membrane-science/virtual-special-issues/membrane-distillation-basic-aspects-and-applications/ (accessed 22.03.14).

[82] A. Alkhudhiri, N. Darwish, N. Hilal, Membrane distillation: a comprehensive review, Desalination 287 (1) (2012) 2–18.

[83] E. Curcio, E. Drioli, Membrane distillation processes and related operations – a review, Sep. Purif. Rev. 34 (1) (2005) 35–86.

[84] P. Onsekizoglu, Membrane distillation: principle, advances, limitations and future prospects in food industry, in: S. Zereshki (Ed.), Distillation: Advances from Modelling to Applications, InTech, 2012, pp. 233–266.

[85] M. Gryta, Concentration of saline wastewater from the production of heparin, Desalination 129 (1) (2000) 35–44.

[86] F. Chemat, E. Esveld, Microwave super-heated boiling of organic liquids: origin, effect and application, Chem. Eng. Technol. 24 (7) (2001) 735–744.

[87] M. Nüchter, B. Ondruschka, W. Bonrath, A. Gum, Microwave assisted synthesis — a critical technology overview, Green Chem. 6 (3) (2004) 128–141.

[88] X. Gao, X. Li, J. Zhang, J. Sun, H. Li, Influence of a microwave irradiation field on vapor-liquid equilibrium, Chem. Eng. Sci. 90 (2013) 213–220.

[89] C. Deng, Y. Mao, F. Hu, X. Zhang, Development of gas chromatography-mass spectrometry following microwave distillation and simultaneous headspace single-drop microextraction for fast determination of volatile fraction in Chinese herb, J. Chromatogr. A 1152 (1–2) (2007) 193–198.

[90] N. Sahraoui, M.A. Vian, I. Bornard, C. Boutekedjiret, F. Chemat, Improved microwave steam distillation apparatus for isolation of essential oils. Comparison with conventional steam distillation, J. Chromatogr. A 1210 (2) (2008) 229–233.

[91] E. Altman, G.D. Stefanidis, T. van Gerven, A. Stankiewicz, Microwave-promoted synthesis of n-propyl propionate using homogeneous zinc triflate catalyst, Ind. Eng. Chem. Res. 51 (4) (2012) 1612–1619.

# 第 10 章　新型精馏萃取剂

Wolfgang Arlt
德国纽伦堡埃尔兰根大学

## 10.1　前言

在单个精馏塔中几乎不可能实现窄沸点或共沸物体系的分离。对映异构体混合物的分离尤是如此，向对映异构件混合物中添加分离剂也不会改变待分离组分的相对挥发度。但是非对映异构体混合物的分离可以通过添加合适的分离剂来实现[1]。文献[2~4]建议使用变压精馏、共沸精馏或萃取精馏以获得所需的产品纯度。一般来说，工程师应避免向分离过程中添加额外的组分，因为它不但增加投资而且也会导致所需产品中增加新的杂质。不添加额外组分是变压精馏相对于其他精馏的一个的重要优势，但是变压精馏（或分离效果更好的变温精馏）仅适用于极少数情况。萃取精馏是添加分离剂（萃取剂）来提高待分离组分间较小的相对挥发度，从而实现分离。从热力学的观点来看，采用这种精馏方式需要满足以下两个原则：

（1）新添加的萃取剂应使原组分间相对挥发度发生显著变化，从而促进分离；

（2）萃取剂应该易于再生且再生过程耗能较少。

根据相平衡移动原理，典型窄沸点或共沸混合物的分离可采用的萃取剂可在参考文献[2]中找到，文献给出了到目前为止萃取精馏所采用的萃取剂。所有列出的化合物与待分离的混合物相比都存在饱和蒸气压相差显著的共性问题。因此，萃取剂的再生成本很高。为了克服再生成本高的问题，应考虑具有低挥发性的物质。既然文献中所列出的挟带剂不能解决分离中出现的新问题，那就需要一种预测工具来评估所"定制"萃取剂的分离效果。

离子液体（IL）和超支化聚合物（HyPols）是萃取精馏中有效的萃取剂[5,6]。它们满足上述的第二个标准，可以直接再生[7]。而且这两种物质均可以根据待分离混合物的特点而进行"定制"[8]，所以也可以满足上述的第一个标准。

本章给出了选择萃取剂的方法，并简要介绍平衡热力学和材料的基础知识，同时提出了试验[9,10]和计算[8,11]筛选萃取剂的方法，最后通过实例阐述了这些方法的适用性。

## 10.2　基本原理

本节主要简要介绍了热力学和试验方法相关的基本原理。首先提出了气液相平衡（VLE）的基本概念。基于此，针对相应的萃取精馏介绍了顶空气相色谱法（HS-GC）、反相气相色谱法（IGC）和真实溶剂似导体屏蔽模型法（COSMO-RS）的应用。

### 10.2.1　气液相平衡

精馏的基础热力学可以容易地从平衡热力学中导出。式（10.1）说明了气相 V 和液相 L

之间的平衡条件。当温度 $T$、压力 $P$ 以及逸度 $f$ 在两个相中都是恒定相等时，就达到了热力学平衡。

$$T^V = T^L$$
$$p^V = p^L \tag{10.1}$$
$$f_i^N = f_i^A$$

逸度可以通过式(10.2)和式(10.3)计算得出。在最简单的情况下，组分 $i$ 的气相逸度由其摩尔分数 $y_i$ 和系统压力 $P$ 计算。在最简单的情况下，组分 $i$ 的液相逸度由液体摩尔分数 $x_i$，活度系数 $\gamma_i$ 和蒸气压 $P_{0,i}^{LV}$ 计算。具体的推导详见相关文献[12~13]。

$$f_i^N = y_i \cdot p \tag{10.2}$$
$$f_i^A = x_i \cdot \gamma_i \cdot p_{0,i}^{LV} \tag{10.3}$$

气液相平衡常数 $K_i$ 是精馏的一个重要指标，它表示单一组分 $i$ 在气相和液相之间的分布情况。由式(10.2)和式(10.3)可推导出式(10.4)。

$$K_i = \frac{y_i}{x_i} = \frac{\gamma_i \cdot p_{0,i}^{LV}}{p} \tag{10.4}$$

组分 $i$ 和 $j$ 的分离性能可由相对挥发度 $a_{ij}$ 表示，其仅适用于二元混合物。

$$\alpha_{ij} = \frac{K_i}{K_j} = \frac{\gamma_i \cdot p_{0,i}^{LV}}{\gamma_j \cdot p_{0,j}^{LV}} \tag{10.5}$$

对挥发度 $a_{ij} = 1$，对于普通精馏是不能实现的。因为蒸汽压力是纯组分性质并且仅仅依赖于温度，所以只有通过改变活度系数来改变混合物的相对挥发度。这种改变可以通过添加第三组分即萃取剂来实现。活度系数是浓度、温度和压力的函数，它与偏摩尔超额自由能 $G^E$ 相关，[参见式(10.6)]。超额自由能由两个项组成，见式(10.7)：焓和熵[13]。

$$\left(\frac{\partial G^E}{\partial n_i}\right)_{T,P,n_j \neq i} = RT\ln(\gamma_i) \tag{10.6}$$
$$\Delta G^E = \Delta H^E - T\Delta S^E \tag{10.7}$$

式中　$H^E$——超额焓；

　　　$S^E$——超额熵。

因此，可以通过改变混合物的焓或熵来改变自由能以及活度系数。离子液体主要作用于分子间作用力，从而改变焓值。由于分子尺寸以及末端基团额外的焓效应而导致超支化聚合物具有显著的熵效应。需要注意的是，混合物的熵不是温度的直接函数，但熵对自由能的影响是熵乘以 $T$ 的表达式，因此不同温度熵值对自由能的影响也不同。

活度系数是液相的性质，因此萃取剂应优先停留在与组分 $i$ 和 $j$ 相比具有很小或者可忽略的蒸气压的液相中。

### 10.2.2　顶空气相色谱

活度系数可以通过顶空气相色谱法(HS-GC)[14]试验确定。顶空进样器、萃取剂和待分离的两种组分的三元混合物可以通过一个试验测定。通过顶空气相色谱法分析，可以直接获得相对挥发度。

图 10.1 为顶空气相色谱法试验原理图。

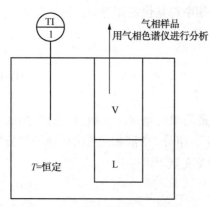

图 10.1　顶空气相色谱法试验原理图

V—气相；L—液相；TI—温度计；PI—压力计

在顶空瓶中制备液体样品，并在恒温浴中使其达到气液平衡。此时需要用质量平衡来计算形成气相后的液体浓度，因此气相中的摩尔分数根据萃取剂的选择性和萃取能力而改变。达到平衡后，抽取蒸汽样品并在标准气相色谱仪中分析。单个试验的操作和分析方法可以参考相关文献[10,15~17]。试验获得的数据集是修正后的液体浓度、测量的气相浓度和温度的集合。这些数据不允许一致性检验（区域试验除外，因为体系的压力可以取消），但系统总压可以通过标准热力学计算得出。通过这些快速筛选方法可以大大减少试验量[18]。

### 10.2.3　反相气相色谱

无限稀释溶液中挥发性组分的活度系数可以通过反相气相色谱法（IGC）获得[19]。图 10.2 为反相气相色谱法试验原理图。将少量样品（低沸点组分）注入由惰性载气组成的流动相中。流动相（惰性载气和样品）通过色谱柱，样品与固定相在色谱柱中相互作用。该色谱柱由涂有高沸点液体的多孔颗粒组成，其作为固定相（例如离子液体或超支化聚合物）。流动相和固定相之间的气液相平衡将被建立。由于样品与高沸点组分之间的相互作用，导致样品中低沸点组分的停留时间变长，并测出该时间。反相气相色谱装置需要放置在烘箱中以控制温度。

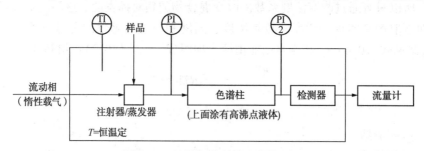

图 10.2　反相气相色谱试验流程图

无限稀释溶液中，高沸点液体中的低沸点组分 $i$ 的活度系数可以根据式（10.8）计算。组分 $i$ 的停留体积 $V_R$ 和温度可以通过反相气相色谱法试验测量获得。

$$\gamma_i^{\infty} = \frac{n_{\text{High-boiler}}^{L} RT}{V_R p_{0,i}^{LV}} \cdot \exp\left(-\frac{B_{11} p_{0,i}^{LV}}{RT}\right) \tag{10.8}$$

式中　$n_{\text{High-boiler}}^{L}$——多孔载体上的高沸点组分的量；

$\qquad$ $B_{11}$——组分 $i$ 在系统温度下的第二维里系数。

方程的推导等信息可以参考相关文献[19,20]。将测量的活度系数代入式（10.5）中，得到无限稀释时的相对挥发度。虽然萃取的量在液相中占主导地位，但是该待分离的混合物并不是有限稀释溶液。作者根据经验判断，相对挥发度对萃取剂的排序对无限稀释溶液和有限稀释溶液是一样的。为了确定萃取剂在相应浓度下的相对挥发度，必须进行反相气相色谱试验。

### 10.2.4　真实溶剂似导体屏蔽模型（COSMO-RS）

利用 COSMO-RS 模型可预测热力学性质（例如活度系数）。该模型只需要输入所涉及组分的分子结构。基本的似导体屏蔽模型（COSMO）可以计算理想导体中各物质的屏蔽电荷[21]。而扩展的 COSMO-RS 模型[22] 使用统计热力学数据来计算混合物的化学势（可以从化学势得出各种物性）。该方法在化学工程领域得到了一定的应用[23~25]。为了获得更加可靠的结果，还应该进行构象检索[26]。

#### 10.2.4.1　COSMO-RS 模型计算离子液体（ILS）

离子液体由阳离子和阴离子组成。在建立分子结构和计算屏蔽电荷密度时，这些离子均被单独处理。利用 COSMO-RS 模型在计算机上合成离子液体。离子液体可以通过等摩尔混合阳离子和阴离子或者通过创建元文件而获得[27]，而第一种方法是首选[28]。这种方法的优势是数据库中所有阴离子和阳离子的组合均可以认为是可能的离子液体。由于各离子在 COSMO-RS 模型的计算过程中是被单独处理的，所以可以利用式（10.9）将模型得到的活度系数 $\gamma_i^{\text{COSMO-RS}}$ 转换为试验活度系数 $\gamma_i^{\text{exp}}$：

$$\gamma_i^{\text{exp}} = \gamma_i^{\text{COSMO-RS}} \cdot \frac{x_i^{\text{COSMO-RS}}}{x_i^{\text{exp}}} \tag{10.9}$$

无限稀释下组分 $i$ 在一价离子液体中的活度系数可以由简化的式（10.10）计算：

$$\gamma_i^{\text{exp}} = \gamma_i^{\text{COSMO-RS}} \cdot 0.5 \tag{10.10}$$

#### 10.2.4.2　COSMO-RS 模型计算超支化聚合物（HyPols）

HyPols 是由基本构建块组成的大分子（见图 10.3）。由于分子的多分散性和尺寸限制，不可能计算整个聚合物的屏蔽电荷密度。然而可以计算单个结构单元（或多个结构单元）的屏蔽电荷密度，并用结构单元合成聚合物[27,31]。使用较大的分子片段（多个结构单元）来计算屏蔽电荷密度的结果更加准确，因此可以测试不同官能团的选择性和萃取能力，而不进行耗时的化学合成。

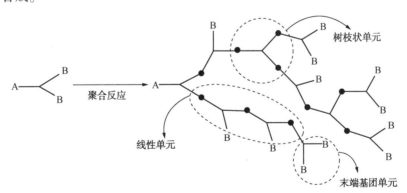

图 10.3　超支化聚合物的示意结构图

### 10.2.5　试验装置

常规精馏的装置经过稍微修改就可以用作萃取精馏。图 10.4 为萃取精馏的工艺流程图，其所使用萃取剂 E 的蒸气压可忽略（$P_{0,E}^{\text{LV}} \to 0$）。

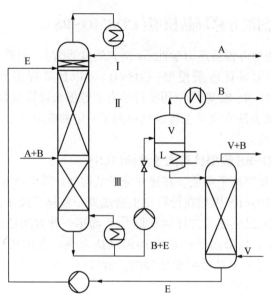

图 10.4　萃取精馏的工艺流程图[7]

A—组分 A；B—组分 B；E—萃取剂；V—气相；L—液相

　　具有窄沸点或会形成共沸物的组分 A 和组分 B 作为精馏塔的进料，萃取剂 E 在进料上方并靠近塔顶的位置添加，以确保与液相的相互作用时间。精馏塔可以根据分离任务的不同分成三段（Ⅰ、Ⅱ、Ⅲ）：萃取剂进料位置段（Ⅰ）用于将低沸点组分 A 与萃取剂 E 分离 [$\alpha_{A,E}$ ≫$\alpha_{A,E(E)}$]。如果萃取剂 E 的蒸气压可忽略（$P_{0,E}^{LV} \rightarrow 0$），Ⅰ段的高度可以为 0（见图 10.4）。除了热力学以外，还应考虑液滴夹带现象。在第Ⅱ段中，实现组分 A 与组分 B 的分离（由萃取剂 E 引发分离），最终导致组分 A 的富集。在塔底部第Ⅲ段，组分 A 和 B 被分离（分离由萃取剂引发），并使组分 B 富集。最后萃取剂 E 与组分 B 在回收操作单元中实现分离。图 10.4 中所示的回收工艺适用于萃取剂 E 的蒸气压可忽略（$P_{0,E}^{LV} \rightarrow 0$）的情况。闪蒸单元（在真空下操作）与汽提塔的组合在节能方面很有优势。回收的萃取剂重新返回到精馏塔，回收的萃取剂纯度是馏出物纯度的基础。

　　萃取剂（蒸气压可忽略）对共沸混合物的气液平衡的影响如图 10.5 所示。从图 10.5 可以看出，当加入萃取剂后，混合物的共沸点消失。

　　根据该示例性装置，可以很容易地推导出萃取精馏对萃取剂的热力学要求，但应满足以下标准：

　　（1）萃取剂应能破坏共沸物的形成，以实现组分 A 和 B 之间的完全分离。即在萃取剂进塔位置不存在组分 B；在塔的底部不存在组分 A。

　　（2）组分 A 和萃取剂应易于分离，从而

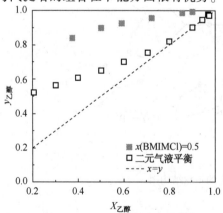

图 10.5　萃取剂 1-丁基-3-甲基咪唑氯盐
（BMIMCl）（50mol%）在 90℃时对乙醇-
水体系的气液平衡的影响[32]

缩短萃取剂进塔位置与塔的顶部的距离，避免萃取剂带出馏出物。

（3）组分 B 和萃取剂应易于分离，在简单的再生操作单元中就可实现分离。另外，还应该避免萃取剂的残留。组分 B 应当从萃取剂的循环中除去。

超支化聚合物和离子液体均可以满足上述的要求。超支化聚合物和离子液体的"定制"结构可以实现（1）要求。超支化聚合物和离子液体溶液的蒸气压可忽略，因此可以实现组分 A 和萃取剂在塔顶的分离以及萃取剂的再生，从而满足（2）和（3）要求。

## 10.3　溶剂

本节简要介绍超支化聚合物和离子液体。更多详细信息见相关文献[30,33~36]。

### 10.3.1　超支化聚合物

超支化聚合物由一个或者更多含有一个中心基团 A 和两个或更多末端基团 B 的构建单元组成。图 10.3 为超支化聚合物合成的例子以及相对应的分子结构。

超支化聚合物在聚合时，会产生三种类型的分子单元。

（1）树枝状单元：所有末端基团 B 聚合化；

（2）线性单元：不是所有的末端基团 B 聚合化；

（3）末端基团单元：没有末端基团聚合化。

因为不需要转换分子中心的所有末端基团，所以超支化聚合物很容易直接合成[37]。聚合物的热力学性能主要受末端基团的结构和分子聚合程度的影响[9,34]。与线性聚合物相比，超支化聚合物大多具有低熔点[38~40]、良好的热稳定性[41]和显著高的选择性和萃取能力[9]的优点。

### 10.3.2　离子液体

离子液体是熔点低于 100℃的盐[33]，由不对称的有机阳离子和无机（或有机）阴离子组成。

图 10.6 给出离子液体的典型离子结构。图中所有的残基 R 能够被各种化学基团所取代（例如烷基链、羟基和氨基）。因此可能的离子液体的数量约为 $10^{18}$ 个[42]。与无机盐相比，离子液体腐蚀性较小[43]。而且通过调整残基 R，可以优化离子液体的选择性和萃取能力[8,15,18]。

## 10.4　分离案例

本节给出了几个关于利用萃取剂来实现分离的应用实例。案例中所涉及的二元混合物的相对挥发度接近于 1 或者形成共沸物。

分离效率 $\beta$ 可以定量地表示萃取剂的萃取能力：

$$\beta = \frac{(\alpha_{ij})_{添加挟带剂}}{(\alpha_{ij})_{二元混合物}} \qquad (10.11)$$

式中，$(\alpha_{ij})_{二元混合物}$ 可以由式（10.5）计算出来；$(\alpha_{ij})_{添加挟带剂}$ 是含有固定摩尔量的萃取剂的虚

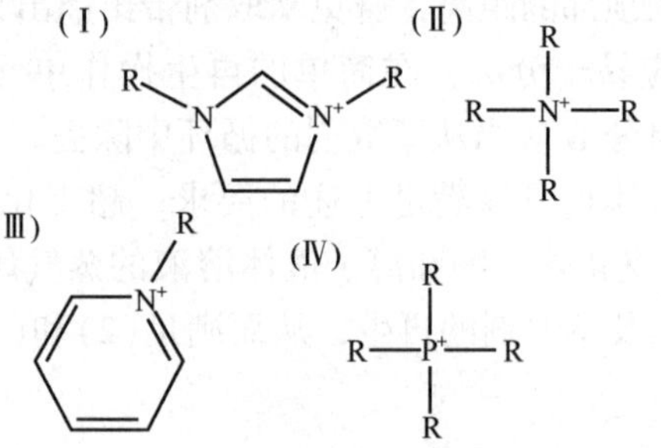

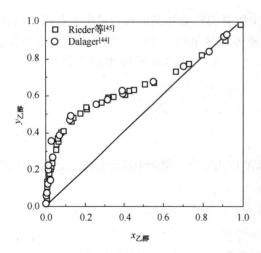

图 10.6　离子液体的典型离子结构

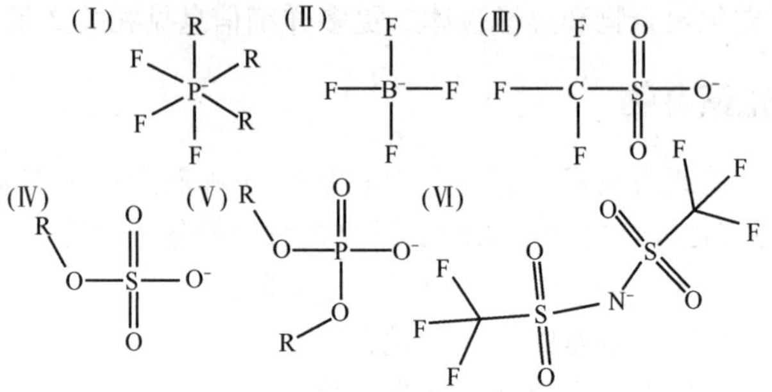

拟二元混合物的相对挥发度。$\beta$ 越大，萃取剂萃取能力越好。

## 10.4.1　乙醇-水

　　乙醇和水的气液平衡数据已经被研究得很透彻。图 10.7 是乙醇和水的 $T\text{-}x\text{-}y$ 的平衡曲线[44,45]。当乙醇的摩尔浓度达到 0.9 时，乙醇和水的气液平衡曲线与对角线相交。在此组成下，乙醇和水的相对挥发度为 1，形成共沸物。

### 10.4.1.1　离子液体的应用

　　Kirschbaum[46]发现盐对共沸混合物的气液平衡有一定的影响，在乙醇和水的混合液中加入盐可以使乙醇和水共沸点明显消失。由于水和氯化钙盐之间的相互吸引力导致水的蒸气压下降（$\gamma_水<1$）。但是在室温下萃取剂（盐）是固体，很难与共沸混合物互溶，这样就导致萃取剂多沉积于塔底，这也是该方法的一个缺陷。所以当室温下为液体的离子液体被研究出来时，Kirschbaum 等认为离子液体可以用来破坏共沸物的形成。

　　水溶性的离子液体主要影响焓贡献以及活度系数[见式（10.7）]。王勇等[47]认为水分子和阴离子[BF₄]⁻可能是通过氢键来相互吸引作

图 10.7　乙醇和水的气液平衡曲线（$10^5\text{Pa}$）[44,45]

用(就像例子中提到的通过 C—H···F—的方式),从而形成水—$[BF_4]^-$水的复杂混合物。图 10.8 给出了水分子和阴离子$[BF_4]^-$可能的相互吸引作用方式。根据量子化学计算[47],水分子和$[BF_4]^-$也可能形成水—$[BF_4]^-$的复杂混合物。

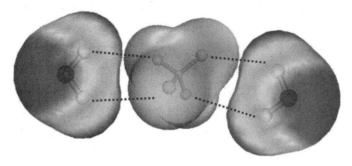

图 10.8　水分子和阴离子$[BF_4]^-$可能的相互吸引方式[47]

Jork[32]等对离子液体对乙醇-水二元体系的气液平衡的影响进行了研究,并且给出了乙醇-水的相对挥发度随离子液体含量变化的曲线(见图 10.9)。从图中可以看出,当离子液体的摩尔浓度超过 30%时(考虑待分离的混合物和萃取剂的分子量),三种离子液体均能够破坏共沸物的形成,这是由于其对水分子有强烈的吸引力。但是相对挥发度有一个上限值,这是因为在分子水平上,当所有混合物分子都被离子液体分子所包围后,那么增加再多的离子液体也不再会起作用。

最合适的萃取剂是具有咪唑类阳离子(带短烷基链)的离子液体,因为含有$[EMIM][BF_4]$离子液体溶液的相对挥发度要比含$[BMIM][BF_4]$离子液体的稍大。而且通过更换阴离子可以进一步提高相对挥发度。

使用超支化聚合物或离子液体的萃取精馏在能量方面比常规精馏更加有优势,因为较低蒸气压更加有利于萃取剂的回收。正如图 10.4 所示的萃取工艺,使用

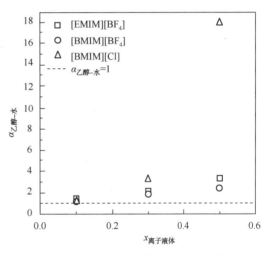

图 10.9　乙醇-水(乙醇摩尔分数为 0.7,温度 90℃)的相对挥发度随基于咪唑类离子液体含量的变化曲线

超支化聚甘油作为萃取剂的萃取精馏比常规精馏(萃取剂 1,2-乙二醇在真空精馏塔中回收)节省了 19%的热量,使用离子液体$[EMIM][BF_4]$作为萃取剂节省了 24%的热量[48],而且使用的这些萃取剂并未进行优化。

### 10.4.1.2　超支化聚合物的应用

Seiler[29]认为在聚合物水溶液中,氢键形成的程度是影响溶剂活度的主要因素。

将超支化聚酯酰胺(Hybrane S1200)、超支化聚丙三醇(PG1)和超支化聚丙三醇的线性聚合物(LPG)对乙醇-水的相对挥发度的影响与常规萃取剂 1,2-乙二醇对乙醇-水的相对挥发度的影响进行比较。三元混合物(乙醇-水-聚合物)的相对挥发度(由气液平衡数据计算)

随虚拟二元混合物中乙醇的摩尔分数的变化曲线如图 10.10 所示[29]。

在 90℃时，乙醇-水混合物中的聚合物浓度可以达到 80%（对于 Hybrane S1200）而不分相成两个液相。当超支化聚合物和线性聚合物的浓度超过 40%时都能够破坏共沸物的形成。Hybrane S1200、PG1 和 LPG 使乙醇-水混合物的相对挥发度超过 1，其挥发度数量级与 1,2-乙二醇作为挟带剂的相当（见图 10.10），然而离子液体作为萃取剂时更高（见图 10.9）。萃取剂的含量越高，对相对挥发度的影响越强。相对挥发度与 1 偏离越大，意味着通过萃取精馏分离共沸体系需要更少的理论塔板数或更低的回流比。

PG1［见图 10.10（b）］作为萃取剂的情况下，当虚拟二元混合物中乙醇的摩尔分数为 0.95 时，将 PG1 的浓度从 60%增加到 70%不再会增加乙醇-水的相对挥发度。这是因为当 PG1 的浓度为 60%时，体系中所有的水分子已经通过氢键与 PG1 分子结合，所以相比较于更高浓度，也不再会增加乙醇-水的相对挥发度。

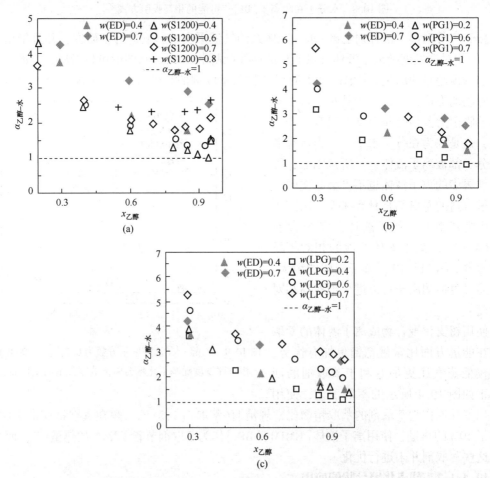

图 10.10　含有聚合物和常规萃取剂 1,2-乙二醇的乙醇水溶液的相对挥发度曲线（温度 90℃）

Seiler[29]认为，是溶剂分子和聚合物官能团之间的相互作用对聚合物水溶液的气液平衡产生了影响，而不是聚合物的支化度。但是，超支化聚合物是更合适的萃取剂，因为与超支化聚合物相比，线性聚合物在熔融时具有更低的溶解度和黏度[29]。

可以使用 COSMO-RS 方法对合适的萃取剂进行评价。利用 COSMO-RS 方法预测的超支

化聚酯酰胺 Hybrane S1200 对乙醇–水系统相行为的影响与试验数据进行了比较(见图
10.11)。图 10.11 给出了三元体系中虚拟二元组分气液平衡数据的预测值和试验值的对比,
以及二元体系乙醇–水的气液平衡曲线。与试验数据一致,COSMO-RS 预测出当添加超支化
聚合物 Hybrane S1200 超过 80%时会破坏共沸物的形成。但是 COSMO-RS 的预测值比试验
值低。

### 10.4.2　氯甲烷–异丁烷

因为氯甲烷容易与低碳烷烃形成共沸物,所以在合成甲基氯硅工艺中很难从合成的产品
中回收反应物——氯甲烷。氯甲烷与小分子直链烷烃异丁烷在 54℃ 形成最低共沸物,氯甲
烷的共沸组成约为 80%。

由于低沸点的氯甲烷比高沸点的异丁烷更容易极化,所以氯甲烷在离子液体中的溶剂化
作用比异丁烷强。因此,与分离乙醇–水所选择的萃取剂相比,分离氯甲烷–异丁烷所选择
的萃取剂应当满足其他的要求。该萃取剂应该能将低沸点的氯甲烷转化成高沸点物质,使其
相对挥发度小于形成的共沸物,并且在整个浓度范围内,使低沸点氯甲烷的相对挥发度尽可
能低。可以利用顶空–气相色谱对各种离子液体作为萃取剂的适用性进行快速筛选。图
10.12 给出了不同阳离子对相对挥发度 $\alpha_{氯甲烷-异丁烷}$ 的影响以及对氯甲烷–异丁烷混合物在各个
离子液体中溶解度的影响[18]。这些离子液体是基于三乙基硫双(三氟甲基磺酰)亚胺阴离子
$[Tf_2N]^-$。

通过缩短咪唑类阳离子的烷基链长度可以降低相对挥发度,但是也会同时降低其溶
解度。

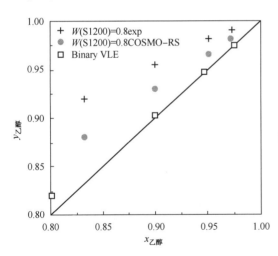

图 10.11　三元物系水-乙醇-超支化聚酯酰胺的
气液平衡数据的试验值和预测值的对比曲线
(温度 90℃)

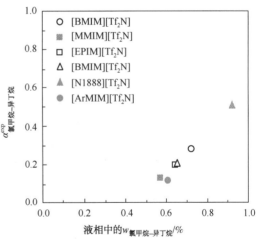

图 10.12　在室温下,氯甲烷-异丁烷混合物的
相对挥发度的变化曲线(氯甲烷在原混合物中的
质量分数为 70.27%)

除了试验筛选,Mokrushin 等还使用 COSMO-RS 模型筛选咪唑类的离子液体,并且与试
验结果进行了对比[18]。在室温和低压下,气体在离子液体中的溶解度非常低,接近亨利常
数。因此,分离因子可以由亨利常数 $H_{i,IL}$ 和逸度系数 $\phi_i$ 表示:

$$\alpha_{氯甲烷,异丁烷} = \frac{H_{氯甲烷,\mathrm{IL}}\phi_{氯甲烷}}{H_{异丁烷,\mathrm{IL}} \cdot \phi_{异丁烷}} \tag{10.12}$$

$$H_{i,\mathrm{IL}} = \gamma_i^{\infty} \cdot \phi_{0,i}^{\mathrm{LV}} \cdot p_{0,i}^{\mathrm{LV}} \tag{10.13}$$

其中，逸度系数取自维里（virial）状态方程。由于 Poynting 因子设置为1，所以在式（10.13）中未体现该因子。氯甲烷和异丁烷的无限稀释活度系数 $\gamma_i^{\infty}$ 可以利用 COSMO-RS 模型计算。更多详情可以参考相关文献[12,13]。

试验和与计算值的对比如图 10.13 所示。从图中可以看出相对挥发度的试验值与计算值的变化趋势相同，从而证明 COSMO-RS 可以作为有效的初步筛选工具。

利用 HS-GC 筛选方法也可以评估阴离子对萃取剂性能的影响。图 10.14 给出了氯甲烷-异丁烷混合物在各个离子液体中的相对挥发度和溶解度[18]。从热力学角度来看，含有三氟甲磺酸根阴离子 $[\mathrm{CF_3SO_3}]^-$ 或者三氰基甲基阴离子 $[\mathrm{C(CN)_3}]^-$ 的离子液体与相对应的含有三乙基硫双（三氟甲基磺酰）亚胺阴离子 $[\mathrm{Tf_2N}]^-$ 的离子液体相比更加适合作为萃取剂，而且其成本也较低[18]。

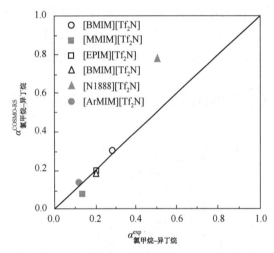
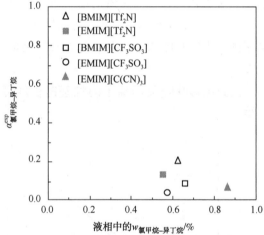

图 10.13　在室温下，含有咪唑类离子液体的氯甲烷-异丁烷混合物的相对挥发度的试验值和计算值的对比（氯甲烷在原混合物中的质量分数为 70.27%）

图 10.14　在室温下，含有咪唑类离子液体的甲基氯-异丁烷混合物的相对挥发度曲线（氯甲烷在原混合物中的质量分数为 70.27%）

筛选完最合适的离子液体之后，下一步工作就是在接近分离过程的操作温度和压力下，研究离子液体的萃取性能。

### 10.4.3　丙烷-丙烯

丙烷和丙烯的二元混合物的气液平衡数据如图 10.15 所示[50]。该二元混合物显示出接近共沸的特点。

与丙烷相比，低沸点丙烯更容易被离子液体溶解，所以分离该体系所需的萃取剂应当与分离氯甲烷-异丁烷体系所需的萃取具备相同的功能（见 10.4.2 节）。即萃取剂应能提高丙

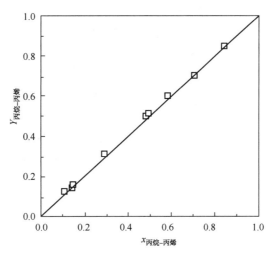

图 10.15　在 2.2MPa 下，丙烷-丙烯的二元混合物的气液平衡曲线[58]

烯的沸点(即使其具有较低的相对挥发度)，并且提高其溶解度。通过快速筛选方法可以评
估各种离子液体作为萃取剂的适用性(见 10.2.2 节)。由于本文中研究的离子液体的数量很
多(共 23 个)，所以快速筛选方法可以节省很多的时间和成本。各离子液体适用性结果摘自
相关文献[15]。

　　快速筛选方法的结果如图 10.16 所示。通常随着萃取剂选择性的降低，其萃取能力增
加。例如第 14 号离子液体[N1888][Tf₂N]具有很高的气体溶解度，但是其相对挥发度也很
大，见图 10.16(a)。在这种情况下，较大的相对挥发度导致较低的萃取能力。

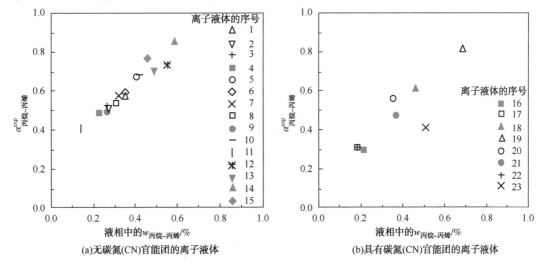

(a)无碳氮(CN)官能团的离子液体　　　　　　　(b)具有碳氮(CN)官能团的离子液体

图 10.16　在环境温度和低压下，含有离子液体的丙烷-丙烯混合物的相对挥发度曲线

1—[BMIM][Tf₂N]；2—[PMIM][Tf₂N]；3—[EMIM][Tf₂N]；4—[MMIM][Tf₂N]；5—[BBIM][Tf₂N]；6—[PBIM]
[Tf₂N]；7—[EBIM][Tf₂N]；8—[EPIM][Tf₂N]；9—[ArMIM][Tf₂N]；10—[BMIM][OctSO₄]；11—[EMIM][EtSO₄]；
12—[BBIM][(BuO)₂PO₂]；13—[EBIM][(BuO)₂PO₂]；14—[N1888][Tf₂N]；15—[OMIM][Tf₂N]；16—[BMIM]
[DCA]；17—[EMIM][DCA]；18—[OMIM][C(CN)₃]；19—[C₆CN-OIM][Tf₂N]；20—[C₆CN-MIM][Tf₂N]；
21—[EMIM][C(CN)₃]；22—[C₆CN-MIM][C(CN)₃]；23—[EMIM][B(CN)₄]

在氯甲烷-异丁烷的体系中已经发现，通过缩短咪唑类阳离子的烷基链的长度的能够提高其分离能力，但是同时会降低其萃取能力，见图10.16(a)。通过在离子液体中插入碳氮官能团的方法可以增强离子液体的分离能力，但是仅能稍微改变其萃取能力[参见图10.16(b)]。例如，18号离子液体[OMIM][C(CN)₃]的相对挥发度低于15号离子液体[OMIM][Tf₂N]的，但是两者的萃取能力几乎相同。另外，该方法对阴离子中含有碳氮基团的离子液体的作用效果更强。

从热力学的角度来看，23号离子液体[EMIM][B(CN)₄]是23种离子液体中最合适的萃取剂。

### 10.4.4　甲基环己烷-甲苯

Jork等对非水体系甲基环己烷-甲苯混合物进行了测试[8]。图10.17给出了利用相关文献[51]中的平衡数据绘制的甲基环己烷-甲苯的 $Y$-$X$ 图。从图中可以看出；该体系显示出接近共沸。

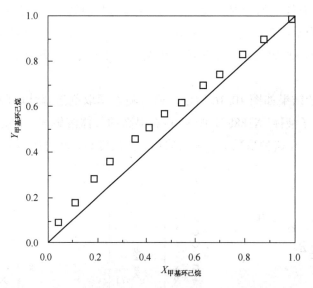

图 10.17　在53.329kPa下，甲基环己烷和甲苯的二元混合物的汽液平衡曲线[51]

无限稀释溶液中，可以利用 COSMO-RS 模型优化离子液体的选择性 $\beta^{\infty}$ 和萃取能力 $C^{\infty}_{\text{甲苯},\text{IL}}$。无限稀释时的组分筛选参数由式(10.14)和式(10.15)定义。通过无限稀释活度系数 $\gamma^{\infty}_{\text{甲苯},\text{IL}}$ 可以确定离子液体的选择性和萃取能力。

$$C^{\infty}_{\text{甲苯},\text{IL}} = 1/\gamma^{\infty}_{\text{甲苯},\text{IL}} \tag{10.14}$$

$$\beta^{\infty} = \gamma^{\infty}_{\text{甲基环己烷},\text{IL}} / \gamma^{\infty}_{\text{甲苯},\text{IL}} \tag{10.15}$$

Jork等[8]对离子液体进行了"定制"，给出了离子组合、阳离子的取代程度以及阳离子的烷基链长度。咪唑类阳离子的烷基链长度对分离效率和离子液体的萃取能力的影响可以通过 COSMO-RS 模型预测，其结果如图10.18所示。由于该无水体系中萃取剂的萃取能力和选择性显示相反的趋势，因此一定可以找到最佳的操作点。进一步优化的细节详见参考相关文献[8]。

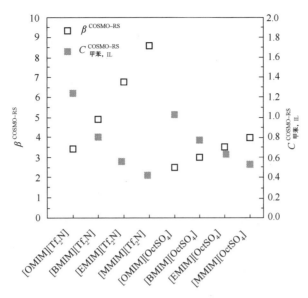

图 10.18　在 100℃下，无限稀释甲基环己烷–甲苯体系中根据真实溶液 COSMO-RS 模型
预测咪唑类阳离子的烷基链长度对离子液体的分离效率和萃取能力的影响结果[8]

根据 COSMO-RS 模型的预测结果可知，最适合作为萃取剂的离子液体是 $[C_8 Chin]$ $[NTf2]$，它显示出高的萃取能力和非常好的选择性，见表 10.1。

表 10.1　在 100℃下，利用 COSMO-RS 模型计算的无限稀释甲基环己烷–甲苯
混合物在四种不同的离子液体中的分离效率和萃取能力[8]

| 离 子 液 体 | 分离效率 $\beta^{\infty}$ | 萃取能力 $C^{\infty}_{甲苯,IL}$ |
| --- | --- | --- |
| $[C8Chin][NTf_2]$ | 3.24 | 1.52 |
| $[C8Chin][BBB]$ | 3.12 | 1.37 |
| ECOENG™500 | 2.45 | 0.93 |
| $[BMIM][NTf_2]$ | 4.93 | 0.82 |

在无限稀释体系下，对各个离子液体进行了筛选。在接下来的这一节中，研究了所选择的离子液体在有限稀释体系中的适用性。图 10.19 中比较了通过 COSMO-RS 模型和试验所得的二元混合物甲基环己烷–甲苯和含有离子液体的甲基环己烷–甲苯混合物的相对挥发度。根据式 (10.15) 计算在气液平衡数据下的相对挥发度。从图 10.19 可以看出，模型对相对挥发度的变化趋势预测得相当正确。根据预测和试验的数据可知，所有选择的离子液体均是合适的萃取剂，但是通过 COSMO-RS 模型计算的 $[C_8 Chin][BBB]$ 的相对挥发度与试验值相比过大。

该实例证明，通过 COSMO-RS 模型筛选离子液体并挑选最合适的萃取剂减小了试验量，节省了时间和成本。然而，在有限稀释的体系下利用 COSMO-RS 模型筛选合适的离子液体的适用性应该利用试验进一步确定。

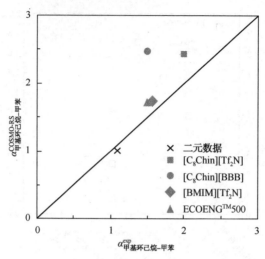

图 10.19　在 100℃下，二元混合物甲基环己烷–甲苯和含有离子液体的
甲基环己烷–甲苯混合物($x_{IL}=0.3$)的相对挥发度的试验值和计算值的比较

## 10.5　结论

离子液体和超支化聚合物是非常有应用前景的萃取精馏的萃取剂，因为它们具有高选择性和萃取能力，而且它们的蒸气压可以忽略。

本章已经表明，离子液体和超支化聚合物能够破坏共沸的形成，并且它们可以针对特定体系进行"定制"。同时给出了三个实例：水共沸体系、无水窄沸程体系和无水共沸体系。通过添加离子液体萃取剂将低沸点化合物转化为高沸点化合物实现分离，而且可以使用热力学 COSMO-RS 模型（理论筛选）或 HS-GC 试验方法（试验筛选）来"定制"离子液体萃取剂。

使用离子液体作为萃取剂的花费小于使用常规萃取剂，再生过程也降低了投资和运行成本[52]。除了优化热力学性质以外，还必须考虑其他性能，如成本、适用性、长期运行稳定性、毒性、储存性和腐蚀性。

### 致谢

感谢 E. Hopmann 和 A. Buchele 在本章编制期间给予的帮助。

## 参 考 文 献

[1] D. Arlt, U. Schwartz, H.W. Brandt, W. Arlt, A. Nickel, Separation of Diastereomers by Extractive Distillation, DE Patent No. 3613975.

[2] J.G. Stichlmair, J.R. Fair, Distillation: Principles and Practice, John Wiley & Sons, New York, 1998.

[3] J. Gmehling, A. Brehm, in: M. Baerns (Ed.), Grundoperationen, Thieme Georg Verlag, Stuttgart, 2001.

[4] K. Sattler, Thermische Trennverfahren: Grundlagen, Auslegung, Apparate, second ed., Wiley-VCH, Weinheim, 1995.

[5] W. Arlt, M. Seiler, C. Jork, T. Schneider, Ionic Liquids as Selective Additives for the Separation of Close-Boiling or Azeotropic Mixtures, WO Patent No. 02/074718 A2, 2002.

[6] W. Arlt, M. Seiler, G. Sadowski, H. Frey, H. Kautz, R. Muelhaupt, Hyper-Branched Polymers as Selective Solvents for the Separation of Azeotropic Mixtures or Mixtures Having Very Similar Boiling Points, DE Patent No. 10160518.8, 2003.

[7] Y.A. Beste, H. Schoenmakers, W. Arlt, M. Seiler, C. Jork, Recycling of Ionic Liquids with Extractive Distillation, DE Patent No. 10336555, 2003.

[8] C. Jork, C. Kristen, D. Pieraccini, A. Stark, C. Chiappe, Y.A. Beste, et al., Tailor-made ionic liquids, J. Chem. Thermodyn. 37 (2005) 537−558.

[9] M. Seiler, D. Kohler, W. Arlt, Hyperbranched polymers: new selective solvents for extractive distillation and solvent extraction, Sep. Purif. Technol. 29 (2002) 245−263.

[10] M. Seiler, W. Arlt, H. Kautz, H. Frey, Experimental data and theoretical considerations on vapor-liquid and liquid-liquid equilibria of hyperbranched polyglycerol and PVA solutions, Fluid Phase Equilib. 201 (2002) 359−379.

[11] I. Clausen, W. Arlt, A priori calculation of phase equilibria for thermal separation processes using COSMO-RS, Chem. Eng. Technol. 25 (2002) 254−258.

[12] J.M. Prausnitz, R.N. Lichtenthaler, E. Gomes de Azevedo, Molecular Thermodynamics of Fluid-Phase Equilibria, third ed., Prentice Hall, New Jersey, 1998.

[13] J. Gmehling, B. Kolbe, Thermodynamik, second ed., VCH Verlagsgesellschaft mbH, Weinheim, 2012.

[14] H. Hachenbach, K. Beringer, Die Headspace-Gaschromatographie als Analysen- und Meßmethode, Springer Verlag, Berlin, 2000.

[15] V. Mokrushin, D. Assenbaum, N. Paape, D. Gerhard, L. Mokrushina, P. Wasserscheid, et al., Ionic liquids for propene-propane separation, Chem. Eng. Technol. 33 (2010) 63−73.

[16] H.M. Petri, B.A. Wolf, Concentration-dependent thermodynamic interaction parameters for polymer solutions: quick and reliable determination via normal gas chromatography, Macromolecules 27 (1994) 2714−2718.

[17] C.B. Castells, D.I. Eikens, P.W. Carr, Headspace gas chromatographic measurements of limiting activity coefficients of eleven alkanes in organic solvents at 25 °C, J. Chem. Eng. Data 45 (2000) 369−375.

[18] V. Mokrushin, L. Mokrushina, W. Arlt, D. Assenbaum, P. Wasserscheid, M. Petri, et al., Ionic liquids for chloromethane/isobutane distillative separation: express screening, Chem. Eng. Technol. 33 (2010) 993−997.

[19] G. Sadowski, L.V. Mokrushina, W. Arlt, Finite and infinite dilution activity coefficients in polycarbonate systems, Fluid Phase Equilib. 139 (1997) 391−403.

[20] C. Jork, Optimization of ionic liquids as selective entrainers in chemical engineering (thesis), University Erlangen-Nuremberg, 2006.

[21] A. Klamt, G. Schuurmann, COSMO: a new approach to dielectric screening in solvents with explicit expressions for the screening energy and its gradient, J. Chem. Soc. Perkin Trans. 2 (1993) 799−805.

[22] A. Klamt, Conductor-like screening model for real solvents: a new approach to the quantitative calculation of solvation phenomena, J. Phys. Chem. 99 (1995) 2224−2235.

[23] S. Maassen, H. Knapp, W. Arlt, Determination and correlation of Henry's law coefficients, activity coefficients and distribution coefficients for environmental use, Fluid Phase Equilib. 116 (1996) 354−360.

[24] S. Maassen, W. Arlt, A. Klamt, Prediction of gas solubilities and partition coefficients on the basis of molecular orbital calculations (COSMO) with regard to the influence of solvents, Chem. Ing. Tech. 67 (1995) 476−479.

[25] A. Klamt, F. Eckert, W. Arlt, COSMO-RS: an alternative to simulation for calculating thermodynamic properties of liquid mixtures, Annu. Rev. Chem. Biomol. Eng. 1 (2010) 101−122.

[26] M. Buggert, C. Cadena, L. Mokrushina, I. Smirnova, E.J. Maginn, W. Arlt, COSMO-RS calculations of partition coefficients: different tools for conformational search, Chem. Eng. Technol. 32 (2009) 977−986.

[27] F. Eckert, COSMOtherm Users Manual. COSMOlogic, 2008.

[28] M. Diedenhofen, A. Klamt, COSMO-RS as a tool for property prediction of IL mixtures. a review, Fluid Phase Equilib. 294 (2010) 31−38.

[29] M. Seiler, Phase Behavior and New Applications of Hyperbranched Polymers in the Field of Chemical Engineering (thesis), University Erlangen-Nuremberg, 2004.

[30] A. Hult, M. Johansson, E. Malmstrom, Hyperbranched polymers, Adv. Polym. Sci. 143 (1999) 1−34.

[31] K.U. Goss, Predicting equilibrium sorption of neutral organic chemicals into various polymeric sorbents with COSMO-RS, Anal. Chem. (Washington, DC, U.S.) 83 (2011) 5304−5308.

[32] C. Jork, M. Seiler, Y.A. Beste, W. Arlt, Influence of ionic liquids on the phase behavior of aqueous azeotropic systems, J. Chem. Eng. Data 49 (2004) 852−857.

[33] P. Wasserscheid, T. Welton, Ionic Liquids in Synthesis, 2, Wiley-VCH Verlag GmbH & Co. KGaA, Weinheim, 2007.

[34] B. Voit, New developments in hyperbranched polymers, J. Polym. Sci. Part A: Polym. Chem. 38 (2000) 2505−2525.

[35] A. Sunder, J. Heinemann, H. Frey, Controlling the growth of polymer trees: concepts and perspectives for hyperbranched polymers, Chem. Eur. J. 6 (2000) 2499−2506.

[36] M. Seiler, Dendritic polymers—interdisciplinary research and emerging applications from unique structural properties, Chem. Eng. Technol. 25 (2002) 237−253.

[37] M. Seiler, J. Rolker, W. Arlt, Phase behavior and thermodynamic phenomena of hyperbranched polymer solutions, Macromolecules 36 (2003) 2085−2092.

[38] Y.H. Kim, Hyperbranched polymers 10 years after, J. Polym. Sci. Part A: Polym. Chem. 36 (1998) 1685−1698.

[39] T.H. Mourey, S.R. Turner, M. Rubinstein, J.M.J. Frechet, C.J. Hawker, K.L. Wooley, Unique behavior of dendritic macromolecules: intrinsic viscosity of polyether dendrimers, Macromolecules 25 (1992) 2401−2406.

[40] K.L. Wooley, J.M.J. Frechet, C.J. Hawker, Influence of shape on the reactivity and properties of dendritic, hyperbranched and linear aromatic polyesters, Polymer 35 (1994) 4489−4495.

[41] Y.H. Kim, O.W. Webster, Hyperbranched polyphenylenes, Macromolecules 25 (1992) 5561−5572.

[42] J.D. Holbrey, K.R. Seddon, Ionic liquids, Clean Technol. Environ. Policy 1 (1999) 223−236.

[43] C.M. Gordon, New developments in catalysis using ionic liquids, Appl. Catal., A 222 (2001) 101−117.

[44] P. Dalager, Vapor-liquid equilibriums of binary systems of water with methanol and ethanol at extreme dilution of the alcohols, J. Chem. Eng. Data 14 (1969) 298−301.

[45] R.M. Rieder, A.R. Thompson, Vapor-liquid equilibria measured by a Gillespie still. Ethyl alcohol-water system, J. Ind. Eng. Chem. (Washington, D.C.) 41 (1949) 2905−2908.

[46] E. Kirschbaum, Destillier- und Rektifiziertechnik, fourth ed., Springer-Verlag, Berlin, Heidelberg, New York, 1969.

[47] Y. Wang, H. Li, S. Han, A theoretical investigation of the interactions between water molecules and ionic liquids, J. Phys. Chem. B 110 (2006) 24646−24651.

[48] M. Seiler, C. Jork, W. Arlt, Phase behavior of highly selective nonvolatile liquids with a designable property profile and new uses in thermal process engineering, Chem. Ing. Tech. 76 (2004) 735−744.

[49] J. Voelkl, W. Arlt, Predicting thermodynamic properties of hyperbranched polymers, in: 25th European Symposium on Applied Thermodynamics. Saint Petersburg, Russia, 2011.

[50] G.H. Hanson, R.J. Hogan, W.T. Nelson, M.R. Cines, Propane-propylene system-vapor-liquid equilibrium relationships, J. Ind. Eng. Chem. (Washington, D.C.) 44 (1952) 604−609.

[51] J.H. Weber, Vapor-liquid equilibria for system methylcyclohexanetoluene at subatmospheric pressures, J. Ind. Eng. Chem. (Washington, D.C.) 47 (1955) 454−457.

[52] Y. Beste, M. Eggersmann, H. Schoenmakers, Extractive distillation with ionic liquids, Chem. Ing. Tech. 77 (2005) 1800−1808.

# 附录　常用单位的换算

## (一)质量

| kg | t | lb |
|---|---|---|
| 1 | 0.001 | 2.20462 |
| 1000 | 1 | 2204.62 |
| 0.4536 | $4.536×10^{-4}$ | 1 |

## (二)长度

| m | in | ft | yd |
|---|---|---|---|
| 1 | 39.3701 | 3.2808 | 1.09361 |
| 0.025400 | 1 | 0.073333 | 0.02778 |
| 0.30480 | 12 | 1 | 0.33333 |
| 0.9144 | 36 | 3 | 1 |

## (三)力

| N | kgf | lbf | dyn |
|---|---|---|---|
| 1 | 0.102 | 0.2248 | $1×10^3$ |
| 9.80665 | 1 | 2.2046 | $9.80665×10^5$ |
| 4.448 | 0.4536 | 1 | $4.448×10^3$ |
| $1×10^{-5}$ | $1.02×10^{-6}$ | $2.248×10^{-6}$ | 1 |

## (四)压强

| Pa | bar | kgf/cm$^2$ | atm | mmH$_2$O | mmHg | lbf/in$^2$ |
|---|---|---|---|---|---|---|
| 1 | $1×10^{-5}$ | $1.02×10^{-5}$ | $0.99×10^{-5}$ | 0.102 | 0.0075 | $14.5×10^{-5}$ |
| $1×10^5$ | 1 | 1.02 | 0.9869 | 10197 | 750.1 | 14.5 |
| $98.07×10^3$ | 0.9807 | 1 | 0.9678 | $1×10^4$ | 735.56 | 14.2 |
| $1.01325×10^5$ | 1.013 | 1.0332 | 1 | $1.0332×10^4$ | 760 | 14.697 |
| 9.807 | 98.07 | 0.0001 | $0.9678×10^{-4}$ | 1 | 0.0736 | $1.423×10^{-3}$ |
| 133.32 | $1.333×10^{-3}$ | $0.136×10^{-2}$ | 0.00132 | 13.6 | 1 | 0.01934 |
| 6894.8 | 0.06895 | 0.0703 | 0.068 | 703 | 51.71 | 1 |

## (五)动力黏度(简称黏度)

| Pa·s | P | cP | pdl·s/ft$^2$ | kgf·s/m$^2$ |
|---|---|---|---|---|
| 1 | 10 | $1×10^3$ | 0.672 | 0.102 |
| $1×10^{-1}$ | 1 | $1×10^2$ | 0.06720 | 0.0102 |
| $1×10^{-3}$ | 0.01 | 4 | $6.720×10^{-4}$ | $0.102×10^{-3}$ |
| 1.4881 | 14.881 | 1488.1 | 1 | 0.1519 |
| 9.81 | 98.1 | 9810 | 6.59 | 1 |

注：$1cP=0.01P=0.01dyn·s/cm^2=0.001Pa·s=1mPa·s$。

## (六)运动黏度

| m$^2$/s | cm$^2$/s | ft$^2$/s |
|---|---|---|
| 1 | $1×10^4$ | 10.76 |
| $10^{-4}$ | 1 | $1.076×10^{-3}$ |
| $92.9×10^{-3}$ | 929 | 1 |

注：cm$^2$/s 又称斯托克斯，简称沲，以 St 表示，沲的百分之一为厘沲，以 cSt 表示。

## （七）功、能和热

| J(N・m) | kgf/m | kW・h | hp・h | kcal | Btu | lbf・ft |
|---|---|---|---|---|---|---|
| 1 | 0.102 | $2.778 \times 10^{-7}$ | $3.725 \times 10^{-7}$ | $2.39 \times 10^{-4}$ | $9.485 \times 10^{-4}$ | 0.7377 |
| 9.8067 | 1 | $2.724 \times 10^{-6}$ | $3.653 \times 10^{-6}$ | $2.342 \times 10^{-3}$ | $9.296 \times 10^{-3}$ | 7.233 |
| $3.6 \times 10^{6}$ | $3.671 \times 10^{5}$ | 1 | 1.3410 | 860.0 | 3413 | $2655 \times 10^{3}$ |
| $2.685 \times 10^{6}$ | $273.8 \times 10^{3}$ | 0.7457 | 1 | 641.33 | 2544 | $1980 \times 10^{3}$ |
| $4.1868 \times 10^{3}$ | 426.9 | $1.1622 \times 10^{-3}$ | $1.5576 \times 10^{-3}$ | 1 | 3.963 | 3087. |
| $1.055 \times 10^{3}$ | 107.58 | $2.930 \times 10^{-4}$ | $3.926 \times 10^{-4}$ | 0.2520 | 1 | 778.1 |
| 1.3558 | 0.1383 | $0.3766 \times 10^{-6}$ | $0.5051 \times 10^{-6}$ | $3.239 \times 10^{-4}$ | $1.285 \times 10^{-3}$ | 1 |

注：$1erg = 1dyn \cdot cm = 10^{-7}J = 10^{-7}N \cdot m$。

## （八）功率

| W | kgf・m/s | lbf・ft/s | hp | kcal/s | Btu/s |
|---|---|---|---|---|---|
| 1 | 0.10197 | 0.7376 | $1.341 \times 10^{-3}$ | $0.2389 \times 10^{-3}$ | $0.9486 \times 10^{-3}$ |
| 9.8067 | 1 | 7.23314 | 0.01315 | $0.2342 \times 10^{-2}$ | $0.9293 \times 10^{-2}$ |
| 1.3558 | 0.13825 | 1 | 0.0018182 | $0.3238 \times 10^{3}$ | $0.12851 \times 10^{-2}$ |
| 745.69 | 76.0375 | 550 | 1 | 0.17803 | 0.70675 |
| 4186.8 | 426.85 | 3087.44 | 5.6135 | 1 | 3.9683 |
| 1055 | 107.58 | 778.168 | 1.4148 | 0.251996 | 1 |

注：$1kW = 1000W = 1000J/s = 1000N \cdot m/s$。

## （九）比热容

| kJ/(kg・℃) | kcal/(kg・℃) | Btu/(lb・℉) |
|---|---|---|
| 1 | 0.2389 | 0.2389 |
| 4.1868 | 1 | 1 |

## （十）导热系数

| W/(m・℃) | J/(cm・s・℃) | cal/(cm・s・℃) | kal/(m・h・℃) | Btu/(ft・h・℉) |
|---|---|---|---|---|
| 1 | $1 \times 10^{-3}$ | $2.389 \times 10^{-3}$ | 0.8598 | 0.578 |
| $1 \times 10^{2}$ | 1 | 0.2389 | 86.0 | 57.79 |
| 418.6 | 4.186 | 1 | 360 | 241.9 |
| 1.163 | 0.0116 | $0.2778 \times 10^{-2}$ | 1 | 0.6720 |
| 1.73 | 0.01730 | $0.4134 \times 10^{-2}$ | 1.488 | 1 |

## （十一）传热系数

| W/(m²・℃) | kal/(m²・h・℃) | cal/(cm²・s・℃) | Btu/(ft²・h・℉) |
|---|---|---|---|
| 1 | 0.86 | $2.389 \times 10^{-5}$ | 0.176 |
| 1.163 | 1 | $2.778 \times 10^{-5}$ | 0.2048 |
| $4.186 \times 10^{4}$ | $3.6 \times 10^{4}$ | 1 | 7374 |
| 5.678 | 4.882 | $1.356 \times 10^{-4}$ | 1 |

## （十二）温度

| | |
|---|---|
| $℃ = (℉ - 32) \times \dfrac{9}{5}$ | $K = 273.3 + ℃$ |
| $℉ = ℃ \times \dfrac{5}{9} + 32$ | $°R = 460 + ℉ \quad K = °R \times \dfrac{5}{9}$ |

## 关于北洋国家精馏技术工程发展有限公司

北洋国家精馏技术工程发展有限公司(Peiyang National Distillation Technology Corporation Limited)是国家工商总局核准注册的高新技术企业。主要从事化工分离技术的开发、化工塔器设备的设计、制造及现场服务。公司由研究中心、中试基地和产业基地三部分组成。产品在炼油、石油化工、精细化工、空气分离、环保和制药等工业精馏分离过程中得到广泛应用，已建成国内领先、国际一流的精馏技术工程化验证环境和研发中心。

公司的研究中心以天津大学为依托，开展相关精馏领域的新理论、新技术、新工艺、新装备等的研发，并将科技成果通过公司实现向企业的"直通式"转化。研发内容涵盖了化工分离、反应工程、环境化学工程、新能源、材料工程等多个领域。研究中心设有研究生部和博士后流动站，形成了"本科-硕士研究生-博士研究生-博士后研究人员"的人才培养和研发体系，既为国家培养输送高层次专业人才，同时也为创新团队建设注入了新的科研力量。

北洋国家精馏技术工程发展有限公司技术团队成员全部为硕士以上学历，来自天津大学、华东理工大学、中国石油大学、北京化工大学、河北工业大学等化工领域知名院校。所涉及的国内分离工程精馏塔器领域的典型业绩中，炼油常减压系统减压塔和乙烯急冷系统汽油分馏塔(油洗塔)的技术市场占有率达70%以上，在煤化工领域甲醇精馏系统、煤制油、煤制烯烃、煤制乙二醇、己内酰胺等精馏分离技术处于国内领先水平。

## 关于马后炮化工

马后炮化工是一家专注化工行业技术交流和信息共享的技术交流平台，是目前国内在化工工程领域专业的交流网站。作为化工行业的专业技术交流平台，马后炮化工汇聚了一批出色的化工行业人才，涵盖了化工高校、科研院所、行业协会、化工园区、工程公司、技术厂家、生产企业等相关行业与单位。实时从多方面、多角度关注化工行业资讯动态和技术发展趋势。论坛提供了开放的技术讨论环境，包括工艺设计、工程设计、技改技措、生产运维等技术交流和探讨，同时包括石油化工、煤化工、精细化工、安全环保、生产管理、智能制造和智慧化工等多个领域的技术交流。

马后炮化工于2019年成为艾斯本技术公司官方授权培训合作伙伴，由经验丰富的培训讲师提供注重应用的综合培训。我们的培训范围包括AspenTech产品解决方案的各个核心领域。我们的培训方案将提高用户使用AspenTech产品所需的技能，使用户能更高效地使用相关产品达到业务目标。我们提供综合、灵活的课程供用户选择。我们还有内容丰富的电子教学资源，可直接通过我们的网站进行访问。

马后炮化工培训平台由马后炮化工发起，是一个化工行业创新的知识技能众筹平台。平台采用全新的众筹模式，包括初期种子用户的众筹以及平台上线后课程的众筹。通过众筹模式，吸引相同学习需求的用户，建设专属技能学习生态圈，匹配学有成效的学习需求，为讲师和学生搭建一个学习和社交平台。培训平台定位于"有效传递您的知识"，实现思想众筹、资源众筹、能力众筹。

马后炮化工一直坚持不懈地为中国化工行业的成长做出努力，以"让天下没有难学的化工技术"为宗旨，力争成为化工行业内首屈一指的化工技术聚焦平台，通过行业资源整合，为客户创造价值、创造利益，提供最佳、最具性价比的技术服务解决方案，引领中国化工行业走向更辉煌的未来。

扫一扫关注马后炮化工微信公众号